操作系统

主　审　张素莉
主　编　常　颖　常大俊　李依霖
副主编　佟　冬　王婉秋

北京理工大学出版社
BEIJING INSTITUTE OF TECHNOLOGY PRESS

图书在版编目（CIP）数据

操作系统／常颖，常大俊，李依霖主编．-- 北京：北京理工大学出版社，2022.6

ISBN 978-7-5763-1393-2

Ⅰ．①操…　Ⅱ．①常…　②常…　③李…　Ⅲ．①操作系统-高等学校-教材　Ⅳ．①TP316

中国版本图书馆 CIP 数据核字（2022）第 105656 号

出版发行／北京理工大学出版社有限责任公司
社　　址／北京市海淀区中关村南大街 5 号
邮　　编／100081
电　　话／（010）68914775（总编室）
　　　　　（010）82562903（教材售后服务热线）
　　　　　（010）68944723（其他图书服务热线）
网　　址／http：//www.bitpress.com.cn
经　　销／全国各地新华书店
印　　刷／北京广达印刷有限公司
开　　本／787 毫米 ×1092 毫米　1/16
印　　张／23.5
字　　数／552 千字
版　　次／2022 年 6 月第 1 版　2022 年 6 月第 1 次印刷
定　　价／98.00 元

责任编辑／封　雪
文案编辑／封　雪
责任校对／刘亚男
责任印制／李志强

前　言

操作系统是计算机系统的核心和灵魂，在21世纪的今天，掌握操作系统对把握整个计算机的功能和性能有至关重要的作用，通过学习操作系统的知识，可以打通计算机的整个体系，全方位了解计算机的工作原理，对今后进行应用程序设计非常有好处，可以提升程序的运行效率和时间效率。20世纪末我国就开始了自研国产操作系统的探索，2002年我国就将“国产服务器操作系统内核”列入国家“863”项目；2008年发布了相关科技重大专项，此后不断发布新版本。希望在不久的将来，实现操作系统国产化以打破国外的垄断地位。

本教材共分11章，从操作系统的基本知识开始逐步深入讲解操作系统的四大功能，即处理机管理功能、存储管理功能、设备管理功能和文件管理功能。内容分别是：第1章操作系统概述，第2章进程与线程，第3章进程的互斥与同步，第4章处理机调度，第5章死锁，第6章存储管理，第7章虚拟存储，第8章设备管理，第9章文件管理，第10章操作系统安全保护技术与机制，第11章操作系统实验。第1章至第10章的开始都配有章节结构图及本章的重难点，使读者在学习内容前对本章有所了解。在每章结尾还配有课后习题，供学习者自查本章学习的效果，在习题中选用了历年的考研真题，为学习者理解知识、提升能力提供资源。在第11章中编写了2个操作系统实验，推进操作系统知识的综合实践应用，为院校实验课程提供资源。本教材的编写原则是依据教学大纲，力求做到内容全面完整，结构清晰，语言通俗，图文并茂，易教易学，立足于培养学习者的实际应用能力。

本教材第1章和第2章由吉林建筑科技学院李依霖编写；第3章、第4章由吉林建筑科技学院王婉秋编写；第5章、第7章和第11章11.1小节由吉林建筑科技学院常颖编写；第6章、第10章和第11章11.2小节由长春建筑学院常大俊编写；第8章、第9章由吉林建筑科技学院佟冬编写；全书由张素莉教授主审。

本书可以作为高等院校的教材，也可以作为考研学习者的参考书目。由于编者水平有限，书中难免有不尽如人意之处，恳请同行专家和广大读者指正赐教，我们会改进和完善本书的内容，谢谢！

作　者

2022年3月

目　录

CONTENTS

第 1 章　操作系统概述

【本章知识体系】

本章知识体系如图 1－1 所示。

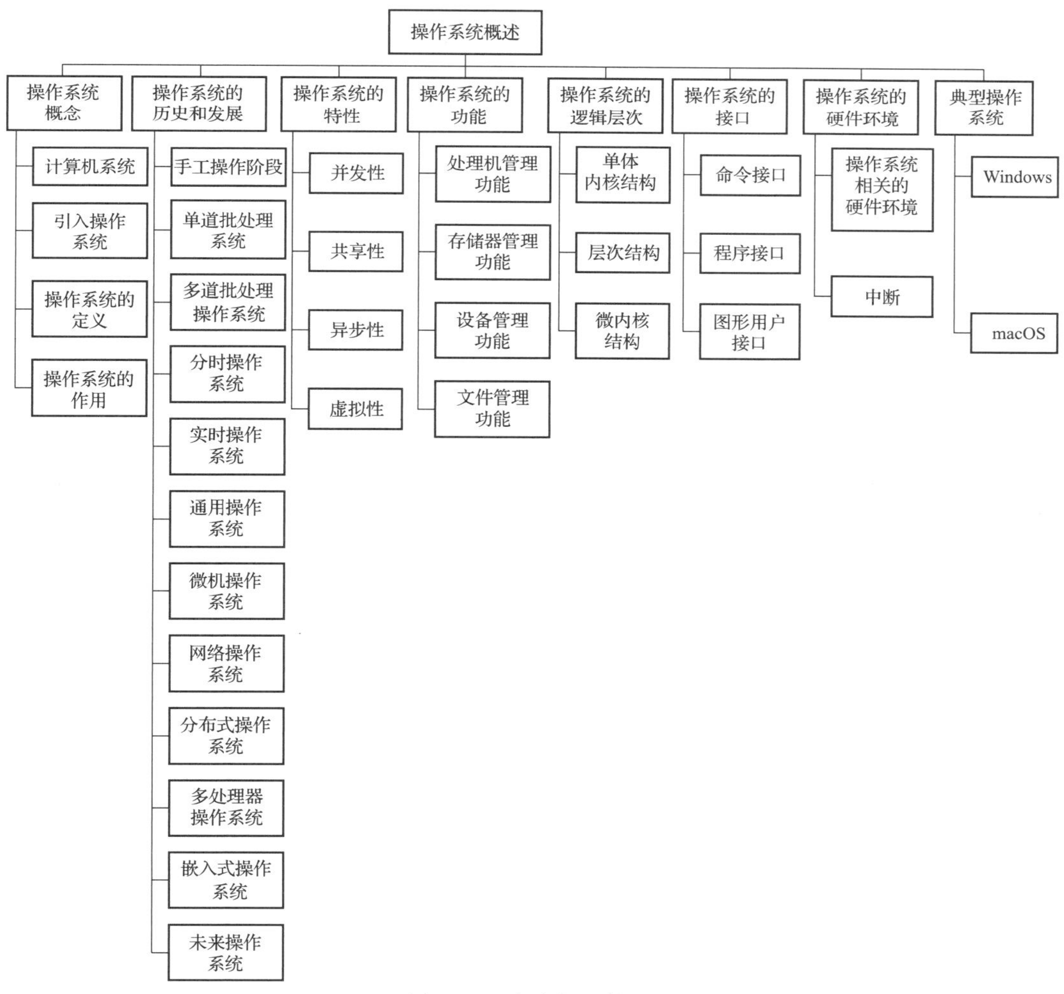

图 1－1　本章知识体系

【本章大纲要求】

1. 理解操作系统的概念、特征、功能和提供的报务；
2. 了解操作系统的产生和发展过程；
3. 了解操作系统的体系统结构；
4. 理解操作系统的运行环境。

【本章重点难点】

1. 操作系统的概念、作用、特性；
2. 多道程序设计和单道程序设计的区别；
3. 操作系统的运行环境。

每一台计算机都需要配置一种或多种操作系统，操作系统在计算机系统中发挥着重要的作用，负责管理计算机中的软硬件资源。操作系统经历从无到有的逐步发展，至今已与计算机已密不可分，所以操作系统的存在是计算机可以正常工作的重要保障。

1.1 操作系统概念

1.1.1 计算机系统

计算机系统由两部分组成，即计算机硬件和计算机软件。计算机硬件是看得见、摸得着的物理实体，通常是由中央处理机（运算器和控制器）、存储器、输入设备和输出设备等部件组成。我们将这些硬件部件组成的机器称为裸机。裸机是运用最低级的机器语言在工作环境下工作。低级的机器语言并不适用于普通用户，为了方便用户调用各硬件服务，使硬件的性能得以扩充，在裸机外添加了各种应用软件程序，用户通过点击图形工具方法或应用某些高级语言在编译环境下调用硬件提供服务，这样就可以软硬件结合，有效地解决各类问题。

计算机软件是抽象的、无形的虚拟产物，通常表示为程序和数据的集合。它是为了方便用户和充分发挥计算机功能而编制的。软件一般可以分为以下几类：

（1）系统软件：支持和管理计算机硬件的软件，如操作系统、编译程序、程序设计语言、连接装配程序以及与计算机密切相关的程序。

（2）应用软件：完成用户某项需求的软件，如应用程序、软件包（如数理统计软件包、运筹计算软件包等）。

（3）工具软件：方便、有效地解决计算机当中遇到的问题的软件，如各种诊断程序、检查程序、引导程序。

1.1.2 引入操作系统

为什么计算机需要操作系统？计算机引入操作系统的目的主要包括以下两点：

（1）从系统管理人员的角度来看，操作系统可以合理地组织计算机的工作流程，管理和分配计算机系统硬件和软件资源，使系统中的资源能被多个用户共享，提高资源的利用率和系统效率，因此，操作系统是计算机资源的管理者。

（2）从用户的角度来看，操作系统可以为用户在使用计算机时提供一个良好的图形用户界面，使用户无需了解许多有关计算机硬件和系统软件的细节，就能方便灵活地操作计算机。

操作系统在计算机中是一个系统软件，用户总是利用操作系统来使用计算机硬件，而计算机硬件总是利用操作系统为用户提供服务，所以操作系统工作的主要目标有以下五方面：

（1）方便用户使用：因为计算机通过安装操作系统，会提供给用户一个友好的图形用户界面，方便用户操作和使用。

（2）扩展机器功能：操作系统通过扩充硬件功能和提供新的服务来扩展和改进机器功能。

（3）管理系统资源：操作系统有效地管理系统中的所有硬件和软件资源，使之得到充分的利用。

（4）提高系统效率：操作系统合理组织计算机的工作流程，以改进系统性能和提高系统效率。

（5）构筑开放环境：操作系统遵循有关国际工业标准和开放系统标准，来设计和构造一个开放环境，支持体系结构的可伸缩性和可扩展性，支持应用程序在不同平台上的可移植性和互操作性。

1.1.3 操作系统的定义

操作系统（Operating System，简称 OS）是一个系统软件，其功能是管理系统中所有的软硬件资源，并组织控制整个计算机的工作流程。它是距计算机硬件最近的第一层软件，是对硬件功能的第一层扩充。如图 1－2 所示，从图中可看出，硬件、操作系统以及各类软件之间是层次结构的关系。硬件在最下层，它的外面是操作系统，而其他系统软件和应用软件则运行在操作系统之上，需要操作系统的支撑。

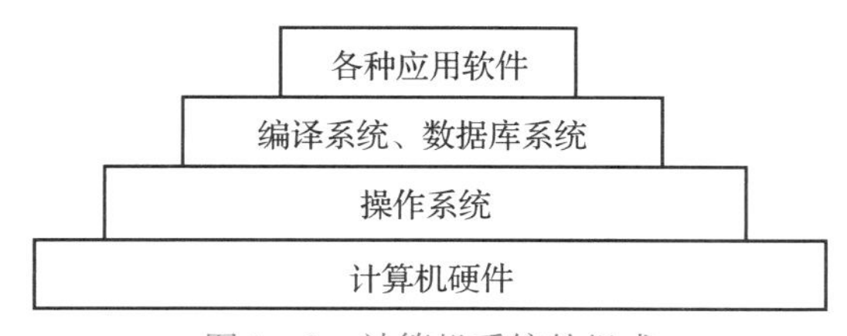

图 1－2 计算机系统的组成

操作系统作为一个掌控计算机软件和硬件的管理者，在计算机系统中的位置非常独特。它介于计算机硬件和应用软件之间，向下对硬件进行驱动和管理，向上管理软件的运行，提供各种对硬件和软件功能的请求和服务。操作系统是一个具有丰富功能的、服务于计算机系统的系统软件。人们日益增长的需求以及计算机硬件的发展使得操作系统变得越来越复杂。操作系统为用户提供更加友好和便捷的服务，人类可以轻松地操控它，并获取计算结果，所以它是整个计算机系统的核心和灵魂，它能指挥和协调计算机系统应对运行时所遇到的所有问题，包括硬件上的和软件上的维护、变化、切换、管理等。在处理许多复杂的事物时操作系统采用抽象技术，将硬件和软件抽象为不同的组件和服务，向用户提供可交互的接口，并通过接口的命令或操作行为获取用户的意图，执行相应的功能，将结果可视化之后呈现给用户。

总的来说，操作系统管理计算机系统的全部硬件资源、软件资源及数据资源，负责控制程序运行，改善人机界面，为其他应用软件提供支持等，使计算机中所有资源最大限度地发挥作用，为用户提供良好的服务界面。

1.1.4 操作系统的作用

操作系统是资源的管理者，是计算机硬件和软件协调工作的桥梁，在系统中发挥着重要的作用。

1. 操作系统是用户与计算机硬件系统之间的接口

操作系统处于用户与计算机硬件系统之间。用户通过操作系统来使用计算机，换句话说，就是用户在操作系统的帮助下能够方便、快捷、安全、可靠地操纵计算机硬件和运行自己的程序。应当注意，操作系统是一个系统软件，这种接口因而是软件接口。

2. 操作系统是计算机系统资源的管理者

在一个计算机系统中，通常都包含了各种各样的硬件和软件资源。资源分为四类——处理机、存储器、I/O 设备以及信息（数据和程序）。相应地，操作系统的主要功能也正是针对这四类资源进行有效的管理。可见，操作系统的确是计算机系统的资源管理者。

3. 操作系统用作扩充机器的功能

一台完全无软件的计算机系统（裸机），即使其功能再强大也必定是难以使用的。如果在裸机上覆盖一层 I/O 设备管理软件，用户便可利用它所提供的 I/O 命令来进行数据输入和输出。此时用户所看到的机器，将是一台比裸机功能更强大、使用更方便的机器，通常把覆盖了软件的机器称为扩充机器或虚机器。如果在第一层软件上再覆盖上一层文件管理软件，则用户可利用该软件提供的文件存取命令来进行文件的存取；如果在文件管理软件上再覆盖上一层面向用户的窗口软件，则用户便可在窗口环境下方便地使用计算机。每当人们在计算机系统上覆盖上一层软件后，系统功能便增强一级。由于操作系统自身包含了若干层软件，因此，当在裸机上覆盖操作系统后，便可获得一台功能显著增强、使用极为方便的多层扩充机器或多层虚机器。

1.2 操作系统的历史和发展

从操作系统的历史出发，可以了解到推动操作系统变化发展的因素有以下几方面。

1. 硬件成本不断地下降

计算机硬件在不断地更新，从电子管到晶体管，再到集成电路，今天已经发展为大规模集成电路。硬件的性能在提高，而成本在下降，使得计算机更容易在日常生活中普及和使用。

2. 人们对操作系统的客观需求

人们期待着计算机操作系统实现更多、更复杂的功能，这也使客观上人们对于计算机操作系统的功能需求在不断地更新。这种发展表现为一种迭代现象，即当每一个新功能出现，随之而来的便是人们对该功能的扩展，直到人们提出新的功能需求。

3. 计算机操作系统功能的增长和复杂性的提升

计算机操作系统功能的增长和复杂性的提升又为操作系统的设计和实现提出了更多的难题，人们在克服这些困难的过程中提出了更多的概念和技术以满足需求。这一迭代的趋势一直没有停止过。

4. 人们对计算机安全性的需求

操作系统会不断地进化下去，还有一个非常重要的因素是安全性的保障。系统的保密性、系统的完整性、漏洞检测、系统防病毒等都是人们对计算机安全性的需求，所以人们对操作系统又提出了新的要求。

操作系统管理和控制着整个计算机的硬件和软件资源，因而对计算机系统的破坏、攻击、获取信息、操控的目标都对准了操作系统。为了防范这些安全问题，操作系统的设计和实现过程中不断地进行改进，一方面使操作系统变得更加强大、安全和稳定；另一方面也使实现操作系统的复杂性不断地提升。这一攻防过程一直在循环往复交替地发展。

操作系统并不是与计算机一起诞生的，而是由于客观需要而产生的，即从无到有。随着计算机技术本身及其应用的日益发展，为了提高资源利用率、增强计算机系统性能，操作系统的功能逐渐由弱到强，在计算机系统中的地位也不断提高，至今，它已成为计算机系统中的核心，无一计算机系统是不配置操作系统的。

1.2.1 手工操作阶段

1946 年第一台计算机 ENIAC 诞生，一直到 20 世纪 50 年代中期，还未出现操作系统。计算机采用手工操作方式。用户申请使用计算机，首先将编写好的程序和数据穿孔到纸带上或卡片上，装入输入机，接着启动输入机把程序和数据送入计算机内存，通过控制台开关启动程序，开始运行，中间不能与计算机交互，直到程序运行完毕，用户取走结果并卸下纸带或卡片，然后下一个用户上机。计算机的工作流程如图 1－3 所示。

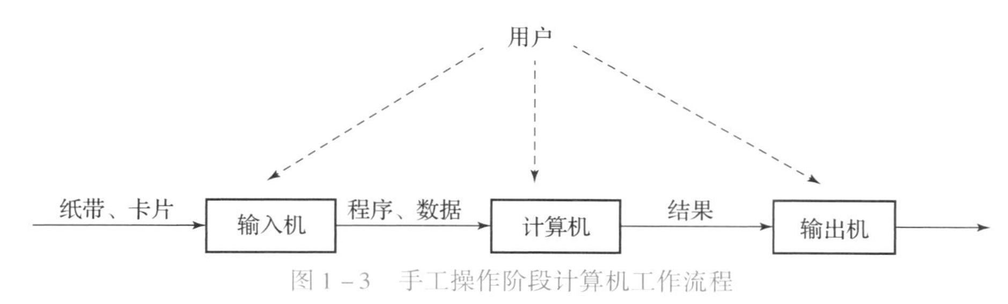

图 1－3 手工操作阶段计算机工作流程

在手工操作阶段，当一个用户使用计算机，则计算机的全部资源都为这一个用户所独占，即使该用户的程序没有用到的设备也需在此等待，同时用户往机器上安装纸带和卸载纸带等工作都需要人为来完成，CPU 大部分时间处于闲置状态。

手工操作的方式严重降低了计算机资源的利用率，随着计算机 CPU 速度的提高，这种人工操作的慢速与计算机运行的快速成了人机的矛盾点，甚至达到了不能容忍的地步。到了 20 世纪 50 年代后期，批处理产生。

1.2.2 单道批处理系统

为了解决手工阶段产生的人机矛盾，采用单道批处理的方式，即在计算机上加载一个系统软件，在它的控制下，计算机能够自动地、成批量地处理一个或多个用户作业。

1. 联机批处理

在联机批处理阶段，产生了一个新兴的职业——操作员，操作员是专门从事计算机操作的工作人员，这样就不需要用户直接来操作计算机，通过这种方式来提高使用设备的速度。用户只需要向计算机操作员提交程序、数据和一个作业说明书，这些资料必须是穿孔信息，如纸带或卡片，操作员把各用户提交的一批作业装到输入机上，然后由监督程序控制送到磁带上。之后，监督程序自动输入第一个作业的说明记录，若系统资源能满足其要求，则将该作业的程序、数据调入主机，并从磁带上调入所需要的编译程序启动执行。计算完成后输出该作业的计算结果。完成了上一批作业后，监督程序又从输入机上输入另一批作业，保存在磁带上，并按上述步骤重复处理。处理过程如图 1 – 4 所示。

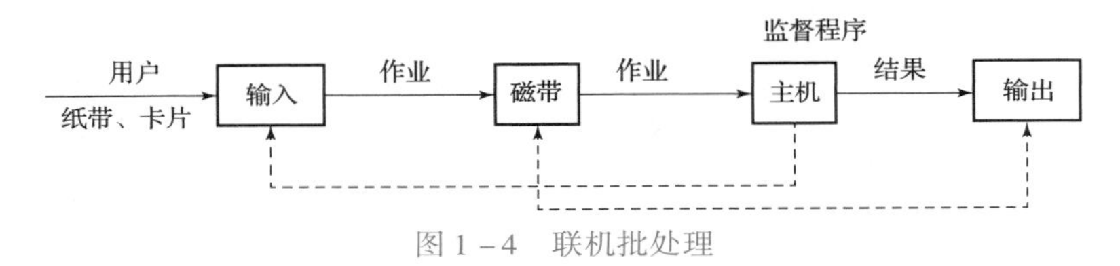

图 1 – 4　联机批处理

联机批处理中的监督程序负责作业到作业的自动转接，这样就可以减少作业的建立时间和手工操作时间，提高计算机的利用率，缓解人机矛盾。

2. 脱机批处理

为了解决高速的主机和低速的 I/O 设备之间的矛盾，提高 CPU 的利用率，20 世纪 50 年代末出现了脱机批处理技术。在脱机批处理系统中增加了一个硬件设备——卫星机，又称为外围计算机。此时，脱机批处理系统由主机和卫星机组成，如图 1 – 5 所示。

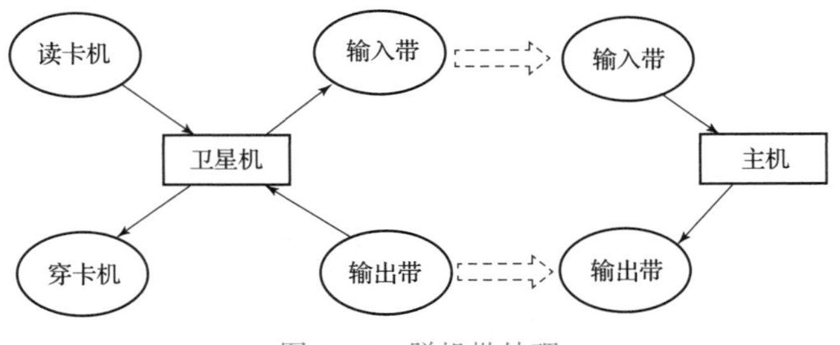

图 1 – 5　脱机批处理

卫星机不与主机直接连接，只与外部设备关联。卫星机负责把输入机上的作业逐个传输到输入带上，当主机需要输入作业时，就把输入带与主机连接。主机从输入带上调入作业并运行，计算完成后，输出结果到输出磁带上，再由卫星机负责把输出带上的信息进行输出。在这样的系统中，主机和卫星机可以并行操作，二者分工明确，可以充分发挥主机的高速计算能力。

IBM－7090/7094 配备的监督程序就是脱机批处理系统，是现代操作系统的原型。

1.2.3 多道批处理系统

多道批处理系统是在20世纪60年代设计的，即在单道批处理系统中引入了多道程序设计技术，形成了多道批处理系统。所谓多道批处理，就是指允许多个程序同时进入内存并运行，即同时把多个程序放入内存，并允许它们交替在CPU中运行，它们共享系统中的各种硬、软件资源。

1. 单道批处理

单道批处理是指每次只调用一个用户作业程序进入内存并运行，该作业独享系统中的全部资源。其主要特征如下：

（1）自动性。在监督程序的控制下，磁带上的一批作业能自动地逐个依次运行，无需人工干预。

（2）顺序性。磁带上的作业是顺序地进入内存，作业完成的顺序与它们进入内存的顺序应当完全相同，即先调入内存的作业先完成。

（3）单道性。内存中仅有一道程序运行，监督程序每次从磁带上只调入一道程序进入内存运行，仅当该程序完成或发生异常情况时，才调入其后续的程序进入内存运行。

如图1－6所示，程序A和程序B按照单道批处理的方式运行。

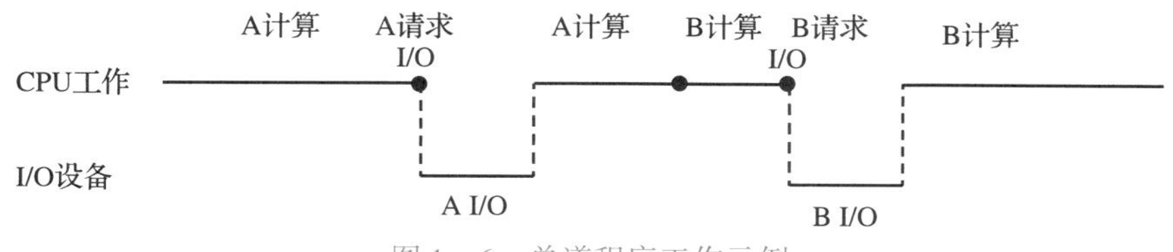

图1－6 单道程序工作示例

2. 多道批处理

多道批处理就是指允许多个程序同时进入内存并运行，即同时把多个程序放入内存，并允许它们交替在CPU中运行，它们共享系统中的各种硬、软件资源。当一道程序因I/O请求而暂停运行时，CPU便立即转去运行另一道程序。引入多道程序设计，可以提高CPU的利用率，提高内存和I/O设备利用率，增加系统吞吐量。其主要特征如下：

（1）多道。计算机内存中同时存放几道相互独立的程序。

（2）宏观上并行。从宏观上看，进入系统中的这几道程序在一段时间内都在向前推进，好像都在执行。

（3）微观上串行。从微观上看，内存中的多道程序不是同时执行，只是把时间分成若干段，使多个用户程序快速交替地执行。

如图1－7所示，程序A和程序B按照多道批处理的方式运行。

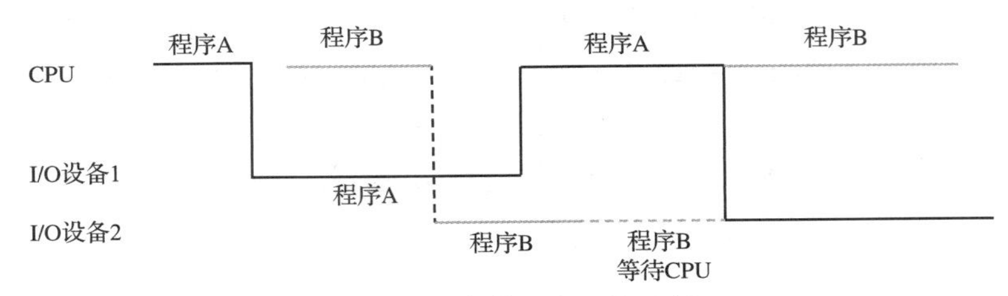

图 1-7　多道程序工作示例

从图 1-7 中看出，在多道批处理方式中，用户程序 A 和用户程序 B 共享系统资源，程序 A 首先在 CPU 上计算，当它需要 I/O 设备 1 时，向操作系统提出请求，操作系统帮助启动 I/O 设备 1 进行传输工作。CPU 空闲等待一段时间，当程序 B 到达，获得 CPU 使用权。此时程序 A 和程序 B 同时向前推进。当程序 A 使用 I/O 设备 1 传输结束时，发出访问 CPU 的申请，此时 CPU 空闲，CPU 控制权交给程序 A，让其继续计算，当 CPU 执行完成后，程序 A 又向操作系统提出请求启动 I/O 设备 2 进行传输工作，因为 I/O 设备 2 空闲，给予分配；程序 B 使用完 CPU 后向操作系统提出请求启动 I/O 设备 2 进行传输工作，因为 I/O 设备 2 空闲，给予分配。当完成传输工作后，程序 B 申请 CPU，而此时 CPU 被程序 A 占用，则程序 B 需要等待，当程序 A 释放 CPU，程序 B 才能申请得到。显然，多道批处理方式是高效的，在某一时间段可以实现两个程序同时向前推进，但是使用的是不同的设备，这样就可以提高设备的利用率，并且能够实现单位时间内系统吞吐量的增加。

【例 1.1】 有 A、B 两个程序，程序 A 按如下顺序使用系统中资源，CPU 10 s、使用设备甲 5 s、使用 CPU 5 s、使用设备乙 10 s、最后使用 CPU 10 s；程序 B 按如下顺序使用系统中资源，设备甲 10 s，使用 CPU 10 s，使用设备乙 10 s，使用 CPU 5 s，使用设备乙 10 s。试问：

（1）在单道批处理环境下执行程序 A 和程序 B，CPU 利用率是多少？

（2）在多道批处理环境下，CPU 的利用率是多少？请画出 A、B 程序的执行过程。

（3）在多道批处理中，系统中并发的进程越多，资源利用率越好吗？

结论：

（1）在单道批处理环境下 CPU 利用率 = A 程序和 B 程序使用 CPU 时间/两个程序顺序执行完成的时间总和：

CPU 的利用率 = [(10 + 5 + 10) + (10 + 5)]/[(10 + 5 + 5 + 10 + 10) + (10 + 10 + 10 + 5 + 10)] × 100% = 47.1%

（2）在多道环境下，A、B 程序执行过程如图 1-8 所示。

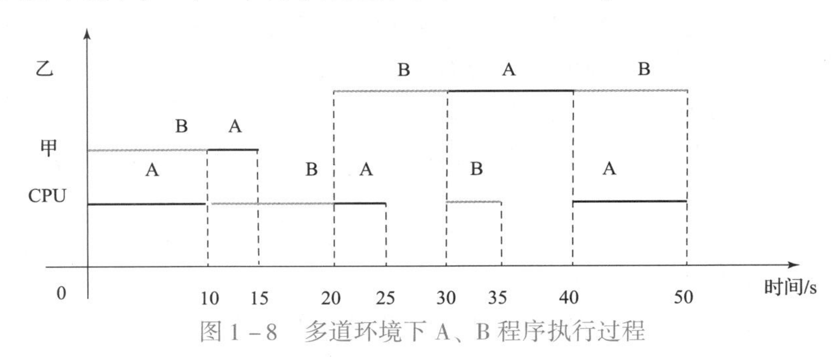

图 1-8　多道环境下 A、B 程序执行过程

根据图 1－8 可以看出，系统按照多道程序执行方式完成程序 A 和程序 B 需要的时间是 50 s，其中程序 A 和程序 B 占用 CPU 的工作时间是 40 s，故多道环境下 CPU 的利用率为

CPU 的利用率 $=40/50\times100\%$

$=80\%$

（3）通过计算可以看出，在系统中执行多道程序，完成时间缩短了，CPU 的利用率提高了。但并不是系统中存在运行的程序越多越好，资源利用率越高，因为在系统实际运行中并发执行的程序是交替使用系统资源的，而在发生运行程序与运行程序的切换时需要操作系统管理，这样就会产生系统开销，若程序间切换次数较多，反而会造成系统性能的下降。

多道批处理系统是一种有效但又十分复杂的系统，为使系统中的多道程序能协调地运行，必须解决以下问题：

（1）并发运行的程序要共享计算机系统的硬件和软件资源，既有对资源的互斥竞争，又必须相互同步，因此，同步与互斥机制成为系统设计中的重要问题。

（2）多道程序的增加，出现了内存不够用的问题，提高内存的使用效率也成为关键因素，因此出现了诸如覆盖技术、对换技术和虚拟存储技术等内存管理技术。

（3）多道程序存在于内存，为了保证系统程序存储区和各用户程序存储区的安全可靠，提出了内存保护的要求。

多道批处理系统的出现标志着操作系统进入渐趋成熟的阶段，先后出现了作业调度管理、处理机管理、存储器管理、外部设备管理等功能。

1.2.4　分时操作系统

分时系统就是指一台主机上连接了多个终端，允许多个用户以分时的方式共享主机的资源，每个用户可以用交互的方式在终端上使用计算机，如图 1－9 所示。

分时系统使用的是分时技术，就是把处理机的时间分成很短的时间片（如几百毫秒），这些时间片轮流地分配给各联机作业使用。如果某个作业在分配给它的时间片用完之时，计算还未完成，该作业就暂时中断并退出 CPU，等待下一轮继续计算，此时处理机让给另一个作业使用。这样，每个用户的各种要求都能得到快速响应，给每个用户的印象是独占一台计算机。在分时系统中，一个计算机和许多终端设备连接。每个用户可以通过终端向系统发出各种控制命令来请求完成某项工作，而系统则分析从终端设备发来的命令，完成用户提出的要求，输出一些必要的信息。例如，给出提示信息报告运行情况、输出计算结果等。用户根据系统提供的运行结果，向系统提出下一步请求。重复上述交互会话过程，直到用户完成预计的全部工作为止。

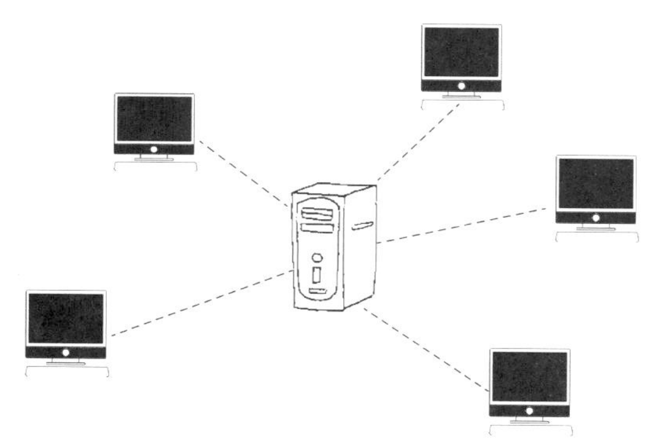

图 1－9　分时系统

分时系统具有以下特性：

1. 多路性

一台主机同时连接多个终端，系统按分时的原则为每个用户提供服务。每个终端都共享主机的资源，轮流运行一个时间片。

2. 独立性

每个用户占用一个终端，彼此独立操作、互不影响，每个用户感觉独享主机。

3. 及时性

因为每个终端分配相同的时间片，每个终端都公平地占用主机，每个用户的请求都能在很短的时间内获得响应。这个时间是用户可以接受的，通常为2～3 s。

4. 交互性

用户可以通过终端与系统进行广泛的对话，可以请求系统提供各方面的服务。

多道批处理系统和分时系统的出现标志着操作系统已初步形成。

1.2.5 实时操作系统

20世纪60年代中期，计算机进入第三代，性能和可靠性有了很大提高，造价亦大幅度下降，因此应用越来越广泛。计算机用于工业过程控制、军事实时控制、信息实时处理等形成了各种实时处理系统。

实时处理系统是指能及时响应外部事件的请求，在规定时间内完成事件的处理，所有的实时任务能够协调一致地运行。实时处理系统的响应时间要求在秒级、毫秒级、微秒级甚至更小。实时系统是较少有人为干预的监督和控制系统，仅当计算机系统识别到违反系统规定的限制或本身发生故障时，才需要人为干预。

实时系统与分时系统的主要区别有以下几点：

（1）实时系统要求及时响应、快速处理。这里的时间要求不同于分时系统，分时系统中的快速响应只是保证用户满意就行，即便超过一些时间也只是影响用户的满意程度。而实时系统中的时间要求是强制性严格规定的，仅当在限定时间内返回一个正确结果时，才能认为系统的功能是正确的。

（2）实时系统要求有高可靠性和安全性，不强求系统资源的利用率。大多数的实时系统都是具有特殊用途的专用系统，而分时系统是一种随时可供多个用户使用的通用性很强的系统。

（3）在交互性上，分时系统的交互性要强于实时系统。

1.2.6 通用操作系统

多道批处理系统和分时系统的不断改进，实时系统的出现及其应用日益广泛，致使操作系统日益完善。在此基础上，出现了通用操作系统。它可以兼有多道批处理、分时、实时处理的功能，或其中两种以上的功能。例如，将实时处理和批处理相结合，构成实时批处理系统。在这样的系统中，首先保证优先处理实时任务，“插空”进行批作业处理，通常把实时任务称为前台作业，批处理作业称为后台作业。将批处理和分时处理相结合，可构成分时批处理系统。在保证优先处理分时用户任务的前提下，在没有分时用户时，可进行批作业的处理。同样，分时用户和批处理作业可按前后台方式处理。

从20世纪60年代中期开始，有的国家研制了一些大型的通用操作系统。这些系统试图达到功能齐全、可适应各种应用范围、可适用操作方式变化多端的环境等目标。但是这些系统本身很庞大，不仅付出了巨大的代价，而且由于系统过于复杂和庞大，在解决其可靠性、可维护性和可理解性等方面都遇到很大的困难。相比之下，UNIX操作系统却是一个例外，这是一个通用的多用户、分时、交互型的操作系统。它首先建立的是一个精干的核心，而其功能却足以与许多大型的操作系统相媲美，在核心层以外可以支持庞大的软件系统。它很快得到应用和推广并不断完善，对现代操作系统有着重大的影响。

至此，操作系统的基本功能、基本结构和组成都已形成，并渐趋完善。

1.2.7 微机操作系统

随着超大规模集成电路的发展而产生了微机。配置在微机上的操作系统称为微机操作系统。其可按微机的字长分成8位、16位、32位和64位微机操作系统，也可分为单用户单任务操作系统、单用户多任务操作系统和多用户多任务操作系统。单用户单任务操作系统的含义是，只允许一个用户上机，且只允许用户程序作为一个任务运行。单用户多任务操作系统的含义是，只允许一个用户上机，但允许将一个用户程序分为若干个任务，使它们并发执行，从而有效地改善系统的性能。多用户多任务操作系统的含义是，允许多个用户通过各自的终端使用同一台主机，共享主机系统中的各类资源，而每个用户程序又可进一步分为几个任务，使它们并发执行，从而进一步提高资源利用率、增加系统吞吐量。大、中、小型机中所配置的都是多用户多任务的操作系统；而在32位和64位微机上，也有不少配置的是多用户多任务操作系统，其中，最有代表性的是UNIX操作系统。

1.2.8 网络操作系统

计算机网络操作系统是通过通信设施将物理上分散的、具有自治功能的多个计算机系统互连起来，实现信息交换、资源共享、可互操作和协作处理的系统。在计算机网络中，每个主机都有操作系统，它为用户程序运行提供服务。当某一主机联网使用时，该系统就要同网络中更多的系统和用户交往，这个操作系统的功能就要扩充，以适应网络环境的需要。网络环境下的操作系统既要为本机用户提供简便、有效地使用网络资源的手段，又要为网络用户使用本机资源提供服务。为此，网络操作系统除了具备一般操作系统应具有的功能模块之外，还要增加网络功能模块。

网络操作系统的功能有以下几方面：

（1）提供高效、可靠的网络通信能力；

（2）提供多种网络服务功能，如远程作业录入并进行处理的服务功能，文件转输服务功能，电子邮件服务功能，远程打印服务功能。

1.2.9 分布式操作系统

在以往的计算机系统中，处理和控制功能都高度集中在一台主机上，所有的任务都由主机处理，这样的系统称为集中式处理系统。而大量的实际应用要求具有分布处理能力的、完整的一体化系统，如在分布事务处理、分布数据处理、办公自动化系统等。实际应用中，用户希望以统一的界面、标准的接口去使用系统的各种资源，去实现所需要的各种操作，这就导致了分布式系统的出现。一个分布式系统就是若干计算机的集合，这些计算机都有自己的局部存储器和外部设备。它们既可以独立工作（自治性），也可合作工作，在这个系统中，各计算机可以并行操作且有多个控制中心，即具有并行处理和分布控制的功能。分布式系统是一个一体化的系统，在整个系统中有一个全局的操作系统称为分布式操作系统，它负责全系统的资源分配和调度、任务划分、信息传输、控制协调等工作，并为用户提供一个统一的界面、标准的接口。

用户通过这一界面实现所需的操作和使用系统资源。至于操作定在哪一台计算机上执行或使用哪台计算机的资源则是系统的事，用户无需知道。

分布式系统的基础是计算机网络，因为计算机之间的通信是由网络来完成的，它和常规网络系统一样，具有模块性、并行性、自治性和通信性等特点。但是，它比常规网络系统又有进一步的发展。例如，常规网络系统中的并行性仅仅意味着独立性，而分布式系统中的并行性还意味着合作。因为分布式系统已不再仅仅是一个物理上的松散耦合系统，它同时又是一个逻辑上密耦合的系统。分布式系统和计算机网络系统的区别在于分布式系统具有多机合作和健壮性的特点。多机合作自动进行任务分配和协调，而健壮性表现在当系统中有一台甚至几台计算机或通路发生故障时，其余部分可自动重构成一个新的系统，该系统可以工作，甚至可以继续其失效部分的部分工作或全部工作，当故障排除后系统自动恢复到重构前的状态。

1.2.10 多处理机操作系统

计算机发展的历史表明，提高计算机性能的主要途径有两条，一是提高计算机系统元器件的运行速度；二是改进计算机系统的体系结构。早期的计算机系统基本上都是单处理机系统。进入 20 世纪 70 年代后，出现了多处理机系统（Multiprocessor System，MPS）。多处理机系统试图从计算机体系结构上来改善系统的性能。

引入多处理机系统的原因可归结为以下几方面：

1. 增加系统的吞吐量

系统中的处理机数目增多，可使系统在较短时间内完成更多的工作。但是，为了使多台处理机能协调地工作，系统必须为此付出一定的开销，因此利用 N 台处理机运行时所获得的加速比达不到 N 倍。

2. 节省投资

在达到相同处理能力的情况下，与用 N 台独立的计算机系统相比，采用具有 N 个处理机的系统，可以节省费用。这是因为 N 个处理机被装在一个机箱内，并且用同一电源和共享一部分资源，如外部设备、内存等。

3. 提高系统的可靠性

在多处理机系统中通常都具有系统重构功能。即当其中任何一台处理机发生故障时，系统能立即将该处理机上处理的任务迁移到其他一个或多个处理机上去处理，整个系统仍能正常工作，只是系统的性能略有降低。例如，对于一个含有10个处理机的系统，当其中一个处理机出现故障时，系统的性能大约会降低10%。

多处理机系统中配置的多处理机操作系统可分成两种模式，即非对称多处理机模式和对称多处理机模式。

非对称多处理机模式（Asymmetric Multiprocessing Model）又称为主从模式。在这种模式中，处理机分为主处理机和从处理机两类。主处理机配置了操作系统，用于管理整个系统的资源，并负责为各个从处理机分配任务。从处理机可有多个，它们执行预先规定的任务和由主处理机所分配的任务。早期的大型系统中较多采用这种主从模式的多处理机操作系统。主从模式的操作系统易于实现，但资源利用率比较低。

在对称多处理机模式（Symmetric Multiprocessing Model）下，通常所有处理机都是相同的，在每个处理机上都有一个操作系统，且每个处理机上的操作系统是相同的。操作系统用来管理本地资源，控制进程的运行以及各个处理机之间的通信。这种模式的优点是允许多个进程同时运行。例如，若系统中有 N 个处理机，可同时运行 N 个进程而不会引起系统性能的恶化。然而，必须小心地控制输入输出，以保证能将数据送至适当的处理机。同时，还必须注意使各个处理机的负载平衡，以免有的处理机超载运行，而有的处理机却空闲。

1.2.11 嵌入式操作系统

嵌入式操作系统与应用环境密切相关。按应用范围划分，可把它分成通用型嵌入式操作系统和专用型嵌入式操作系统。前者适用于多种应用领域，而后者则面向特定的应用场合，至今已有几十种嵌入式操作系统面世。与一般操作系统相比，嵌入式操作系统有以下特点：

1. 微型化

硬件平台的局限性表现在可用内存少（1MB以内），往往不配置外部存储器，微处理机字长短且运算速度有限（8位、16位字长居多），能提供的能源较少（用微小型电池），外部设备和被控设备千变万化。

2. 可定制

嵌入式操作系统运行的平台多种多样，应用更是五花八门。从减少成本和缩短研发周期考虑，要求它能运行在不同微处理机平台上，能针对硬件变化进行结构与功能上的配置，以满足不同应用的需要。

3. 实时性

嵌入式操作系统广泛应用于过程控制、数据采集、传输通信、多媒体信息（语音、视频影像处理）及关键领域等要求迅速响应的场合，实时响应要求严格。

4. 可靠性

系统构件、模块和体系结构必须达到应有的可靠性，对关键要害应用还要提供容错和防故障措施，进一步改进可靠性。

5. 易移植性

为了提高系统的易移植性，通常采用硬件抽象层（Hardware Abstraction Level，HAL）和板级支撑包（Board Support Package，BSP）的底层设计技术。

6. 开发环境

嵌入式操作系统与其定制或配置工具联系密切，构成了嵌入式操作系统的集成开发环境。通常提供了代码编辑器、编译器和链接器、程序调试器、系统配置器和系统仿真器。

1.2.12 未来操作系统

随着用户对操作系统交互的要求越来越高，引入虚拟增强和虚拟现实的技术，打造更加友好的操作用户界面，是一个重要的发展方向。对于各种训练、培训和各种复杂的操作环境，乃至普通日常生活设备的操控都应当更加友好。随着计算设备相关部件的计算力不断提高，同时随着微型化的发展，这些设备开始变得更加方便携带，甚至可以实现穿戴使用，未来更有可能的发展趋势为植入到人体。

计算机操作系统必然为可穿戴或植入式设备的管理提供支持。更多新技术的发展，特别是量子技术的发展，将可能出现新型的计算机系统，如量子计算机。

1.3 操作系统的特性

每种操作系统都有自己的特征，如批处理系统具有成批处理的特征，分时系统具有交互特征，实时系统具有实时特征。但它们也都具有以下 4 个基本特征。

1.3.1 并发性

并行性和并发性是既相似又有区别的两个概念。并行性是指两个或多个事件在同一时刻同时发生；而并发性是指两个或多个事件在同一时间段内发生。在多道程序环境下，并发性是指宏观上在一段时间内多道程序在同时运行，但在单处理机系统中，每一时刻仅能执行一道程序，故微观上这些程序是在交替执行的。

1.3.2 共享性

共享性是指系统中的资源可供内存中多个并发执行的进程共同使用。由于资源的属性不同，故多个进程对资源的共享方式也不同，可分为以下两种资源共享方式。

1. 互斥共享方式

系统中有一类资源，虽然可以提供给多个进程使用，但在一段时间内却只允许一个进程访问该资源。当一个进程正在访问该资源时，其他欲访问该资源的进程必须等待；仅当该进程访问完并释放该资源后，才允许另一进程对该资源进行访问。把在一段时间内只允许一个进程访问的资源称为临界资源，许多物理设备以及某些变量、表格都属于临界资源，它们要求互斥地被共享。

2. 同时访问方式

系统中还有另一类资源，允许在一段时间内多个进程同时对它进行访问。这些进程可能是交替地对该资源进行访问。典型的可供多个进程同时访问的资源是磁盘，一些可多人编写的文件也可同时共享。

并发和共享是操作系统的两个最基本的特征，它们又互为存在条件。一方面，资源共享以程序（进程）的并发执行为条件，若系统不允许程序并发执行，自然不存在资源共享问题；另一方面，系统不能对资源共享实施有效管理，也必将影响到程序的并发执行，甚至根本无法并发执行。

1.3.3 异步性

在多道程序环境下，允许多个进程并发执行，但由于资源等因素的限制，通常进程的执行方式是，运行在内存中的每个进程，何时执行、何时暂停、以什么样的速度向前推进、每道程序总共需多少时间才能完成，都是不可预知的。很可能是先进入内存的作业后完成，而后进入内存的作业先完成。这种运行方式称为异步性。尽管如此，但只要运行环境相同，作业经过多次运行，都会获得完全相同的结果，因此，异步运行方式是被允许的。进程的异步性是操作系统的一个重要特性。

1.3.4 虚拟性

操作系统中的虚拟性是指通过某种技术把物理实体变成若干个逻辑上的对应物。物理实体是实际存在的，而虚拟是用户感觉上存在的东西。例如，在多道分时系统中，虽然只有一个 CPU，但每个终端用户却都认为是有一个 CPU 在专门为他服务。即利用多道程序技术和分时技术可以把物理上的 CPU 虚拟为多台逻辑上的 CPU，也称为虚拟处理机。类似地，也可以把一台物理 I/O 设备虚拟为多台逻辑上的 I/O 设备。

1.4 操作系统的功能

从资源管理的观点出发，目前操作系统的功能主要包括处理机管理、存储管理、设备管理、文件管理等。

1.4.1 处理机管理功能

处理机管理的主要任务是对处理机进行分配，并对多个进程运行进行有效的控制和管理。对处理机的管理和调度可归结为对进程和线程的管理和调度。处理机管理包括的功能有：进程控制和管理、进程同步和互斥、进程通信、进程死锁、线程控制和管理、处理机调度等。

1.4.2 存储器管理功能

存储管理的主要任务是为多道程序的运行提供良好的环境，方便用户使用存储器，提高存储器的利用率，以及能从逻辑上扩充内存。为此，存储管理应具有的功能有：内存空间的分配与回收、地址转换和存储保护、内存的共享与保护、内存扩充等。

1.4.3 设备管理功能

设备管理的主要任务是管理各种外部设备，完成用户提出的I/O请求。为用户分配I/O设备；提高CPU和I/O设备的利用率；提高I/O速度；方便用户使用I/O设备。为实现上述任务，设备管理应具有如下主要功能：设备控制处理、缓冲区管理、设备独立性、独占设备的分配与回收、共享设备的驱动调度、虚拟设备管理等。

1.4.4 文件管理功能

文件管理的功能在现代计算机系统中，总是把程序和数据以文件的形式存储在辅助存储器上，供所有的或指定的用户使用。为此，在操作系统中必须配置文件管理系统。文件管理的主要任务是对用户文件和系统文件进行有效管理，以方便用户使用，并保证文件的安全性。文件管理应具有的主要功能：文件的逻辑组织结构、文件的物理组织结构、文件的存取和使用方法、文件的目录管理、文件的共享、保护和保密、文件的存储空间管理等。

1.5 操作系统的逻辑层次

操作系统是软件，也是逻辑产品。理解操作系统的一个途径是从不同的角度看操作系统的体系结构。从用户角度看到的是操作系统提供的各种服务；从开发人员的角度看到的是提供给用户的界面和结果；从设计人员的角度看到的是一些具有联系的功能模块集合，这些联系表现出不同的逻辑结构。经过几十年的发展，操作系统出现过多种逻辑结构，主要是单体内核结构、层次结构、微内核结构等。

1.5.1 单体内核结构

单体内核结构（或称强内核结构）主要由许多紧密耦合的程序模块组合而成，并通过系统调用的方式，对外或用户程序提供服务，这种服务形式采用了应用程序接口（Application Programming Interface，API）系统调用机制实现。操作系统通过系统调用接口将操作系统上运行的计算机程序划分为用户模式（用户态或目标态）和内核模式（核心态或管态）。应用程序通过系统调用接口，调用操作系统向外提供可以调用的函数或程序，如图 1－10 所示。

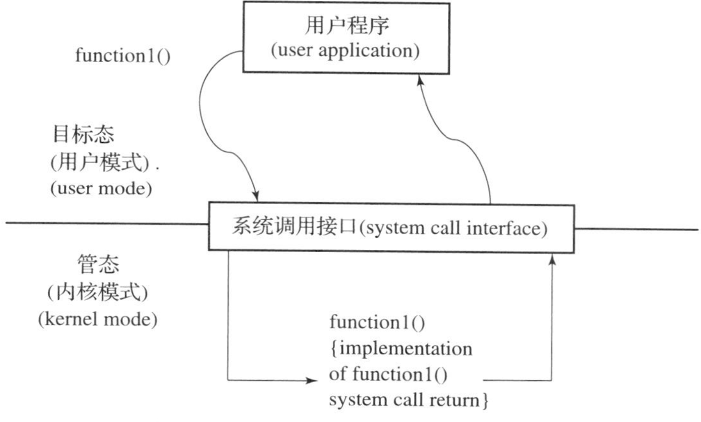

图 1－10 操作系统提供的系统调用接口

这种强内核结构将操作系统的主要功能模块都作为紧密联系的整体运行在核心态，从而为应用提供高性能的系统服务。因为各管理模块之间共享信息，能有效利用相互之间的有效特性，从而表现为结构简单、性能较好。由于大部分模块均在内核中，所以安全性较高且具有无可比拟的性能优势。相应地，这种结构特点也具有明显的缺点，核心组件没有保护，核心模块间关系复杂，可扩展性差。符合这种简单结构系统的最为典型的实现是微软公司的 MS－DOS（微软磁盘操作系统），其结构如图 1－11 所示。

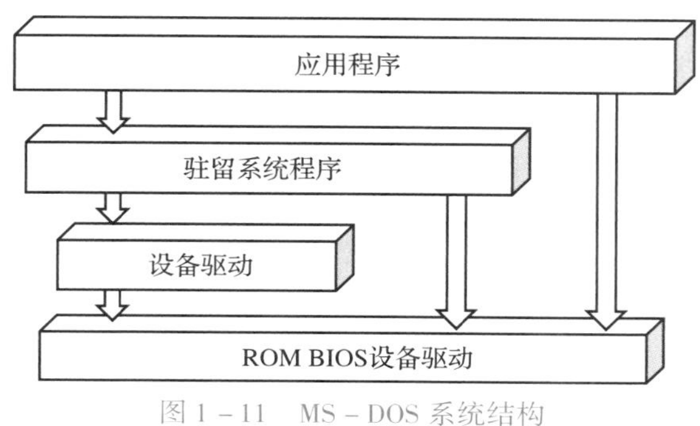

图 1－11 MS－DOS 系统结构

1.5.2 层次结构

随着体系结构的不断发展和应用需求变化，要求操作系统提供更多的服务，这也使接口的形式越来越复杂。为了处理更多的服务和功能，操作系统的设计规模也急剧增长。单体内核结构系统的弊端阻碍着操作系统的设计目标，因而减少模块之间的紧密耦合和调用关系的一种方式是采用分层设计。为此操作系统设计人员试图按照复杂性、时间常数、抽象级别等因素，将操作系统内核分成基本进程管理、虚存、I/O 与设备管理、IPC、文件系统等几个层次，层次之间通过服务请求的形式实现信息交流，这在一定程度上提高了操作系统内核设计上的模块化。

采用层次结构的操作系统内核由若干个层次构成，通常最底层是硬件裸机，中间层是各个重要的功能层次，最高层是应用服务。层与层之间的调用关系严格遵守调用规则，每一层只能访问位于其下层所提供的服务，利用它的下层提供的服务来实现本层功能，并为其上层提供服务，每一层不能访问其上层所提供的服务，如图 1－12 所示。这种形式的结构将整体问题局部化，便于系统调用和验证。由于层间的通信通过大量的请求调用服务来实现，从而要求模块之间建立起通信机制，这使系统花费在通信上的开销较大，系统效率也随之降低。

<table>
<tr><td rowspan="6">内核</td><td colspan="3">用户</td></tr>
<tr><td colspan="3">外壳与命令编译器与解释器系统库</td></tr>
<tr><td colspan="3">到内核的系统调用接口</td></tr>
<tr><td>信号终端处理字符 I/O 系统终端驱动</td><td>文件系统交换块 I/O 系统磁盘和磁带驱动</td><td>CPU 调度、页面替换请求分页、虚拟内存</td></tr>
<tr><td colspan="3">到硬件的内核接口</td></tr>
<tr><td>终端控制器终端</td><td>设备控制器磁盘和磁带</td><td>内存控制器物理内存</td></tr>
</table>

图 1－12　层次系统结构

1.5.3 微内核结构

由于层次之间的交互关系错综复杂，定义清晰的层次间接口非常困难，复杂的交互关系也使得层次之间的界限极其模糊。特别是系统层间通信具有较大的开销，以及系统运行效率的降低等难题。为解决层次间的复杂接口以及通信开销导致效率低下、操作系统内核代码难以轻易维护等问题，人们提出了微内核的体系结构。这种体系结构是将内核中最基本的功能（如进程管理等）保留在内核，只留下一个很小的内核，而尽量将那些不需要在核心态执行的功能移到用户态执行，由用户进程实现大多数操作系统的功能。那些移出内核的操作系统代码则根据分层的原则划分为若干不同层的服务程序。它们在执行上相互独立，交互时则借助于微内核实现通信。这使得它们之间的接口更加清晰，维护的代价也大大降低。

这种组织方式还使得各部分可以独立地优化和演进，从而保证操作系统的可靠性。这样大大降低了内核的设计复杂性，提高了通信效率。例如为了得到某项服务（如读一文件块），用户进程（即客户进程）把请求发给服务器进程，随后服务器进程完成这个操作并返回信息。操作系统被分为多个部分，每个部分仅处理一个方面的功能，如文件服务、进程服务或存储器服务等，每个部分易于管理。所有的服务都以用户进程的形式运行，不在内核态下运行，所以不直接访问硬件。因此，微内核系统结构的操作系统有较高的灵活性和可扩展性，适合分布式系统。其结构如图1－13所示。

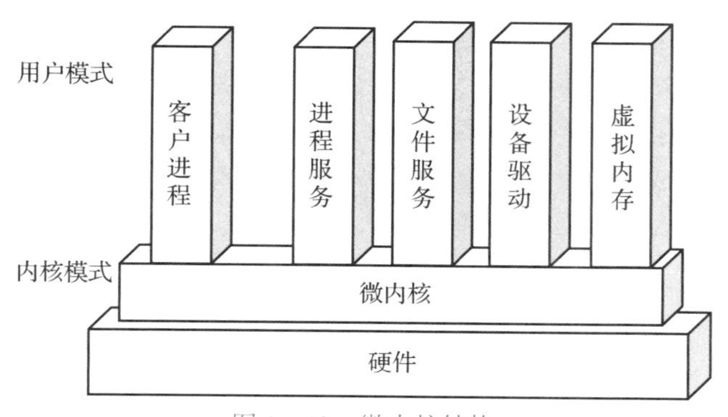

图1－13　微内核结构

微内核结构的最大问题是性能问题，因为需要频繁地在核心态和用户态之间进行切换，操作系统的执行开销偏大。每次应用程序对服务器的调用都要经过两次内核态和用户态的切换，效率较低。因此，有的操作系统将那些频繁使用的系统服务又移回内核，从而保证系统性能。但体系结构不是引起性能下降的主要因素，体系结构带来的性能提升足以弥补切换开销带来的缺陷。为减小切换开销，也有人提出将系统服务作为运行库链接到用户程序的一种解决方案，这样的体系结构称为库操作系统。

1.6　操作系统的接口

为了方便用户使用操作系统，操作系统向用户提供了用户与操作系统的接口，该接口分为命令接口和程序接口。

1.6.1　命令接口

使用命令接口进行作业控制的主要方式有脱机控制方式和联机控制方式两种。脱机控制方式是指用户将对作业的控制要求以作业控制说明书的方式提交给系统，由系统按照作业说明书的规定控制作业的执行。在作业执行过程中，用户无法干涉作业，只能等待作业执行结束之后才能根据结果信息了解作业的执行情况。联机控制方式是指用户利用系统提供的一组键盘命令或其他操作命令和系统会话，交互式地控制程序的执行。其工作过程是用户在系统给出的提示符下键入特定命令，系统在执行完该命令后向用户报告执行结果，然后用户决定下一步操作，如此反复，直到作业执行结束。按作业控制方式的不同，可将命令接口分为联机命令接口和脱机命令接口两种。

1. 联机命令接口

联机命令接口又称为交互式命令接口，它由一组键盘操作命令组成。用户通过控制台或终端键入操作命令，向系统提出各种服务要求。用户每输入一条命令，控制权就转入操作系统的命令解释程序，然后命令解释程序对键入的命令解释执行，完成指定的功能。之后，控制权又转回到控制台或终端，此时用户又可以键入下一条命令。在微机操作系统中，通常把键盘命令分成内部命令和外部命令两大类。

(1) 内部命令。这类命令的特点是完成命令功能的程序短小，使用频繁。它们在系统初始启动时被引导至内存并且常驻内存。

(2) 外部命令。完成这类命令功能的程序较长，各自独立地作为一个文件驻留在磁盘上，当需要它们时，再从磁盘上调入内存运行。

2. 脱机命令接口

脱机命令接口是为批处理用户提供的，也称批处理用户接口。它由一组作业控制语言(JCL)组成。批处理用户不能直接控制自己的作业，只能委托系统代为控制，用户用作业控制语言把需要对作业进行的控制写在作业说明书上，然后将作业连同作业说明书一起交给系统。当作业被执行时，系统就根据作业说明书上的指示对作业进行控制和干预，作业就一直按作业说明书的指示被控制运行，直到结束。

1.6.2 程序接口

程序接口又称为系统调用，是为用户能在程序一级访问操作系统功能而设置的，是用户程序取得操作系统服务的途径。它由一组系统调用构成，每个系统调用完成一个特定的功能。在高级语言中，提供了与各外系统调用相对应的库程序，因而应用系统可以通过调用库程序来使用系统调用。程序接口由系统调用命令（简称系统调用）组成，用户通过在程序中使用这些系统调用命令来请求操作系统提供的服务。用户在程序中可以直接使用这组系统调用命令向系统提出各种服务要求，如使用各种外部设备进行有关磁盘文件的操作申请分配和回收内存以及其他各种控制要求；也可以在程序中使用过程调用语句和编译程序将它们翻译成有关的系统调用命令，再调用系统提供的各种功能或服务。

1. 系统调用

所谓系统调用，就是用户在程序中调用操作系统所提供的一些子功能。具体来讲，系统调用就是通过系统调用命令中断现行程序，而转去执行相应的子程序，以完成特定的系统功能；系统调用完成后，控制又返回到系统调用命令的逻辑后继指令，被中断的程序将继续执行下去。实际上，系统调用不仅可以供用户程序使用，还可以供系统程序使用，以此实现各类系统功能。对于每个操作系统而言，其所提供的系统调用命令条数、格式以及所执行的功能等都不尽相同，即使是同一个操作系统，其不同版本所提供的系统调用命令条数也会有所增减。通常，一个操作系统提供的系统调用命令有几十乃至上百条之多，它们各自有一个唯一的编号或助记符。这些系统调用按功能大致可分为如下几类：

(1) 设备管理。该类系统调用完成设备的请求、释放和设备启动等功能。

(2) 文件管理。该类系统调用完成文件的读写、创建及删除等功能。

（3）进程控制。该类系统调用完成进程的创建、撤销、阻塞及唤醒等功能。

（4）进程通信。该类系统调用完成进程之间的消息传递或信号传递等功能。

（5）内存管理。该类系统调用完成内存的分配、回收，获取作业占用内存区大小及起始地址等功能。

系统调用命令是作为扩充机器指令提供的，目的是增强系统功能，方便用户使用。因此，在一些计算机系统中，把系统调用命令称为广义指令。广义指令与机器指令在性质上是不同的，机器指令是用硬件线路直接实现的，而广义指令则是由操作系统提供的一个或多个子程序模块实现的。

2. 系统调用的执行过程

虽然系统调用命令的具体格式因系统而异，但用户程序进入系统调用的步骤及其执行过程大体上是相同的。用户程序进入系统调用是通过执行调用指令（在有些操作系统中称为访管指令或软中断指令）实现的，当用户程序执行到调用指令时，就中断用户程序的执行，转去执行实现系统调用功能的处理程序。系统调用处理程序的执行过程如下：

（1）为执行系统调用命令做准备。主要工作是保留用户程序的现场，并把系统调用命令的编号等参数放入指定的存储单元。

（2）执行系统调用。根据系统调用命令的编号，访问系统调用入口表，找到相应子程序的入口地址，然后转去执行。这个子程序就是系统调用处理程序。

（3）系统调用执行完成后的处理。主要工作是恢复现场，并把系统调用的返回参数送入指定存储单元，以供用户程序使用。

系统调用与过程（函数）调用的区别，在程序中执行系统调用或过程（函数）调用，虽然都是对某种功能或服务的需求，但两者从调用形式到具体实现都有很大区别。

（1）调用形式不同。过程（函数）使用一般调用指令，其转向地址是固定不变的，包含在跳转语句中；系统调用中不包含处理程序入口，而仅仅提供功能号，按功能号调用。

（2）被调用代码的位置不同。过程（函数）调用是种静态调用，调用者和被调用代码在同一程序内，经过链接后作为目标代码的一部分。当过程升级或修改时，必须重新编译链接。而系统调用是一种动态调用，系统调用的处理代码在调用程序之外（在操作系统中），这样一来，系统调用处理代码升级或修改时，与调用程序无关。而且，调用程序的长度也大大缩短，减少了调用程序占用的存储空间。

（3）提供方式不同。过程（函数）往往由编译系统提供，不同编译系统提供的过程（函数）可以不同；系统调用由操作系统提供，操作系统设计好，系统调用的功能、种类与数量便固定不变了。

（4）调用的实现不同。程序使用一般机器指令（跳转指令）来调用过程（函数），是在用户动态运行的；程序执行系统调用是通过中断机制来实现的，需要从用户态转变到核心态，在管理状态执行，系统调用结束时，返回到用户态。

1.6.3 图形用户接口

图形用户界面接口采用图形化的操作界面，用非常容易识别的各种图标将系统的各项功能、各种应用程序和文件直观、逼真地表示出来。用户可通过点击鼠标完成对应用程序和文件的操作。它是现代操作系统推崇的一种用户接口形式。通过命令接口方式来控制程序的运行虽然有效，但给用户增加了很大的负担，即用户必须记住各种命令，并从键盘键入这些命令以及所需的参数，以控制用户程序的运行。随着大屏幕高分辨率图形显示器和多种交互式输入/输出设备（如鼠标、触摸屏等）的出现，图形用户接口于20世纪80年代后期出现并获得广泛应用。图形用户接口的目标是通过对出现在屏幕上的对象直接进行操作来控制和操纵程序的运行。例如，用键盘或鼠标对菜单中的各种操作进行选择，使命令程序执行用户选定的操作；用户也可以通过拖动滚动条上的滑块在列表框中的选项上滚动，使所要的选项出现在屏幕上，并用鼠标选取的方式来选择操作对象（如文件）；用户还可以用鼠标拖动屏幕上的图形（如某图形或图标）使其移动位置或旋转、放大和缩小。这种图形用户接口大大减少了用户的记忆工作量，其操作方式从原来的记忆并键入改为选择并点取，极大地方便用户，受到用户普遍欢迎。目前图形用户接口是最为常见的人机接口形式，可以认为图形接口是命令接口的图形化。

1.7 操作系统的硬件环境

计算机硬件的组织结构采用冯·诺依曼基本原理，即存储程序控制原理。它一般归纳为控制器、运算器、存储器、输入设备和输出设备五类部件。通常把控制器和运算器称为中央处理机（Central Processing Unit，CPU），把输入设备和输出设备统称为输入/输出设备（I/O设备）。计算机系统便是由软件结合计算机硬件组成的一种层次式结构。层次结构的最大特点是把整体问题局部化，把一个大型复杂的操作系统分解成若干单向依赖的层次，由各层的正确性来保证整个操作系统的正确性。采用层次结构，能使结构清晰，便于调试，有利于功能的增、删和修改，正确性容易得到保证，也提高了系统的可维护性和可移植性。

1.7.1 操作系统相关的硬件环境

操作系统与硬件系统关系密切。这是因为从系统角度来看，计算机系统中的硬件资源在操作系统的组织与管理下能有效完成计算机工作任务，是实现用户服务需求的物质基础；而从用户角度来看，操作系统隐藏了硬件的复杂细节，为用户提供了一台功能经过扩展的机器或“虚拟机”。

操作系统需要硬件提供时钟装置实现系统的管理和维护；而当发生中断时，需要在内存中存在一个固定的区域用来保存现场信息，即栈，发现并响应中断的硬件机构是中断装置；计算机中的处理机是不断动态变化的，操作系统和用户运行的程序执行着特权指令和非特权指令；在多道程序环境下，内存中存放的进程是物理地址，而编写程序时采用的是逻辑地址，逻辑地址转换成物理地址需要硬件提供地址映射机构；进程在内存中执行时为了防止程序的地址越界访问，还需要存储保护装置；为了使处理机从繁重的输入输出操作中解脱出来，计算机提供了通道和DMA控制器。

1. 定时装置

操作系统的定时器原理是，操作系统维护了一个定时器节点的链表，新增一个定时器节点时，设置一个 jiffies 值，这是触发定时中断的频率。当 1 s 触发 100 次时，即 10 ms 一次。新增一个定时器的 jiffies 值是 2，那么经过两次定时中断后就会被执行。jiffies 值在每次定时中断时会加 1。

2. 系统栈

系统栈（也叫核心栈、内核栈）是内存中属于操作系统空间的一块区域，其主要用途如下：

（1）保存中断现场，对于嵌套中断，被中断程序的现场信息依次压入系统栈，中断返回时逆序弹出；

（2）保存操作系统子程序间相互调用的参数、返回值、返回点以及子程序（函数）的局部变量。

调用栈最经常被用于存放子程序的返回地址。在调用任何子程序时，主程序都必须暂存子程序运行完毕后应该返回到的地址。因此，如果被调用的子程序还要调用其他的子程序，其自身的返回地址就必须存入调用栈，在其自身运行完毕后再行取回。在递归程序中，每一层次递归都必须在调用栈上增加一条地址，因此如果程序出现无限递归（或仅仅是过多的递归层次），调用栈就会产生栈溢出。栈溢出就是缓冲区溢出的一种。由于缓冲区溢出而使得有用的存储单元被改写，往往会引发不可预料的后果。在程序运行过程中，为了临时存取数据的需要，一般都要分配一些内存空间，通常称这些空间为缓冲区。如果向缓冲区中写入超过其本身长度的数据，以致缓冲区无法容纳，就会造成缓冲区以外的存储单元被改写，这种现象就称为缓冲区溢出。缓冲区长度一般与用户自己定义的缓冲变量的类型有关。

3. 中断装置

计算机系统中发现并响应中断/异常的硬件装置称为中断装置。由于中断源的多样性，硬件实现的中断装置有多重，分别处理不同类型的中断。这些中断装置因计算机而异，通常有：①处理机外的中断：由中断控制器发现和响应；②处理机内的异常：由指令的控制逻辑和实现线路发现和响应，响应机制称为陷阱；③请求操作系统服务的系统异常：处理机执行陷入指令时直接触发，响应机制称为系统陷阱。

中断控制器是 CPU 中的一个控制部件，包括中断控制逻辑线路和中断寄存器。外部设备向其发出中断请求 IRQ，在中断寄存器中设置已发生的中断。指令处理结束前，会检查中断寄存器，若有不被屏蔽的中断产生，则改变处理机内操作的顺序，引出操作系统中的中断处理程序。陷阱与系统陷阱是指令的逻辑实现线路的一部分，执行指令出现异常后，会根据异常情况转向操作系统的异常处理程序。出现虚拟地址异常后，需要重新执行指令，往往越过陷阱独立设置页面异常处理程序。执行陷入指令后，越过陷阱处理，触发系统陷阱，激活系统调用处理程序。在中断响应过程中发现中断源，提出中断请求。

4. 处理机

进入系统中的程序需要在处理机上执行，如果系统中只有一个处理机，则称为单机系统；若有多个处理机，则称为多机系统。一般的处理机由运算器、控制器、寄存器和高速缓存构成。运算器实现任何指令的算术和逻辑运算；控制器用来控制程序运行的顺序；寄存器用来存储指令在处理机内部处理过程中暂存的数据、地址及指令信息；高速缓存位于处理机寄存器与内存之间，一般由控制器中的内存管理单元（MMU）管理，其访问速度低于寄存器，高于内存。

1）处理机的工作方式

处理机在处理指令时先从存储器中每次读取一条指令，然后执行这条指令，处理这样一个单条指令的过程称为一个指令周期。程序的执行就是在不断地取指令和执行指令。只有当发生某些未知的错误或者发生关机指令时，程序才会停止。

每个指令周期开始时，处理机根据程序计数器中保存的指令地址，从存储器中取一条指令，并在取指令完成后，根据指令类别自动将程序计数器的值变成下一条指令的地址，通常是自加1。取到的指令被放在处理机的指令寄存器中，指令中包含处理机要采取的动作的位，处理机于是解释并执行所要求的动作。执行过程如图1－14所示。

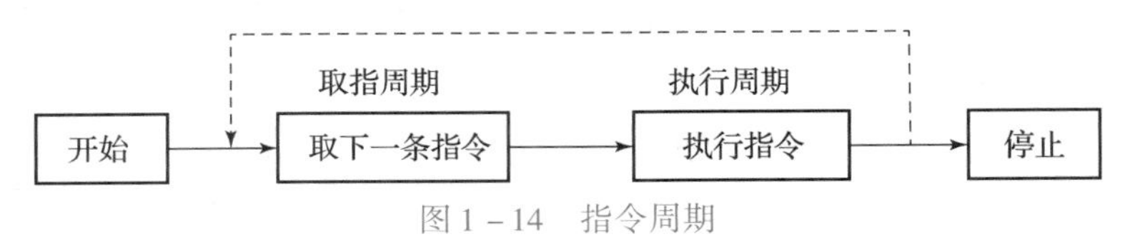

图1－14　指令周期

2）特权指令与非特权指令

所谓特权指令是指只能由操作系统使用而普通用户不允许使用的指令，如启动某设备指令、设置时钟指令、控制中断屏蔽指令、清内存指令、存储保护指令等。

所谓非特权指令是指操作系统和普通用户都可以使用的指令。

3）处理机的状态

处理机有时执行操作系统的程序，有时执行用户程序，根据运行程序对资源和机器指令的使用权限不同而将此时的处理机工作状态划分为管态和目态。

管态也称为系统态，是指操作系统管理程序运行时的状态，具有较高的特权级别。

目态也称为用户态，是指一般用户程序运行时的状态，具有较低的特权级别。

当处理机处于管态时，特权指令和非特权指令都可以执行，可使用所有资源，并能改变处理机的状态；当处理机处于目态时，只能执行非特权指令。

5. 存储保护装置

计算机系统资源为一同执行的多个用户程序所共享。就内存来说，它同时存有多个用户程序和系统软件。为使系统正常工作，必须防止由于一个用户程序出错而破坏同时存在于内存内的系统软件或其他用户程序，还必须防止一个用户程序不合法的访问并非分配给它内存区域。因此，存储保护是多道程序和多处理机系统必不可少的部分。

内存保护是存储保护的重要环节。内存保护一般有存储区域保护和访问方式保护。存储区域保护可采用界限寄存器方式，由系统软件经特权指令给定上、下界寄存器内容，从而划定每个用户程序的区域，禁止越界访问。界限寄存器方式只适用于每个用户程序占用一个或几个连续的内存区域，而对于虚拟存储器系统，由于一个用户的各页离散地分布于内存内，就需要采用键式保护和环状保护等方式。键式保护是由操作系统为每个存储页面规定存储键，存取存储器操作带有访问键，当两键符合时才允许执行存取操作，从而保护别的程序区域不被侵犯，环状保护是把系统程序和用户程序按重要性分层，称为环，对每个环都规定访问它的级别，违反规定的存取操作是非法的，以此实现对正在执行的程序的保护。

6. 通道和 DMA 控制器

DMA 方式在 I/O 设备与外设之间有直接数据通路，传送过程中不需要 CPU 参与，而是 DMA 控制器控制完成。DMA 的工作过程：

（1）预处理：CPU 收到设备发出的 DMA 请求，它作为司令，会向 DMA 发布一些命令，启动 DMA，测试 I/O 设备，初始化寄存器等。

（2）数据传送：完全由 DMA 硬件完成。

（3）后处理：完成数据传送后，DMA 控制器向 CPU 发送中断请求。

通道方式是 I/O 通道指专门负责输入/输出的处理机，每个通道都挂接外设，主机在执行 I/O 命令时，只需要启动通道，然后通道会执行通道程序。通道方式是对 DMA 方式的发展，由一个数据块的读写发展成为对一组数据块的处理。通道的工作过程：CPU 只要向 I/O 通道发送一条 I/O 指令，哪怕是一组相关的读写操作，通道就会执行通道程序，完成一组数据的传送。DMA 与通道方式的区别：

（1）一些控制信息，如数据块的大小、内存位置，在 DMA 方式下由 CPU 来控制，但是在通道方式下由通道控制。

（2）每个 DMA 控制器对应一台设备与内存交换数据，但是通道可以控制多台设备与内存的数据进行交换。

1.7.2　中断

中断是指程序执行过程中，由于某些事件的出现，暂时中止 CPU 上现行程序的运行，转去处理出现的事件，待处理完成后再返回原程序被中断处或调度其他程序执行的过程。引起中断的事件称为中断源。中断事件通常由硬件发出，对出现的事件进行处理的程序称为中断处理程序。中断处理程序是由操作系统来控制的，属于操作系统的组成部分。

因为中断受某些事件出现的影响，产生具有随机性，什么时间发生中断、什么原因发生中断与正在执行的进程一般没有逻辑关系，中断产生后会自动处理，当中断结束后，也会自动恢复被中断的进程。在计算机系统中中断技术对于操作系统管理计算机的任务是非常重要的，典型的中断包括以下几种：

（1）程序中断：由指令执行的结果产生，如算术溢出、除数为 0、执行非法的机器指令以及访问非法地址。

（2）时钟中断：由处理机的计时器产生，允许操作系统以一定规律执行函数。

（3）I/O 中断：由 I/O 控制器产生，用于通知处理机一个操作正常完成或出现错误。

（4）硬件故障中断：由诸如掉电或存储器奇偶错误之类的故障产生。

1.8　典型操作系统

操作系统目前主流的发展方向不仅运行在服务器计算机系统中，也运行在个人计算机以及出现在生活中不可或缺的各种智能移动设备上。常见的在这些机器和设备上运行的操作系统有 Windows、macOS、Linux、UNIX、Android、鸿蒙等。下面我们来简要介绍这些常用的操作系统。

1.8.1 Windows

微软下的 Windows 是美国微软公司研发的一套操作系统，它问世于 1985 年，起初仅仅是 Microsoft - DOS 模拟环境，由于微软不断更新升级，后续的系统版本不但易用，而且慢慢成为人们最喜爱的操作系统。

Windows 采用了图形化模式 GUI，比起从前的 DOS 需要键入指令使用的方式更为人性化。随着电脑硬件和软件的不断升级，微软的 Windows 也在不断升级，从架构的 16 位、16 +32 位混合版（Windows9x）、32 位再到 64 位，系统版本从最初的 Windows 1.0 到大家熟知的 Windows 95、Windows 98、Windows ME、Windows 2000、Windows 2003、Windows XP、Windows Vista、Windows 7、Windows 8、Windows 8.1、Windows 10、Windows 11 和 Windows Server，服务器企业级操作系统不断持续更新，微软一直在致力于 Windows 操作系统的开发和完善。现在最新的正式版本是 Windows 11。

Windows 11 是由微软公司开发的操作系统，应用于计算机和平板电脑等设备，于 2021 年 6 月 24 日正式发布，10 月 5 日上市。

Windows 11 提供了许多创新功能，旨在支持当前的混合工作环境，侧重于在灵活多变的全新体验中提高最终用户的工作效率。

截至 2021 年 10 月 5 日，Windows 11 已向测试用户推送 Dev 预览版、Beta 预览版、正式版。

个人计算机上占主要地位的是 Windows 系统。它是微软公司开发的微机操作系统，主要分为桌面和服务器、移动三大系列。这里我们拿市场上流行的 Windows NT 系列的产品进行讨论和说明 Windows 产品，选择 Windows NT 系统系列，是因为面向工作站、网络服务器和大型计算机的网络操作系统也可做 PC 操作系统。它与通信服务紧密集成，基于 OS/2 NT 基础编制。现有的和今后的 Windows 产品都是从 Windows NT 发展而来，系统架构已经非常稳定，总体的框架没有发生大的变化。为解释说明 Windows 产品的各种特性，我们首先在这里介绍操作系统的设计目标。

1. 设计目标

操作系统的设计目标是操作系统的基本问题，怎么去解决并且解决好操作系统质量问题是其重要内容。

1）操作系统的设计结构

操作系统的设计是系统开发的重要问题，它不同于其他一般的应用系统的开发设计，要针对复杂程度高的操作系统设计问题，解决其保证系统的正确性及开发周期过长等多个关键性问题。需要采用良好的系统结构、先进的开发方法、工程化的管理方法和高效的开发工具作为开发手段。

2）操作系统的设计目标

作为操作系统的设计目标，我们必须要考虑到其可靠性、高效性、简明性、易维护性、易移植性、安全性、可适应性等。微软公司是在对市场进行了大量的调研后，通过提高操作系统的开发技术来实现其目标的。

在 Windows 系统的设计中，系统开发过程中的原则是利用市场需求驱动设计作为目标，操作系统的市场需求主要有：能够提供 32 位的虚拟主存操作系统；能够运行在多平台和硬件体系结构上；能够在良好、可伸缩性的对称多处理系统上运行；能够作为网络客户，又是网络服务器的优秀的分布式计算平台；能够运行现有 16 位 MS－DOS 和 Microsoft Windows 3.1 应用程序；保障操作系统的安全；适应市场的需要；具有可扩充性和可移植性。

微软公司的 Windows 是通过对这些需求的分析来设计实现的。

2. 系统模型

Windows 操作系统的系统模型结构主要可以分为两大类，强内核系统和微内核系统。Windows NT 系统采用的系统模型结构是在层次型基础上的微内核，也就是客户/服务器结构组成的结构。它可以应用在网络环境下及分布式处理的计算环境，是由微内核和若干服务两大部分组成。其主要特点是机制与策略分离得彻底、可靠、灵活，适合分布式计算的需求服务，其缺点是工作效率较低。另外，分层式的模块 Windows 系统结构主要的层次包括硬件抽象层、内核和大量的子系统集合等，但这里面的子系统集合只能在用户模式下运行，而硬件抽象层和内核能在保护模式下运行。

Windows 操作系统的内核是由用户态组件和核心态组件两部分构成的。

用户态组件中的系统支持进程不是 Windows 的服务，不能由服务控制器启动服务。Windows 的服务进程，由服务控制器启动，然后再由环境子系统向应用程序提供操作系统功能调用接口，它包括的接口有 Win32、POSIX 和 OS/2。应用程序支持 Win32、Windows 3.1、MS－DOS、POSIX、OS/2 这五种在系统中运行，适用于调用层转换和映射子系统的动态链接库。

在核心态组件中 kernel/核心的内核有最低级的操作系统功能。包括线程调度、中断和异常调度、多处理机同步等常见功能。当然它能提供执行体用来实现高级结构的基本对象及一组例程。那么执行体就包含了基本的操作系统服务，有主存管理器、进程和线程管理安全控制、I/O 以及进程间的通信等服务。硬件抽象层是将内核、设备驱动程序和执行体与硬件进行分隔，从而实现硬件映射的功能。设备驱动程序都包括了文件系统和硬件设备驱动程序等文件，硬件设备驱动程序可以将用户的 I/O 函数调用转换为硬件设备的 I/O 请求。窗口和图形系统可以实现图形用户界面的各种基本函数。

Windows 的系统构成如图 1－15 所示。内核以 Windows 为中心，除了向 Windows 执行体提供创建内核对象实例之外，主要执行以下 4 方面任务：

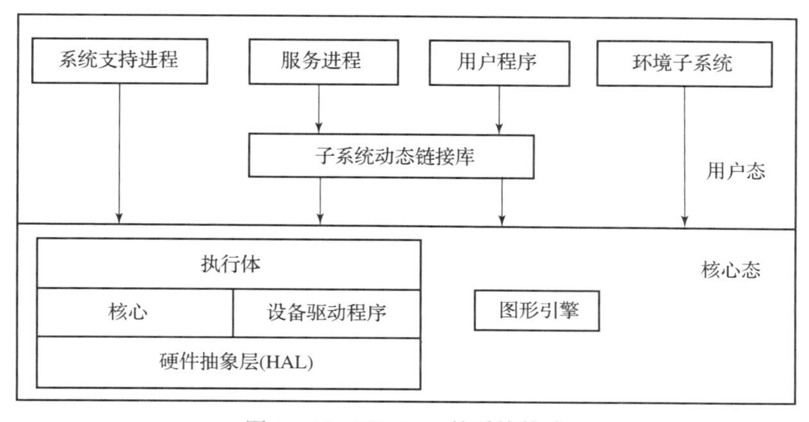

图 1－15　Windows 的系统构成

(1) 调度线程的执行;
(2) 当发生中断和异常时，利用系统控制进行程序处理;
(3) 多处理机同步执行;
(4) 能够实现系统的恢复。

1.8.2 macOS

macOS 是由苹果公司（Apple Inc.）开发的计算机操作系统，主要服务于苹果公司自家的计算机。

macOS 是基于 UNIX 衍生而来的图形化操作系统，由苹果公司自行开发。起初被苹果公司用来作为商品出售，例如 2012 年售价 69 美元的、被装在 U 盘里的 OS X Lion。但是到了 2013 年，苹果公司放弃了售卖系统，转而决定将 macOS 作为自家计算机的免费出厂操作系统。

北京时间 2011 年 7 月 20 日 Mac OS X 已经正式被苹果公司改名为 OS X。北京时间 2016 年 6 月 14 日 OS X 被改名为 macOS。目前最新的版本是 macOS Big Sur，版本号为 11.5.2。

苹果公司（当时名为苹果电脑）于 1984 年 1 月发布了该公司的第一台 PC 麦金塔什个人电脑（Macintosh128K）。该电脑配置的操作系统当时被简单地称为系统软件。该系统一直发布到 System 7 之后，于 7.6 版本更名为 Mac OS。Mac OS 是第一个基于 FreeBSD 系统，并采用“面向对象操作系统”的操作系统。“面向对象操作系统”是史蒂夫·乔布斯（Steve Jobs）于 1985 年被迫离开苹果公司后成立的 NEXT 公司所开发的。之后，苹果公司收购了 NEXT 公司。具有十年历史的 Mac OS 具有很多局限性，其中之一的限制是达到了 PC 单一用户使用的限制。史蒂夫·乔布斯重新担任苹果公司 CEO 之后，苹果公司经过多年的努力，尝试推出合作式多任务（co - operative multitasking）的架构。这使得 Mac 开始使用的 Mac OS 系统得以整合到 NEXT 公司开发的 OpenStep 系统上。在 Mac OS 9 之后，乔布斯带领苹果公司花费了两年重写了麦金塔什的 API 称为 Carbon 的 UNIX 程序库。这使得 Mac OS 的应用程序可以轻易地移植，得到 Carbon 的支持；那些使用旧的 Toolkits（工具集）编写的应用程序可以使用经典的（Classic）Mac OS 9 模拟器来支持。这极大地鼓励和带动了使用 C、C ++、Java 和 Python 等语言的开发者使用新的操作系统。在此期间，这款操作系统的底层（Mach 核心和 BSD 层在其之上）进行了重新封装，并以开源代码的方式推出新的核心——Darwin。Darwin 核心具有非常好的稳定性，并成为具有匹敌其他 UNIX 实现的弹性操作系统。苹果公司利用了这些独立开放源代码项目和开发人员的贡献，不断地改进麦金塔什系统。1999 年 1 月苹果公司推出了全新的 Mac OS X Server1.0。2000 年发布了 Mac OS X 的公开测试版，直到 2001 年 3 月 24 日发布了官方推出的完整的称为 Cheetah 的 Mac OS X 版本 10.0。2001 年 9 月推出了称为 Puma 的 10.1 版，直到 2012 年 7 月名为 Mountain Lion 的 10.8 版均命名为猫科动物的名称。2013 年 10 月 OS X 10.9 发布并以新的风景区“Mavericks（冲浪湾）”命名之后，OS X 系统也迎来最重大的改变，后续版本均使用风景区的名字命名，并支持免费升级，同时苹果公司承诺用户可以免费获得后续更新。这些新版本的系统分别是 OS X v10.10 “Yosemite”、OS X v10.11 “EI Capitan”。2016 年 9 月苹果公司将之后的 OS X 均命名为 mac OS 操作系统，它们分别是 MacOS v10.12 “Sierra”、Ma OS v10. 13 “High Sierra”、

Mac OS v10. 14 “Mojave”。Darwin 是 Mac OS 的基础部分（或者称为 CoreOS），它也是一款开放源代码的类 UNIX 操作系统。它大体由 XNU 内核和 UNIX 工具两部分组成。严格来说，Mac OS 的内核是 XNU。虽然 Mac OS 已经通过 UNIX 认证，然而 XNU 的全称和 GNU 格式一样，是 XNU 不是 UNIX 的意思。XNU 是 Mac OS 的核心部分。它是一款结合了微内核与宏内核特性的混合内核。它由三个部分构成：Mach、BSD 和 I/O - Kit。Mach 原来是一款微内核操作系统的核心，XNU 中的 Mach 来自开发软件基金 Mach 内核（Open - Software - Foundation - Mach - Kernel）的 OS EMK7. 3。它是 Mac OS 内核中最重要的部分，负责 CPU 调度、主存保护等功能。XNU 中大部分代码来自它，而且 Mac OS 中的可执行文件也是 Mach - o 格式。XNU 进程管理、UNIX 文件权限、网络堆栈、虚拟文件系统、POSIX 兼容的是一个经过修改的 BSD。这也是 Mac OS 符合单一 UNIX 规范的原因，或者是它通过 UNIX 认证的理由。

I/O - Kit 是 XNU 内核中的开源框架，为了方便开发人员为苹果公司的 Mac OS 和 iOS 操作系统编写设备驱动程序代码。它是从 NeXTSTEP 的 DriverKit 演化而来的，不同于 Mac OS 9 或 BSD 的设备驱动程序框架。Darwin 核心还包括部分 UNIX 工具。这些工具较为丰富，有苹果公司开发的，还有第三方开发的。苹果公司开发的 Launchd 是一款统一服务管理的框架，它用于启动、停止和管理 Mac OS 中的守护进程、应用程序、进程和脚本服务，支持多线程，比传统的 UNIX 初始化程序效率高。Launchd 被移植到 FreeBSD 平台，其设计思想被 Linux 发行版中的主流系统初始化程序 systemd 借鉴。Mac OS 和 iOS 中的应用程序编程接口 Corefoundation 作为低级例程和包装函数的混合库。另外还有 Quartz，其是 Mac OS 的 UNIX 操作系统的图形框架。苹果公司创建的面向对象 API 是 Mac OS X 的 Cocoa。它的面向对象开发框是 MacOSxEnRAr50，开发语言是 Objective - C。

苹果公司基于 Mac OS X 操作系统开发的移动操作系统公布于 2007 年 1 月 9 日的 Macworld 大会。目前这个操作系统安装在 iPhone、iPod - touch、iPad 等移动产品上。同年 6 月发布第一版操作系统，称为 iPhone - Runs - OS - X。之后在 2008 年 3 月 6 日，苹果公司发布第一个测试版开发包，将 iPhone - Runs - OS - X 改名为 iPhone - OS。最后在 2010 年 6 月，苹果公司将 iPhone - OS 改名为 iOS，并发布了 iOS4，它还获得了思科 iOS 的名称授权。到 2011 年 10 月 4 年的时间里，开发人员利用开发包在 iOS 平台上开发出了近 50 万个应用程序。2018 年 9 月苹果公司在新品发布会上称搭载苹果 iOS 系统设备已达 20 亿部。这些数据显示了移动设备以及移动设备操作系统所支持的应用的受欢迎程度。iOS 内置应用程序如 Siri、FaceTime、Safari、Game Center、相机、Airdrop App、Store、iCloud 等，系统提供的控制中心、通知中心、多任务处理能力变得越来越强。

操作系统在设计上提供内置的安全，iOS 设计了低层级的硬件和固件功能，用以防止恶意软件和病毒，并设计有高层级的功能，有助于在访问个人信息和企业数据时确保其安全性。触屏的软件键盘设计可以支持 50 多种语言输入和内置词典，VoiceOver 功能可支持 35 种以上语言阅读屏幕中的内容，语音控制功能支持 20 多种语言可进行阅读。利用多点触控操作的 iOS 用户界面是支持通过操作系统提供复杂有效的手势操作的，这种交互界面不同于过去的键盘命令行模式、图形界面上的鼠标模式。iOS 系统结构由四个层级构成，它们是可触摸层、媒体层、核心服务层及核心系统层。每个层级都能提供不同的服务。操作系统的核心基础服务由文件系统、内存管理、I/O 操作等从低层级结构开始提供。高层级结构是在低层级结构的基础上提供具体服务的。

1.8.3 Linux

Linux 操作系统是 UNIX 操作系统的一种克隆系统。它诞生于 1991 年 10 月 5 日。借助于 Internet，并经过全世界各地计算机爱好者的共同努力，它现已成为目前世界上使用最多的 UNIX 操作系统，并且使用人数还在迅猛增长。Linux 操作系统的诞生、发展和成长过程始终依赖着以下 5 个重要支柱：UNIX 操作系统、MINIX 操作系统、GNU 计划、POSIX 标准和 Internet 网络。

1. Linux 的产生

1981 年 IBM 公司推出微型计算机 IBM－PC。

1981—1991 年间，DOS 操作系统一直是微机上操作系统的主宰。此时计算机硬件价格虽逐年下降，但软件价格仍居高不下。当时 Apple 的 MacOS 操作系统可以说是性能最好的，但是价格非常昂贵。

1991 年，GNU 计划已经开发出了许多工具软件。

1991 年初，林纳斯·托瓦兹开始在一台 386sx 兼容微机上学习 MINIX 操作系统。通过学习，他逐渐不能满足于 MINIX 系统的现有性能，并开始酝酿开发一个新的免费操作系统。

从 1991 年的 4 月份开始，林纳斯·托瓦兹几乎花了全部时间研究 386－MINIX 系统（hack the kernel），并且尝试着移植 GNU 的软件到该系统上（GNU gcc、bash、gdb 等）。

1991 年 4 月 13 日在 comp. os. minix 上发布说自己已经成功地将 bash 移植到了 minix 上。

1991 年 7 月 3 日，林纳斯·托瓦兹在 comp. os. minix 上透露了他正在进行 Linux 系统的开发，并且在 Linux 最初的时候已经想到要实现与 POSIX 的兼容问题了。

1991 年的 10 月 5 日，林纳斯·托瓦兹在 comp. os. minix 新闻组上发布消息，正式向外宣布 Linux 内核系统的诞生。这段消息可以称为 Linux 的诞生宣言，并且一直广为流传。因此 10 月 5 日对 Linux 社区来说是一个特殊的日子，许多后来 Linux 的新版本发布都选择了这个日子。

2. Linux 的特点

Linux 功能强大而全面，目前从 2.4 版本以后的内核源代码就有上百万行之多。如果能通读所有的代码，也许可以发现如下相关特点：

（1）Linux 与 UNIX 兼容。Linux 具有 UNIX 的全部特征，遵循 POSIX 标准。Linux 工具和实用程序都有相对应的 UNIX 功能。

（2）软件自由和源码公开。Linux 项目从一开始就与 GNU 项目紧密结合起来，其许多重要组成部分直接来自 GNU 项目。

（3）性能高且安全性强。因为 Linux 源代码是公开的，系统的安全性更有保证，一旦发现了漏洞可以修补，并将它发布到操作系统原理与实践 Internet 上，所有用户可更新。

（4）方便于再开发。

（5）具有强大的互操作性。Linux 操作系统能以不同方式实现与非 Linux 操作系统的不同层次的互操作。包括客户/服务器网络、工作站和仿真。

Linux 操作系统与大多数 UNIX 操作系统一样，是多进程和多线程的系统。具有全面的多任务和真正的 32 位及 64 位的操作系统，并允许多个用户同时在一个系统上运行多道程序。

3. Linux 系统模型

操作系统内核的结构模式主要包括层次式微内核模式和整体式单内核模式。微内核设计的一个优点是在不影响系统其他部分的情况下，用更高效的实现代替现有系统模块的工作。另一个优点是不需要的模块将不会被加载到主存中，因此微内核就可以更有效地利用主存。单内核模式的主要优点是内核代码结构紧凑、执行速度快，不足之处主要是层次结构性不强。Linux 内核基本上是单一的，但并非集成内核。

1）Linux 内核模式

Linux 操作系统的结构上早期采用单内核模式。不断地开发和更新内核后，在设计方面，Linux 的内核模块系统将微内核的很多优点引入单内核设计中，产生了 Linux 内核由微内核和单一内核的混合。系统的层次化或模块化的程度通过体系结构中的进程和内核的交互方式决定。Linux 内核不是严格层次化、模块化及任何类型的，而是以实用为主要依据。Linux 的内核展现出了几个相互关联的设计目标，它们依次是：清晰性、兼容性、可移植性、健壮性、安全性和速度。这些目标有时是互补的，有时则是矛盾的。但是它们被尽可能地保持在相互一致的状态，内核设计和实现的特性通常都要回归到这些问题上来。

2）Linux 内核结构

Linux 内核主要由 5 个模块构成，它们分别是进程调度模块、内存管理模块、文件系统模块、进程间通信模块和网络接口模块。如图 1－16 所示为 Linux 内核五个模块之间的依赖关系，图中的实线表示数据流，虚线表示控制或信号流。

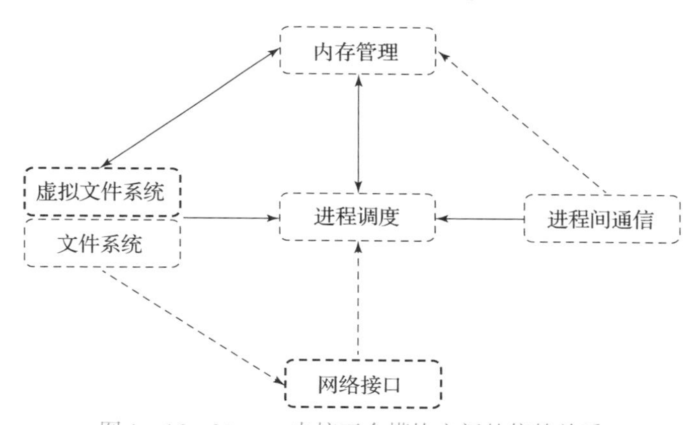

图 1－16 Linux 内核五个模块之间的依赖关系

Linux 系统进程控制系统由进程调度模块和进程间通信模块构成，用于进程管理、进程同步、进程通信、进程调度等。Linux 系统主存管理模块控制主存分配与回收。系统通过交换和请求式分页两种策略管理主存。Linux 系统的文件系统模块管理文件、分配文件空间、管理空闲空间、控制对文件的访问及用户检索数据。进程通过一组特定的系统调用与文件系统交互作用。Linux 系统的虚拟文件系统支持多种不同的文件系统，每个文件系统都要提供给 VFS 一个相同的接口，所有的文件系统对系统内核和系统中的程序都是相同的，因为它们都只面向 VFS 的接口。通过 VFS 层，允许用户同时在系统中安装多个不同的文件系统。Linux 系统支持字符设备、块级设备和网络设备三种类型的硬件设备。字符设备和块级设备通常作为特殊的设备文件，但管理、控制和访问的方法与对普通文件管理、控制和访问的方法相同。网络设备通过网络接口模块实现控制和访问。Linux 系统和设备驱动程序之间能使用标准的交互接口。从而使内核使用同样的方法，使用完全不同的各种设备。Linux 系统内核结构的详细框图分成用户层、核心层和硬件层三个层次。将操作系统划分为内核和系统程序两部分。系统程序及其他所有的程序运行在内核上，由操作系统提供的系统调用来定义与内核之间的接口，用程序使用系统调用来和内核进行交互。在用户模式下运行内核之外的所有程序必须通过系统调用进入，调用运行内核程序为核外程序的请求服务。下面通过如图 1－17 所示的 Linux 系统内核结构的详细框图介绍系统内核的关系。

<table>
<tr><td>用户层</td><td colspan="6">用户级进程</td></tr>
<tr><td rowspan="5">核心层</td><td colspan="6">系统调用接口</td></tr>
<tr><td rowspan="2">虚拟主存</td><td rowspan="2">调度器与内核定时器</td><td rowspan="2">网络协议</td><td colspan="3">虚拟文件系统</td></tr>
<tr><td>Ext2 文件系统</td><td>NFS 文件系统</td><td>其他文件系统</td></tr>
<tr><td colspan="6">总线驱动器</td></tr>
<tr><td colspan="6">卡与设备驱动器</td></tr>
<tr><td>硬件层</td><td colspan="6">物理硬件</td></tr>
</table>

图 1－17　Linux 系统内核结构的详细框图

1.8.4　UNIX

UNIX 操作系统是在 1980 年开始制定的开放操作系统。标准 POSLX 为操作系统的发展起到了极大的推动作用。后来，IEEE 制定的 POSIX 标准（ISO/EC 9945）成为 UNIX 系统的基础部分。1984 年，Richard Sallman 发起了 GNU 项目，目标是创建一个完全自由且向下兼容 UNIX 的操作系统。这个项目不断发展壮大，包含了越来越多的内容。现在，GNU 项目的产品，如 Emacs、GCC 等已经成为各种其他自由发布的类 UNIX 系统中的核心角色。1990 年，芬兰人 Linus Torvalds 基于 UNIX 编写了一个初名为 Linus'Minix 的内核，后来改名为 Linux。1991 年该内核正式发布，当时 GNU 操作系统还未完成。将 GNU 系统软件集与 Linux 内核结合后，GNU 软件构成了这个 POSIX 兼容操作系统 GNU/Linux 的基础。Solaris 是 1993 年由 SunOS 改名而来，开始转向支持 AT&T 公司的 System V release4 版本。1993 年 UNIX 商标被 Novell 公司购得。1994 年 Solaris 2. 4 发布，1995 年 Solaris 2. 5 发布，1997 年 Solaris 2. 6 生效，1998 年 Solaris 7 发布。2000 年 Solaris 8 发布，2001 年 Solaris 9 测试版在 3 季度发布。从 Solaris 8 开始，Solaris 除了能在 Sun 公司自己的 SPARC 系列处理机上运行外，还可以运行在 Intel 处理机平台上。

UNIX 操作系统是一个强大的、多用户、多任务的分时操作系统，支持多种处理机架构。国际开放标准组织拥有对 UNIX 的认证权。目前，只有匹配单一 UNIX 规范的 UNIX 系统才能使用 UNIX 这个名称，否则只能称为类 UNIX（UNIX－like）。UNIX 系统由于具有安全可靠、高效强大的特点，所以UNIX操作系统在服务器领域具有广泛的应用价值，特别是在超级计算机等的主流操作系统，起到科学计算服务的作用。UNIX操作系统也成为大型机、超级计算机所用的操作系统。直到2000年GNU/Linux开始流行起来后，UNIX才逐渐被替代。经过几十年的发展，UNIX变得更加成熟和完善。UNIX不仅仅是一个操作系统，更是计算机科学中的设计哲学。促使大批的开发人员在维护、开发、使用UNIX的同时，逐渐地受到UNIX独特的设计哲学的影响，使他们的思维方式和观察角度有了很大的变化。可以从这些设计哲学了解其重要的设计原则：

（1）简洁至上（KISS原则）；

（2）提供机制而非策略；

（3）标准。

UNIX系统的基本结构分为五层：最底层是裸机（硬件部分）；第二层是UNIX的核心，直接建立在裸机的上面，实现操作系统重要的功能，如进程管理、存储管理、设备管理、文件管理、网络管理等，用户不能直接执行UNIX内核中的程序，而是通过系统调用的指令，用规定的方法访问核心，来获得系统服务；第三层是系统调用，它构成了第四层应用程序层和第二层核心层之间的接口界面；第四层应用层主要提供了UNIX系统的核外支持程序，如文本编辑处理程序、编译程序、系统命令程序、通信软件包和窗口图形软件包、各种库函数及用户自编程序；最后最外层Shell解释程序，作为用户与操作系统交互的接口，用来分析用户键入的命令和解释并执行命令，Shell中的一些内部命令可不经过应用层，直接系统调用访问核心层。

从软件定义角度出发，操作系统就是一种软件。它的作用是控制计算机硬件资源，提供程序运行环境。从系统结构中可以发现UNIX的体系结构从内到外包括内核、系统调用、Shell、库函数、应用软件。其中控制计算机硬件资源提供程序运行环境的软件称为内核。硬件内核的接口是系统调用。把公用函数库内核构建在系统调用接口上，应用程序就既可使用公用函数系统调用库也能使用系统调用。外壳作为特殊的应用软件程序，为运行在其他应用程序的服务提供一个命令行接口或图形接口。

1.8.5 Android

安卓（Android）是一种基于Linux内核（不包含GNU组件）的自由及开放源代码的操作系统。主要使用于移动设备，如智能手机和平板电脑，由美国Google公司和开放手机联盟领导及开发。Android操作系统最初由Andy Rubin开发，主要支持手机。2005年8月由Google收购注资。2007年11月，Google与84家硬件制造商、软件开发商及电信营运商组建开放手机联盟共同研发改良Android系统。随后Google以Apache开源许可证的授权方式，发布了Android的源代码。第一部Android智能手机发布于2008年10月。Android逐渐扩展到平板电脑及其他领域上，如电视、数码相机、游戏机、智能手表等。2011年第一季度，Android在全球的市场份额首次超过塞班系统，跃居全球第一。2013年的第四季度，Android平台手机的全球市场份额已经达到78.1%。2013年09月24日谷歌开发的操作系统Android迎来了5岁生日，全世界采用这款系统的设备数量已经达到10亿台。

2021年5月19日凌晨，谷歌宣布Android 12正式到来，测试版可供下载。

1. Android 的主要特点和优势

1）开放性

在优势方面，Android 平台首先就是其开放性，开发的平台允许任何移动终端厂商加入 Android 联盟中来。显著的开放性可以使其拥有更多的开发者，随着用户和应用的日益丰富，一个崭新的平台也将很快走向成熟。

开放性对于 Android 的发展而言，有利于积累人气，这里的人气包括消费者和厂商，而对于消费者来讲，最大的受益正是丰富的软件资源。开放的平台也会带来更大竞争，如此一来，消费者可以用更低的价位购得心仪的手机。同时也可以通过使用一些第三方优化过的系统刷机来实现更好的用户体验，如 MIUI，Flyme 等。

2）厂商支持

这一点还是与 Android 平台的开放性相关，由于 Android 的开放性，众多的厂商会推出千奇百怪、各具功能特色的多种产品。功能上的差异和特色不会影响到数据同步和软件的兼容，如从诺基亚 Symbian 风格手机改用苹果 iPhone，可将 Symbian 中优秀的软件带到 iPhone 上使用，联系人等资料更是可以方便地转移。

3）多元化

Android 系统可应用在智能手机、平板电脑、智能电视、智能家电、机顶盒、车载电子设备，以及其他的创意智能产品上。

4）应用程序间的无界限

Android 打破了应用程序间的界限，开发人员开发的程序可以访问 Android 系统中的软硬件资源，既可以将程序的部分功能分享出去，也可以分享信息到其他应用程序，例如程序、本地的联系人、日历、位置信息等。

5）紧密结合 Google 应用

Google 经历了从搜索巨人到全面互联网渗透的发展历史，Google 服务如地图、邮件、搜索等已经成为连接用户和互联网的重要纽带，而 Android 平台手机将无缝结合这些优秀的 Google 服务。

2. Android 框架

Android 的系统架构和其操作系统一样，采用了分层架构。从架构图看，Android 分为四个层，从高层到低层分别是应用程序层、应用程序框架层、系统运行库层和 Linux 内核层，如图 1－18 所示。

1）应用程序

Android 会同一系列核心应用程序包一起发布，该应用程序包包括了客户端、SMS 短消息程序、日历、地图、浏览器和联系人管理程序等。所有的应用程序都是使用 JAVA 语言编写的。

2）应用程序框架

开发人员也可以完全访问核心应用程序所使用的 API 框架。该应用程序的架构设计简化了组件的重用；任何一个应用程序都可以发布它的功能块且任何其他应用程序都可以使用其所发布的功能块（不过得遵循框架的安全性）。同样，该应用程序重用机制也使用户可以方便地替换程序组件。隐藏在每个应用后面的是一系列的服务和系统，其中包括，丰富而又可扩展的视图（Views），可以用来构建应用程序，它包括列表（Lists）、网格（Grids）、文本

图 1-18 Android 系统架构

框（Text boxes）、按钮（Buttons），甚至可嵌入的 Web 浏览器。内容提供器（Content Providers）使得应用程序可以访问另一个应用程序的数据，或者共享它们自己的数据。资源管理器（Resource Manager）提供非代码资源的访问，如本地字符串、图形和布局文件（Layout files）。通知管理器（Notification Manager）使得应用程序可以在状态栏中显示自定义的提示信息。活动管理器（Activity Manager）用来管理应用程序生命周期并提供常用的导航回退功能。

3）系统运行库

Android 包含一些 C/C++ 库，这些库能被 Android 系统中不同的组件使用。它们通过 Android 应用程序框架为开发者提供服务。它包括的核心库有：系统 C 库，是从 BSD 继承来的标准 C 系统函数库 Libc，专门为基于 Embedded Linux 的设备定制的；媒体库，基于 PacketVideo OpenCORE，支持多种常用的音频、视频格式回放和录制，同时支持静态图像文件，编码格式包括 MPEG4，H.264，MP3，AAC，AMR，JPG，PNG；Surface Manager 负责对显示子系统的管理，并且为多个应用程序提供 2D 和 3D 图层的无缝融合；LibWebCore 是一个最新的 Web 浏览器引擎，用来支持 Android 浏览器和一个可嵌入的 Web 视图。

3. 应用组件

Android 开发四大组件分别是：

（1）活动（Activity）：用于表现功能。

（2）服务（Service）：后台运行服务，不提供界面呈现。

（3）广播接收器（Broadcast Receiver）：用于接收广播。

（4）内容提供商（Content Provider）：支持在多个应用中存储和读取数据，相当于数据库。

1.8.6 HarmonyOS

华为鸿蒙系统（HUAWEI HarmonyOS）是华为在2019 年8 月9 日于东莞举行的华为开发者大会（HDC. 2019）上正式发布的操作系统，是一款全新的面向全场景的分布式操作系统，创造了一个超级虚拟终端互联的世界，将人、设备、场景有机地联系在一起，将消费者在全场景生活中接触的多种智能终端实现极速发现、极速连接、硬件互助、资源共享，用合适的设备提供场景体验。

2020 年9 月10 日，华为鸿蒙系统升级至 HarmonyOS 2.0 版本。2021 年4 月22 日，HarmonyOS 应用开发，在线体验网站上线。5 月18 日，华为宣布华为 HiLink 将与 HarmonyOS 统一为鸿蒙智联。

2021 年6 月2 日晚，华为正式发布 HarmonyOS 2 及多款搭载 HarmonyOS 2 的新产品。7 月29 日，华为 Sound X 音箱发布，是首款搭载 HarmonyOS 2 的智能音箱。

2021 年10 月，华为宣布搭载鸿蒙设备破 1.5 亿台。HarmonyOS 座舱汽车 2021 年年底发布。

2021 年11 月17 日，HarmonyOS 迎来第三批开源，新增开源组件 769 个，涉及工具、网络、文件数据、UI、框架、动画图形及音视频 7 大类。

HarmonyOS 是华为公司开发的一款基于微内核、耗时 10 年、4 000 多名研发人员投入开发、面向 5G 物联网、面向全场景的分布式操作系统。鸿蒙的英文名是 HarmonyOS，意为和谐。不是安卓系统的分支或经修改而来的，与安卓、iOS 是不一样的操作系统。性能上不弱于安卓系统，而且华为还为基于安卓生态开发的应用能够平稳迁移到 HarmonyOS 上做好了衔接——将相关系统及应用迁移部署到 HarmonyOS 上，差不多两天就可以完成。这个新的操作系统将手机、电脑、平板、电视、工业自动化控制、无人驾驶、车机设备、智能穿戴统一成一个操作系统，并且该系统是面向下一代技术而设计的，能兼容全部安卓应用的所有 Web 应用。若安卓应用重新编译在 HarmonyOS 上，运行性能提升超过 60%。HarmonyOS 架构中的内核会把之前的 Linux 内核、HarmonyOS 微内核与 LiteOS 合并为一个 HarmonyOS 微内核，创造一个超级虚拟终端互联的世界，将人、设备、场景有机联系在一起。同时由于鸿蒙系统微内核的代码量只有 Linux 宏内核的千分之一，其受攻击概率也大幅降低。

分布式架构首次用于终端 OS，实现跨终端无缝协同体验；确定时延引擎和高性能 IPC 技术实现系统天生流畅；基于微内核架构重塑终端设备可信安全；对于消费者而言，HarmonyOS 通过分布式技术，让 8 + N 设备具备智慧交互的能力。在不同场景下，8 + N 配合华为手机提供满足人们不同需求的解决方案。对于智能硬件开发者，HarmonyOS 可以实现硬件创新，并融入华为全场景的大生态。对于应用开发者，HarmonyOS 让他们不用面对硬件复杂性，通过使用封装好的分布式技术 APIs，以较小投入专注开发出各种全场景新体验。

HarmonyOS 具备分布式软总线、分布式数据管理和分布式安全三大核心能力。

1）分布式软总线

分布式软总线让多设备融合为一个设备，带来设备内和设备间高吞吐、低时延、高可靠的流畅连接体验。

2）分布式数据管理

分布式数据管理让跨设备数据访问如同访问本地，大大提升跨设备数据远程读写和检索性能等。

3）分布式安全

分布式安全确保正确的人用正确的设备正确使用数据。当用户进行解锁、付款、登录等行为时，系统会主动拉出认证请求，并通过分布式技术可信互联能力，协同身份认证确保正确的人；HarmonyOS 能够把手机的内核级安全能力扩展到其他终端，进而提升全场景设备的安全性，通过设备能力互助，共同抵御攻击，保障智能家居网络安全；HarmonyOS 通过定义数据和设备的安全级别，对数据和设备都进行分类分级保护，确保数据流通安全可信。

1.9 本章小结

本章首先介绍了操作系统概念，操作系统是一个系统软件，用来管理计算机的软硬件资源，提供了良好的图形用户界面，改善了人机交互方式。操作系统并不是计算机产生时就有的，而是经历了不同的发展阶段，由手工阶段（无操作系统）发展到批处理阶段，标志着操作系统的雏形产生；到了 20 世纪 60 年代，产生了多道批处理，标志着操作系统的形成，多道批处理提高了资源的利用率和系统单位时间的吞吐量；随后又产生了分时操作系统和实时操作系统，实现了人机交互功能；随着人类需求的增多又产生了通用操作系统、网络操作系统、分布式操作系统、多处理机操作系统、嵌入式操作系统等。

操作系统具有 4 个重要的特性：并发性、共享性、异步性和虚拟性，在计算机系统中发挥着重要的作用，目前已与计算机密不可分。操作系统在计算机中作为一个管理者具有处理机管理功能、存储器管理功能、设备管理功能和文件管理功能。

操作系统作为一个大型软件，它的设计逻辑结构有三种：单体内核结构、层次结构、微内核结构。单体内核结构以模块为基本单位构建；层次结构，裸机在最底层，常用的功能在中间层，用户功能在最高层，每一层的实现是依赖下一层，下一层为上一层提供服务；微内核结构只有操作系统最基本的核心功能和服务，非常小，其他的功能都放到了核外，方便扩充操作系统的功能。

操作系统提供了命令接口、程序接口和图形用户接口供用户使用。操作系统提供一组命令供用户直接或间接操作，命令接口分为联机命令接口和脱节命令接口；程序接口由一组系统调用命令组成，提供一组系统调用命令供用户程序使用；图形用户接口通过图形、菜单等方式方便用户操作计算机。

操作系统与硬件系统关系密切，操作系统运行的硬件环境由定时装置、系统栈、中断装置、处理机、存储保护装置、通道和DMA控制器等组成。中断是激活操作系统的唯一方式，中断过程是首先发现中断源，提出中断请求，保存现场信息，转向中断处理程序，最后恢复现场。

在典型操作系统中介绍了现代常见的几种操作系统：Windows、macOS、Linux、UNIX、Android 和 HarmonyOS。

第 1 章　习题

一、选择题

1. 从用户的观点看，操作系统是（　　）。

A. 用户与计算机之间的接口

B. 控制和管理计算机资源的软件

C. 合理地组织计算机工作流程的软件

D. 由若干层次的程序按一定的结构组成的有机体

2. 多道程序设计是指（　　）。

A. 在实时系统中并发运行多个程序

B. 在分布式系统中同一时刻运行多个程序

C. 在一台处理机上同一时刻运行多个程序

D. 在一台处理机上并发运行多个程序

3. 操作系统的（　　）管理部分负责对进程进行调度。

A. 内存储器　　B. 控制器　　C. 运算器　　D. 处理机

4. 操作系统的基本功能是（　　）。

A. 提供功能强大的网络管理工具

B. 提供用户界面，方便用户使用

C. 提供方便的可视化编辑程序

D. 控制和管理系统的各种资源，有效地组织多道程序的运行

5. 实时系统对可靠性和安全性的要求极高，它（　　）。

A. 十分注意系统资源的利用率　　B. 不强调响应速度

C. 不强求系统资源的利用率　　D. 不必向用户反馈信息

6. 现代操作系统的基本特征是（　　）、资源共享和异步性。

A. 多道程序设计　　B. 中断处理

C. 实现分时与实时处理　　D. 程序的并发执行

7. 下列选项中，操作系统提供给应用程序的接口是（　　）。

A. 系统调用　　B. 中断　　C. 库函数　　D. 原语

8. 下列关于批处理系统的叙述中，正确的是（　　）。

(1) 批处理系统允许多个用户与计算机直接交互

(2) 批处理系统分为单道批处理系统和多道批处理系统

(3) 中断技术使得多道批处理系统的 I/O 设备可与 CPU 并行工作

A. （2）和（3） B. 仅（2）

C. （1）和（2） D. （1）和（3）

9. 某单 CPU 系统中有输入和输出设备各 1 台，现有 3 个并发执行的作业，每个作业的输入、计算和输出时间均分别为 2 ms、3 ms 和 4 ms，且都按输入、计算和输出的顺序执行，则执行完 3 个作业需要的时间最少是（ ）。

A. 15 ms B. 17 ms C. 22 ms D. 27 ms

10. 下列选项中，在用户态执行的是（ ）。

A. 命令解释程序 B. 缺页处理程序

C. 进程调度程序 D. 时钟中断处理程序

11. 中断处理和子程序调用都需要压栈以保护现场：中断处理一定会保存并需要保存其内容的是（ ）。

A. 程序计数器 B. 程序状态字寄存器

C. 通用数据寄存器 D. 通用地址寄存器

12. 批处理系统的最主要缺点是（ ）。

A. CPU 利用率低 B. 不能并发执行

C. 缺少交互性 D. 以上都不是

13. 实时系统的主要特征是（ ）。

A. 同时性 B. 交互性

C. 独立性 D. 响应时间快

二、问答题

1. 有两个程序 A 和 B，A 程序执行时所做的工作按次序需要的时间为 CPU 计 10 s，设备 1 计 5 s，CPU 计 5 s，设备 2 计 10 s，CPU 计 10 s。B 程序执行时所做的工作按次序需要的时间为设备 1 计 10 s，CPU 计 10 s，设备 2 计 5 s，CPU 计 5 s，设备 2 计 10 s。问在单道方式下和多道并发环境下执行 A、B 两个程序，CPU 的利用率各为多少？

2. 操作系统具有哪些基本特征？

3. 多道批处理、分时系统、实时系统分别有什么特点？

4. 网络操作系统和分布式操作系统有什么区别？

第 2 章　进程与线程

【本章知识体系】

本章知识体系如图 2－1 所示。

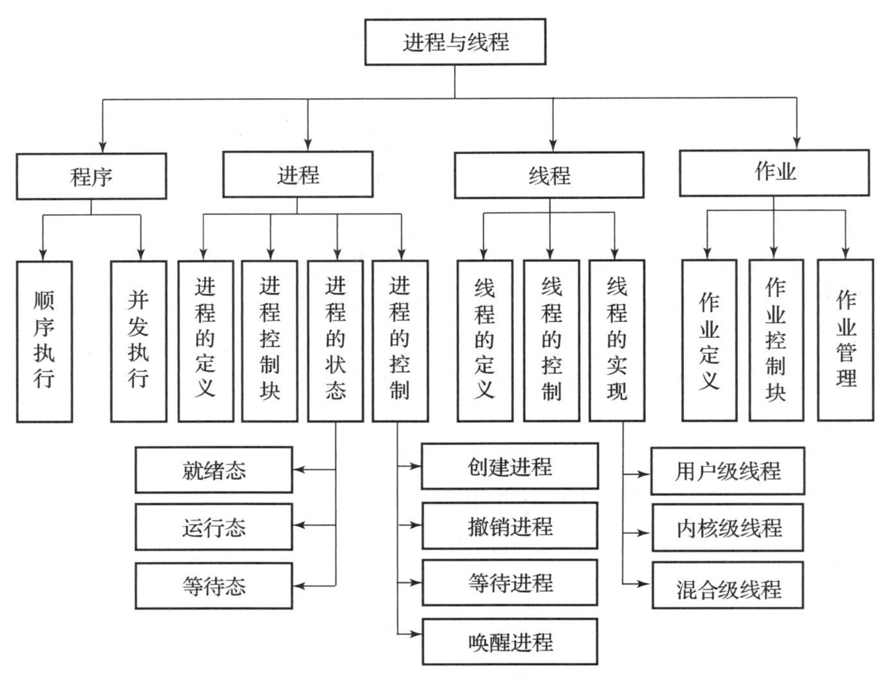

图 2－1　本章知识体系

【本章大纲要求】

1. 掌握程序的顺序执行和并发执行；
2. 掌握进程的定义和特征；
3. 掌握进程的状态转换；
4. 掌握进程的控制和组织；
5. 掌握线程的概念与多线程模型。

【本章重点难点】

1. 进程的基本概念；
2. 进程的状态转换；
3. 进程的控制原语；
4. 多线程模型。

进程在操作系统中是最核心的概念，操作系统就是对进程进行管理，为进程分配资源，进程结束后回收其使用的资源。操作系统只有有效地控制进程，才能实现多道程序并发执行，进程之间才能交互、共享信息。进程在系统中是资源分配的基本单位，也是可独立运行的单位。

线程是轻量级的进程，一个进程可以包含多个线程，所以操作系统既可以管理进程，也可以管理线程。

2.1　引入进程

早期的计算机系统采用单道批处理方式，即当一个程序进入系统执行，该程序对计算机系统中的所有资源具有完全的控制权，所以程序的执行方式是顺序执行。为了提高硬件资源的利用率和单位时间内系统的吞吐量，计算机系统发展为采用多道批处理方式，即多个进入系统的程序共享计算机资源，程序的执行方式是并发执行。程序执行方式可以采用前驱图表示。

2.1.1　前驱图

前驱图可以用来表示程序在系统中的执行过程，前驱图是一个有向无环图，在图中每一个节点都可以用来表示一条语句或一个程序段等，节点与节点间的有向箭头（→）表示的是两个节点之间的前驱关系。如 $P_i \rightarrow P_j$，P_i、P_j 表示两个节点，P_i 是 P_j 的前驱节点，P_j 是 P_i 的后继节点。

若某一个节点没有前驱节点，则该节点为初始节点；若某一个节点没有后继节点，则该节点为终止节点。如图 2－2 所示，在该图中 P_1 是初始节点，P_5 是终止节点，节点间存在着的前驱后继关系是 $P_1 \rightarrow P_2$，$P_1 \rightarrow P_3$，$P_2 \rightarrow P_4$，$P_3 \rightarrow P_4$，$P_4 \rightarrow P_5$。在画前驱图时通常采用自左至右，自上至下的方法。如图 2－2 表示，语句 P_1 首先执行，当语句 P_1 执行完成后才能执行语句 P_2 和 P_3，而语句 P_4 若想执行，必须是语句 P_2 和 P_3 都执行完成后才能执行，语句 P_4 执行完成后语句 P_5 开始执行。

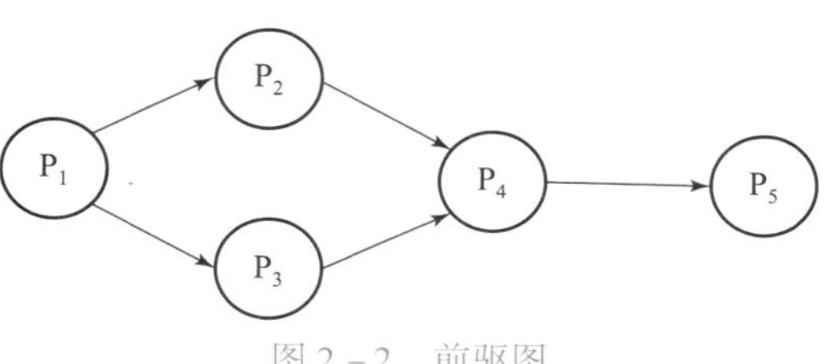

图 2－2　前驱图

2.1.2 程序的顺序执行

计算机对现实问题的解决通常是利用程序设计来完成的，而一个程序由若干个程序段组成。程序在执行时，必须按照某种先后次序逐个执行，只有当前一个操作完成后，才能执行下一个操作，这就是程序的基本特性顺序性。例如，系统中存在多个正在执行的程序，每个程序通常都是先输入，再计算，最后再输出的执行过程。若系统中的程序按照顺序执行，则执行次序如图 2－3 所示，图中 I 表示输入，C 表示计算，P 表示输出。

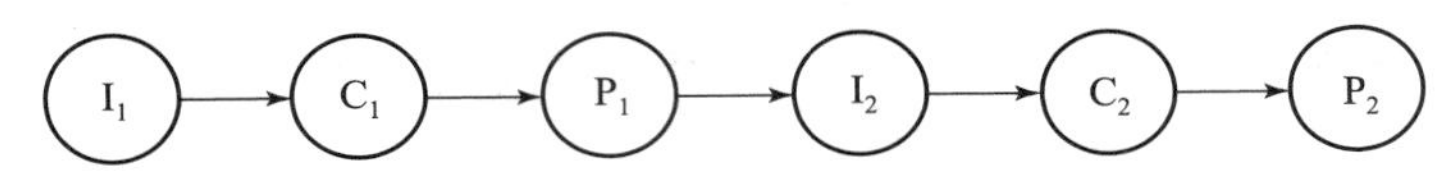

图 2－3　表示程序顺序执行的前驱图

例如，有如下三条语句的程序段：

```
S1:a=x+y;
S2:b=a+1;
S3:c=b;
```

上述三条语句的执行顺序是 S_1、S_2、S_3，S_2 若想执行必须等待 S_1 的结果，同理，S_3 若想执行必须等待 S_2 的结果。

程序顺序执行具有以下特点：

1）顺序性

计算机中的处理机是严格按照程序的规定顺序执行的，只有当上一个操作完成后，才可以执行下一个操作。

2）封闭性

程序是在封闭环境下执行的，一旦程序运行，则独占计算机中的资源，其执行过程不受外界影响。

3）可再现性

程序的执行结果与程序在系统中的执行速度无关，无论是程序一直向前推进，还是程序走走停停，结果都是唯一的。只要程序的初始条件相同、运行环境相同，不论程序采用何种方式执行或者执行多少次，结果都是相同的。

2.1.3 程序的并发执行

当有一批程序在系统中执行，且它们之间不存在严格的执行顺序，则可以并发执行。例如，程序顺序执行时，总是先输入，再计算，最后输出，但是当第一个程序完成输入进行计算时，可以让第二个程序进行输入，这样，第一个程序和第二个程序就是并发执行。如图 2－4 所示，系统中一批程序按照输入、计算、输出的方式并发执行，图中 I 表示输入，C 表示计算，P 表示输出。I_{i+1}、C_i 和 P_{i-1} 可以并发执行。

例如，有如下四条语句的程序段：

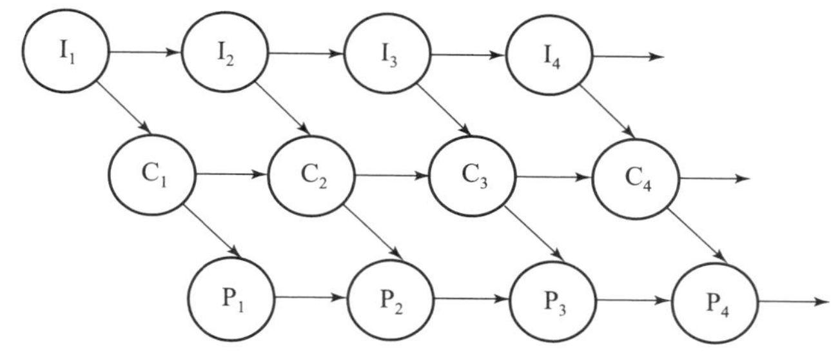

图2-4 表示程序并发执行的前驱图

```
S1:a=x+1;
S2:b=y+1;
S3:c=a+b;
S4:d=a+c;
```

显然，语句 S_1 和语句 S_2 可以并发执行，它们彼此间不存在依赖关系，但是 S_3 的执行，需要 S_1 和 S_2 的结果，S_4 的执行需要 S_1 和 S_3 的结果。

程序并发执行具有以下特点：

1）间断性

多个程序在系统中共享系统中的资源，各个程序之间存在相互制约的关系，所以并发执行的进程是“执行—暂停—执行……”这种间断性的活动规律。

2）失去封闭性

因为系统中的程序是并发执行的，所以系统中的资源的状态受这些程序的影响，致使运行的程序失去了封闭性，例如，某个程序要申请使用一个硬件设备，而该硬件设备正在被其他的执行程序所使用，则这个申请设备的程序就必须停下来等待。

3）失去可再现性

程序因为并发执行而失去了封闭性，则将导致多次运行程序结果不相同，即失去了可再现性。例如，存在如下程序 A 和程序 B，两个程序共享一个变量 n。

```
程序A的执行语句:                    程序B的执行语句:
n=n+1;                              n=0;
printf("%d",n);
```

假设 n 的初值是 10，程序 A 和程序 B 并发执行，由于程序运行的间断性，推进速度不一样，则可能会出现以下三种输出结果：

（1）先执行完程序 A，再执行程序 B，则输出结果是 11。

（2）先执行完程序 B，再执行程序 A，则输出结果是 1。

（3）先执行程序 A 的“n=n+1;”，程序 A 暂停，执行程序 B“n=0;”，程序 B 暂停，程序 A 继续执行“print(“%d”,n);”，则输出结果是 0。

因此系统中的程序并发执行，程序的执行失去了封闭性，导致结果不确定，所以失去了可再现性。

引入并发的目的是提高资源的利用率和单位时间的吞吐量，但必须采用某种有效措施保证并发执行的程序保持结果的唯一，即保持“可再现性”。

2.1.4 程序并发执行的条件

程序并发执行，导致程序在执行过程中失去了封闭性，为了保持“可再现性”，必须要加以限制。

不是所有的程序都可以并发执行，必须是有并发执行条件的。在 1977 年，Bernstein 提出了程序并发执行的条件，称之为 Bernstein 条件。

当且仅当满足如下条件，两个程序 P_1、P_2 并发执行：

$$R(P_1)\cap W(P_2)\cup R(P_2)\cap W(P_1)\cup W(P_1)\cap W(P_2)=\{\}$$

其中 $R(P_i)$ 表示程序 P_i 在执行期间所要参考的所有变量的集合，称为“读集”，$W(P_i)$ 表示程序 P_i 在执行期间要改变的所有变量的集合，称为“写集”。

【例 2.1】 假如有如下程序段，利用 Bernstein 条件证明，S_1、S_2、S_3、S_4 哪两个可以并发执行。

```
S1:  a=x+3;
S2:  b=y-2;
S3:  c=b*a;
S4:  d=c;
```

S_1、S_2、S_3、S_4 的读集分别是：

$R(S_1)=\{x\}$；$R(S_2)=\{y\}$；$R(S_3)=\{a,b\}$；$R(S_4)=\{c\}$；

S_1、S_2、S_3、S_4 的写集分别是：

$W(S_1)=\{a\}$；$W(S_2)=\{b\}$；$W(S_3)=\{c\}$；$W(S_4)=\{d\}$；

根据 Bernstein 条件，$R(S_1)\cap W(S_2)\cup R(S_2)\cap W(S_1)\cup W(S_1)\cap W(S_2)=\{\}$，所以 S_1、S_2 可以并发执行；而 $R(S_3)\cap W(S_1)=\{a\}$，所以 S_3、S_1 不可以并发执行；$R(S_3)\cap W(S_2)=\{b\}$，所以 S_3、S_2 不可以并发执行；$R(S_4)\cap W(S_3)=\{c\}$，所以 S_3、S_4 也不可以并发执行。

2.2 进程

进程这个概念是在 20 世纪 60 年代初由美国麻省理工学院的 MULTICS 系统和 IBM 公司的 CTSS/360 系统引入的。进程是操作系统中最基本的概念，是资源分配和管理的基本单位，至今为止，仍然没有一个统一的概念能全面地说明进程，只是一些权威人士从不同的角度认识进程。

2.2.1　进程的定义

1. 进程的概念

进程和传统的程序是不同的两个概念。

（1）进程是程序的一次执行。

（2）进程是可以和别的计算并发执行的计算。

（3）进程是可定义为一个数据结构及能在其上进行操作的一个程序。

（4）进程是一个程序及其数据在处理机上顺序执行时所发生的活动。

（5）进程是程序在一个数据集合上的运行过程，是系统进行资源分配和调度的一个独立单位。

（6）一个进程就是一个正在执行的程序，包括指令计数器、寄存器和变量的当前值。

2. 进程的特征

进程和程序是两个不同的概念，进程的主要特征有以下几点：

1）动态性

进程是动态的，是有生命周期的，进程从创建产生，因调度被执行，因等待目前正在被占用的资源而阻塞，因执行结束被撤销而消亡。而程序只是一个指令集合，被保存到某个介质上，是一个静态的文本。进程是执行程序的动态过程。动态性是进程的最基本的特性。

2）并发性

多个进程在一个时间段内同时运行，并且交替使用处理机。并发性是进程的重要特征。而程序是不能并发执行的。

3）独立性

独立性是指进程是一个能够独立运行的基本单位，同时是系统资源分配的基本单位，没有创建进程的程序是不能参加运动的。

4）异步性

因为进程具有并发性，进程各自独立按照不可预知的速度走走停停，这种方式就是异步性。因为异步性，所以进程的执行过程是不具有再现性的，操作系统负责协调并发进程之间的并发运动。

5）结构性

进程由程序段、数据段和进程控制块组成，也称为“进程映像”，所以进程具有结构特征。

3. 进程和程序的关系

进程和程序是一个互生体，进程是程序的体现，程序是进程的实体，二者既有联系又有区别。

（1）进程是动态的，程序是静态的；

（2）进程是有生命周期的，从进程的创建到进程的消亡，是对程序的一次执行，而程序可以长期地保存在某个介质上。

（3）一个进程的生存周期可以执行多个程序，但是一个进程在一个时间点只能有一个程序，而一个程序可以对应多个进程。例如，一个进程在其生命周期先后执行了预处理、目标代码生成、优化等几个程序，但是在一个时间点只执行其中一个程序，当执行新的程序会重新装载进程的代码和数据段；一个程序可以同时重复运行，例如 QQ 多次执行，会创建多个进程。

2.2.2 进程控制块

进程控制块（Process Control Block，PCB）是进程存在的一个重要标志，是进程实体的重要组成部分。程序和数据是进程运行的前提，进程的动态特征都是通过进程控制块来反映的。如图 2－5 所示，PCB 位于系统空间，由操作系统管理，进程创建时要为其创建 PCB，进程结束时，PCB 随之撤销。代码是描述进程本身所要完成的功能的文本信息，数据是程序操作的对象，可以由局部变量、全局变量、常量等数据结构组成。堆栈是一段系统存储空间，用于保存程序调用时的参数、过程调用地址和返回地址。代码、数据和堆栈都位于用户空间，可由用户操作。

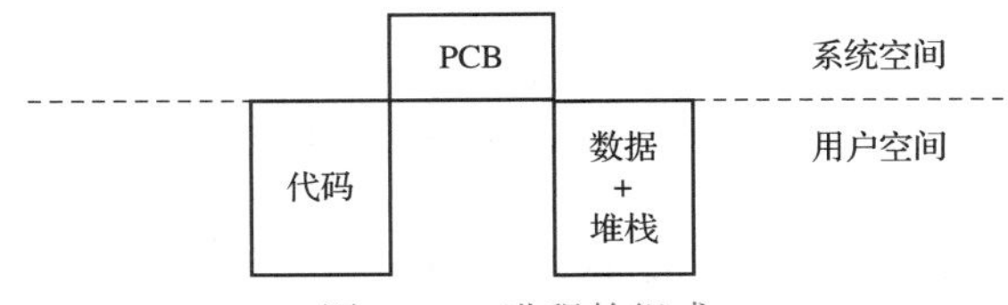

图 2－5　进程的组成

1. 进程控制块的内容

进程控制块包含四类信息：标识信息、说明信息、现场信息、控制信息，如图 2－6 所示。

标识信息	进程名或序号
说明信息	进程状态
	进程优先权
	进程等待原因
	……
现场信息	通用寄存器内容
	指令计数器内容
	……
控制信息	程序和数据的地址
	队列指针
其他信息	……
	……

图 2－6　进程控制块的信息

1）进程的标识信息

进程的标识信息是用来标识进程的信息，如进程名、进程标识符、进程所属的用户名等。

（1）进程名：通常由字母、数字组成，由用户创建，当用户访问该进程时，为方便查找，通常进程名和用户程序名是一致的。

（2）进程标识符：由操作系统分配给进程，是唯一的一个整数，也称为进程的序号，是为了方便系统使用而设置的。

（3）用户名：创建该进程的用户的名字。

2）进程的说明信息

进程的说明信息是进程调度有关的状态信息和切换的信息等。

（1）进程的状态：进程可以是就绪态、运行态，或是等待态。

（2）进程的优先权：获得处理机调度的优先数，优先数越高，会越早获得处理机调度。

（3）进程等待原因：记录进程被阻塞的原因。

3）进程的现场信息

进程的现场信息主要是指进程放在处理机中的各种信息，主要存储于处理机的各个寄存器中。

（1）通用寄存器：当进程运行时用于暂存信息。

（2）指令计数器：存放要访问的下一条指令的地址。

（3）程序状态字寄存器（PSW）：用于保存当前处理机的状态信息，包含条件码、执行方式、中断允许位等。

（4）栈指针：进程的地址栈，用于存放进程对应程序的过程和系统调用参数及返回地址。

4）进程的控制信息

进程的控制信息包括进程资源、控制机制等信息。

（1）程序和数据的地址：该进程的程序和数据在内存和外存的地址，当程序再次运行时，能够找到程序和数据。

（2）进程的同步和通信机制：实现进程同步或进程通信所采用的机制，如信号量。

（3）资源清单：进程所需要的全部系统资源和已经分配到的系统资源。

（4）链接指针：该进程 PCB 在进程队列中所连接的下一个进程的 PCB 的首地址。

2. 进程控制块的作用

进程控制块记录了进程情况和控制进程运行的全部信息，操作系统控制了进程控制块，就掌握了进程的全部信息。有了进程控制块，在多道环境下进程成了能够动态运行的基本单位，也能与其他进程并发执行。操作系统可以根据进程控制块中的信息控制和管理进程。进程控制块驻留在内存中，方便操作系统访问。

3. 进程控制块的组织形式

在系统中活动的进程可能有很多，少则几十，多则几百或上千，每个进程都有一个进程控制块，对进程控制块进行管理，就可以管理好进程。目前常用的进程控制块的组织方式有线性方式、链接方式和索引方式。

1）线性方式

线性方式就是在内存中的一片连续的存储空间中顺序存储进程控制块。这种方式适用于系统中进程数目不多的情况，如图 2－7 所示。

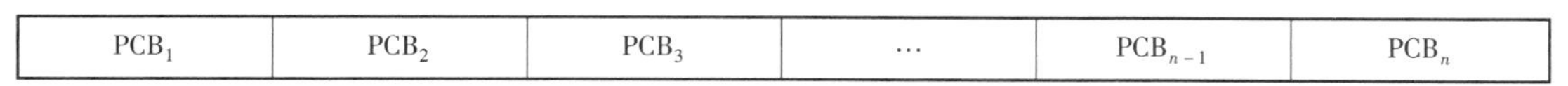

图 2－7 进程控制块的线性组织形式

2）链接方式

链接方式就是把具有相同状态的进程控制块用链接指针链接在一起，形成队列，如就绪队列、运行队列、等待队列、空闲队列等，如图 2－7 所示。

在单 CPU 系统中运行队列中只有一个 PCB，即正在被 CPU 调度执行的进程 PCB；多 CPU 系统中运行队列中有多个 PCB，这些 PCB 排成运行队列。

就绪队列，具有就绪状态的进程 PCB 按照进程调度算法排列成队列，如按优先级排列，优先级最高的排到队头，优先级最低的排到队尾。当 CPU 调度进程时，从就绪队列队头选择进程。

等待队列可以有多条，相同的等待事件排列在一个等待队列中，如等待打印机的队列、等待输入机的队列等。

空闲队列是将系统中空闲的进程控制块组织起来，当有新的进程创建时，为它分配进程控制块。

如图 2－8 所示，进程的 PCB 按照链接的方式存储在内存中。

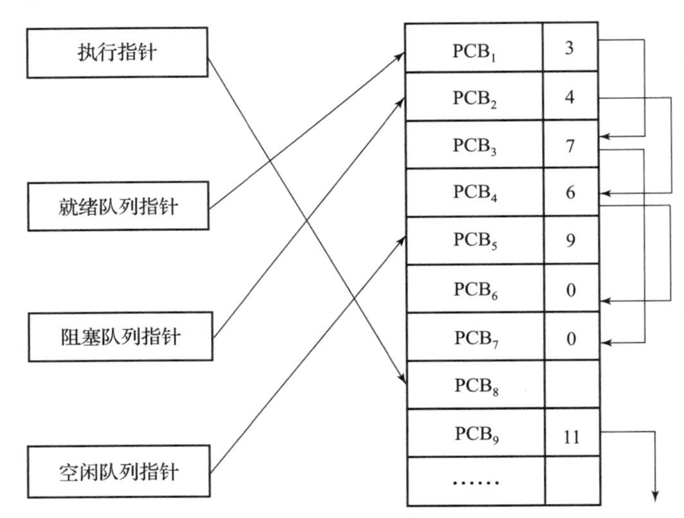

图 2－8　进程控制块的链接组织形式

3）索引方式

系统根据进程的不同状态，建立不同的索引表，如就绪索引表、等待索引表等，把各个索引表在内存中的首地址记录在内存中的专用单元，即表指针，通过表指针找到对应的索引表，每个索引表中记录着具有相同状态的各个 PCB 在内存中的地址，如图 2－9 所示。

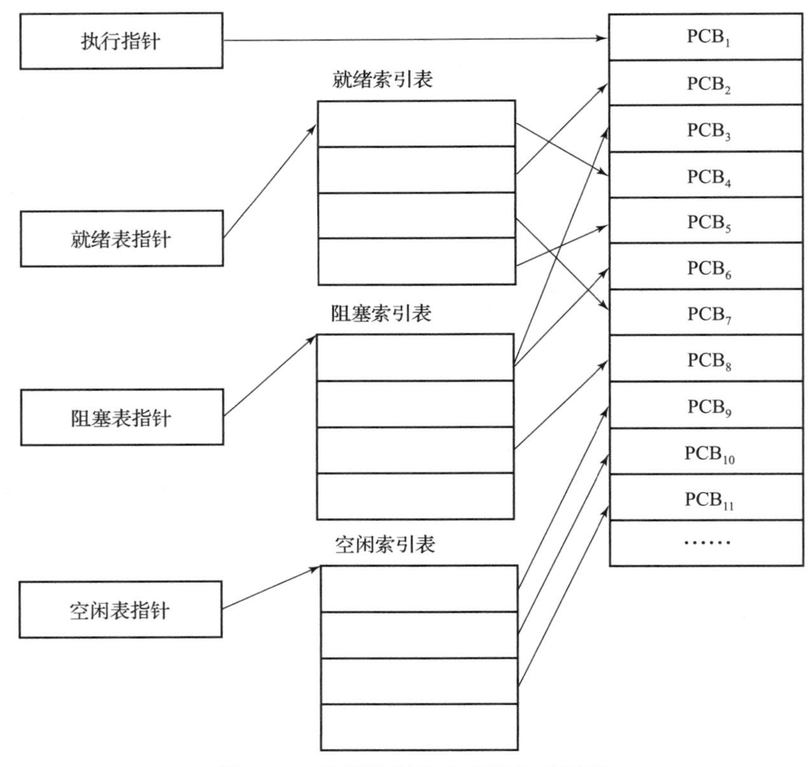

图 2－9　进程控制块的索引方式组织

2.3 进程的状态转换

进程是有生命周期的，所以进程是动态的，进程在系统中走走停停有其不同的状态，并且不同的状态间可以相互转换。

2.3.1 进程的基本状态

进程在系统中运行是一个活动的过程，为了更好地描述进程的活动过程，给进程定义了3个基本状态，即就绪态、运行态、等待态。随着进程的不断向前推进，状态与状态间相互转换，直至进程执行结束。

1. 就绪态

就绪态就是进程已获得了除了处理机以外的所有资源，一旦获得处理机就可以运行的状态。在系统中可以有多个进程同时处于就绪状态，通常将就绪态的这些进程排成一个队列或多个队列，称为就绪队列。

2. 运行态

一个进程被处理机选中，被处理机执行，此时进程就是处于运行态。因为在一个时间点一个处理机只能处理一个进程，所以在单处理机的环境下，只有一个进程是处于运行态，在多处理机的环境下，可能有多个进程处于运行态。因为单处理机环境下只有一个运行态的进程，所以运行队列中只有一个进程队员。

3. 等待态

等待态也称为阻塞态，是进程因为发生某种事件而必须暂停运行的状态。导致进程进入等待的原因有很多，例如，需要I/O操作、申请额外的空间等等。这种状态的进程不能参与竞争处理机，因为即使将处理机给等待态的进程，等待态的进程也会因为没有获得等待的事件而仍然不能执行。通常在系统中有多少种等待事件，就有多少种等待队列，每个进程因为其不同的等待事件排列到其等待队列中。

2.3.2 进程的基本状态转换

进程随着外界的变化和自身的状态推进而发生着状态转换。

1. 就绪态到运行态

处于就绪态的进程除了没有获得处理机，其他资源都已获得，一旦获得处理机，该进程马上执行。在系统中处于这样状态的进程都排列在就绪队列中，因为同一时刻处理机只能处理一个进程，所以处理机根据调度算法在就绪队列中选择一个进程将处理机分配给它，此时该进程就由就绪态转换成运行态。

2. 运行态到就绪态

获得处理机正在执行的进程由于规定时间的时间片用完或者由于优先级的原因需让出处理机，则该进程就由运行态转换成就绪态，并再次插入就绪队列中，同时保存现场信息，等待下一次获得处理机。

3. 运行态到等待态

处于运行态的进程需求新的资源，但该资源不能满足运行态的这个进程，则该进程将被阻塞，释放处理机，排列到相应等待事件的队列中，此时进程由运行态转换到等待态。例如，某个在 CPU 中正在执行的进程，当前处于运行态，当该进程需要通过文件输入数据时，操作系统会启动控制程序进行文件输入，此时该进程因为文件的输入过程而由运行态转换成等待态，释放处理机。

4. 等待态到就绪态

处于等待态的进程需求的资源获得满足并不能立即运行，而是由等待态转换成就绪态，排到就绪队列中等待处理机。仅当再次获得处理机调度时，才能继续向前推进执行。

进程的状态转换如图 2－10 所示，在图中可以看到进程可以由就绪态转换成运行态，也可以由运行态转换成就绪态；运行态可以转换成等待态，但等待态不能转换成运行态，当满足等待事件后，只能转换成就绪态。

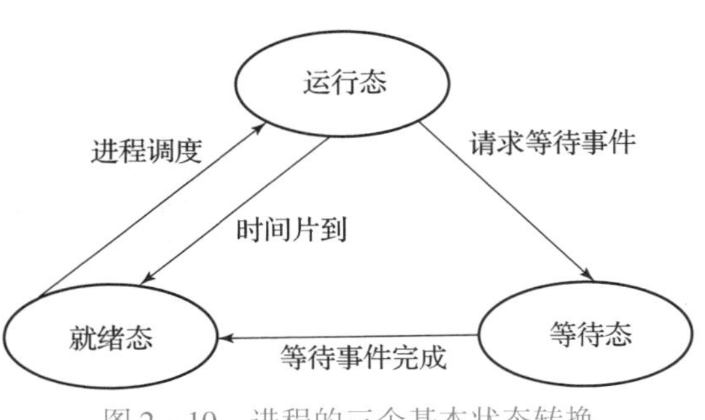

图 2－10　进程的三个基本状态转换

2.3.3　创建进程和结束进程

就绪态、运行态和等待态是进程在系统中的三个基本状态。进程在其生命周期中还存在两个状态，分别是创建状态和结束状态。

1. 创建状态

进程初始创建，操作系统要为新创建的进程分配 PCB 结构，存储 PCB 的信息；为进程分配进程组，连接进程的父子关系；为进程分配所需的资源，建立地址空间等。进程刚被创建时，处于创建状态，当就绪队列接纳新创建的进程时，将创建状态的进程送入就绪队列中，此时进程由创建状态进入就绪状态。

2. 结束状态

进程的结束有两种：一种是进程执行完成，退出系统，即正常结束。一种是由系统强制该进程结束运行，即异常结束，如进程因执行了非法指令或者地址越界访问等事件而被迫结束；还有可能是由于外界的干预而结束，如由于操作系统的干预，父进程要求终止自己的某个子进程，收回其子进程所占用的资源。进程结束是指进程由运行状态进入结束状态，并且回收进程所占用的所有资源。

如图2－11所示为进程从创建到结束的五种状态转换。对于任何一个进程，在其生命周期过程中只能处于创建状态一次、退出状态一次，而就绪态、运行态和等待态之间可以多次转换。

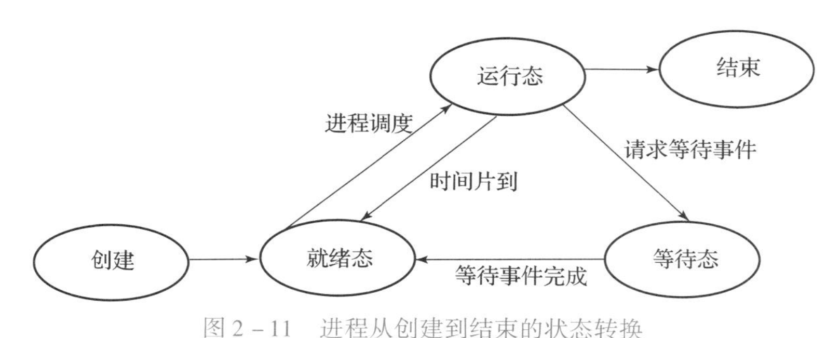

图2－11 进程从创建到结束的状态转换

2.3.4 进程的挂起

在操作系统中，进程所处的状态不同，在同一状态下的进程个数不同。在某些系统中为了更好地管理和调试进程及适应系统的功能目标，根据需求又增加了挂起状态。

1. 引入挂起状态的原因

引入挂起状态主要是基于如下几个方面的需求：

（1）内存空间紧张。当有新的进程需要调入内存时，若内存空间不足无法调入，则可以将内存中因等待事件阻塞的进程换出到外存空间，让能立即执行的进程留在内存，缓解内存空间的不足。同时换出到外存的等待态进程进入挂起状态。

（2）系统中负荷太重。系统中有时负荷太重，资源会严重不足，导致系统的效率下降。特别是实时系统，会影响对实时任务的控制和处理，此时需要挂起一部分不太紧急的进程以调整系统的负荷。

（3）系统故障。当系统出现故障或某些功能被破坏时，可以暂时将系统中的进程挂起，当系统故障修复后，再将挂起的进程恢复到原来的状态。

（4）用户检查自己的程序。当用户检查和调试自己的程序时，希望将正处于执行的进程暂停下来，若进程处于运行态，则暂停运行；若进程处于就绪态，则不会被调度。此时是用户为了修改进程而强制将该进程挂起。

2. 挂起状态进程转换

挂起状态是将就绪状态和等待状态进行挂起，状态转换增加了挂起和激活两种原因，如图2－12所示。

1）等待态到等待挂起状态

当内存空间不足时，将处于等待态的进程从内存换出到外存，释放内存空间，缓解内存压力，此时换出的等待态进程是等待挂起状态。

2）等待挂起状态到等待态

当内存中运行的进程逐步完成，便释放内存空间，当内存有足够的空闲空间时，系统会

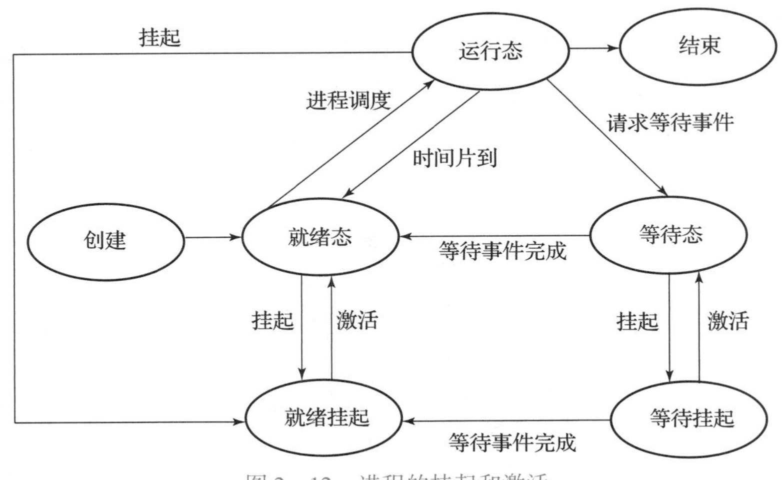

图 2-12 进程的挂起和激活

按优先级高低将外存中等待挂起状态的进程激活，转换到内存，进程由等待挂起状态变成等待态。

3）就绪态到就绪挂起状态

当挂起等待态的进程仍不能解决内存空间不足，或者是等待态的进程比就绪态的进程优先级别高，系统会将就绪态的进程挂起，换出内存到外存，进程由就绪状态到就绪挂起状态，处于就绪挂起状态的进程不参与处理机调度。

4）就绪挂起状态到就绪态

当系统中就绪队列不再有就绪状态的进程，或者是就绪挂起状态的进程优先级高于就绪队列中的进程，则被激活，由外存调入内存，状态转换，由就绪挂起状态转换到就绪态，排到就绪队列中，等待处理机调度。

5）运行态到就绪挂起状态

在抢占式分时操作系统中，若内存空间不足，系统则可能会将运行态的进程转化为就绪挂起状态。

6）等待挂起状态到就绪挂起状态

当在外存中处于等待挂起状态的进程等待事件可以得到满足则进入就绪挂起状态。

2.3.5 进程的上下文切换

进程在操作系统是并发执行的，因此在就绪队列中可能有若干个进程等待处理机调度，当前正在处理机上执行的进程，也可能因为时间片用完或者优先级等原因，被抢占处理机，发生进程的切换，这称为上下文切换。“上下文”指的是进程物理实体和支持进程运行的环境，包括 CPU 寄存器的内容和程序计数器。进程的上下文切换即进程运行的上下文环境的改变和切换。例如，由进程 P_1 的运行上下文环境切换到进程 P_2 的运行上下文环境。典型的上下文切换的步骤是：

（1）保存处理机的上下文，包括程序计数器和其他寄存器。

（2）将当前正处于运行态的进程的进程控制块信息更新，包括将该进程的状态置于就绪态或等待态。同时更新其他信息，如剥夺处理机的原因等。

（3）将剥夺处理机的进程根据不同的原因移到就绪队列或等待队列中。

（4）根据某种处理机调度算法选择一个进程为其分配处理机。

（5）将新获得处理机的进程置于运行态，并更新其进程控制块信息。

（6）更新内存管理的数据结构。

（7）通过加载程序寄存器和其他寄存器的值，将处理机的上下文恢复到选中进程上次被切换出运行态时的状态。

如图2－13所示，进程 P_1 和进程 P_2 发生上下文切换过程。初始，由进程 P_1 占有CPU控制权，处于运行态；当进程 P_1 被中断事件打断运行后，控制权转交到操作系统；操作系统根据调度算法切换进程P2继续执行，操作系统将上下文信息保存到进程 P_1 的 PCB_1 中，从 PCB_2 获取进程 P_2 的运行上下文，并恢复现场。操作系统做完这一系统动作后，将CPU的控制权交给进程 P_2，进程 P_2 状态转换为运行态，获得处理机继续执行。运行一段时间后，进程 P_2 也由于中断事件停止运行，操作系统的工作同上，即保存上下文信息后再恢复现场信息，再次完成进程 P_2 切换到进程 P_1 的过程，进程 P_1 获得处理机继续执行。

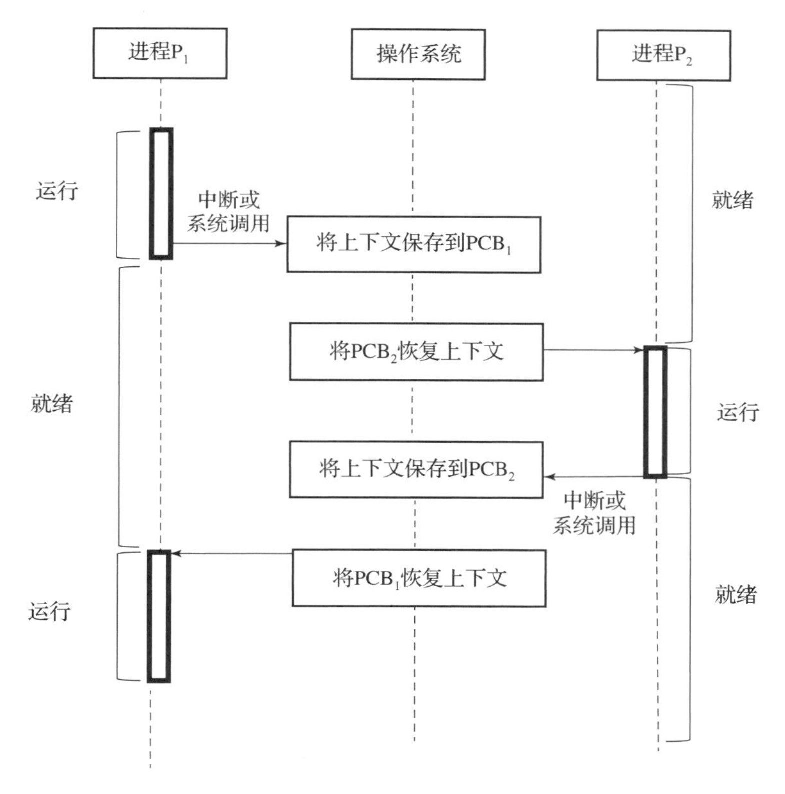

图2－13 进程的上下文切换

进程的上下文切换会产生系统开销，所谓的系统开销就是指运行操作系统程序，完成系统管理工作所花费的时间和空间。所以若单位时间内产生的系统开销较大，则会影响CPU的利用率和单位时间内系统的吞吐量。

2.4 进程控制

计算机的硬件提供了一组指令，其中有一部分指令只能由操作系统使用，用户程序是不能直接使用的。一旦用户使用这一部分指令，会使系统的安全受到影响，我们将这种指令称为特权指令，如启动 I/O 指令。而用户程序所能启动的指令称为非特权指令，操作系统既可以执行特权指令，也可以执行非特权指令，而用户程序只能执行非特权指令，若非法访问特权指令会引起中断。

当系统启动时，硬件设置处理机的初始状态为管态，也称为核心态，然后装入操作系统程序，如果操作系统让用户程序占用处理机，则把管态转换成目态，也可以称为用户态。如果中断装置发现一个事件，则又由目态转换为管态，让操作系统去处理中断事件。

在第 1 章中介绍了操作系统的层次结构，即操作系统分为若干个层次，每个层完成操作系统的一部分功能。与硬件紧密关联的模块紧靠硬件层，并且这部分程序常驻内存，这部分程序称为操作系统内核。操作系统的内核是对硬件功能的第一层扩充，内核是用原语来实现的。

原语是由若干条指令所组成的完成一定功能的过程，该过程的操作要么全做，要么全不做，所以是一个不允许中断的过程。换句话说，原语就是执行时不可分割的程序段。原语的执行是顺序的而不是并发的。进程的控制包括进程的创建、进程的撤销、进程的阻塞和进程的唤醒，每一个都是一个原语。

进程控制的职责是对系统中的每一个进程实行有效的管理。通常允许一个进程创建和控制另一个进程，前者为父进程，后者为子进程，创建父进程的进程是祖父进程，子进程还可以创建孙进程，形成了一个树形结构的进程族，如图 2－14 所示。采用树形结构控制进程更为方便、灵活。

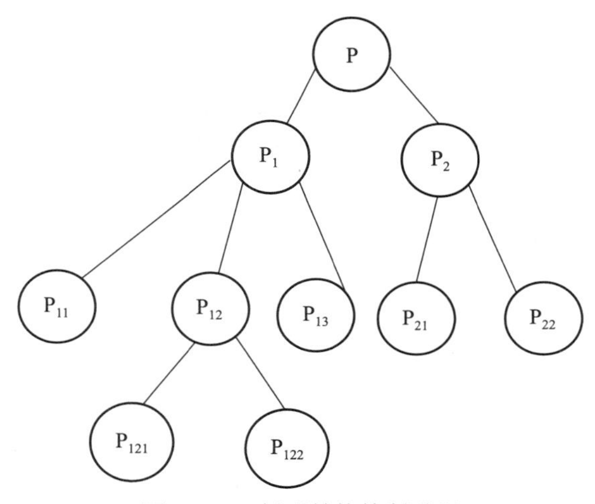

图 2－14　树形结构控制进程

2.4.1　进程的创建

通常引发操作系统创建进程的事件有以下4类：

（1）系统初始化：系统初始化时，会启动计算机中的系统程序，保证系统的运行，这些系统程序被激活，创建新的进程。

（2）用户登录：在分时操作系统中，用户在计算机终端输入登录命令，系统验证是否合法后，创建一个新进程。

（3）用户申请创建一个新进程：当执行中的用户程序提出请求时，系统为该进程创建一个新进程为其服务。例如，用户程序申请打印请求，则操作系统创建一个打印进程为其服务。

（4）新作业进入系统：当新的作业进入系统时，操作系统要为其分配内存空间，分配资源，则创建了一个新进程。

一旦操作系统发现有要求创建的进程，便调用进程创建原语，进程的创建过程如图2－15所示。

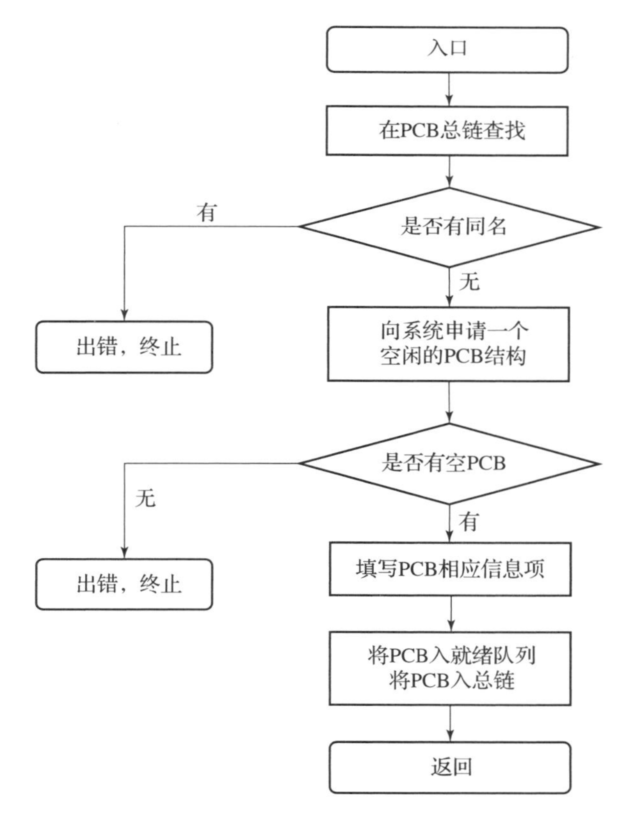

图2－15　进程的创建

（1）申请空闲的PCB。进程存在的标记是进程控制块PCB，因此创建一个进程的首要任务是申请一个PCB。所以首先根据建立的进程名查找系统中的PCB总链，若找到了，说明在系统中有同名进程，出错，非正常终止；否则申请1个空闲的PCB。判断系统中是否有空闲的 PCB，若无，则出错终止，否则给予分配。

（2）初始化进程描述信息。申请到 PCB 后，将进程名和系统分配给进程的进程标识符填入与 PCB 相应的栏中；根据创建进程的情况建立与父进程的关系，并填写 PCB 信息；初始化处理机状态信息；初始化进程控制信息。为新创建的进程分配一个优先数。

（3）为进程分配资源，分配内存空间。子进程的资源可以从父进程中继承。

（4）将新创建的进程插入就绪队列中，等待处理机调度。

进程的创建在不同的操作系统中实现不同，如在 Windows 操作系统中，则会使用 CreateProcess 系统调用；在 Linux 操作系统中，通常使用 fork( ) 创建进程。父进程在执行 fork( )之后，将创建一个与父进程完成相同的副本。这样，父子进程拥有相同的内存映像和同样的环境字符串。过程如下：

```
#include <stdio.h>
#include <sys/types.h>
#include <unistd.h>
int main()
{
    pid_t pid;
    //创建子进程
    pid = fork();
    if(pid < 0){
     fprintf(stderr,"Failed");
     return 1;
    }
    else if(pid == 0){        //是子进程
        execlp("/bin/ls","ls",NULL);
    }
    else{                     //是父进程,父进程等待子进程结束
        wait(NULL);
        printf("complete");
    }
    return 0;
}
```

2.4.2 进程的撤销

当进程执行完成，则从运行态转换为终止态，系统回收其占用的所有的系统资源。引起进程撤消的事件有 3 类。

（1）进程正常执行完成结束。指运行到程序的最后一条指令。

（2）进程异常错误。进程在运行期间，由于某些错误或故障而被操作系统中止。例如，地址越界、超时、访问非法指令、算术运算错误、I/O 故障等。

（3）由外界的请求被终止。例如，父进程结束，会干预子进程结束。

一旦操作系统发现有要求终止的进程，便调用进程撤销原语，处理过程如下：

（1）查找撤销进程的PCB。根据进程名在PCB总链表中查找进程名。若无此PCB，出错；否则，获得该进程的PCB首地址。

（2）若该进程处于运行状态，予以终止，并进行进程调度，以重新挑选其他进程运行。

（3）若该进程有子孙进程，也要予以终止。当父进程被撤销，其所有子孙进程也都将被撤销，防止子进程与其进程族隔离开而无法控制。

（4）归还资源。进程被撤销后，它所占用的所有资源将全部被回收。

（5）从所在队列移出，撤销该进程的PCB，并将其加入空闲的PCB队列中。

进程的撤销步骤如图2－16所示。

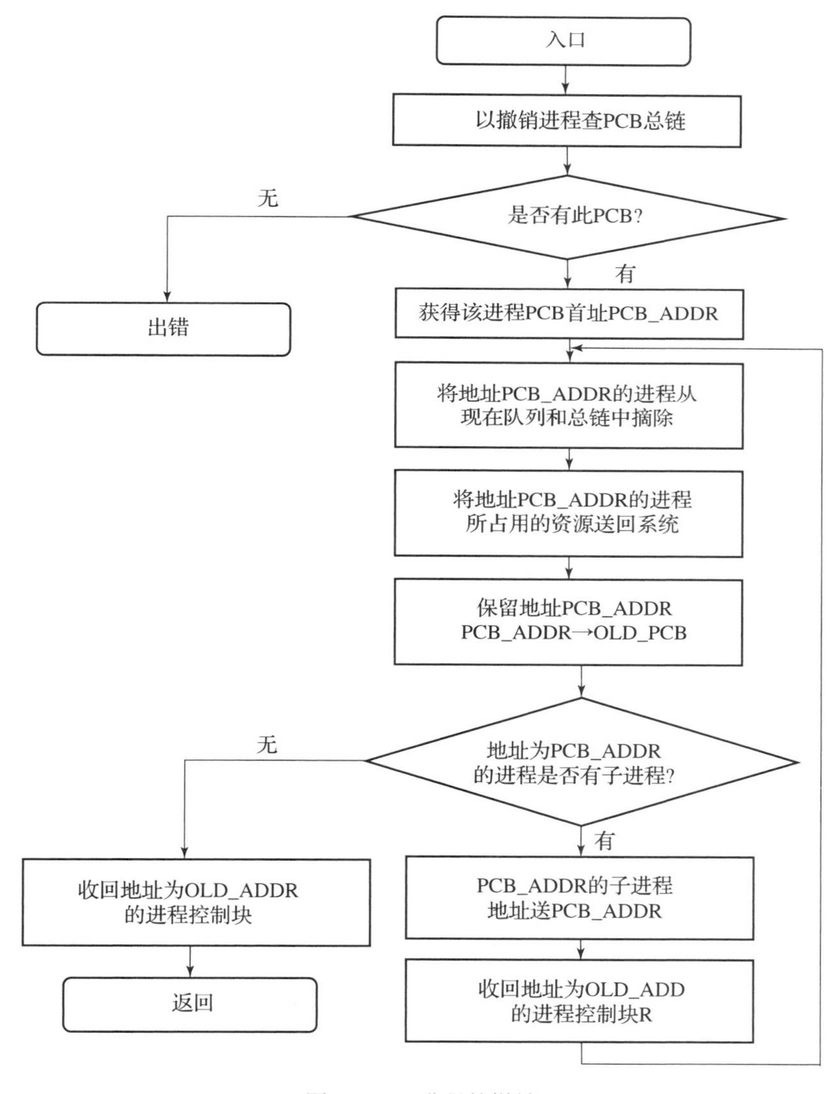

图2－16 进程的撤销

2.4.3 进程的等待

进程由运行态到等待态，是一个主动的过程，引发的等待事件有多种，主要有4类：

（1）启动某个操作，无法完成。进程在执行过程中需启动某个操作才能继续执行，所以进程需要等待。例如，进程启动文件输入数据，只有文件中的数据全部输入完成才能继续运行，此时进程释放处理机，进入等待态。

（2）请求系统服务，无法满足。运行态的进程请求系统提供服务，例如，申请打印机，但被另外进程占用，所以陷入等待。

（3）所需数据尚未到达。若是两个协作进程，而一个进程的输入需要另一个进程的输出结果才能执行，则需要等待协作进程中的数据到达，进入等待态。

（4）无新工作可执行。系统往往设置一些具有特定功能的系统进程，每当这种进程完成任务后，便把自己阻塞起来等待新任务的到来。例如，系统中的发送进程，当已有数据发送完成又无新的发送请求，则进程进入等待态。

一旦操作系统发现有要求等待的进程，便调用进程等待原语，进程等待的处理过程如下：

（1）停止进程的执行，保存进程的现场信息。

（2）修改进程控制块PCB中的相关信息，把进程控制块中的运行态转换为等待态，并填入等待原因。

（3）把进程控制块插入等待队列中。根据等待队列的组织方式，插入进程控制块。

（4）转进程调度程序，重新调度，在就绪队列中调入一个进程使其被处理机执行。

进程的等待步骤如图2－17所示。

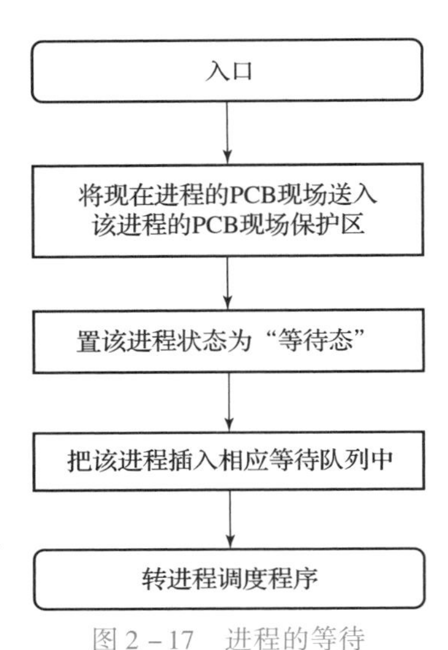

图2－17　进程的等待

2.4.4 进程的唤醒

进程的唤醒与进程的等待是一个相反的过程，当被置于等待态的进程所等待的事件出现时，则调用唤醒原语。

引起唤醒的事件有4类：

（1）启动某个操作完成。处于等待某种操作完成的等待队列中的进程，其等待的操作已经完成，可以执行后续命令，则必须将该进程唤醒。例如，进程等待的文件输入数据完成，则由等待态转入就绪态。

（2）请求系统服务得到满足。等待态的进程请求系统提供服务得到满足，则该进程被唤醒。

（3）所需数据已到达。两个协作进程，其中一个协作进程的结果已完成，则另一个可以继续执行，则该进程被唤醒。

（4）有新工作可执行。系统中具有特定功能的系统进程，接收到新任务，则必须唤醒该进程。

进程的唤醒步骤如图 2－18 所示。

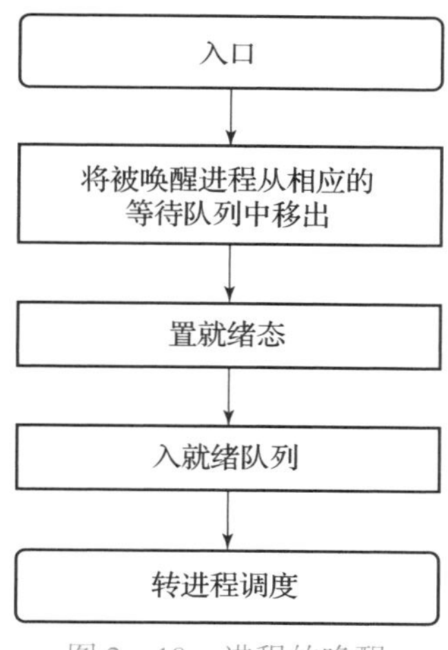

图 2－18　进程的唤醒

2.5　线程

20 世纪 60 年代提出了进程的概念，只有进程时，进程是资源分配的基本单位，也是独立运行的基本单位。到了 20 世纪 80 年代，提出了一个比进程更小的能够独立运行的基本单位——线程，从此，线程成为独立运行的基本单位，但进程仍是资源分配的基本单位。线程的产生进一步提高了系统的吞吐量，也提高了通信速度。目前已广泛应用。例如，网页浏览器中会有一个线程用来显示网页，另一个线程用于从网络接收数据。

2.5.1　线程的定义

操作系统引入线程是为了进一步促进系统的并发，同时减少因进程切换而产生的时空开销。线程是进程的一个实体，是被系统独立调度的基本单位，线程本身不再拥有资源，只拥有一点在运行中不可缺少的资源，如程序计数器、一组寄存器和栈，线程共享所属进程的全部资源，一个线程可以创建或撤销另一个线程，同一个进程中的多个线程之间可以并发执行。

如图 2－19 所示，图中有两个进程，每个进程都拥有自己的独立的资源，每个进程的创建和撤销都需要分配内存空间等资源，并且进程间的切换需要保留现场信息，设置新选中的进程的 CPU 环境，为此需要花费不少的时间开销。

若引入线程，如图 2－20 所示。线程共享进程的全部资源，自己只拥有少量的不可缺少的资源，因为这些线程驻留在同一块地址空间中，并且访问相同的数据，所以当一个线程改变内存中某个单元的数据时，其他线程在访问该数据单元时看到的是变化后的结果，这样线程间的通信变得简单容易。

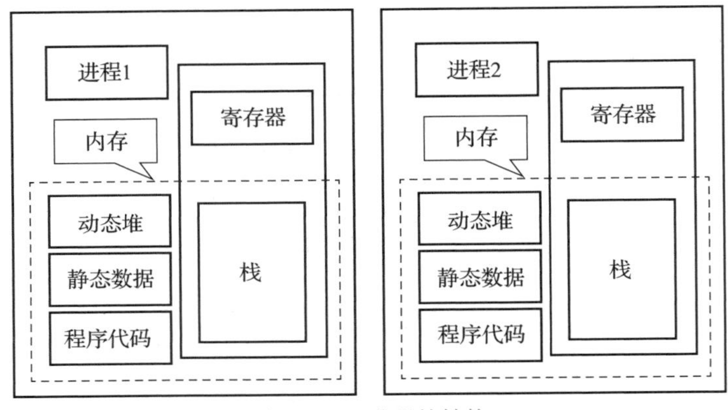

图 2－19　进程的结构

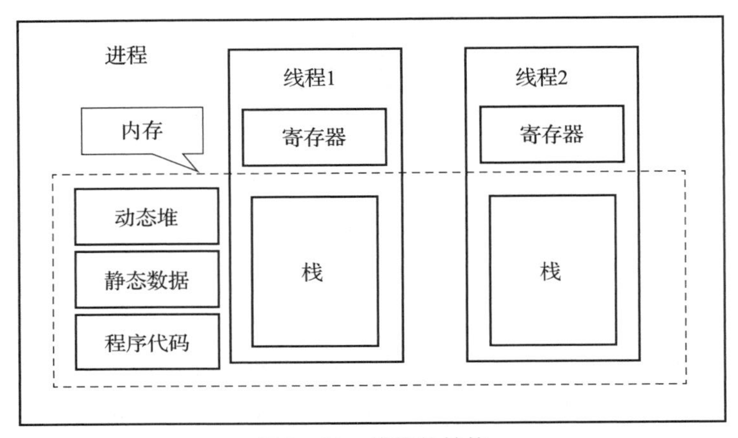

图 2－20　线程的结构

2.5.2　线程控制块

线程和进程一样，拥有线程控制块 TCB，用于保存自己的私有信息，在 TCB 中主要有以下几个部分：

（1）线程标识符：每个线程的唯一标识。

（2）寄存器：包括程序计数器 PC、状态寄存器和通用寄存器的内容。

（3）线程运行状态：用于描述线程在哪一个状态。

（4）优先数：描述线程执行的优先级。

（5）线程专有的存储区：用于线程切换时存放现场保护信息和其他与该进程相关的统计信息。

（6）信号屏蔽：对某些信号进行屏蔽。

（7）堆栈指针：保存局部变量和返回地址。

在线程中设置了两个专项堆栈的指针：

（1）指向用户自己堆栈的指针：在用户态，使用用户自己的用户栈来保存局部变量和返回地址。

（2）指向核心栈的指针：在内核态，线程运行在核心态使用系统的核心栈。

2.5.3 线程的状态及状态转换

线程和进程相似，也具有三种基本状态：就绪态、运行态和等待态。线程一般不具备挂起状态，因为挂起的目的是节省内存空间，但线程本身不占有资源，而是共享所属进程的资源，所以对线程挂起没有意义。

当创建一个新进程时，同时也为该进程派生了一个线程，以后这个主线程可以在它所属的进程内部再派生其他新线程，为新线程提供开始执行的指令指针和参数，同时为新线程提供栈空间等，并将新线程插入就绪队列中。

当 CPU 进行调度时，就可以在就绪队列中选择一个线程，投入运行。

线程在运行过程中若需要某个等待事件，就会从运行态进入等待态，当等待事件完成时，该线程再从等待态转换为就绪态。

2.5.4 引入线程的优点

线程产生后，计算机的性能得以提高，引用线程的优点是：

（1）响应度高：如果对一个交互程序采用多线程，即使有部分线程阻塞或执行冗长的操作，该程序也能继续执行，从而增加对用户的响应程度。

（2）资源共享：多线程默认共享所属进程的内存和资源。

（3）经济：进程创建所需要的内存和资源的分配比较昂贵，而线程共享进程的资源，所以创建线程比创建进程经济。

（4）多处理机体系结构的利用：多线程的优点是充分利用多处理机体系结构，以便每个进程能够并行运行在不同的处理机上。

2.5.5 线程和进程比较

一个进程可以有若干线程，至少有一个线程。下面分别从调度、并发性、拥有资源、独立性、系统开销等方面比较线程与进程。

1. 调度

传统的操作系统中，进程是被 CPU 独立调度的基本单位，每一次发生进程调度时，会进行上下文的切换，系统会产生比较大的开销；而系统中有线程，则 CPU 调度的基本单位是线程，因为线程创建时，只分配其较少的资源，所以线程切换时只需要保存和设置少量的寄存器内容，系统开销比进程少。在同一个进程发生线程切换不会引起进程的切换，如果两个不同进程的线程切换，则发生进程切换。

2. 并发性

在引入线程之后，不仅进程之间可以并发执行，一个进程中的多个线程也可以并发执行，甚至还允许一个进程中所有的线程并发执行，更加有效地提高了系统资源的利用率和系统的吞吐量。

3. 拥有资源

线程创建时本身仅拥有一些必不可少的系统资源即可，它共享所属进程的全部资源，所以不像进程那样创建时需分配较多的系统资源，例如线程控制块 TCB 等。

4. 独立性

在独立性方面，为了防止进程之间相互干扰、破坏，每个进程都拥有一个独立的地址空间和其他资源，而线程是为了提高并发性以及方便线程相互之间的合作而创建的，所以线程的独立性没有进程的独立性好。

5. 系统开销

进程在系统上的开销主要包括创建进程、撤销进程、进程切换。特别是在进程切换时，涉及上下文的切换，系统开销较大，而由于线程只有少量的资源，在上下文切换的时候，只需保存和设置少量寄存器的内容，并不涉及存储器管理方面的操作，所以线程的开销远小于进程的开销。

2.5.6 线程的实现机制

通常，在系统中不论是系统进程还是用户级进程，在进行进程切换时都依赖于内核中的进程调度。因此，不论是什么类型的进程都与内核有关，在内核支持下切换。线程的实现分为三种类型：用户级线程、内核级线程和混合级线程。

1. 用户级线程

用户级线程是完全建立在用户空间的线程库上，操作系统内核不能感知线程的存在。线程的创建、撤销和调度在用户态下完成，完全不需要内核的帮助。操作系统内核只可见进程，不知道进程中的每一个线程，所以操作系统内核的调度是按进程分配的。同一个进程中线程不需要切换到内核态，因此用户级线程的操作非常快速且低消耗，也可以支持规模较大的线程数量。部分高性能数据库中的多线程就是由用户级线程实现的。这种进程与用户线程之间是一对多的线程模型。如图 2 - 21 所示，库调度器从进程的多个线程中选择一个线程，然后该线程和该进程允许的一个内核线程关联起来。

用户级线程最显著的优势是不需要系统内核特权管理，线程间的切换没有消耗，每个进程定制自己的调度算法完成线程切换；线程管理比较灵活，但是必须自己写管理程序；用户级线程不需要上下文切换，也不需要对内存高速缓存进行刷新，使得线程调用非常快捷。劣势是由于没有系统内核的管理，所有的线程操作都需要用户程序自己处理，线程的创建、切换和调度都需要用户考虑；线程发生 I/O 或页面故障引起的阻塞时，操作系统内核由于不知道有多线程的存在，而会阻塞整个进程，从而阻塞所有线程，因此同一进程中只能同时有一个线程在运行；一个单独的进程内部，没有时钟中断，所以不可能用时间片轮转调度的方式调度线程。目前使用用户级线程的程序越来越少，Java、Ruby 等语言都曾经使用过用户级线程，最终都已放弃使用。

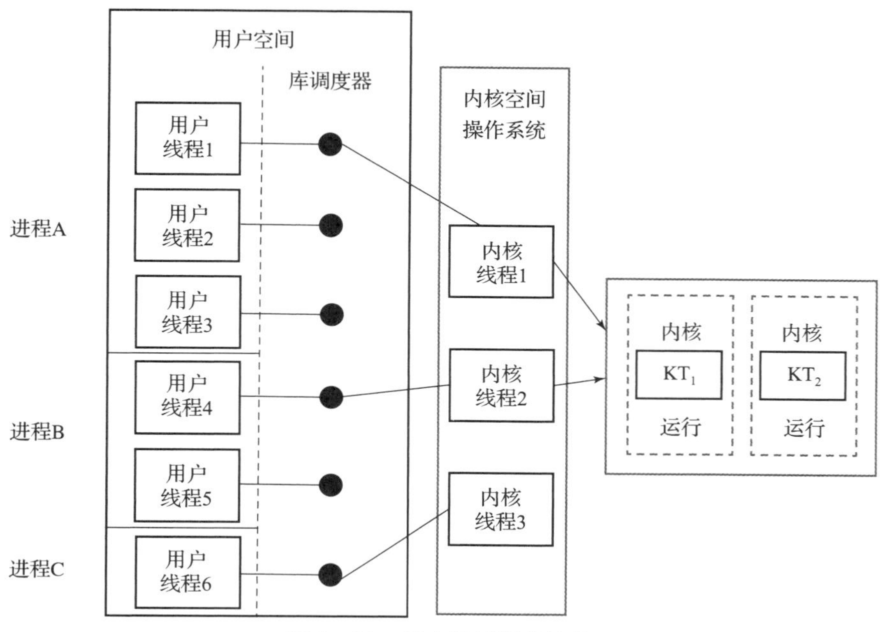

图 2-21 用户级线程的结构

2. 内核级线程

内核级线程是操作系统内核支持的线程，这种线程由内核来管理完成线程的切换，线程在执行过程中通过内核的创建线程原语来创建其他线程 应用程序的所有线程均在一个进程中获得支持。如图 2-22 所示，内核级线程驻留在内核空间，它们是内核对象。有了内核线程，每个用户线程被映射或绑定到一个内核线程。用户线程在其生命期内都会绑定到该内核线程。一旦用户线程终止，两个线程都将离开系统。这被称作“一对一”线程映射。

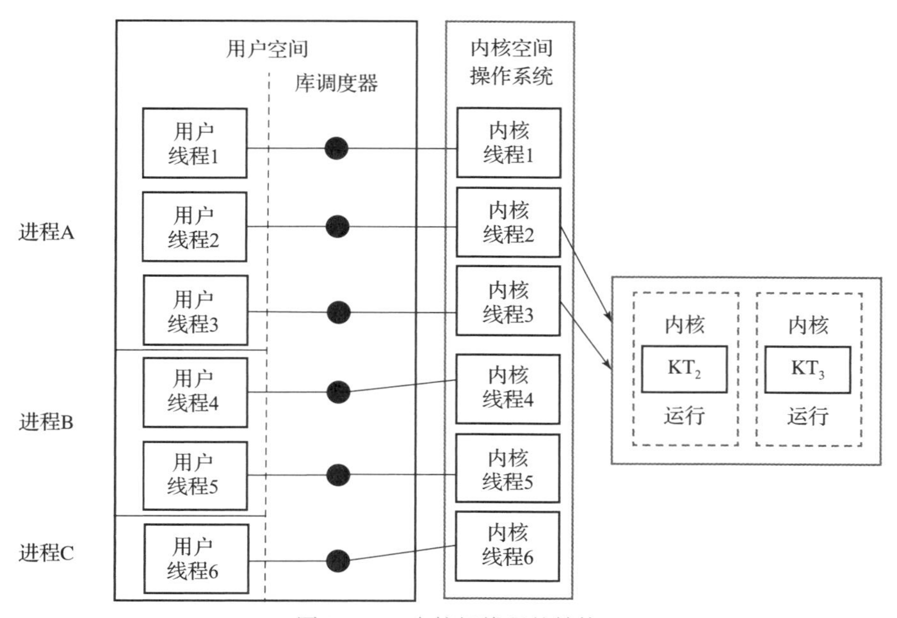

图 2-22 内核级线程的结构

内核级线程最显著的优势是线程的创建、撤销和切换等都需要内核来实现，即内核了解每一个作为可调度实体的线程；这些线程在系统中进行资源竞争；内核空间内为每一个内核支持线程设置了一个线程控制块 TCB，内核根据 TCB，感知线程的存在，并进行控制；在多处理机上，内核能够同时调度同一进程中的多个线程并行执行；若进程中的一个线程被阻塞，内核能够调度同一进程的其他线程占有处理机运行，也可以运行其他进程中的线程。劣势是系统是基于内核级线程实现的，所以各种线程操作，如创建，同步等，都需要进行系统调用。而系统调用的代价相对较高，需要在用户态和核心态中来回切换。另外每个轻量级进程都需要有一个内核级线程的支持，因此轻量级进程要消耗一定的内核资源，例如需要为内核级线程分配栈空间，因此一个系统支持轻量级进程的数量是有限的。

3. 混合级线程

混合级线程是操作系统既支持用户级线程，又支持内核级线程。线程创建完全在用户空间中完成，线程的调度和同步也在应用程序中进行。一个应用程序中的多个用户级线程被映射到一些小于或等于用户级线程数目的内核级线程上。如图 2－23 所示，用户级与内核级的组合实现方式，在这种模型中，每个内核级线程有一个可以轮流使用的用户级线程集合。

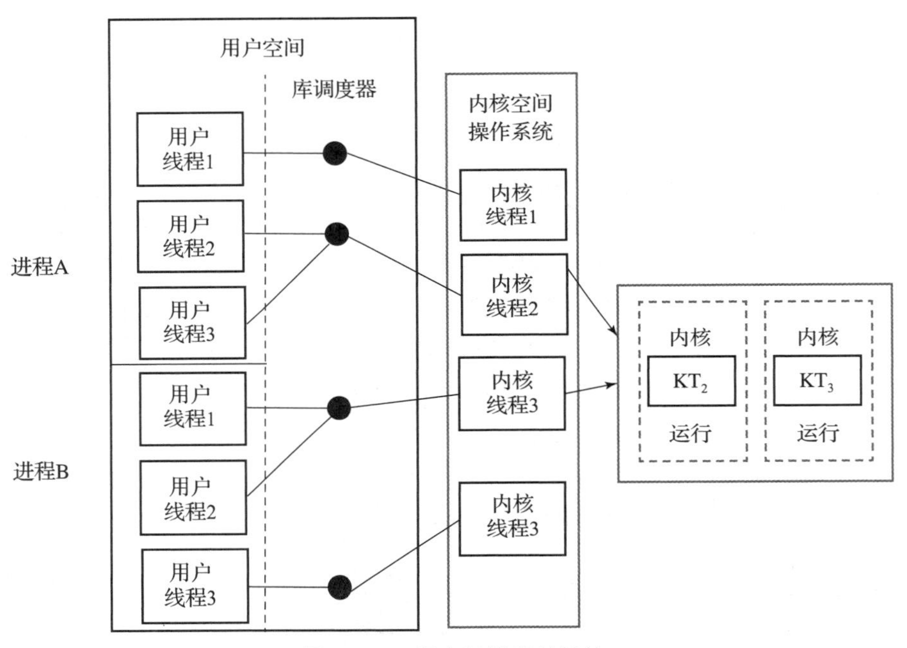

图 2－23　混合级线程的结构

用户级线程和内核级线程的区别有以下几个方面：

（1）内核级线程操作系统的内核可以感知，而用户级线程操作系统内核不可感知。

（2）用户级线程的创建、撤销和调度都不需要操作系统内核的支持，都是在用户态下完成的；而内核级线程的创建、撤销和调度都需要操作系统内核支持，线程的控制管理与进程的控制管理大致相同。

（3）用户级线程被系统调用时将导致其所属进程被中断，而内核级线程被系统调用时，只导致该线程被中断，不影响其所属进程。

（4）只有用户级线程的系统内，CPU 调度是以进程为单位，处于运行状态的进程，其中的多个线程由用户程序控制，这些线程轮换运行；内核级线程，CPU调度则以线程为单位，由操作系统线程调度程序负责线程的调度。

（5）用户级线程的程序实体是运行在用户态下的程序，而内核级线程的程序实体则是可以运行在任何状态下的程序。

2.6　作业

2.6.1　作业的基本概念

操作系统为计算机中的系统软件，通过为用户的作业和进程服务来实现。用户在使用计算机来解决问题时，通常采用某种高级语言编译环境编写程序代码，运行时提出控制执行的过程要求。

作业是用户在一次解题或一个事务处理过程中要求计算机系统所做的工作的集合，包括用户程序、所需的数据和命令等。即把一次计算过程，从输入开始，计算，再到输出结束，用户要求计算机所做的全部工作称为作业。任何一个作业都要经过若干相对独立的加工步骤才能得到结果，作业的每一个加工步骤称为一个作业步。作业步的集合完成了一个作业，将一批作业送入系统，并在操作系统的控制下一个接一个地进行处理，称为作业流。

作业是由程序、数据和作业说明书组成的，作业说明书用于记录用户的控制意图。作业分为批处理作业和交互式作业。

（1）批处理作业。操作员首先将用户提交的作业按照类型分类，然后把同类型的一批作业编成一个作业序列，由监督程序自动地一个一个依次处理。

（2）交互式作业。在作业执行过程中，用户使用操作系统命令对作业进行控制要求。每当用户输入一条指令，系统便立即解释执行，同时给出应答。用户根据作业执行的情况决定应该输入的下一条命令，用此种方法控制作业继续进行。

2.6.2　作业控制块

标记作业存在的标志是作业控制块，简称JCB。当一个作业的I/O设备向磁盘输入并传输数据时，系统输入程序为其建立一个JCB，并将JCB初始化。初始化的大部分信息取自作业说明书。作业控制块保存了系统对作业进行管理的全部信息。操作系统根据JCB对作业进行控制和管理，当作业运行完成后就撤销JCB。JCB的撤销也就意味着作业的消亡。每个作业都有一个作业控制块，系统中所有作业控制块的集合就形成了作业控制表。

JCB中记录的内容有3类，即标识类信息、调度类信息和控制类信息。

（1）标识类信息。包括作业名、用户名、作业创建者、用户账号、作业类别（即是批处理作业还是交互式作业）。

（2）调试类信息。作业的状态，即后备状态、活动状态或完成状态；进入系统时间、开始时间、完成时间、运行时间、结束时间。

(3) 控制类信息。对资源的需求，如对内存的需求，其他外围设备的需求，输入井、输出井地址等。

2.6.3 作业的管理

一个作业从提交计算机系统到得到运行结果并最终退出系统的整个管理过程称为作业管理。作业管理的步骤分为作业提交、作业调度、作业控制和作业完成退出。

在批处理作业中，作业的控制有四个基本状态：提交状态、后备状态、活动状态和完成状态。

(1) 提交状态：用户向系统提交一个作业，则该作业处于提交状态。

(2) 后备状态：用户作业经过输入设备送入输入井中存放，等待进入内存时所处的状态。

(3) 活动状态：一个作业被作业调度程序选中，且分配了必要的资源，建立相应的进程后，该作业就进入了活动状态。处于活动状态的作业在系统中以进程的形态从事各种活动。

(4) 完成状态：作业正常运行结束或发生错误而终止时，作业进入完成阶段。

作业的控制过程如图 2-24 所示。

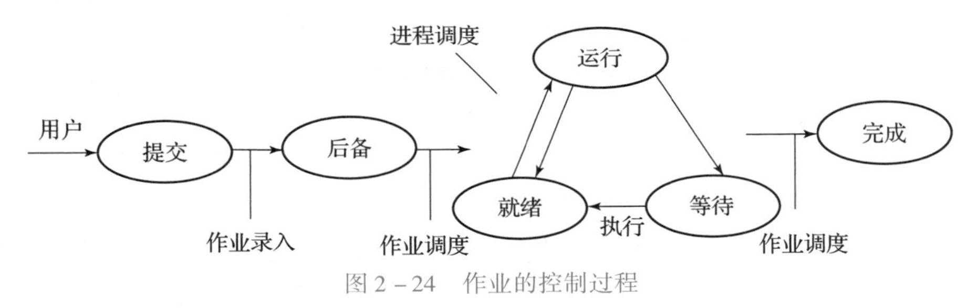

图 2-24 作业的控制过程

2.6.4 作业和进程

进程是分配资源的基本单位，是一个程序对某个数据集的执行过程。作业是用户需要计算机完成的某项任务，是要求计算机所做工作的集合。一个作业的完成要经过作业提交、作业调度、作业控制和作业完成退出 4 个阶段。而进程是对已提交完毕的程序所执行过程的描述。其主要区别如下：

(1) 作业是用户向计算机提交任务的任务实体。当用户向计算机提交作业后，系统将它放入外存中的作业等待队列中等待执行。进程是完成用户任务的执行实体，是向系统申请分配资源的基本单位。任一进程，只要它被创建，总有相应的一部分存在于内存中。

(2) 一个作业由多个作业步组成，每一个作业步是一个进程，一个作业必须至少由一个进程组成，反之则不成立。

(3) 作业的概念主要用在批处理系统中，而进程的概念几乎用于所有的多道程序系统中。

2.7 本章小结

本章主要介绍了程序的两种执行方式，即顺序执行和并发执行。顺序执行具有顺序性、封闭性、可再现性，而并发执行具有间断性、失去封闭性和失去可再现性。程序并发执行，导致程序在执行过程中失去了封闭性，为了保持“可再现性”，用 Bernstein 条件加以限制，满足条件，可并发执行，否则不能并发执行。

Bernstein 条件：$R(P1)\cap W(P2)\cup R(P2)\cap W(P1)\cup W(P1)\cap W(P2)=\{\}$。

进程是分配资源的基本单位，是一个程序对某个数据集的执行过程。进程具有动态性、并发性、独立性、异步性和结构特性。进程存在的标志是进程控制块 PCB。进程由程序 + 数据 + PCB + 堆栈组成。进程控制块 PCB 记录了进程的情况和控制进程运行的全部信息，操作系统通过进程控制块来管理进程。

进程在系统中是活动的主体，进程状态及状态转换如图 2－25 所示。

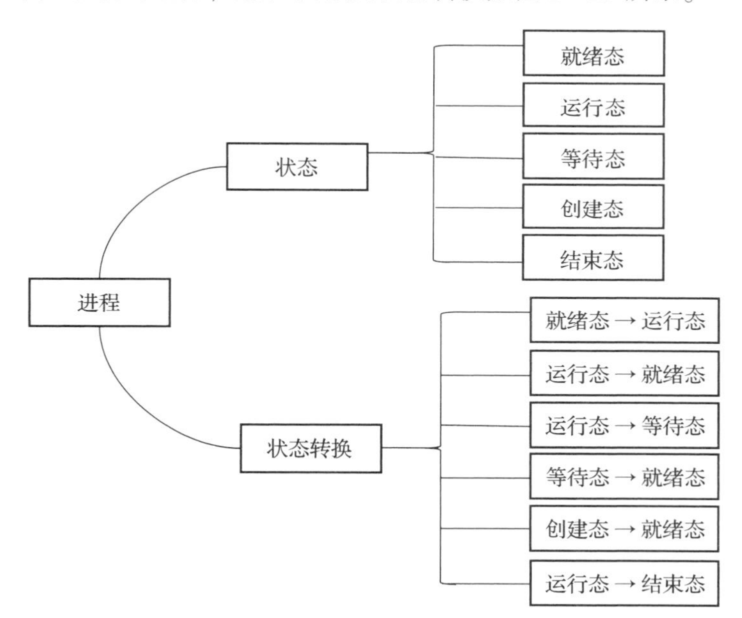

图 2－25　进程的状态

为了使系统中的每一个进程都能被有效地管理，则要对系统中的进程加以控制，进程的控制有进程的创建、进程的撤销、进程的等待和进程的唤醒 4 个原语操作。

线程是一个轻量级的进程，存在的标志是 TCB，为了使程序并发执行，改善资源的利用率，提高系统的吞吐量，引入了线程，有了线程，进程不再是独立调度的基本单位，但仍是资源分配的基本单位。一个进程由多个线程组成，线程不拥有系统资源，共享所属进程的内存和资源，这样两个线程相互的通信不再需要操作系统，通信速度快，简便，并且两个线程间的切换花费的时间少。线程分为用户级线程、内核级线程和混合级线程。

作业是用户在一次解题或一个事务处理过程中要求计算机系统所做的工作的集合。作业由一个个的作业步组成，每个作业步是一个进程。作业的控制有四个基本状态：提交状态、后备状态、活动状态和完成状态。

程序是一个可以长期保存在外存上的一个指令集合。程序运行产生了进程，进程从产生到消亡是有生命周期的。进程可以由多个线程组成，它们共享进程的资源，可以加快通信和提高单位时间的吞吐量。作业是若干个独立的加工步骤，一个作业被作业调度程序选中，且分配了必要的资源后会建立相应的进程，以进程的形态从事各种活动。

第 2 章　习题

一、选择题

1. 进程的就绪状态是指（　　）。

A. 进程因等待某种事件发生而暂时不能运行的状态

B. 进程已分配到 CPU，正在处理机上执行的状态

C. 进程已具备运行条件，但未分配到 CPU 的状态

D. 以上 3 个均不正确

2. 进程和线程是两个既相关又有区别的概念，下面描述中，不正确的是（　　）。

A. 线程是申请资源和调度的独立单位

B. 每个进程有自己的虚存空间，同一进程中的各线程共享该进程虚存空间

C. 进程中所有线程共享进程的代码段

D. 不同的线程可以对应相同的程序

3. 进程控制块是描述进程状态和特性的数据结构，一个进程（　　）。

A. 可以有多个进程控制块

B. 可以和其他进程共用一个进程控制块

C. 可以没有进程控制块

D. 只能有唯一的进程控制块

4. 下面（　　）不是进程控制块（PCB）的内容之一。

A. 进程打开文件　　B. 进程调度信息

C. 虚拟内存信息　　D. 完整的程序代码

5. 一个进程被唤醒意味着（　　）。

A. 该进程重新占有了 CPU　　B. 进程状态变为就绪状态

C. 它的优先权变为最大　　D. 其 PCB 移至就绪队列的队首

6. 某计算机系统只有一个 CPU，采用多用户多任务操作系统。假设当前时刻处于用户态，系统中共有 10 个用户进程，则处于就绪状态的用户进程数最多有（　　）个。

A. 0　　B. 1　　C. 9　　D. 10

7. 同一个进程的所有线程不会共享（　　）。

A. 代码　　B. 文件　　C. 栈　　D. 优先级

8. 用户可以通过（　　）创建或者终止一个进程。

A. 函数调用　　B. 宏指令　　C. 系统调用　　D. 阻塞调用

9. 在操作系统中进程是一个具有一定独立功能的程序在某个数据集合上的一次（　　）。

A. 并发活动　　B. 运行活动　　C. 单独操作　　D. 关联操作

10. 一个进程可以包含多个线程，各线程（　　）。

A. 共享进程的虚拟地址空间　　B. 必须串行工作

C. 是资源分配的独立单位　　D. 共享堆栈

11. 在一单处理机系统中，若有4个用户进程，在某一时刻，处于阻塞状态的用户进程最多有（　　）个。

A. 1　　B. 2　　C. 3　　D. 4

12. 系统中有$n(n>2)$个进程，并且当前CPU处于用户态，则（　　）不可能发生。

A. 有1个运行进程，没有就绪进程，剩下的$n-1$个进程处于等待状态

B. 有1个运行进程和$n-1$个就绪进程，但没有进程处于等待状态

C. 有1个运行进程和1个就绪进程，剩下的$n-2$个进程处于等待状态

D. 没有运行进程但有2个就绪进程，剩下的$n-2$个进程处于等待状态

13. 进程与程序的主要区别是（　　）。

A. 进程是静态的，而程序是动态的

B. 进程不能并发执行而程序能并发执行

C. 程序异步执行，会相互制约，而进程不具备此特征

D. 进程是动态的，而程序是静态的

14. 在操作系统中，一般不实现进程从（　　）状态的转换。

A. 就绪→等待　　B. 运行→就绪

C. 就绪→运行　　D. 等待→就绪

15. 进程的基本特性是（　　）。

A. 进程是动态的、多个进程可以含有相同的程序和多个进程可以并发运行

B. 进程是动态的、多个进程对应的程序必须是不同的和多个进程可以并发运行

C. 进程是动态的、多个进程可以含有相同的程序和多个进程不能并发运行

D. 进程是静态的、多个进程可以含有相同的程序和多个进程可以并发运行

二、综合题

1. 进程的特征是什么？

2. 简述程序、进程、线程、作业的关系和区别。

3. 进程控制块的作用是什么？其主要内容有什么？

4. 假如有以上程序段：

```
S1:a=x-3
S2:b=3*a
S3:c=5+a
```

（1）Bernstein条件是什么？

（2）试画出前驱图表示它们执行时的先后次序。

（3）利用Bernstein条件证明S_1、S_2和S_3中哪两个可以并发执行，哪两个不能并发执行。

第3章　进程的互斥与同步

【本章知识体系】

本章知识体系如图3－1所示。

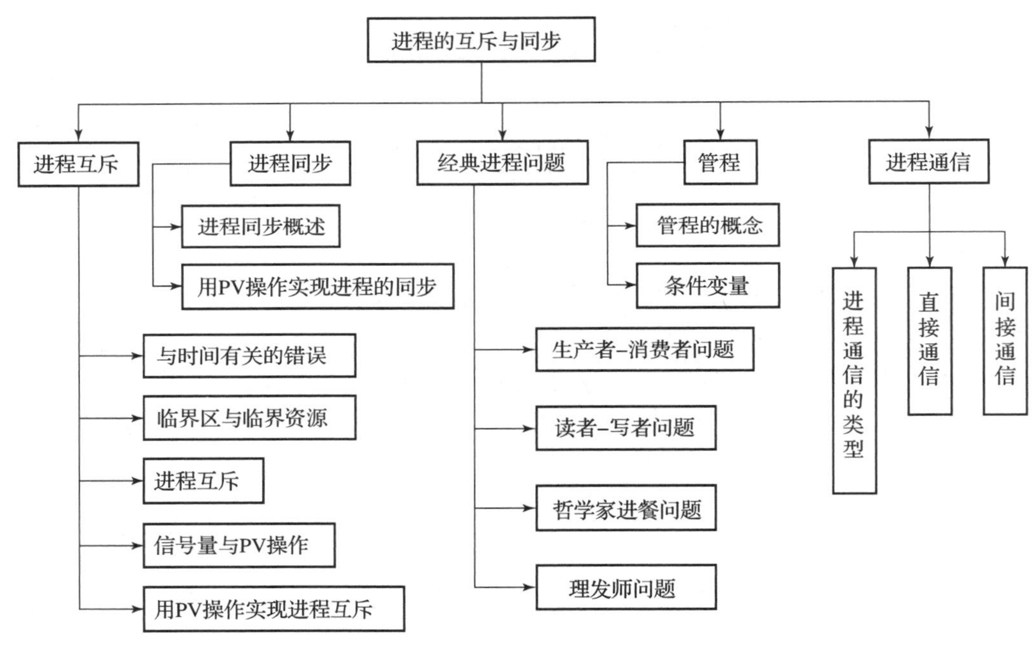

图3－1　本章知识体系

【本章大纲要求】

1. 理解进程互斥与进程同步的基本概念；
2. 理解实现临界区互斥的基本方法；
3. 理解信号量的基本概念、P操作、V操作；
4. 掌握使用信号量与P操作、V操作解决互斥问题和同步问题的方法；
5. 了解管程的基本概念；
6. 掌握4种经典同步问题：生产者－消费者问题、读者－写者问题、哲学家进餐问题、理发师问题；

7. 了解进程通信的概念和类型。

【本章重点难点】

1. 临界区与临界资源；
2. 信号量与 P 操作、V 操作的使用方法；
3. 进程的同步与互斥的区别；
4. 实现进程互斥的方法；
5. 进程同步与互斥的经典问题。

上一章介绍了进程具有异步性的特征，异步性会导致进程在执行过程中发生一些错误。进程的“并发”需要“共享”的支持，各个并发执行的进程不可避免地需要共享一些系统资源，出现与时间有关的错误或者是死锁。为了解决这些错误，保证多个进程能有条不紊地运行，引入进程的同步和互斥机制，本章还将详细介绍一些经典的进程同步问题、管程机制以及进程与进程之间的通信。

3.1 进程互斥

我们把系统中可并发执行的进程称为“并发进程”，并发进程相互之间可能是无关的，也可能是有交往的。进程互斥是进程之间发生的一种间接性作用，一般是程序不希望的。通常的情况是两个或两个以上的进程需要同时访问某个共享变量。我们一般将访问共享变量的程序段称为临界区。两个进程不能同时进入临界区，否则就会导致数据的不一致，产生与时间有关的错误。解决互斥问题应该满足互斥和公平两个原则，即任意时刻只能允许一个进程处于同一共享变量的临界区，而且不能让任一进程无限期地等待。互斥问题可以用硬件方法解决，也可以用软件方法解决，这将会在本节详细介绍。

3.1.1 与时间有关的错误

在多道程序设计的系统中同时存在着许多进程。他们可能同时装入主存，等待处理机的调度，这就形成了并发进程。对于单核处理机来说，并发进程并不是多个进程同时占用处理机同时执行，而是同时装入主存，至于进程什么时候被执行，则需要看进程的调度策略。进程的并发会产生许多错误，这些错误在设计系统或者编写软件时都要尽量避免。

进程执行的速度不能由自己来控制，若干并发进程同时使用共享资源，一个进程一次使用未结束，而另一进程已开始使用，形成交替使用共享资源的现象，这种情况若不加以控制，则可能出现与时间有关的错误或者是死锁，在共享资源（变量）时就会出现错误，得到不正确的结果。

由于并发进程执行的随机性，一个进程对另一个进程的影响是不可预测的。由于进程间共享了资源（变量），当在不同时刻交替访问资源（变量）时就可能造成结果的不正确。造成不正确的因素有进程占用处理机的时间、执行的速度以及外界的影响等。这些因素都与时间有关，所以称为“与时间有关的错误”。

【例 3.1】 飞机票售票问题。

假设一个飞机场售票系统有两个终端，分别运行进程 P_1 和 P_2。该系统的公共数据区中的一些单元 $R_j(j=1,2,\cdots)$ 分别存放某月某日某次航班的余票数，而 x_1 和 x_2 表示进程 P_1 和 P_2 执行时所用的工作单元。飞机票售票程序如下：

R_j 表示公共数据的余票数

```
void Pi(int i) {        //i=1,2,…
    int xi;
    [按旅客订票要求找到 Rj];
    xi = Rj;
    if (xi >= 1) {
        xi = xi - 1;
        Rj = xi;
        [输出一张票];
    }
    else
        [输出信息“票已售完”];
}
```

由于 P_1 和 P_2 是两个可同时执行的并发进程，它们在同一个计算机系统中运行，共享同一批票源数据，因此可能出现 $x_1=R_j$；$x_2=R_j$；的运行情况。会出现下面的问题：

当两个用户同时要买票，其中一个用户还没有付款的时候，也就是票数并没有减少。另一个用户也要买票，此时的余票数仍然是一开始的数值，这样两个用户买完票之后，票数最后只减了 1。

【例 3.2】 主存管理问题

假设有两个并发进程 borrow 和 return 分别负责申请和归还主存资源。

x 表示现有的空闲主存容量，B 表示申请或者归还的主存量。算法描述如下：

```
int x = 1000;
cobegin
    [申请进程进入等待队列等主存
资源];
    else {
        x = x - B;
        [修改主存分配表,申请进程获
得主存资源];
}

void borrow(int B) {
    if (B>x)
}
void return (int B) {
    x = x + B;
    [修改主存分配表];
    [释放等主存资源的进程];
}
coend;
```

由于 borrow 和 return 共享了表示主存物理资源的临界变量 x，对并发执行不加限制会导致错误。例如，一个进程调用 borrow 申请主存，在执行了比较 B 和 x 的指令后，发现 B > x，但在执行［申请进程进入等待队列等主存资源］前，另一个进程调用 return 抢先执行，归还了全部所借主存资源。这时，由于前一个进程还未成为等待状态，return 中的［释放等主存资源的进程］相当于空操作。以后当调用 borrow 的进程被置成等主存资源时，可能已经没有其他进程来归还主存资源了，从而，申请资源的进程处于永远等待状态。

对于与时间有关的错误所产生的问题，可以采用 PV 操作的方法。PV 操作会涉及一个叫“临界区”的名词，临界区是指并发进程中与共享变量有关的程序段。相关临界区是指并发进程中涉及相同变量的那些临界区。PV 操作的原理是保证一个进程在临界区执行时，不让另一个进程进入相关临界区执行，即各个进程对共享变量的访问是互斥的，这就不会造成与时间有关的错误。

3.1.2 临界区与临界资源

在操作系统中，进程是占有资源的最小单位，线程可以访问其所在进程内的所有资源，但线程本身并不占有资源或仅仅占有一点必需资源。对于某些资源来说，其在同一时间只能被一个进程所占用，这些一次只能被一个进程所占用的资源就是所谓的临界资源。典型的临界资源比如物理上的打印机，或是存在硬盘或内存中被多个进程所共享的一些变量和数据等，如果这类资源不被看成临界资源加以保护，那么很有可能产生数据丢失的问题。

对临界资源的访问，必须是互斥进行的。也就是当临界资源被占用时，另一个申请临界资源的进程会被阻塞，直到其所申请的临界资源被释放。而进程内访问临界资源的代码被称为临界区（critical region）或临界部分（critical section）。临界区就是不允许多个并发进程交叉执行的一段程序。

为了保证临界资源的正确使用，可以将临界区的访问过程分为四个部分：

```
do {
    extry section;          //进入区
    critical section;       //临界区
    exit section;           //退出区
    remainder section;      //剩余区
} while(true)
```

（1）进入区：进程为了进入临界区使用临界资源，首先会在进入区检查是否可以进入，如果可以进入，通常设置相应的“正在访问临界区”的标志，以阻止其他进程同时进入临界区。

（2）临界区：实际访问临界资源的那段代码。

（3）退出区：清除临界区被占用的标志。

（4）剩余区：进程与临界区不相关部分的代码。

进程互斥是进程之间的间接制约关系。当一个进程进入临界区使用临界资源时，另一个进程必须等待。只有当使用临界资源的进程退出临界区后，这个进程才会解除阻塞状态。如图3-2所示，A进程想要访问临界资源，首先会在进入区检查是否可以进入，由于此时没有其他进程占用临界资源，所以检查通过，同时它设置标志表示当前自己正在访问临界资源。对于B进程，如果此时它也想访问这个资源，同样也会在进入区做一个检查，它知道了A进程正在访问，所以B进程被阻塞，等A进程离开临界区后B进程才进入临界区。这样就实现了资源访问的互斥。

使用临界区解决互斥问题应遵守以下原则：

（1）空闲让进：即各并发进程享有平等地、独立地竞争共有资源的权利，且在不采取任何措施的条件下，在临界区内任意指令结束时，其他并发进程可以进入临界区。

（2）互斥使用：当并发进程中的多个进程同时申请进入临界区时，它只允许一个进程进入临界区，其他进程必须等待。

（3）忙则等待：当已有进程进入临界区时，表明临界资源正在被访问，因此其他试图

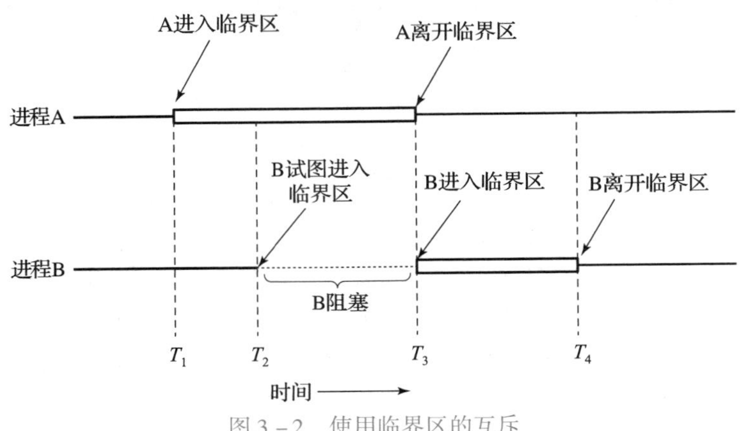

图 3-2　使用临界区的互斥

进入临界区的进程必须等待。

（4）有限等待：也就是在就绪队列中的进程等待资源的时间必须是有限的。并发进程中的某个进程从申请进入临界区时开始，应在有限时间内得以进入临界区。

（5）让权等待：处于等待状态的进程应放弃 CPU，以使其他进程有机会得到 CPU 的使用权。

假设有两个进程 P_1、P_2，共享一台打印机，若 P_1、P_2 同时使用，那么可能发生两个进程输出的结果混在一起难以区分的情况。对于这种情况可以使用下面的解决办法：当进程 P_1 使用打印机时，一直独占打印机，进程 P_2 等待，直到 P_1 使用结束并释放打印机，P_2 才可以使用打印机。进程 P_1、P_2 分别执行如下操作：

```
进程 P1:                        }
P1()                            进程 P2:
{                               P2()
…                               {
entry code;                     …
使用打印机                      entry code;
exit code;                      使用打印机
…                               exit code;
…                               }
```

上面的操作中，使用 entry code 和 exit code 来实现 P_1、P_2 两个进程对打印机的共享和互斥使用。entry code 是请求分配设备的系统调用代码，exit code 是释放设备的系统调用代码。进程在争夺许多硬件资源时，均存在这种互斥问题。

由于共享某一公用资源，引起在临界区内不允许并发进程交叉执行的现象，称为间接制约。这里的“间接”二字主要是指各并发进程的速度受公用资源的制约，而非进程之间的直接制约。对临界资源的访问，必须互斥地进行。

3.1.3　进程互斥

在并发进程中，一个或多个进程要对公用资源进行访问时，必须确保该资源处于空闲状态，即临界区只允许一个进程进入，而其他进程阻塞，等待该共享临界资源释放，这就是进程的互斥（mutual exclusion）。

举个实际生活中的例子：两个同学在学校打印店打印论文，甲按下了WPS的“打印”选项，于是打印机开始工作。甲的论文打印到一半时，乙同学按下了Word的“打印”按钮，开始打印他自己的论文。想象一下如果两个进程可以随意地、并发地共享打印机资源，会发生什么情况？显然，如果两个进程并发运行，将导致打印机设备交替地收到WPS和Word两个进程发来的打印请求，结果两篇论文的内容混杂在一起。进程互斥就是用来解决这个问题的。也就是上个小节中进程 P_1、P_2 共享打印机的问题。

实现进程的互斥，主要有两种方法：软件实现方法和硬件实现方法。

1. 进程互斥的软件实现方法

例如，有两个进程 P_0 和 P_1 互斥地共享某个临界资源。P_0 和 P_1 是循环进程，他们执行一个无限循环程序，每次使用一个该资源有限的时间间隔。

1）单标志法

设置公用整型变量turn，用于指示允许进入临界区的进程编号，turn为0，则允许 P_0 进程进入临界区。在该进程顺利进入并完成自己的任务后，它会将turn改指向另一个进程。通过一个例子来说明：

```
int turn = 0;
P0 进程:                          P1 进程:
while (turn != 0);               while (turn != 1); //进入区
critical section;                critical section; //临界区
turn = 1;                        turn = 0;          //退出区
remainder section;               remainder section; //剩余区
```

在一开始我们置turn指向0号进程。设想有两种可能：一种是 P_0 进程先上处理机，那么此时不满足while条件，则顺利进入自己的临界区；另一种是 P_1 进程先上处理机，尽管如此，由于满足while条件，所以陷入了死循环，一直无法进入临界区，直到消耗完自己的时间片，轮到 P_0 运行。P_0 由于不满足循环条件，所以顺利进入临界区。值得注意的是，在这个过程中，即使由于 P_0 消耗完了时间片而导致把处理机使用权转让给了 P_1，P_1 也不会实际进入临界区，而是不断循环——这就确保了整个过程中，即使进程不断来回切换，始终都只有 P_0 在使用临界资源，也就是做到了“互斥访问资源”。

但还会存在问题，P_0 完成任务后将“使用权限”转交给 P_1，而 P_1 完成后也转交给 P_0，所以整个过程一直都是 $P_0 \to P_1 \to P_0 \to P_1$……这样交替进行，也就是说，即使 P_0 运行完之后想要再次运行，它也不得不先等待 P_1 的完成。

另一个问题是，P_0 如果一直不访问临界区，那么就算此时临界区空闲且 P_1 有意愿想要访问临界资源，P_1 也无法访问，也就是“空闲不让进”。这很明显违背了上面所说的“空闲让进”原则。

2）双标志先检查法

双标志法不是用一个标识来指示哪个进程可以进入临界区，而是为每个进程都设置一个可以起到开关作用的Flag[ ]数组。它的核心是，初始所有进程，Flag[ ]都为false，表示暂时都不想进入临界区。某一时刻如有进程想要进入临界区，该进程首先会检查当前是否有其他进程正在占用，如有则等待，如没有则进入并将 Flag[ ]置为 true，相当于"上了一把锁"，这期间只有该进程拥有占有权，其他进程都进不来。完成任务后，再置 Flag[ ]为 false，相当于释放了占有权（把锁打开）。通过一个例子来说明：

```
bool flag[2];
flag[0] = false;
flag[1] = false;
P0 进程:                      P1 进程:
while (flag[1]);              while (flag[0]); //进入区
flag[0] = true;               flag[1] = true; //进入区
critical section;             critical section; //临界区
flag[0] = false;              flag[1] = false; //退出区
remainder section;            remainder section; //剩余区
```

和上个例子一样的是即使其他进程被调度，也会陷入死循环而消耗完自己的时间片，所以看起来可以实现互斥。但是这里需要注意的是单个进程释放"权限"不同，单标志法的释放"权限"，是把"权限"交给一个指定的进程，这说明了另一个进程想要得到"权限"，必须经过这个进程的同意（所以才有了交替运行的问题）。但是由于双标志法设置的是可以起到开关作用的 Flag，所以所谓释放"权限"不过是放开了自己的权限，其他进程想要进入临界区只管进入就可以，不用非要这个进程进行指定，所以，这个方法不会有交替运行的问题，在一定程度上做到了解耦。

问题在于，检查与上锁并不是一个原子操作（Atomic Operation），它是可以被打断的，这意味着，在检查之后、没来得及上锁之前，如果进程突然切换到 B 进程，那么 B 进程就会在 A 进程"上锁"之前抢先跳过本该陷入的死循环。之后，不管进程有没有再次切换回去，对于 A、B 进程来说，它们都跳过了循环，这意味着它们都可以顺利进入临界区，进而同时使用临界资源。换句话说，双标志先检查法并不能保证互斥访问资源，它违背了"忙则等待"的原则。

3）双标志后检查法

双标志后检查法与先检查法的区别在于，它是先"上锁"后"检查"。也就是说，先检查法的问题在于"上锁"上得太慢，其他进程还有机会进入临界区，所以后检查法的改进主要是先上锁。看下面这个例子：

```
bool flag[2];
flag[0] = false;
flag[1] = false;
P0 进程:                      P1 进程:
flag[0] = true;               flag[1] = true;//进入区
while (flag[1]);              while (flag[0]);//进入区
critical section;             critical section; //临界区
flag[0] = false;              flag[1] = false; //退出区
remainder section;            remainder section; //剩余区
```

后检查法解决了"忙则等待"的问题，但又违背了"空闲让进"和"有限等待"的原则。由于非原子操作而引起的根本问题并未得到解决，因此极有可能导致两个进程都无法进入临界区。

例如，P_0 想要进入临界区，那么它就会抢先“上锁”，而由于“上锁”和“检查”之间有空隙，如果进程 P_0 在这段空隙切换到了 P_1，那么 P_1 也会进行“上锁”。此后，无论进程是否切换回去，双方都会陷入死循环无法自拔（因为此时双方都拿到了“上锁”的机会），进而导致谁都无法进入临界区，产生“饥饿”现象。

4）Peterson 算法

Peterson 算法实际上同时结合了单标志法和双标志后检查法，它的核心是：在一开始还是和后检查法一样，抢先进行“上锁”，但是上锁之后又将 turn 置为对方线程，表示自己虽然想进入临界区，但是不介意“将这个机会让给对方”。尽管如此，由于 while 的限制条件增加了，而 turn 又是公用的，所以保证了最后只会有一方的 while 满足条件，既做到了互斥访问资源，也避免了双方都访问不到资源。看下面这个例子：

```
bool flag[2];
flag[0] = false;
flag[1] = false;
int turn = 0;
P0 进程:                              P1 进程:
flag[0] = true;                       flag[1] = true;//进入区
turn = 1;                             turn = 0; //进入区
while (flag[1]&& turn == 1);          while (flag[0]&& turn == 0); //进入区
critical section;                     critical section; //临界区
flag[0] = false;                      flag[1] = false; //退出区
remainder section;                    remainder section; //剩余区
```

首先进入后检查法的情况，即：P_0 首先表示想进入临界区，因此它的 Flag[ ]为 true，之后进程切换到 P_1，P_1 也表示自己想进入临界区，因此它的 Flag[ ]也置为 true。在后检查法中，这种情况注定了双方都陷入死循环，谁也无法进入。但是 Peterson 算法却不一样。在这个算法中，对方进程想进入，且最后一个做出“谦让”的进程最终将无法进入临界区。继续上面的例子，此时可能：

继续执行 turn =0，while（flag[0]&& turn == 0），由此进入了死循环，于是时间片用完后来到了 P_0，P_0 执行 turn =1，while（flag[1]&& turn == 1），同样进入了死循环，于是时间片用完后来到了 P_1，注意，此时对于 P_1 来说，它的 while 条件不满足，所以顺利进入了临界区，直到运行完释放“权限”，P_0 才有机会跳出自己的死循环。这种情况，由于 P_0 是最后一个“谦让”的，所以是对方 P_1 进入临界区。或者，切换到 P_0 执行 turn =1，while（flag[1]&& turn == 1），由此进入了死循环，于是时间片用完后切换到 P_1，执行 turn =0，while（flag[0]&& turn == 0），同样进入了死循环，于是时间片用完后切换到 P_0，此时对于 P_0 来说，while 条件已经不满足，所以 P_0 顺利进入临界区。这种情况，由于 P_1 是最后一个“谦让”的，所以是对方 P_0 进入临界区。

考虑到进程并发的异步性特征，其实有很多种排列组合的情况，但是不管哪种情况，可以肯定的是即使双方都想进入临界区，由于 turn 只有一个，所以肯定有一方可以顺利跳出死循环，进入临界区。这就避免了“饥饿”现象的产生；同时，只要自己进程临界区没执行完，就永远不会释放“权限”，意味着对方进程不会乘机抢着进入临界区，这就保证了“互斥”。

用一个生活案例来解释：

甲乙两人同时去图书馆借一本书，甲说："我很想看这本书，但是你想看的话，我不介意让你先看。"而乙也说："我也很想看这本书，但是你这么谦让我都不好意思了，还是你先看吧。"双方就这样互相你来我往。到最后甲也累了，于是在听到乙再次说："让你先看"之后，甲拍了拍乙的肩膀，同时把书拿了过来，说："好吧，那我先看，我看完，你再看。"

Peterson 算法解决了空闲让进、忙则等待、有限等待的问题，但还是没有解决让权等待的问题。也就是说，进程无法进入临界区时，依然会占用处理机，不会让给其他进程。

2. 进程互斥的硬件实现方法

1）中断屏蔽法

在一个多道程序的单处理机系统中，中断会引起多进程并发执行，因为中断处理结束会引起调度程序运行，如果某进程在临界区中发生中断，随着上下文切换，会保存被中断进程寄存器状态，然后调度另外的进程运行，另一个进程如果再进入相关临界段，会修改它们的共享数据，如果再次进行进程切换，原先进程重新执行，使用了原来保存的寄存器中的不一致数据，导致错误。如果程序员意识到中断引起的并发能够导致错误的结果，可考虑在程序执行临界区部分的处理时，屏蔽中断。

利用"开/关中断指令"实现（与原语的实现思想相同，即在某进程开始访问临界区到结束访问为止都不允许被中断，也就是不能发生进程切换，因此也不可能发生两个进程同时访问临界区的情况）。

中断屏蔽的优点是简单、高效，但是只能用于单处理机系统，在多处理机共享主存的系统中，需要硬件提供某些特殊指令，只适用于操作系统内核进程，不适用于用户进程（因为开/关中断指令只能运行在内核态，这组指令如果能让用户随意使用会很危险）。

2）TSL/TS 指令

Test And Set Lock/Test And Set 指令也叫 TSL/TS 指令。Test And Set 指令是用硬件实现的，执行的过程不允许被中断，只能一气呵成。相比软件实现方法，Test And Set 指令把"上锁"和"检查"操作用硬件的方式变成了一气呵成的原子操作。Test And Set 的优点是实现简单，无需像软件实现方法那样严格检查是否会有逻辑漏洞；适用于多处理机环境。缺点是不满足"让权等待"原则，暂时无法进入临界区的进程会占用 CPU 并循环执行 Test And Set 指令，从而导致"忙等"。

```
bool TestAndSet (bool *lock){
    bool old;
    old = *lock;
    *lock = true;
    return old;
}
P0:
while (TestAndSet(&lock));//上锁并检查
critical section;   //临界区代码段
lock = false;       //解锁
remainder section; //剩余区代码段

P1:
while (TestAndSet(&lock));
critical section;
lock = false;
remainder section;
```

其中，lock 是全局变量，记录当前临界区是否"上锁"。

首先，进程 P_0 想访问临界区，就要先进入 while 循环，在循环中完成"上锁"和"检查”的工作，循环里执行了 TSL 函数，一方面将全局 lock 改为 true，一方面返回旧的值为 false 的 lock 给自己。所以，对自己来说，由于返回的是 false，它得以跳过循环进入临界区；而对 P_1 进程来说，每次切换到它这里，它在 while 里企图“上锁”和“检查”时，都会由于之前全局 lock 已经被置 true 而陷入死循环。

因此，整个过程就保证了 P_0 的“上锁”和“检查”是一气呵成的原子操作，同时也让 P_0 执行时绝对不会被切换。在 P_0 执行完之后，全局 lock 再次置 false，以此类推。

TSL 指令的方法实现简单，无需严格逻辑检查，适用于多处理机环境，但是它仍然不满足“让权等待”的原则。从伪代码可以看出，P_0“上锁”后如果无法进入临界区，那么就会一直占用处理机，导致“忙等”。

3）Swap 指令

逻辑上来看 Swap 和 Test And Set 并无太大区别，都是先记录一下此时临界区是否已经被上锁（记录在 old 变量上），再将上锁标记 lock 设置为 true，最后检查 old，如果 old 为 false 则说明之前没有别的进程对临界区上锁，则可跳出循环，进入临界区。

```
P0:                                    P1:
bool old = true;                       bool old = true;
while (old == true)                    while (old == true)
    Swap(&lock,&old);                      Swap(&lock,&old);
critical section;                      critical section;
lock = false;                          lock = false;
remainder section;                     remainder section;
```

其中 Swap 指令的作用是交换两个变量的值。

一开始全局 lock 还是 false，P_0 想进入临界区，首先置 old 为 true，后面用 Swap 完成交换，因此跳出循环进入临界区；而对于 P1 进程，由于它共享全局 lock，全局 lock = 自身 old = true，所以陷入了死循环，无法进入临界区。

和 TSL 指令一样，Swap 指令也无法解决“让权等待”的问题。Swap 指令的优点是实现简单，无需像软件实现方法那样严格检查是否会有逻辑漏洞；适用于多处理机环境。缺点是不满足“让权等待”原则，暂时无法进入临界区的进程会占用 CPU 并循环执行 TSL 指令，从而导致“忙等”。

以上几种硬件方法适用于临界区短的情况，如果临界区过长会影响中断的响应，或者会引起处理机在空操作上循环导致忙等待。

3. 互斥的加锁实现

对互斥的临界区进行加锁处理，即当一个进程进入了临界区之后，对此临界区进行加锁，直到该进程退出临界区为止。而其他并发进程在申请进入临界区之前，必须测试该临界区是否加锁，如果是则阻塞等待。

加锁实现是系统的原语：lock(key[S])和 unlock(key([S]))均保持原子操作。系统实现时锁定位 key [S] 总是设置在公有资源所对应的数据结构中的。

缺点：

（1）在进行锁测试和定位时将耗费 CPU 资源。

（2）进程加锁实现可能对进程不公平，例如：

```
进程 A:                          进程 B:
lock(key[S])                     lock(key[S])
<S>                              <S>
unlock(key[S])                   unlock(key[S])
Goto A                           Goto B
```

如上面所示，进程 A 和 B 之间的一个进程运行到 Goto 之后，会使得另一个进程无法得到处理机资源运行，而处于永久饥饿状态。

分析可以知道，一个进程能否进入临界区取决于进程自己调用 lock 过程去测试相应的锁定位。也就是说，每个进程能否进入临界区依靠的是进程自己的测试判断。这样，没有获得执行机会的进程当然无法判断，从而出现不公平现象。那么是否有办法解决这个问题呢？很明显办法是有的，可以为临界区设置一个管理员，由这个管理员来管理相应临界区的公有资源，它代表可用资源的实体，这个管理员就是信号量。

3.1.4 信号量与 PV 操作

1965 年，荷兰科学家 E. W. Dijkstra 提出的信号量机制是一种卓有成效的进程同步互斥工具。信号量机制由“信号量”和“P 操作”“V 操作”两部分组成，信号量是一个特殊的变量，是用于进程间传递信息的一个整数值，只能被两个标准的原语所访问，分别记为 P 操作（又称为 wait 操作）和 V 操作（又称为 signal 操作），P、V 操作可以看作是两个函数。在长期且广泛的应用中，信号量机制得到了极大的发展。

1. 信号量的定义

```
struct semaphore
{
  int count;
  queueType queue;
}
```

这是一个结构体，由一个具有非负初值的整型变量和一个初始状态为空的队列组成。

信号量的声明：semaphore s

当 s >=0 时，代表可供并发进程使用的资源实体数；

当 s < 0 时，表示正在等待使用临界区的进程数。

显然，用于互斥的信号量 s 的初值应该大于 0，而建立一个信号量必须说明所建信号量代表的意义、赋初值以及建立相应的数据结构，以便指向那些等待使用该临界区的进程。

2. 信号量的作用

（1）控制共享资源的使用权（满足互斥条件）。

（2）标志某事件的发生。

（3）使两个或两个以上进程的行为同步。

3. 信号量的实质

信号量就像是一把钥匙，进程要运行下去，需要先拿到这把钥匙，通俗来讲，就是在允许的信号量下，进程才能够执行。如何通过操作信号量来实现控制进程的执行？

对信号量可以实施的操作主要有：初始化、P 操作和 V 操作。

P 是阻塞原语，P 是荷兰语 Proberen（测试）的首字母，负责把当前进程由运行状态转换为阻塞状态，直到另外一个进程唤醒它。操作为：申请一个空闲资源（s 减 1），若 s 减 1 后仍大于或等于 0，则 P 原语返回，该进程继续执行；若 s 减 1 后小于 0，则该进程被阻塞后进入与该信号相对应的队列中，然后转进程调度。

V 是唤醒原语，V 是荷兰语 Verhogen（增加）的首字母，负责把一个被阻塞的进程唤醒，它有一个参数表，存放着等待被唤醒的进程信息。操作为：释放一个被占用的资源（s 加 1），若相加结果大于 0，V 原语停止执行，该进程返回调用处，继续执行；若相加结果小于或等于 0，则从该信号的等待队列中唤醒一个等待进程，然后再返回原进程继续执行或转进程调度。

4. 信号量机制的发展

信号量机制从整型信号量、记录型信号量、AND 型信号量，最终发展为信号量集，下面依次进行讲解。

1）整型信号量

整型信号量定义为一个用于表示资源数目的整型量 S，它与一般整型量不同，除初始化外，仅能通过两个标准的原子操作 wait(S) 和 signal(S) 来访问。wait(S) 表示申请资源，signal(S) 表示释放资源。

```
wait(S) {
    while(S <= 0);
    S --;
}
signal(S) {
    S ++;
}
```

整型信号量的缺点是当 S <= 0 时，就要不断检测。从而陷入“忙等”状态，不符合“让权等待”。

2）记录型信号量

在整型信号量基础上，增加了一个进程链表指针 L，链接所有等待的进程。数据结构定义为：一个整型变量 value 表示资源数目，进程链表指针 L。

```
typedef struct{
     int value;
     struct process *L;
} semaphore;
```

相应地，wait(S) 和 signal(S) 操作过程就是：

当 wait(S) 申请资源时，S. value 减 1（为负数时的绝对值即等待进程的数目）。若 S. value <0，则表示资源耗尽了，进程使用 block 原语自我阻塞，放弃处理机，插入等待进程链表 S. L 中。这就符合了让权等待，避免了“忙等”。

当 signal(S) 释放资源，S. value 加 1。若加 1 后仍是 S. value≤0，则表示在该链表 L 中，

仍有等待该资源的进程被阻塞，故还应调用 wakeup 原语，将 S. L 链表中的第一个等待进程唤醒。

如果 S. value 的初值为 1，表示只允许一个进程访问临界资源，此时的信号量转化为互斥信号量，用于进程互斥。

```
void wait(semaphore S) {
    S.value --;
    if(S.value <0) {
        block(S.L);
    }
}
```

```
void signal(semaphore S) {
    S.value ++;
    if(S.value <=0){
        wakeup(S.L);
    }
}
```

记录型信号量的缺点同整型信号量一样，都是共享一种临界资源。若一个进程需要两个或更多资源后才可执行，就会出现死锁的可能，共享资源越多，进程死锁可能性越大。

比如：有两个进程 A、B，两个临界资源 D、E，互斥信号量（初值为 1）分别是 Dmutex、Emutex。按下面的执行次序，A 获得了 D 等待 E，B 获得了 E 等待 D，就处于僵持状态，无外界干预，A、B 就陷入死锁状态。共享资源越多，进程死锁可能性越大。

process A：wait （Dmutex）；于是 Dmutex =0

process B：wait （Emutex）；于是 Emutex =0

process A：wait （Emutex）；于是 Emutex = －1 A 阻塞

process B：wait （Dmutex）；于是 Dmutex = －1 B 阻塞

3） AND 型信号量

当共享多种临界资源时，整型信号量和记录型信号量都容易引起死锁问题，而 AND 型信号量能够避免上述死锁情况的出现。AND 型信号量的同步机制是要么把进程在整个运行过程中所请求的资源全部分配到进程（进程使用完成后一起释放），要么一个也不分配。

整型信号量、记录型信号量局限在只共享一种临界资源。AND 型信号量局限在单种（一种）临界资源为 1，若单种资源为 N(N >=1)时，AND 型信号量的 wait( )和 signal( )就需操作 *N* 次，这是很低效的。但很多情况是一个进程可能申请多种临界资源且某种临界资源数目大于 1 的。

4） 信号量集

在前面所述的记录型信号量机制中，wait(S)或 signal(S)操作仅能对信号量施以加 1 或减 1 操作，意味着每次只能对某类临界资源进行一个单位的申请或释放。当一次需要 *N* 个单位时，便要进行 *N* 次 wait(S)操作，这显然是低效的，甚至会增加死锁的概率。此外，在有些情况下，为确保系统的安全性，当所申请的资源数量低于某一下限值时，还必须进行管制，不予以分配。因此，当进程申请某类临界资源时，在每次分配之前，都必须测试资源的数量，判断是否大于可分配的下限值，决定是否予以分配。

3.1.5 用 PV 操作实现进程互斥

设 S 为多个进程 P_1、P_2……实现互斥的信号量，S 的初值应为 1（即可用资源数目为 1）。只需把临界区置于 P(S)和 V(S)之间，即可实现进程的互斥。

利用信号量和PV操作实现进程互斥的一般模型是：

进程 P_1	进程 P_2	……	进程 P_n
……	……		……
P(S)；	P(S)；		P(S)；
临界区；	临界区；		临界区；
V(S)；	V(S)；		V(S)；
……	……	……	……

用PV操作可实现并发进程的互斥，步骤如下：

（1）设立一个互斥信号量S表示临界区，其取值范围为1，0，-1，…

①S=1表示无并发进程进入S临界区；

②S=0表示已有一个并发进程进入了S临界区；

③S等于负数表示已有一个并发进程进入了S临界区，且有|S|个进程等待进入S临界区（注，S的初值为1）。

（2）用PV操作表示对S临界区的申请和释放：

①在进入临界区之前，通过P操作进行申请；

②在退出临界区之后，通过V操作释放。

【例3.3】 用PV操作管理图书馆借书问题。

```
semaphore S=1;
终端1:
while(1){
    等待借书者;
    P(S);
    if (x>=1){
        x=x-1;
        V(S);
        借书
     }
    else V(S);无书;
}
```

```
终端2:
while(1){
    等待借书者;
    P(S);
    if (x>=1){
        x=x-1;
        V(S);
        借书
    }
    else V(S);无书;
}
```

【例3.4】 用PV操作管理飞机票售票问题。

```
semaphoreS=1;
cobegin
void Ti(){
     int xi;
     [按旅客订票要求找到Rj];
     P(S);
     xi=Rj;
     if(xi>=1){
          xi=xi-1;
          Rj=xi;
          V(S);
          [输出一张票];}
```

```
    else{
        V(S);
        [输出信息"票已售完"];}
    }
coend;
```

3.2 进程同步

3.2.1 进程同步概述

在多道批处理系统中，多个进程是可以并发执行的，但由于系统的资源有限，进程的执行并不是不间断地一直进行，而是按照“执行—暂停—执行”这种间断性的活动规律，以不可预知的速度向前推进，这就是进程的异步性。举个例子，如果有 A、B 两个进程分别负责读和写数据的操作，这两个进程是相互合作、相互依赖的。那么写数据应该发生在读数据之前。而实际上，由于异步性的存在，可能会发生先读后写的情况，而此时由于缓冲区还没有被写入数据，读进程 A 没有数据可读，因此读进程 A 被阻塞。当出现一个进程的执行可能影响到另一个进程的执行时，就可以用进程同步来解决。

所谓进程同步（synchronization）就是指某些进程为完成同一任务需要分工协作，由于合作的每一个进程都是独立地以不可预知的速度推进，这就需要相互协作的进程在某些协调点上协调各自的工作。当合作进程中的一个到达协调点后，在尚未得到其伙伴进程发来的消息或信号之前应阻塞自己，直到其他合作进程发来协调信号或消息后方被唤醒并继续执行。这种协作进程之间相互等待对方消息或信号的协调关系称为进程同步。

需要注意进程同步和进程调度是不一样的，进程调度是为了最大限度地利用 CPU 资源，选用合适的算法调度就绪队列中的进程。进程同步是为了协调一些进程以完成某个任务，比如解决读和写操作就可以用进程同步，指定这些进程的先后执行次序使得某个任务能够顺利完成。

进程同步和进程互斥有共同点也有区别，实际上进程互斥也是一种同步，是进程同步的一种特殊情况。进程互斥反映了进程间的竞争关系，而同步则反映了进程间的合作关系。互斥所涉及的进程之间没有固定的必然的联系，它们只是竞争获得共享资源的使用权，而同步所涉及的并发进程之间有一种必然联系，即使资源可用，若没有获得同步消息，进程也不能去使用。

进程同步和互斥的关系对比如表 3 – 1 所示。

表 3 – 1　进程同步和互斥的关系对照表

同步（直接制约）	互斥（间接制约）
进程—进程	进程—资源—进程
时间次序上受到某种限制	竞争到某一物理资源时不允许其他进程再访问

续表

同步（直接制约）	互斥（间接制约）
相互清楚对方的存在及作用，交换信息	不一定清楚其他进程情况
往往指有几个进程共同完成一个任务	往往指多个任务多个进程间通信制约
生产者—消费者	交通十字路口、单轨火车的拔道岔

3.2.2 用PV操作实现进程的同步

要实现进程的同步就必须提供一种机制，该机制能把其他进程需要的消息发送出去，也能测试自己需要的消息是否到达。把能实现进程同步的机制称为同步机制，不同的同步机制实现同步的方法也不同，PV操作和管程是两种典型的同步机制。

前面我们已经介绍过了怎样用PV操作实现进程互斥。下面我们来看一下如何用PV操作实现进程同步。把一个信号量与一个消息联系起来，当信号量的值为“0”时，表示期望的消息尚未产生，当信号量的值为非“0”时，表示期望的消息已经存在。假定用信号量S表示某个消息，下面来看一下如何实现：

1. 调用P操作测试消息是否到达

任何进程调用P操作可测试到自己所期望的消息是否已经到达。若消息尚未产生，则$S=0$，调用P(S)后，P(S)让调用者成为等待信号量S的状态，即调用者此时必定等待直到消息到达；若消息已经存在，则$S\neq0$，调用P(S)后进程不会成为等待状态而是可以继续执行，即进程测试到自己期望的消息已经存在。

2. 调用V操作发送消息

任何进程要向其他进程发送消息时可调用V操作。若调用V操作之前，$S=0$，表示消息尚未产生且无等待消息的进程，这时调用V(S)后，V(S)执行$S=S+1$使$S\neq0$，即意味着消息已存在；若调用V操作之前$S<0$，表示消息未产生前已有进程在等待消息，这时调用V(S)后将释放一个等待消息者，即表示该进程等待的消息已经到达，可以继续执行。

进程同步是进程之间直接的相互作用，是合作进程间有意识的行为，例如当多个进程常常需要共同修改某些共享变量、表格、文件数据库等以协作完成一些功能时，需要用到进程之间的同步。

还有一个典型的例子是公共汽车上司机与售票员的合作关系。只有当售票员关门之后司机才能起动车辆，只有司机停车之后售票员才能开车门，司机和售票员的行动需要一定的协调。

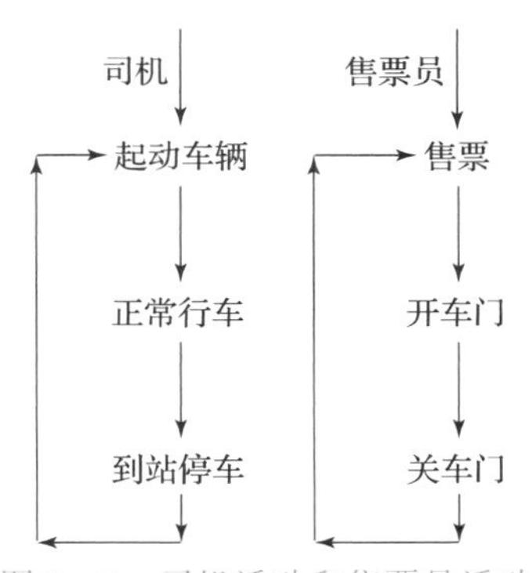

图3－3 司机活动和售票员活动

【例3.5】 设公共汽车上，司机和售票员的活动分别如下。司机的活动：起动车辆；正常行车；到站停车。售票员的活动：关车门；售票；开车门。在汽车不断地到站、停车、行驶过程中，这两个活动有什么同步关系？试用信号量和P、V操作实现它们的同步。

司机活动和售票员活动如图3－3所示。

在汽车行驶过程中，司机活动与售票员活动之间的同步关系为：售票员关车门后，向司机发开车信号，司机接到开车信号后起动车辆，在汽车正常行驶过程中售票员售票，到站时司机停车，售票员在车停后开门让乘客上下车。因此，司机起动车辆的动作必须与售票员关车门的动作取得同步；售票员开车门的动作也必须与司机停车的动作取得同步。

本题应设置两个信号量 S_1 和 S_2，代码如下：

```
Semaphore S1 = 0;      //S1 表示是否允许司机起动汽车,其初值为 0
Semaphore S2 = 0;      //S2 表示是否允许售票员开门,其初值为 0
procedure driver{
    while (true) {
        P(S1);
            start;
            driving;
            stop;
        V(S2);
    }
}
procedure conductor{
    while (true) {
        close the door;
        V(S1);
        sell the ticket;
        P(S2);
        open the door;
        passengers up and down;
    }
}
```

在用 PV 操作实现同步时，一定要根据具体的问题来定义信号量，确定调用 P 操作或 V 操作。一个信号量与一个消息联系在一起，当有多个消息时，必须定义多个信号量；测试不同的消息是否到达或发送不同的消息时，应对不同的信号量调用 P 操作或 V 操作。

3.3 经典进程问题

本部分主要介绍四种经典进程问题：生产者－消费者问题、读者－写者问题、哲学家进餐问题和理发师问题。

3.3.1 生产者－消费者问题

1. 问题描述

系统中有两个进程，一个进程用于生产资源，一个进程用于消费资源。这两个进程共享一块大小确定的存放资源的区域（缓冲池）。当区域内的资源没有装满时，生产进程可以往里面放资源；当区域内的资源装满时，生产进程需等待；当区域内的资源不为空时，消费进程可以从里面取出资源；当区域内的资源为空时，消费进程需等待。

2. 设计

（1）因为两个进程之间的访问不能同时进行，即生产进程放入资源时，消费进程不能取资源；消费进程取资源时，生产进程不能放入资源，所以需要一个互斥信号量 mutex，初始值为1，表示进程能直接执行。

（2）生产进程需要判断缓冲池是不是满的，所以需要一个空缓冲区 empty，初始值为 n，当空缓冲区为0时表示已经满了。

（3）消费进程需要判断缓冲池是不是空的，所以需要一个满缓冲区 full，初始值为0，当满缓冲区为0时，表示缓冲池中没有数据。

3. 实现

```
semaphore mutex =1;     //对有界缓冲区进行操作的互斥信号量
semaphore empty =n;     //空缓冲区数目
semaphore full =0;   //满缓冲区数目
void producer(){
    while(true){
        produce an item put in nextp;     //nextp 为临时缓冲区
        wait(empty);                //申请一个空缓冲区
        wait(mutex);                //申请使用缓冲池
        将产品放入缓冲池
        signal(mutex);              //缓冲池使用完毕,释放互斥信号量
        signal(full);              //增加一个满缓冲区
        }
    }
    void consumer(){
        while(true){
            wait(full);          //申请一个满缓冲区
            wait(mutex);          //申请使用缓冲池
            取出产品
            signal(mutex);          //缓冲池使用完毕,释放互斥信号量
            signal(empty);          //增加一个空缓冲区
            consumer the item in nextc;     //消耗掉产品
        }
     }
     void main(){
         cobegin
             producer();
             consumer();
         coend;
      }
```

3.3.2　读者－写者问题

1. 问题描述

一个文件可以被读和被写，多个进程操作这一个共享对象。因为读操作不会引起文件混

乱，所以可以同时有多个进程被读。写操作会引起文件混乱，所以写操作不允许和其他读操作或者写操作同时访问对象。

2. 设计

需要分多种情况实现该问题：读者优先、公平情况和写者优先。

1）读者优先

因为可以有多个进程读，所以写入的时候，需要判断当前是否还有进程在读，如果有，则不能写，等待；如果没有，则可以写入，所以需要一个读缓冲池 readcount，初始值为 0。因为 readcount 是可以被一个或多个进程访问的临界资源，所以针对 readcount 应该设置一个互斥信号量 rmutex，初始值为 1。因为写入的时候，不允许其他操作，因此需要一个写的互斥信号量 wmutex，初始值为 1。

2）公平情况

进程的执行顺序完全按照到达顺序，即一个读者试图进行读操作时，如果有写者正等待进行写操作或正在进行写操作，后续读者要等待先到达的写者完成写操作后才开始读操作。要解决此问题，跟读者优先算法相比，需要增设一个信号量 wmutex，其初值为 1，用于表示是否存在正在写或者等待的写者，若存在，则禁止新读者进入。

3）写者优先

有的书把公平情况算法也叫作写者优先，但并不是真正意义上的写者优先，只是按照到达顺序进行读写操作而已。若要实现真正的写者优先（即当写者和读者同时等待时，后续写者到达时可以插队到等待的读者之前，只要等待队列中有写者，不管何时到达，都优先于读者被唤醒），则需要增设额外的信号量进行控制。为了达到这一目的，需要增设额外的一个信号量 readable，用于控制写者到达时可以优先于读者进入临界区，当有写者到达时，只需要等待前面的写者写完就可以直接进入临界区，而不论读者是在该写者之前还是之后到达。另外，需要增设一个整数 writecount 用于统计写者的数量。与之前的算法相比，wmutex 的作用有所变化，现在是用于控制写者互斥访问 writecount。

3. 实现

1）读者优先算法

```
semaphore rmutex = 1;   //初始化信号量 rmutex,保证对于 readcount 的互斥访问
semaphore wmutex = 1;   //初始化信号量 mutex,保证对于数据区的写互斥
int readcount = 0;  //用于记录读者数量,初值为 0
void reader(){
    while(true){
        wait(rmutex);  //申请 readcount 的使用权
        if(readcount == 0)  //如果此为第一个读者,要阻止写者进入
            wait(wmutex);
        readcount ++;
        signal(rmutex);  //释放 readcount 的使用权,允许其他读者使用
        进行读操作
        wait(rmutex);
        readcount --;
        if(readcount == 0)
            signal(wmutex);  //若没读者了,则允许写者进入
```

```
            signal(rmutex);
        }
}
void writer(){
    while(true){
        wait(wmutex);  //申请对数据区进行访问
        进行写操作
        signal(wmutex);  //释放数据区,允许其他进程读写
    }
}
void main(){
    cobegin
        reader();
        writer();
    coend;
}
```

2）公平情况算法

```
semaphore mutex = 1;  //初始化 mutex,用于控制互斥访问数据区
semaphore rmutex = 1;  //初始化 rmutex,用于读者互斥访问 readcount
semaphore wmutex = 1;  //初始化 wmutex,用于存在写者时禁止新读者进入
int readcount = 0;  //用于记录读者数量,初值为 0
void reader() {
    while (true) {
        wait(wmutex);
        wait(rmutex);
        if (readcount ==0)
            wait(mutex);
        readcount ++;
        signal(rmutex);
        signal(wmutex);
        进行读操作
        wait(rmutex);
        readcount --;
        if (readcount ==0)
            signal(mutex);
        signal(rmutex);
    }
}
void writer() {
    while (true) {
        wait(wmutex);
        wait(mutex);
        进行写操作
        signal(mutex);
        signal(wmutex);
    }
}
```

```
void main() {
    cobegin
        reader();
        writer();
    coend;
}
```

3）写者优先算法

```
semaphore mutex = 1;  //初始化 mutex,用于控制互斥访问数据区
semaphore rmutex = 1;  //初始化 rmutex,用于读者互斥访问 readcount
semaphore wmutex = 1;  //初始化 wmutex,用于写者互斥访问 writecount
semaphore readable = 1;  //初始化 readable,用于表示当前是否有写者
int readcount = 0, writecount =0;  //用于记录读者和写者数量,初值均为 0
void reader() {
    wait(readable);  //检查是否存在写者,若没有,则占用,进行后续操作
    wait(rmutex);  //占用 rmutex,准备修改 readcount
    if (readcount == 0)  //若是第一个读者,则占用数据区
        wait(mutex);
    readcount ++;
    signal(rmutex);  //释放 rmutex,允许其他读者访问 readcount
    signal(readable);  //释放 readable,允许其他读者或写者占用
    进行读操作
    wait(rmutex);
    readcount --;
    if (readcount == 0)  //若为最后一个读者,则释放数据区
        signal(mutex);
    signal(rmutex);
}
void writer() {
    wait(wmutex);  //占用 wmutex,准备修改 writecount
    if (writecount == 0)  //若为第一个写者,则阻止后续读者进入
        wait(readable);
    writecount ++;
    signal(wmutex);  //释放 wmutex,允许其他写者修改 writecount
    wait(mutex);  //等当前正在操作的读者或写者完成后,占用数据区
    进行写操作
    signal(mutex);
    wait(wmutex);
    writecount --;
    if (writecount == 0)  //若为最后一个写者,则允许读者进入
        signal(readable);
    signal(wmutex);
}
void main() {
    cobegin
        reader();
        writer();
    coend;
}
```

3.3.3 哲学家进餐问题

1. 问题描述

如图3-4所示，一张圆桌上坐着五名哲学家，每两名哲学家之间摆一根筷子，一共五根筷子，一个哲学家只有左手右手都拿到一根筷子才能进餐。进餐完毕，筷子放回原处。

2. 设计

因为有五根筷子，所以筷子为临界资源，即 chopstick[5] = {1,1,1,1,1}，如代码1。

问题：假如五个哲学家同时去拿左边的筷子，五个信号量将都会变为0，那么将永远拿不到右边的筷子，产生死锁。

图3-4 哲学家进餐

3. 改进

（1）至多只允许四位哲学家同时去拿左边的筷子，最终能保证至少有一位哲学家能够进餐，并在用完时释放出他用过的两根筷子。

（2）当哲学家的左、右两根筷子均可用时，才允许他拿起筷子进餐。

（3）规定奇数号哲学家先拿起他左边的筷子，然后再去拿他右边的筷子；而偶数号则相反。按此规定，总会有一位哲学家能进餐，并在使用完后释放筷子。

改进如代码2。

4. 实现

```
代码1(有可能引起死锁):
semaphore chopstick[5] = {1,1,1,1,1};   //5根筷子信号量初值都为1
void philosopher(int i){
    while(true){
        //think();    //思考
        wait(chopstick[i% 5]);          //拿起左边筷子
        wait(chopstick[(i+1)% 5]);      //拿起右边筷子
        //eat();     //进餐
        signal(chopstick[i% 5]);
        signal(chopstick[(i+1)% 5]);
    }
}
代码2:
semaphore chopstick[5] = {1,1,1,1,1};
void philosopher (int i){
    while(true){
        //think();
        if(i%2!=0)                  //判断是否为奇数号哲学家
        {                           //若为奇数号哲学家,则先拿左边的筷子
            wait(chopstick[i]);
            wait(chopstick[(i+1)%5]);
```

```
            //eat();
            signal(chopstick[i]);
            signal(chopstick[(i+1)%5]);
        }
        else{                              //若为偶数号哲学家,则先拿右边的筷子
            wait(chopstick[(i+1)%5]);
            wait(chopstick[i]);
            //eat()
            signal(chopstick[(i+1)%5]);
            signal(chopstick[i]);
            }
    }
}
```

3.3.4 理发师问题

1. 问题描述

理发店有一位理发师、一把理发椅和若干供顾客等候用的凳子（这里假设有 n 个凳子）。若没有顾客，则理发师在理发椅上睡觉。当一个顾客到来时，他必须先叫醒理发师；若理发师正在给顾客理发，则如果有空凳子，该顾客等待；如果没有空凳子，顾客就离开。要为理发师和顾客各设计一段程序来描述其活动。

2. 设计

一种思路是将理发椅与等待用的凳子分别看作两种不同的资源，特点是所用代码写起来有些复杂，但是容易想到，如代码 1 所示。

理发师和顾客的工作流程如图 3－5 所示。

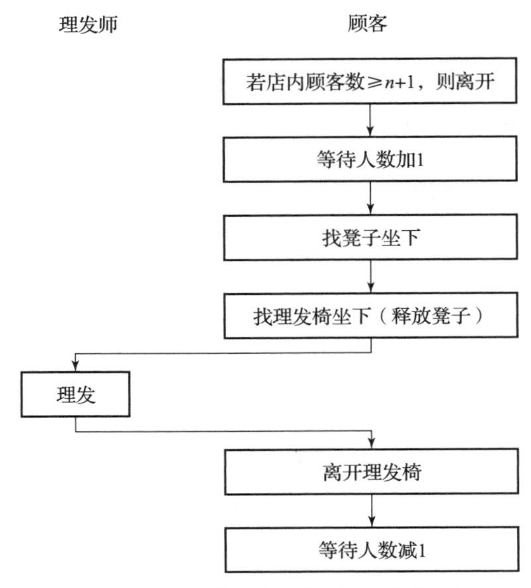

图 3－5　理发师与顾客的工作流程

另一种思路是将理发椅、凳子、顾客数量统一为一个变量。因为顾客来了自然优先占用理发椅，其次是凳子，再次就是离开，所以可以将顾客数量上限设置为理发椅与凳子的和（即 $n+1$），当顾客数量达到此值后，再到达的顾客就离开了。而理发师的工作也很简单，只要有顾客，就一直理发，顾客会自动从凳子上离开坐到理发椅上，凳子与理发椅统一，则可以看作理发师不停地为每个座位上的顾客理发，而顾客只要坐下之后就不再移动。这种思路代码量较少，但不容易想明白，如代码2所示。

3. 实现

```
代码1:
int waiting = 0;    //顾客数量,包括正在理发的,最大为 n+1
semaphore mutex = 1;  //用于互斥操作 waiting
semaphore bchair = 1;  //代表理发椅的信号量
semaphore wchair = n;  //代表凳子的信号量
semaphore ready = finish = 0;  //用于同步理发师与顾客的信号量
void barber() {  //理发师进程
    while (true) {
        wait(ready);        //有顾客坐在理发椅上准备好了
        理发;
        signal(finish);     //理发完毕,提醒顾客离开
    };
}
void customer() {             //顾客进程
    wait(mutex);              //申请使用 waiting 变量
    if (waiting <= n) {        //如果还有空位置(包括理发椅和凳子),就留下
       waiting ++;             //顾客人数加1
       signal(mutex);          //允许其他顾客使用 waiting 变量
    }
    else {                    //如果没有空位置了
       signal(mutex);          //允许其他顾客使用 waiting 变量
       离开;              //顾客离开,顾客进程结束,不再继续执行
    }
    wait(wchair);        //先找一个空凳子坐下
    wait(bchair);        //再等待理发椅空闲后坐上理发椅
    signal(wchair);      //释放刚才坐的空凳子
    signal(ready);       //告诉理发师自己准备好了
    wait(finish);        //等待理发完成
    signal(bchair);       //释放理发椅
    wait(mutex);          //申请使用 waiting 变量
    waiting --;           //顾客人数减1
    signal(mutex);        //允许其他顾客使用 waiting 变量

}
void main() {
    cobegin
        barber();
        customer();
    coend;
}
```

```
代码 2:
int chairs = n + 1;        //为顾客准备的凳子和理发椅的数量
semaphore ready   = 0;  //表示等待理发的顾客数量,初值为 0
semaphore finish = 1;  //理发师初始状态为空闲
semaphore mutex = 1;    //互斥信号量

void barber() {
    while (true) {        //理完一人,查看是否还有顾客
        wait(ready);            //看看有没有顾客,如果没有就阻塞
        理发;
        wait(mutex);            //理发结束,对 chairs 进行操作
        chairs ++;              //顾客走掉,座位空余出一个
        signal(mutex);          //允许其他进程访问 chairs
        signal(finish);//理发师空闲,可以为下一个顾客理发
    };
}
void customer() {
    wait(mutex);                  //申请使用 chairs 变量
    if (chairs >0) {              //如果当前有空余座位
        chairs --;              //占用一个位置
        signal(mutex);        //允许其他进程访问 chairs
        signal(ready);          //等待理发,唤醒理发师
        wait(finish);           //当理发师空闲时开始理发
    }
    else {                        //没有空余座位,准备离开
        signal(mutex);          //释放 mutex,允许其他进程访问 chairs
    }
}
void main() {
    cobegin
        barber();
        customer();
    coend;
}
```

3.4 管程

信号量机制功能强大，但使用时对信号量的操作比较分散，而且难以控制，读写和维护都很困难，使用错误可能导致难以检测的时序错误，因为这些错误只有在特定执行顺序时才会出现，而这些顺序并不总是出现。为了处理这种错误，1974 年和 1977 年，Hoare 和 Brinch Hansen 根据抽象的数据类型原理，又提出了一种方便、有效、高级的集中式同步进程机制——管程（monitor）。

3.4.1 管程的概念

管程的基本思想是把分散的临界区集中起来管理，并把共享资源用数据结构抽象地表示

出来，由于临界区是访问共享资源的代码段，为每个共享资源设立一个“秘书”来管理到来的访问。“秘书”每次只让一个进程来访，这样既便于对共享资源的管理，又能实现互斥访问，便于维护和修改，易于保证正确性。在后来的实现中，“秘书”程序更名为管程。管程实质上是把临界区集中到抽象的数据类型模板中。

管程是由过程、变量及数据结构等组成的集合。一个管程主要由4个部分组成：

（1）管程的名称。

（2）局限于管程内部的共享数据结构（变量）说明。

（3）对该数据结构进行操作的一组过程。

（4）对局限于管程内部的共享数据设置初始值的语句。

管程结构确保每次只有一个进程在管程内处于活动状态。因此，程序员不需要明确编写同步约束。如图3-6所示为一个管程的示意图。

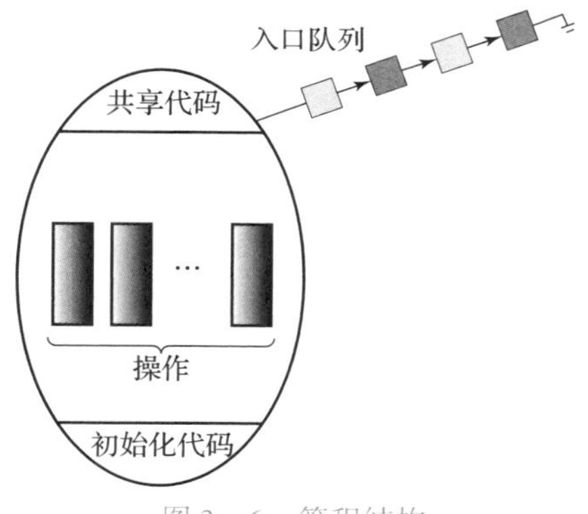

图3-6　管程结构

管程类型的语法如下所示：

```
Monitor monitor_name                        //管程名
{
    /* shared variable declarations */        //共享变量说明
    function P1(…) {                         //对数据结构操作的过程
        …
    }
    function P2(…){
        …
    }
     ⋮
    function Pn(…) {
        …
    }
    initialization_code (…){                   //初始化代码
        …
    }
}
```

管程类型的表示不能直接由各种进程所使用。因此，只有管程内定义的函数才能访问管程内的局部声明的变量和形式参数。类似地，管程的局部变量只能为局部函数所访问。

管程是一种特殊的程序设计结构，任何一个时刻，管程只能由一个进程使用。进入管程时的互斥操作、共享数据由编译器负责完成。由编译器实现管程要考虑以下四个方面的因素：

（1）模块化。管程是一个基本的软件模块，可以被单独编译。

（2）抽象数据类型。管程中封装了数据及对于数据的操作，这点有点像面向对象编程语言中的类。

（3）信息隐藏。管程外的进程或其他软件模块只能通过管程对外的接口来访问管程提供的操作，管程内部的实现细节对外界是透明的。

（4）使用的互斥性。管程类型也包括一组变量，用于定义这一类型的实例状态，也包括操作这些变量的函数实现。

管程将共享变量和对它们的操作集中在一个模块中，操作系统或并发程序就由这样的模块构成。这样模块之间联系清晰，便于维护和修改，易于保证正确性。如果一个分布式系统具有多个 CPU，并且每个 CPU 拥有自己的私有内存，它们通过一个局域网相连，那么这些原语将失效。而管程在少数几种编程语言之外又无法使用，并且，这些原语均未提供机器间的信息交换方法。

对于管程的理解需要注意以下几点说明：

（1）一个管程的程序在运行一个线程前会先取得互斥锁，直到完成线程或是线程等待某个条件被满足才会放弃互斥锁。若每个执行中的线程在放弃互斥锁之前都能保证不变量成立，则所有线程皆不会导致竞态条件成立。

（2）管程是一种高级的同步原语。任意时刻管程中只能有一个活跃进程。它是一种编程语言的组件，所以编译器知道它们很特殊，并可以采用与其他过程调用不同的方法来处理它们。典型地，当一个进程调用管程中的过程，前几条指令将检查在管程中是否有其他的活跃进程。如果有调用进程将挂起，直到另一个进程离开管程。如果没有则调用进程便进入管程。

（3）对管程的互斥实现由编译器负责，在 Java 中只要将关键字 synchronized 加入方法声明中，Java 保证一旦某个线程执行该方法，就不允许其他线程执行该方法，就不允许其他线程执行该类中的任何其他方法。

（4）管程是一个编程语言概念。编译器必须要识别出管程并用某种方式对互斥做出安排。C、Pascal 及多数其他语言都没有管程，所以指望这些编译器来实现互斥规则是不可靠的。

（5）管程可以看作一个软件模块，它是将共享的变量和对于这些共享变量的操作封装起来，形成一个具有一定接口的功能模块，进程可以调用管程来实现进程级别的并发控制。

（6）进程只能互斥地使用管程，即当一个进程使用管程时，另一个进程必须等待。当一个进程使用完管程后，它必须释放管程并唤醒等待管程的某一个进程。

（7）在管程入口处的等待队列称为入口等待队列，由于进程会执行唤醒操作，因此可能有多个等待使用管程的队列，这样的队列称为紧急队列，它的优先级高于等待队列。

管程与进程的区别主要分为以下几点：

（1）管程定义的是公有数据结构，而进程定义的是私有数据结构。

（2）管程把共享变量上的操作封装起来，而临界区却分散在每个进程中。

（3）管程是为管理临界资源而建立的，进程主要是为占用系统资源和实现系统并发性而引入的。

（4）管程被进程调用。管程和调用它的进程不能并行工作，而进程是可以并发的。

（5）管程是语言或操作系统成分，不必创建或撤销，而进程有生命周期，由创建而产生，撤销便消亡。

3.4.2 条件变量

在利用管程实现进程同步时，必须设置两个同步操作原语 wait 和 signal。当某进程通过管程请求临界资源而未能满足时，管程便调用 wait 原语使该进程等待，并将它排在等待队列上。仅当另一进程访问完并释放之后，管程又调用 signal 原语，唤醒等待队列中的队首进程。通常，等待的原因可有多个，为了区别它们，又引入了条件变量 condition：

condition x，y；

该变量应置于 wait 和 signal 之前，即可表示为 x. wait 和 x. signal。需要注意 x. signal 唤醒在该条件变量上阻塞的进程，若有多个这样的进程，则选择其中的一个进程唤醒；若该条件变量上没有阻塞进程，则什么也不做。假设当操作 x. signal( ) 被一个进程 P 调用时，在条件变量 x 上有一个挂起进程 Q。显然，如果挂起进程 Q 允许重执行，那么进程 P 必须等待。否则，管程内有两个进程 P 和 Q 可能同时执行。注意，从概念上说两个进程都可以继续执行，有两种可能性存在：

（1）P 等待 Q 继续，直到 Q 退出或等待，这个方式的逻辑性强，效率较低，是 Hoare 管程所采用的。

（2）Q 等待 P 继续，直到 P 等待或退出，这个方式效率高，但逻辑性差，Java 管程使用此种方式。

对于任一选项都有道理。一方面，由于 P 已经在管程中执行，唤醒并继续的方法似乎更为合理。另一方面，如果我们允许 P 继续，那么 Q 等待的逻辑条件在 Q 重新启动时可能已不再成立。

3.5 进程通信

并发进程之间的交互必须满足两个基本要求：同步和通信。为了说明进程通信，需要先介绍一下进程通信的背景。现代操作系统中的进程间可能存在着共享的内存区，比如字处理进程 A（可以想象为 Word）、字处理进程 B（可以想象为记事本）和打印机进程 C 共享一小块内存：待打印文件地址队列。该队列中有一个指针 out 指向队列中下一个被打印的文件地址，还有一个指针 in 指向队列尾的后一位置，即新的待打印文件地址应存入的位置。显然，指针 out 是供进程 C 访问的，每当打印机空闲且 out! = in，进程 C 就打印 out 所指的文件。而指针 in 则是供进程 A 与进程 B 访问的，每当它们想打印文件时就执行如下三步：读取 in、向 in 所指位置写入待打印文件地址、修改 in 使其指向下一位置。但是 A 和 B 都能读写指针 in 就会带来冲突问题：假设现在 A 占用着 CPU 并准备打印文件，A 读取了 in 并将待打印文件名写入了 in 所指位置，但是 A 还没来得及修改 in，CPU 就切换到了进程 B 执行，B 在执行过程中也准备打印文件，并且完成了对 in 的所有操作。一段时间后，CPU 又切换到了进程 A，但此时的进程 A 并不知道自己写入队列的文件名已经被 B 给覆盖了，A 只会继续执行“修改 in 使其指向下一位置”的操作，从而出现了进程 A 与进程 B 的“冲突”。

这种存在共享内存区的进程间的冲突问题，解决方法的思路是统一的：当某个进程正在操作共享内存区时，其他进程不得操作共享内存区。这个思路实现的关键点就是令其他进程知道“有一个进程在操作共享内存区”，因此这类问题就被称为进程通信问题，通信的“内容”就是有没有其他进程在操作共享内存区。

进程通信按交换信息量的多少，可分为低级进程通信和高级进程通信，低级进程通信的信息交换量少，如前面讲的使用信号量工具 P、V 操作，就能解决同步、互斥问题，但是它只能传递简单的信号，不能传递交换大量信息；高级进程通信要交换大量的信息，为了便于解决同步、互斥问题，可以通过一种新的通信机制来完成——进程通信（InterProcess Communication，IPC）。

进程间通信的方式很多，包括：mmap（文件映射）、信号、管道、共享内存、消息队列（重要）、信号量集（与 signal 无关）、网络（套接字）等。

3.5.1 进程通信的类型

目前，高级进程通信方式可以分为四大类：共享存储器系统、管道通信系统、客户机服务器系统、消息传递系统。

1. 共享存储器系统

相互通信的进程共享某些数据结构或共享存储区，进程之间能够通过这些空间进行通信。由此又可以将它们分成以下两种通信方式：

1）基于共享数据结构的通信方式

这种通信方式也称为信号量机制，此方式要求多个进程共用某些数据结构，借以实现进程间的信息交换，共享数据结构的一个例子就是存放消息的共享缓冲池，对其的操作需要使用信号量来保证多个进程间同步进行。仅适用于传递相对少量的数据，通信效率低，属于低级进程通信。

如生产者消费者问题，定义共享的数据结构：n 个长度的有界缓冲区。程序员：提供对公用数据结构的设置及对进程间同步的处理。操作系统：提供共享存储器。

2）基于共享存储区的通信方式

为了传输大量数据，OS 在内存中划出一块共享存储区域，各个进程通过该共享区域读或写交换信息，实现通信。数据的形式、位置、访问控制都是由进程来控制的。需要通信的进程在通信前，先向系统申请获得共享存储区的一个分区，并将其附加到自己的地址空间中（如果不添加，访问时会产生地址越界中断，后续的内存管理中进行详细讲解），便可对其中的数据进行正常的读/写，操作完成或者不再需要时，再将分区归还给共享存储区。也因为其一次可以操作一个分区，并可将大量的数据读取或者写入分区，所以这种方式属于高级进程通信。另外因为数据不需要在进程之间复制，所以这是最快的一种进程通信机制。

2. 管道通信系统

管道是指用于连接一个读进程和一个写进程以实现它们之间通信的一个共享文件（pipe 文件），通常指无名管道，是 UNIX 系统 IPC 最古老的形式。

管道的实质是一个内核缓冲区，进程以先进先出的方式从缓冲区存取数据：管道一端的进程顺序地将进程数据写入缓冲区，另一端的进程则顺序地读取数据。该缓冲区可以看作一个循环队列，读和写的位置都是自动增加的，一个数据只能被读一次，读出以后连缓冲区都不复存在了。当缓冲区读空或者写满时，有一定的规则控制相应的读进程或写进程是否进入等待队列，当空的缓冲区有新数据写入或慢的缓冲区有数据读出时，就唤醒等待队列中的进程继续读写。为了协调双方的通信，管道机制需提供三方面的协调能力：

1）互斥

进程对通信机制的使用应该是互斥的，进程正在使用管道执行读/写操作时，其他进程必须等待，等待锁被释放。

2）同步

发送信息和接收信息之间要实现正确的同步关系。这是由于管道的长度是有限的，即管道缓冲区有限，如果进程执行一次写管道操作，且管道有足够的空间，那么写操作将一定数量的数据写入管道，然后就去睡眠等待，直到读进程将数据取走，再去唤醒因此管道空而等待的进程；如果此次操作会引起管道溢出，则本次写操作必须暂停，直到其他进程从管道中读取数据，使管道有空余空间为止，这叫写阻塞。当读进程读空管道时，要出现读阻塞，读进程也应睡眠（等待），直至写进程将数据写入管道后，再把它唤醒。

3）确定对方是否存在

发送者和接收者进程双方都要存在，如果一方已经不存在，就没有必要再发送或接收信息了，系统发现这种情况时，会发出 SIGPIPE 信号通知还在的进程做相应的错误处理。

管道具有以下几个方面的特点：

(1) 半双工（即数据只能在一个方向上流动），具有固定的读端和写端。如果要实现双向同时通信，即某一个时间段内实现双向的数据传输，则需要设置两条管道，如上图 3－7 所示。

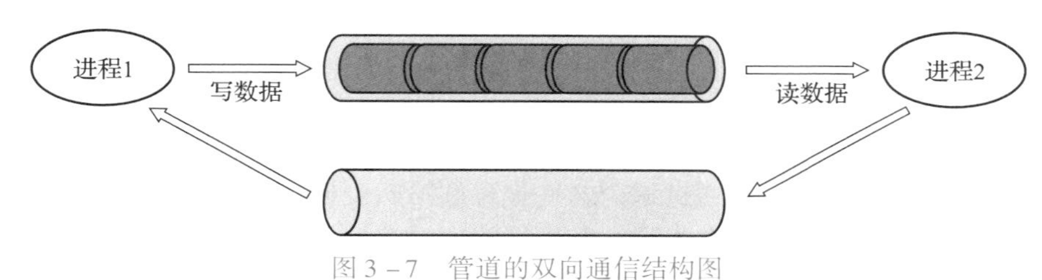

图 3－7　管道的双向通信结构图

(2) 只能用于具有亲缘关系的进程之间的通信（也是父子进程或者兄弟进程之间）。

(3) 可以看成是一种特殊的文件，对于它的读/写也可以使用普通的 read、write 等函数。但它不是普通的文件，并不属于其他任何文件系统，并且只存在于内存中。

(4) 对于数据的读出和写入，一个进程向管道中写的内容被管道另一端的进程读出。写入的内容每次都添加在管道缓冲区的末尾，并且每次都是从缓冲区的头部读出数据。

管道分为无名管道（pipe）和命名管道（fifo）两种，除了建立、打开、删除的方式不同外，这两种管道几乎是一样的。他们都是通过内核缓冲区实现数据传输。

无名管道用于相关进程之间的通信，例如父进程和子进程，它通过 pipe( ) 系统调用来创建并打开，当最后一个使用它的进程关闭对它的引用时，pipe 将自动撤销。无名管道由于没有名字，只能用于有亲缘关系的进程间通信。为了克服这个缺点，提出了命名管道。

命名管道不同于无名管道之处在于它提供了一个路径名与之关联，以命名管道的文件形式存在于文件系统中，这样，即使与命名管道的创建进程不存在亲缘关系的进程，只要可以访问该路径，就能够彼此通过命名管道相互通信，因此，通过命名管道不相关的进程也能交换数据。值得注意的是，命名管道严格遵循先进先出，对无名管道及命名管道的读总是从开始处返回数据，对它们的写则把数据添加到末尾。它们不支持诸如 lseek( ) 等文件定位操作。

命名管道的名字存在于文件系统中，内容存放在内存中。

无名管道和命名管道总结：

（1）管道是特殊类型的文件，在满足先入先出的原则条件下可以进行读写，但不能进行定位读写。

（2）无名管道是单向的，只能在有亲缘关系的进程间通信；命名管道以磁盘文件的方式存在，可以实现本机任意两个进程通信。

（3）无名管道阻塞问题：无名管道无需显示打开，创建时直接返回文件描述符，在读写时需要确定对方的存在，否则将退出。如果当前进程向无名管道的一端写数据，必须确定另一端有某一进程。如果写入无名管道的数据超过其最大值，写操作将阻塞，如果管道中没有数据，读操作将阻塞，如果管道发现另一端断开，将自动退出。

（4）命名管道阻塞问题：命名管道在打开时需要确定对方的存在，否则将阻塞。即以读方式打开某管道，在此之前必须一个进程以写方式打开管道，否则阻塞。此外，可以以读写模式打开命名管道，即当前进程读，当前进程写，不会阻塞。

3. 客户机服务器系统

在进程通信中，发起请求的进程为客户机，进行响应的进程为服务器，在客户机－服务器系统中，除了客户机和服务器，还有用于连接所有客户机和服务器的网络系统。在网络环境的各种应用领域，客户机－服务器系统已经成为当前主流的通信机制。

其主要的方法有三类：套接字、远程过程调用和远程方法调用。

1）套接字

通信标识型的数据结构，是进程通信和网络通信的基本构件。分为文件套接字和网络套接字。文件套接字是基于本地文件系统实现的，通信进程都在同一台服务器中，一个套接字关联到一个特殊文件，通信双方通过这个文件进行读写实现通信，其原理类似管道。对于网络套接字，通信双方的进程运行在不同主机环境下，被分配了一对套接字，一个属于发送进程，一个属于接收进程，发送者需要提供接收者的名字，属于非对称方式通信。

套接字的优势在于它不仅适用于同一台计算机内部的进程通信，也适用于网络环境中不同计算机间的进程通信；可以保证通信双方逻辑链路的唯一性，实现数据传输的并发服务；隐藏了通信设施及实现细节，采用统一的接口进行处理。

套接字是一种通信机制，凭借这种机制，客户/服务器系统的开发工作既可以在本地单机上进行，也可以跨网络进行。也就是说它可以让通过网络连接的计算机上的进程进行通信。

套接字是支持 TCP/IP 网络通信的基本操作单元，可以看作是不同主机之间的进程进行双向通信的端点，或者是通信双方的一种约定，用套接字中的相关函数来完成通信过程。

套接字的特性由 3 个属性确定，分别是：域、端口号、协议类型。

- 套接字的域

它指定套接字通信中使用的网络介质，最常见的套接字域有两种：一种是 AF_INET，它指的是 Internet 网络。当客户使用套接字进行跨网络的连接时，它就需要用到服务器计算机的 IP 地址和端口来指定一台联网机器上的某个特定服务，所以使用 socket 作为通信的终点，服务器应用程序必须在开始通信之前绑定一个端口，服务器在指定的端口等待客户的连接；另一个种是 AF_UNIX，表示 UNIX 文件系统，它就是文件输入/输出，而它的地址就是文件名。

• 套接字的端口号

每一个基于 TCP/IP 网络通信的程序（进程）都被赋予了唯一的端口和端口号，端口是一个信息缓冲区，用于保留 socket 中的输入/输出信息，端口号是一个 16 位无符号整数，范围是 0 ~ 65 535，以区别主机上的每一个程序（端口号就像房屋中的房间号），低于 256 的端口号保留给标准应用程序，比如 pop3 的端口号就是 110，每一个套接字都组合进了 IP 地址、端口，这样形成的整体就可以区别每一个套接字。

• 套接字协议类型

Internet 提供三种套接字通信机制：一种是流套接字，流套接字在域中通过 TCP/IP 连接实现，同时也是 AF_UNIX 中常用的套接字类型。流套接字提供的是一个有序、可靠、双向字节流的连接，因此发送的数据可以确保不会丢失、重复或乱序到达，而且它还有一定的出错后重新发送的机制。第二种是数据报套接字，它不需要建立连接和维持一个连接，它们在域中通常是通过 UDP/IP 协议实现的。它对可以发送的数据的长度有限制，数据报作为一个单独的网络消息被传输，它可能会丢失、复制或错乱到达，UDP 不是一个可靠的协议，但是它的速度比较高，因为它并不需要总是建立和维持一个连接。第三种是原始套接字，原始套接字允许对较低层次的协议直接进行访问，比如 IP、ICMP 协议，它常用于检验新的协议实现，或者访问现有服务中配置的新设备，因为 RAW SOCKET 可以自如地控制 Windows 下的多种协议，能够对网络底层的传输机制进行控制，所以可以应用原始套接字来操纵网络层和传输层应用。比如，我们可以通过 RAW SOCKET 来接收发向本机的 ICMP、IGMP 协议包，或者接收 TCP/IP 栈不能够处理的 IP 包，也可以用来发送一些自定包头或自定协议的 IP 包。网络监听技术很大程度上依赖于 SOCKET_RAW。

其中原始套接字与标准套接字的区别在于：原始套接字可以读写内核没有处理的 IP 数据包，而流套接字只能读取 TCP 协议的数据，数据报套接字只能读取 UDP 协议的数据。因此，如果要访问其他协议发送数据必须使用原始套接字。

套接字通信的建立如图 3 - 8 所示。

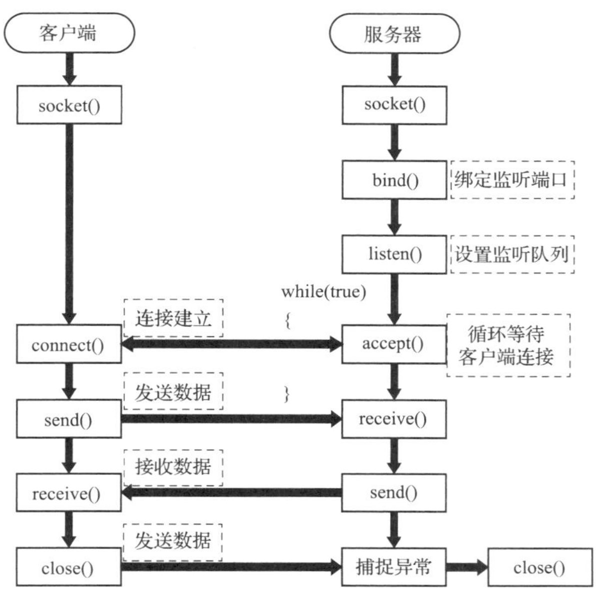

图 3 - 8　套接字通信的建立

服务器端：

（1）服务器应用程序用系统调用 socket 来创建一个套接字，它是系统分配给该服务器进程的类似文件描述符的资源，它不能与其他的进程共享。

（2）服务器进程会给套接字起个名字，我们使用系统调用 bind 来给套接字命名。然后服务器进程就开始等待客户连接到这个套接字。

（3）系统调用 listen 来创建一个队列并将其用于存放来自客户的进入连接。

（4）服务器通过系统调用 accept 来接受客户的连接。它会创建一个与原有的命名套接不同的新套接字，这个套接字只用于与这个特定客户端进行通信，而命名套接字（即原先的套接字）则被保留下来继续处理来自其他客户的连接（建立客户端和服务端的用于通信的流，进行通信）。

客户端：

（1）客户应用程序首先调用 socket 来创建一个未命名的套接字，然后将服务器的命名套接字作为一个地址来调用 connect 与服务器建立连接。

（2）一旦连接建立，就可以像使用底层的文件描述符那样用套接字来实现双向数据的通信（通过流进行数据传输）。

2）远程过程调用和远程方法调用

远程过程调用 RPC（Remote Procedure Call）是一个通信协议，用于通过网络连接的系统。该协议允许运行于一台主机（本地）系统上的进程调用另一台主机（远程）系统上的进程，而对开发人员表现为常规的过程调用，无需额外为此编程。如果设计的软件采用面向对象编程，也可称之为远程方法调用。

Birrell 和 Nelson 在 1984 发表于 *ACM Transactions on Computer Systems* 上的论文 *Implementing remote procedure calls* 对 RPC 做了经典的诠释。RPC 是指计算机 A 上的进程，调用另外一台计算机 B 上的进程，其中 A 上的调用进程被挂起，而 B 上的被调用进程开始执行，当值返回给 A 时，A 进程继续执行。调用方可以通过使用参数将信息传送给被调用方，而后可以通过传回的结果得到信息。而这一过程，对于开发人员来说是透明的。

远程过程调用采用客户机/服务器（C/S）模式。请求程序就是一个客户机，而服务提供程序就是一台服务器。和常规或本地过程调用一样，远程过程调用是同步操作，在远程过程结果返回之前，需要暂时中止请求程序。

RPC 的基本操作：本地过程调用的实现。下面是 C 语言的调用：

```
count = read(fd, buf, nbytes);
```

其中，fd 为一个整型数，表示一个文件。buf 为一个字符数组，用于存储读入的数据。nbytes 为另一个整型数，用于记录实际读入的字节数。如果该调用位于主程序中，那么在调用之前堆栈的状态如图 3-9 左图所示。为了进行调用，调用方首先把参数反序压入堆栈，即为最后一个参数先压入，如图 3-9 右图所示。在 read 操作运行完毕后，它将返回值放在某个寄存器中，移出返回地址，并将控制权交回给调用方。调用方随后将参数从堆栈中移出，使堆栈还原到最初的状态。

RPC 背后的思想是尽量使远程过程调用具有与本地调用相同的形式。假设程序需要从某个文件读取数据，程序员在代码中执行 read 调用来取得数据。在传统的系统中，read 过程由链接器从库中提取出来，然后链接器再将它插入目标程序中。read 过程是一个短过程，

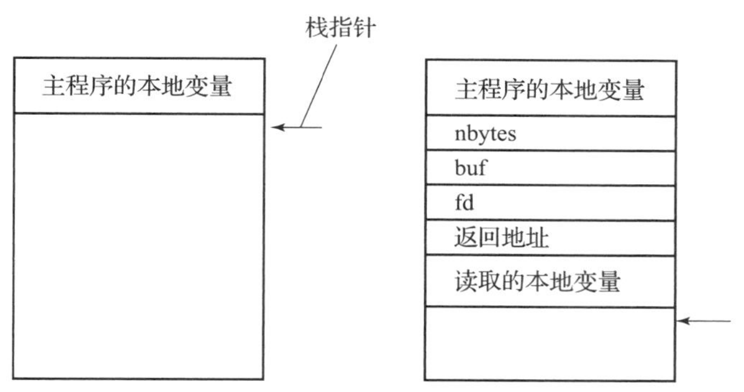

图3－9　过程调用中的参数传递

一般通过执行一个等效的 read 系统调用来实现。即 read 过程是一个位于用户代码与本地操作系统之间的接口。

虽然 read 中执行了系统调用，但它本身依然是通过将参数压入堆栈的常规方式调用的。如图3－9右图所示，程序员并不知道 read 具体做了什么操作。

RPC 是通过类似的途径来获得透明性。当 read 实际上是一个远程过程时（比如在文件服务器所在的机器上运行的过程），库中就放入 read 的另外一个版本，称为客户存根（client stub）。这种版本的 read 过程同样遵循图3－9右图的调用次序，这点与原来的 read 过程相同。另一个相同点是其中也执行了本地操作系统调用。唯一不同点是它不要求操作系统提供数据，而是将参数打包成消息，而后请求此消息发送到服务器，如图3－10所示。在对 send 的调用后，客户存根调用 receive 过程，随即阻塞自己，直到收到响应消息。

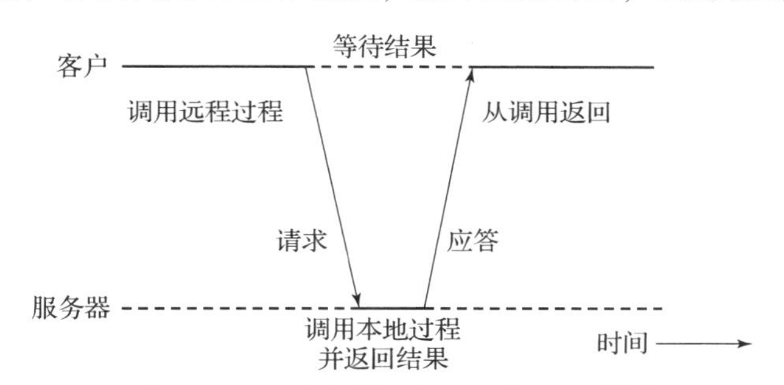

图3－10　客户与服务器之间的 RPC 原理

当消息到达服务器时，服务器上的操作系统将它传递给服务器存根（server stub）。服务器存根是客户存根在服务器端的等价物，也是一段代码，用来将通过网络输入的请求转换为本地过程调用。服务器存根一般先调用 receive，然后被阻塞，等待消息输入。收到消息后，服务器将参数由消息中提取出来，然后以常规方式调用服务器上的相应过程（如图3－10所示）。从服务器角度看，过程好像是由客户直接调用的一样：参数和返回地址都位于堆栈中，一切都很正常。服务器执行所要求的操作，随后将得到的结果以常规的方式返回给调用方。以 read 为例，服务器将用数据填充 read 中第二个参数指向的缓冲区，该缓存区是属于服务器存根内部的。

调用完后，服务器存根要将控制权交回给客户发出调用的过程，它将结果（缓冲区）打包成消息，随后调用 send 将结果返回给客户。事后，服务器存根一般会再次调用 receive，等待下一个输入的请求。

客户机器接收到消息后，客户操作系统发现该消息属于某个客户进程（实际上该进程是客户存根，只是操作系统无法区分二者）。操作系统将消息复制到相应的缓存区中，随后解除对客户进程的阻塞。客户存根检查该消息，将结果提取出来并复制给调用者，而后以通常的方式返回。当调用者在 read 调用进行完毕后重新获得控制权时，它唯一所知道的事就是已经得到了所需的数据。它不知道操作是在本地操作系统进行，还是远程完成。

整个方法，客户方可以简单地忽略不关心的内容。客户所涉及的操作只是执行普通的（本地）过程调用来访问远程服务，它并不需要直接调用 send 和 receive。消息传递的所有细节都隐藏在双方的库过程中，就像传统库隐藏了执行实际系统调用的细节一样。

远程过程调用包含如下步骤：

（1）客户过程以正常的方式调用客户存根；

（2）客户存根生成一个消息，然后调用本地操作系统；

（3）客户端操作系统将消息发送给远程操作系统；

（4）远程操作系统将消息交给服务器存根；

（5）服务器存根将参数提取出来，而后调用服务器；

（6）服务器执行要求的操作，操作完成后将结果返回给服务器存根；

（7）服务器存根将结果打包成一个消息，而后调用本地操作系统；

（8）服务器操作系统将含有结果的消息发送给客户端操作系统；

（9）客户端操作系统将消息交给客户存根；

（10）客户存根将结果从消息中提取出来，返回给调用它的客户存根。

以上步骤就是将客户过程对客户存根发出的本地调用转换成对服务器过程的本地调用，而客户端和服务器都不会意识到中间步骤的存在。

RPC 的主要好处是双重的。首先，程序员可以使用过程调用语义来调用远程函数并获取响应。其次，简化了编写分布式应用程序的难度，因为 RPC 隐藏了所有的网络代码存根函数。应用程序不必担心一些细节，比如 socket、端口号以及数据的转换和解析。在 OSI 参考模型中，RPC 跨越了会话层和表示层。

4. 消息传递系统

前面讲解了协作进程如何通过共享内存进行通信，此方案要求这些进程共享一个内存区域，并且应用程序开发人员需要明确编写代码，以访问和操作共享内存。达到同样效果的另一种方式是操作系统提供机制，以便协作进程通过消息传递功能进行通信。消息传递提供一种机制，以便允许进程不必通过共享地址空间来实现通信和同步，而是以格式化的消息为单位，将通信的数据封装在消息中，并利用 OS 提供的一组通信原语，在进程间进行消息传递，完成进程间的数据交换。该方式隐藏了通信细节，使通信过程对用户透明化，降低了程序设计的复杂性和错误率，这也让它成为当前应用最广泛的一类进程间通信机制，并且该机制可以很好地支持多处理机系统、分布式系统（通信进程可能位于通过网络连接的不同计算机）和计算机网络。

例如，可以设计一个互联网的聊天程序以便聊天参与者通过交换消息相互通信。消息传递工具提供至少两种操作：send （message） 和 receive （message）。

如果进程 P 和 Q 需要通信，那么它们必须互相发送消息和接收消息，它们之间就必须建立一条通信链路。该链路的实现有多种方法。这里不关心链路的物理实现（如共享内存、硬件总线或网络等)，而只关心链路的逻辑实现。

用于逻辑实现链路和操作 send( )/receive( )的方法包含以下几种：

(1) 直接或间接的通信；

(2) 同步或异步的通信；

(3) 自动或显式的缓冲；

下文主要讲解消息传递系统因实现方式的不同，分成直接通信方式和间接通信两种通信方式。

3.5.2 直接通信

直接通信方式指的是发送进程利用操作系统所提供的发送原语，直接把消息发送给目标进程。

1. 直接通信原语

1) 对称寻址方式

该方式是直接通过原语将消息发送到指定的进程，因此要求发送和接收的进程都必须以显式的方式提供对方的标识符。下面是系统提供的两条通信原语：

```
send(receiver, message);    //发送一个消息给接收进程。
receive(sender, message);   //接收发送进程发来的消息。
```

例如，原语 send(P_2,m_1)表示将消息 m_1 发送给接收进程 P_2；原语 receive(P_1,m_1)表示接收由 P_1 发来的消息 m_1。

图 3-11 是一个直接通信方式的示意图，图中可以很清晰地看到进程 P_1 和 P_2 各自发送了一条消息给对方，并从对方那接收了一条消息。

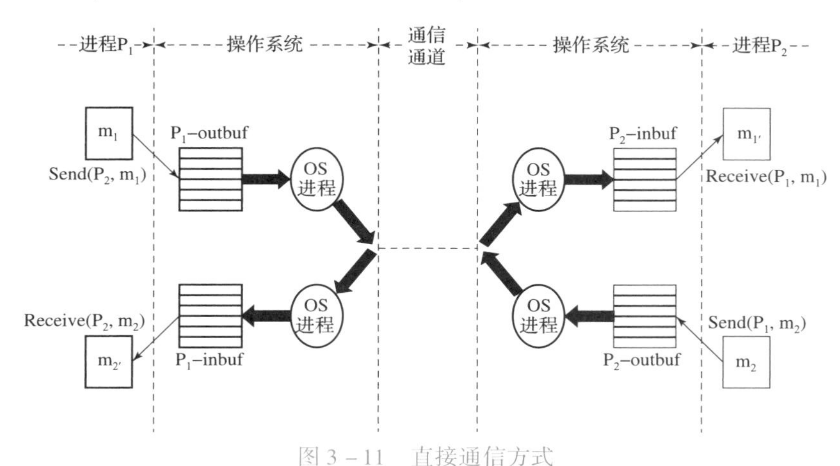

图 3-11　直接通信方式

这种方案的通信链路在需要通信的每对进程之间自动建立链路，进程仅需知道对方身份就可进行交流。每个链路只与两个进程相关。每对进程之间只有一个链路。

2) 非对称寻址方式

上述方案展示了寻址的对称性，即发送和接收进程必须指定对方，以便通信。这种方案的一个变形是采用寻址的非对称性，即只要发送者指定接收者，而接收者不需要指定发送者。采用这种方案的两条通信原语定义如下：

send（P，message）：向进程 P 发送消息。

receive（id，message）：从任何进程接收消息，这里变量 id 被设置成与其通信的发送方进程的名称。

对称寻址和非对称寻址的缺点是：限制了生成进程定义的模块化；更改进程的标识符可能需要分析所有其他进程定义；应找到所有旧的标识符的引用，以便修改成为新标识符。通常，任何这样的硬编码技术（其中标识符需要明确指定），与下节所述的采用间接的技术相比要差。

2. 消息的格式

在消息传递系统中所传递的消息，必须具有一定的消息格式。在单处理机系统中，由于发送进程和接收进程处于同一台机器中，有着相同的环境，因此消息的格式相对比较简单，可采用比较短的定长消息格式，以减少对消息的处理和存储开销。该方式可用于办公自动化系统中，为用户提供快速的便笺式通信。但这种方式对于需要发送较长消息的用户是不方便的。为此，可采用变长消息格式，即进程所发送消息的长度是可变的。对于变长用户，系统无论在处理方面还是存储方面，都可能会付出更多的开销，但其优点是方便了用户。

因此，进程发送的消息可以是定长的也可以是变长的。如果只能发送定长消息，那么系统级实现就简单。不过，这一限制使得编程任务更加困难。相反，变长消息要求更复杂的系统级实现，但是编程任务变得更为简单。在整个操作系统设计中，这种折中很常见。

3. 进程的同步方式

进程间通信可以通过调用原语 send( ) 和 receive( ) 来进行。实现这些原语有不同的设计方案。消息传递可以是阻塞或非阻塞，也称为同步或异步：

（1）阻塞发送：发送进程阻塞，直到消息由接收进程或邮箱所接收。

（2）非阻塞发送：发送进程发送消息，并且恢复操作。

（3）阻塞接收：接收进程阻塞，直到有消息可用。

（4）非阻塞接收：接收进程收到一个有效消息或空消息。

不同组合的 send( ) 和 receive( ) 都有可能。当 send( ) 和 receive( ) 都是阻塞的，则在发送者和接收者之间就会有一个交汇。当采用阻塞的 send( ) 和 receive( ) 时，生产者－消费者问题的解决就简单了，生产者仅需调用阻塞 send( ) 并且等待，直到消息被送到接收者或邮箱。同样，当消费者调用 receive( ) 时，它会阻塞直到有一个消息可用。这种情况如下面代码所示：

```
//生产者进程
message next_produced;
while (true) {
    /* produce an item in next_produced * /
    send (next_produced);
}
//消费者进程
message next_consumed;
```

```
while (true) {
    receive (next_consumed);
    /* consume the item in next_consumed * /
}
```

需要注意的是，消息缓冲队列通信机制是直接通信的一种实现方式，而不是间接通信，因为其是将消息直接发送到指定进程中，如果消息没来得及被取走，就放入消息缓冲队列中。

3.5.3 间接通信

间接通信方式是指发送和接收进程都通过共享中间实体（OS 中称为信箱）的方式进行消息的发送和接收，完成进程间的通信。该实体用来暂存发送进程发送给目标进程的消息，接收进程则从该实体中取出对方发送给自己的消息。通常把这种中间实体称为信箱。信箱可以抽象成一个对象，进程可以向其中存放消息，也可从中删除消息，每个信箱都有一个唯一的标识符。

1. 信箱的结构

信箱是一种数据结构，逻辑上可分为两部分：

1）信箱头

用于存放信箱的描述信息，需给出信箱的唯一标识，信箱的拥有者标识、信箱口令、信箱的空格数等。

2）信箱体

由若干个可以存放信息（或信息头）的信箱格组成，信箱格的数目以及每格的大小是在创建信箱时确定的。

如图 3－12 所示为信箱的一个结构图，从图中可以看到由信箱头和若干格子组成的信箱体。

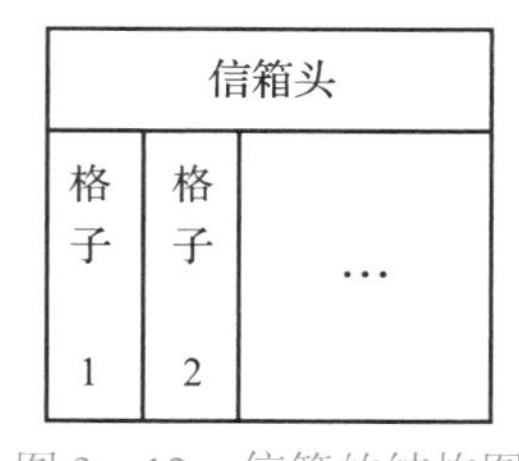

图 3－12　信箱的结构图

在间接通信方式中，只有当两个进程有了一个可共享的信箱时，通信链路才能在二者之间建立。通信链路能够联系两个以上的进程。每一对通信进程之间必须有一组不同的链，每条链对应一个邮箱。

在消息的传递方式上，最简单的是如图 3－13 所示的单向传递，也可以是如图 3－14 所示的双向传递。

图 3－13　单向信箱通信方式

信箱可由操作系统创建，也可由用户进程创建。但关于信箱操作的命令则是操作系统提供的（系统调用命令），属于操作系统，来看看关于信箱的定义：

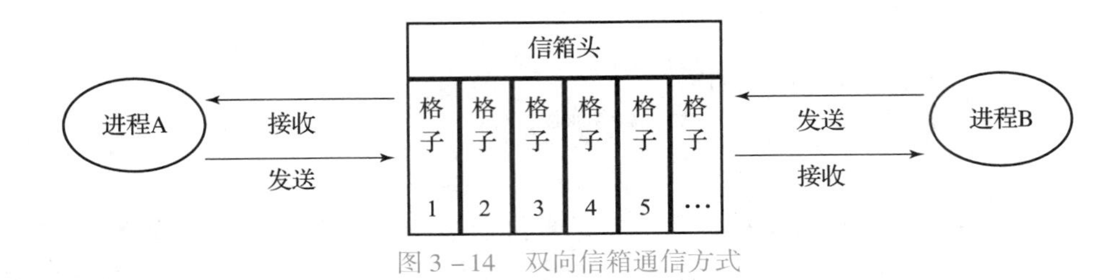

图 3-14　双向信箱通信方式

```
typedef struct mailbox
{
    int in, out;                    //读写内容的位置,初始为 0
    int k;                          //消息的个数
    semaphore s1, s2;               //协调发送和接收的信号量初始为 k 和 0
    semaphore mutex;                //用于各进程进入信箱的互斥
    message letter[k];              //信箱,保存 k 个消息
} MailBox;
对于信箱的操作定义:(消息的发送和接收)
send_MB (MailBox A, message M)
{
    P(A.s1);
    P(A.mutex);
    A.letter[A.in] = M;
    A.in = (A.in + 1) % A.k;
    V(A.mutex);
    V(A.s2);
}
receive_MB (MailBox A, message N)
{
    P(A.s2);
    P(A.mutex);
    N = A.letter[A.out];
    A.out = (A.out + 1) % A.k;
    V(A.mutex);
    V(A.s1);
}
```

2. 信箱通信原语

一个进程可以通过多个不同信箱与另一个进程通信，但是两个进程只有拥有一个共享信箱时才能通信。原语 send( ) 和 receive( ) 定义如下：

```
send(A, message):向信箱 A 发送 message。
receive(A,message):从信箱 A 接收 message。
```

3. 信箱的类型

信箱分为以下三类：私有信箱、公有信箱、共享信箱。

私有信箱：由用户进程创建的，私有的。

公有信箱：由操作系统创建的，共享的。

共享信箱：由某个进程创建的，共享的。

4. 发送进程和接收进程间的关系

在利用信箱通信时，在发送进程和接收进程之间存在着四种关系：一对一关系、多对一关系（提供服务进程和多个用户通信（客户/服务器））、一对多关系（一个发送进程与多个接收进程交互（广播方式））、多对多关系。

我们现在常用的消息队列比如 ActiveMQ、RocketMQ、RabbitMQ 等，都是间接通信的一种，通过这种共享的中间实体（不一定要在当前主机的内存中），可以实现进程间的通信，并且可以很容易实现不同主机上的进程通信。

3.6　本章小结

由于相关并发进程在执行过程中共享了资源，可能会出现与时间有关的错误。我们把并发进程中与共享资源有关的程序段称为“临界区”。多个并发进程中涉及相同共享资源的那些程序段称为“相关临界区”。只要对涉及共享资源的若干并发进程的相关临界区互斥执行，就不会出现与时间有关的错误，可以采用 PV 操作及管程的方法来解决临界区的互斥问题。相互合作的一组并发进程，其中每一个进程都以各自独立的、不可预知的速度向前推进，但它们又需要密切合作，以实现一个共同的任务，就需要解决进程同步问题。我们仍可以采用 PV 操作及管程的方法来解决进程同步问题。本章还介绍了四种经典的进程问题需要掌握。

学会区分同步与互斥的关系，同步又称为直接制约关系，互斥又称为间接制约关系。

间接制约关系：多个程序在并发执行时，由于共享系统资源，如 CPU、I/O 设备等，这些并发执行的程序之间所形成的相互制约的关系即为间接制约关系。例如打印机、磁带机这样的系统资源，必须保证多个进程对其只能进行互斥访问，由此在这些进程间，形成了源于对该类资源共享的所谓间接制约关系，也就是一种互斥关系。为了保证这些进程能有序运行，对于系统中的这类资源，必须由系统实施统一分配，即用户在要使用这类资源之前应先提出申请，而不能直接使用。

某些应用程序为了完成某项任务，会建立两个或多个进程，这些进程会为了完成同一任务而相互合作，进程之间直接的制约关系就是源于它们之间的相互合作。我们把异步环境下的一组并发进程因直接制约而互相发送消息、进行互相合作、互相等待，使得各进程按一定的速度执行的过程称为进程间的同步。进程同步也是解决进程间协作关系的手段。进程间的协作可以是双方不知道对方名字的间接协作，例如，通过共享访问一个缓冲区进行松散式协作，也可以是双方知道对方名字，直接通过通信机制进行的紧密协作。允许进程协同工作有利于共享信息、有利于加快计算速度、有利于实现模块化程序设计。直接制约关系强调的是保证进程之间操作的先后次序的约束，间接制约关系强调的是对共享资源的互斥访问。

针对信号量的操作分散、难以控制和读/写维护困难等问题导致的错误，提出了管程的概念。将共享变量和对它们的操作集中在一个模块中，操作系统或并发程序就由这样的模块构成。这样模块之间联系清晰，便于维护和修改，易于保证正确性。

各并发进程在执行过程中经常要交换一些信息，通过专门的通信机制实现进程间交换大量信息的通信方式称为“进程通信”，有共享存储器系统、管道通信系统、客户机服务器系统以及消息传递系统四大类机制，有直接通信和间接通信两种方式。

第3章 习题

一、选择题

1. 在多进程的系统中，为了保证公共变量的完整性，各进程应互斥地进入临界区。所谓临界区是指（   ）。

A. 一个缓冲区　　B. 一段数据区　　C. 同步机制　　D. 一段程序

2. （考研真题）对进程的管理和控制使用（   ）。

A. 指令　　B. 原语　　C. 信号量　　D. 信箱通信

3. （考研真题）下列准则中，实现临界区互斥机制必须遵循的是（   ）。

Ⅰ. 两个进程不能同时进入临界区

Ⅱ. 允许进程访问空闲的临界区

Ⅲ. 进程等待进入临界区的时间是有限的

Ⅳ. 不能进入临界区的执行状态进程立即放弃 CPU

A. 仅Ⅱ、Ⅲ　　B. 仅Ⅰ、Ⅱ、Ⅳ　　C. 仅Ⅰ、Ⅱ、Ⅲ　　D. 仅Ⅰ、Ⅲ、Ⅳ

4. （考研真题）在下列同步机制中，可以实现让权等待的是（   ）。

A. Peterson 方法　　B. swap 指令　　C. 信号量方法　　D. TestAndSet 指令

5. （考研真题）要实现两个进程互斥，设一个互斥信号量 mutex，当 mutex 为 0 时，表示（   ）。

A. 没有进程进入临界区

B. 有一个进程进入临界区

C. 有一个进程进入临界区，另外一个进程在等候

D. 两个进程都进入临界区

6. 设有 n 个进程共用一个相同的程序段，若每次最多允许 m 个进程（$m \leqslant n$）同时进入临界区，则信号量的初值为（   ）。

A. n　　B. m　　C. $m-n$　　D. $-m$

7. 进程 A 和进程 B 通过共享缓冲区协作完成数据处理，该缓冲区支持多个进程同时进行读写操作。进程 A 负责产生数据并放入缓冲区，进程 B 负责从缓冲区中取出数据并处理。两个进程的制约关系为（   ）。

A. 互斥关系　　B. 同步关系　　C. 互斥与同步　　D. 无制约关系

8. 若一个信号量的初值为 3，经过多次 P、V 操作之后当前值为 -1，则表示等待进入临界区的进程数为（   ）。

A. 1　　B. 2　　C. 3　　D. 4

9. （考研真题）进行 P0 和 P1 的共享变量定义及其初值为：

```
boolean flag[2];
int turn =0;
```

```
flag[0] = false; flag[1] = false;
若进行 P0 和 P1 访问临界资源的类 C 代码实现如下:
void P0()   //进程 P0
{   while (TRUE)
     {  flag[0] = TRUE; turn = 1;
          while (flag[1]&&(turn = 1));
          临界区;
flag[0] = FALSE;
     }
}
void P1()   //进程 P1
{   while (TRUE)
     {  flag[1] = TRUE; turn = 0;
          while (flag[0]&&(turn = 0));
          临界区;
flag[1] = FALSE;
     }
}
```

并发执行进程 P0 和 P1 时产生的情况是（　　）。

A. 不能保证进程互斥进入临界区、会出现“饥饿”现象

B. 不能保证进程互斥进入临界区、不会出现“饥饿”现象

C. 能保证进程互斥进入临界区、会出现“饥饿”现象

D. 能保证进程互斥进入临界区、不会出现“饥饿”现象

10. 一个正在访问临界资源的进程由于申请等待 1/O 操作而被中断时，它（　　）。

A. 允许其他进程进入与该进程相关的临界区

B. 不允许其他进程进入临界区

C. 允许其他进程抢占处理机，但不能进入该进程的临界区

D. 不允许任何进程抢占处理机

11.（考研真题）下列关于管程的叙述中，错误的是（　　）。

A. 管程只能用于实现进程的互斥

B. 管程是由编程语言支持的进程同步机制

C. 任何时候只能有一个进程在管程中执行

D. 管程中定义的变量只能被管程内的过程访问

12. 在生产者与消费者问题中，两个进程的共享变量及生产者（producer）和消费者（consumer）进程描述如下：

```
shared data:
#define BUFFER _SIZE 10
typedef struct {
     ⋮
} item;
item buffer[BUFFERSIZE];
int in = 0;
int out =0;
```

```
int counter =0;

Producer Process:
    item nextProduced ;
    while(1){
        while ( counter = BUFFERSIZE); //do nothing
        buffer[in] =nextProduced ;
        in =(in +1)% BUFFERSIZE;
        counter ++ ;
    }
Consumer Process:
    item nextConsumed;
    while (1){
    while (counter ==0);   //do nothing
    nextConsumed = buffer[out];
    out =( out +1)% BUFFER_SIZE;
    counter --;
}
```

生产者进程的临界区为（　　）。

A. buffer 变量

B. counter ++ 语句

C. counter 变量

D. in = (in +1) % BUFFER_SIZE 语句

二、综合题

1. 什么是临界资源？什么是临界区？

2. 什么是管程？它有哪些特性？

3. 试述进程进入临界区，解决互斥问题应遵守的原则。

4. 假设有 n 个进程，m 台打印机，且 $n>m$，每个进程并发执行都要使用打印机，系统能正常执行吗？若不能，请说出进入临界区的条件，信号量 S 的初值如何设置？

5. 什么叫进程通信？其作用是什么？

6. 简述进程的同步与互斥的区别。

7. （考研真题）某博物馆最多可容纳 500 人同时参观，有一个出入口，该出入口一次仅允许一个人通过。参观者的活动描述如下：

```
cobegin
参观者进程 i:
{
    进门;
    …
    参观;
    …
    出门;
    …
}
coend;
```

请添加必要的信号量和 P、V（或 wait()、signal()）操作，以实现上述过程中的互斥与同步。要求写出完整的过程，说明信号量的含义并赋值。

8. （考研真题）现有5个操作A、B、C、D和E，操作C必须在A和B完成后执行，操作E必须在C和D完成后执行。请使用信号量的wait( )、signal( )（或P、V）操作描述上述操作之间的同步关系，并说明所用信号量及其初值。

9. （考研真题）某寺庙有小和尚和老和尚若干，有一个水缸，由小和尚提水入缸供老和尚饮用。水缸可以容纳10桶水，水取自同一口井中，由于水井口窄，每次只能容纳一个水桶取水。水桶总数为3个（老和尚和小和尚共同使用）。每次入水、取水仅为一桶，且不可同时进行。试给出有关取水、入水的算法描述。

10. （考研真题）桌上有一空盘，允许存放一个水果。爸爸可向盘中放苹果，也可向盘中放橘子，儿子专等吃盘中的橘子，女儿专等吃盘中的苹果。规定当盘空时一次只能放一个水果供吃者取用，请用P、V原语实现爸爸、儿子、女儿3个并发进程的同步。

11. （考研真题）有桥如图3－15所示。车流如箭头所示。桥上不允许有两车交汇，但允许同方向车依次通行（即桥上可以有多个同方向的车）。用P、V操作实现交通管理以防桥上堵塞。

12. P_1、P_2、P_3、P_4、P_5、P_6为一组合作进程，其前驱图如图3－16所示，试用P、V操作完成这6个进程的同步。

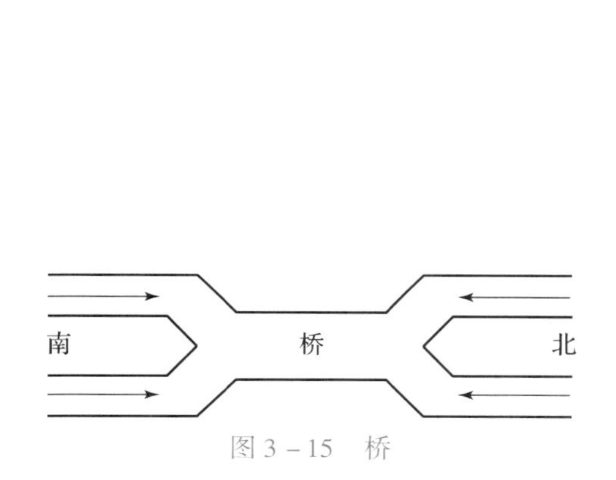

图3－15　桥

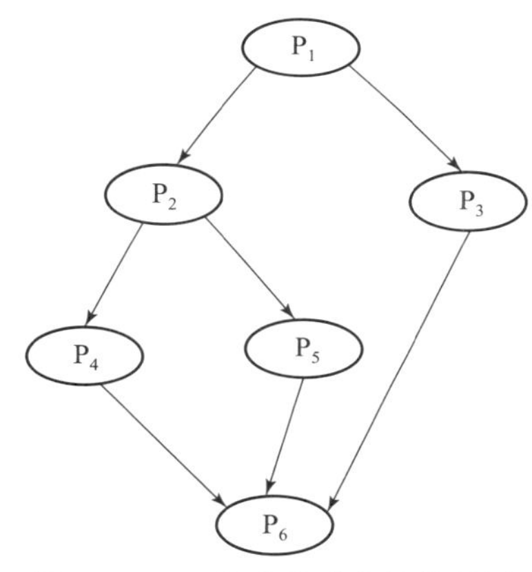

图3－16　6组合作进程的前驱图

13. 有一个烟草供应商和3个抽烟者。抽烟者若要抽烟，必须具有烟叶、烟纸和火柴。3个抽烟者中，一个有烟叶、一个有烟纸、一个有火柴。烟草供应商会源源不断地分别供应烟叶、烟纸和火柴，并将它们放在桌上。若他放的是烟纸和火柴，则有烟叶的抽烟者会拾起烟纸和火柴制作香烟，然后抽烟；其他类推。试用信号量同步烟草供应商和3个抽烟者。

14. 设有一台计算机，有两条I/O通道，分别接一台卡片机和一台打印机。卡片机把一叠卡片逐一输入缓冲区B_1中，加工处理后再搬到缓冲区B_2中，并在打印机上打印结果。问：

（1）系统要设几个进程来完成这个任务？各自的工作是什么？

（2）这些进程间有什么样的相互制约关系？

（3）用P、V操作写出这些进程的同步算法。

第 4 章　处理机调度

【本章知识体系】

本章知识体系如图 4－1 所示。

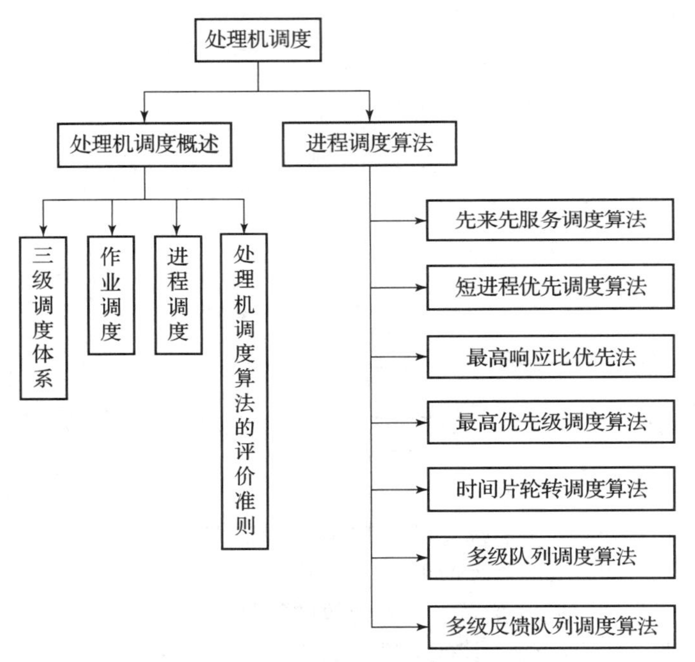

图 4－1　本章知识体系

【本章大纲要求】

1. 了解处理机调度的基本概念；
2. 掌握处理机的三级调度；
3. 理解进程调度的目标和方式；
4. 了解调度的基本准则；
5. 掌握典型调度算法及其特点。

【本章重点难点】

1. 处理机三级调度及之间的比较；
2. 抢占式与非抢占式调度算法；
3. 典型的调度算法。

在单处理机多道程序设计系统中，内存中存在着多个进程，进程被作为占用处理机运行的执行单位，并且进程的数量往往多于处理机的个数，进程争用处理机的情况就在所难免。这就要求系统能按某种算法动态地将处理机分配给处于就绪状态的进程，以使之执行。分配处理机的任务是由处理机调度程序完成的。对于大型系统，其在运行时的性能、系统吞吐量、资源利用率、作业周转时间或响应的及时性等，在很大程度上都取决于处理机调度性能的好坏，因此处理机调度是操作系统核心的重要组成部分。

4.1 处理机调度概述

一般意义上，调度就是选择，是对资源的分配，即当系统中有多个任务需要处理时，由于资源有限无法同时处理，需要根据某些规则或方法来决定这些任务的处理顺序，这就是调度所要研究的问题。而处理机调度则指的是对处理机这种资源的分配。由于处理机是最重要的计算机资源，所以如何能够合理、有效地分配处理机，是我们需要研究的首要任务。由于内存空间有限，有时无法将用户提交的作业全部放入内存，因此就需要确定某种规则来决定将作业调入内存的顺序。一个作业从提交到完成通常要经历多级调度，如高级调度、中级调度、低级调度。图4－2给出了调度层次的示意图。

4.1.1 三级调度体系

1. 高级调度（High Level Scheduling）

高级调度，称作业调度或长程调度（Long－term Scheduling）。在批处理操作系统中，作业首先进入系统在辅存上的后备作业队列等候调度，因此，作业调度是必须的。它将按照系统预定的调度策略，决定把后备队列作业中的哪些作业调入主存，为它们创建进程、分配资源，并将它们排在进程就绪队列外，使得这些作业的进程获得竞争处理机的权利，准备执行。当作业运行结束后，作业调度程序还将为作业做善后工作。而在纯粹的分时或实时操作系统中，作业是联机的。为了缩短响应时间，作业不是建立在外存，而是直接建立在内存中。用户通过键盘直接将命令或数据送入内存，所以在分时和实时系统中，不需要配备作业调度。

2. 低级调度（Low Level Scheduling）

低级调度又称进程调度或短程调度（Short－term Scheduling），其主要任务是根据CPU资源的使用情况，按照某种方法和策略从就绪队列中选取一个进程，将处理机分配给它。这

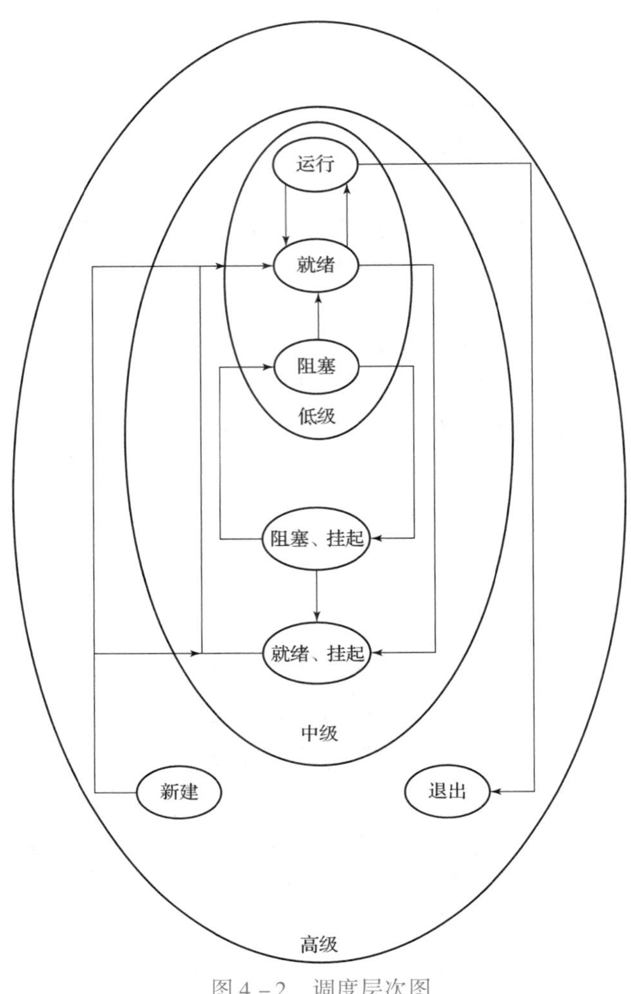

图 4－2　调度层次图

种调度不仅要求调度算法本身的时间复杂度小，而且要求策略精良，因为低级调度直接影响着系统的整体效率。是操作系统中最基本的一种调度，在一般的操作系统中都必须配置进程调度。进程调度的频率很高，一般几十毫秒一次。

3. 中级调度（Medium Level Scheduling）

中级调度，又称平衡负载调度、内存调度、中程调度（Medium－term Scheduling）。很多操作系统为了提高内存利用率和作业吞吐量，专门引进了中级调度。中级调度决定主存储器中所能容纳的进程数，即决定哪些进程被允许参与竞争处理机资源，将一些暂时不能运行的进程调至外存上去等待，而不再占用宝贵的内存资源，腾出内存空间以便将外存上已具备执行条件的进程换进内存执行。此时这些被换出内存的进程处于挂起状态。当进程具备了运行条件，且主存又有空闲区域时，再由中级调度决定把一部分这样的进程重新调回主存工作。这样，中级调度根据存储资源量和进程的当前状态来决定辅存和主存中的进程的对换，进程在运行期间，可能要经历多次换进换出，起到短期调整系统负荷的作用。中级调度实际上就是存储器管理中的对换功能。

在内存中常常有许多进程处于某种等待状态，这些进程在“等待”期间无谓地占用着内存资源，如将它们暂时换至外存，则所节省出来的内存空间可用以接纳新的进程。一旦被换至外存的进程具备运行条件，再将其重新换入内存。为此，在逻辑上将主存延伸，用一部分外存空间（称为交换区）替代主存，并且实施交换调度（中级调度）。在各种类型的操作系统中，可以根据内存的配置和系统能承受的最大负载，有选择地进行中级调度，或者不实施中级调度。中级调度发生的频率高于高级调度，一个进程可能会被多次调出、调入内存。

4. 三级调度的关系

在3个层次的处理机调度中，所有操作系统必须配备低级调度。高级调度发生在新进程的创建中，它决定一个进程能被创建，或者是创建后能否被置为就绪状态，从而参与竞争处理机资源获得运行；中级调度反映到进程状态上就是挂起和解除挂起，系统将那些暂时不能运行的进程挂起来。当内存空间宽松时，通过中级调度选择具备运行条件的进程，将其唤醒，它根据系统的当前负荷情况决定停留在主存中的进程数；低级调度从就绪队列中选出一个进程，并把其状态改为运行状态，把CPU分配给它。

在上述3种调度中，进程调度的运行频率最高，在分时系统中通常是10～100ms便进行一次进程调度，因而进程调度算法不能太复杂，以免占用太多的CPU时间。作业调度往往是发生在一个（批）作业运行完毕，退出系统，需要重新调入一个（批）作业进入内存时，故作业调度的周期较长，大约几分钟一次。中级调度的运行频率基本上介于上述两种调度之间。

三级调度的对比如表4－1所示。

表4－1　三级调度对比信息表

调度	高级调度	中级调度	低级调度
常称	作业调度	内存调度	进程调度
调度对象	处于外存上的后备队列的作业	暂时不能运行的进程	就绪队列中的进程
位置变化	外存→内存（面向作业）	内存→外存（面向进程）	内存→CPU
适用系统	批处理系统	批处理、实时、分时系统	批处理、实时、分时系统
运行频率	低，几分钟一次	中等	高，10～100 ms一次
进程转态	无→创建态→就绪态	挂起态→就绪态	就绪态→运行态

5. 调度队列模型

1）仅有低级调度的调度队列模型（图4－3）

在分时系统中，通常仅设置了进程调度，用户键入的命令和数据都直接送入内存。对于命令，是由操作系统为之建立一个进程。系统可以把处于就绪状态的进程组织成栈、树或一个无序链表，至于到底采用其中哪种形式，则与操作系统类型和所采用的调度算法有关。例如，在分时系统中，常把就绪进程组织成先进先出队列形式。每当操作系统创建一个新进程时，便将它挂在就绪队列的末尾，然后按时间片轮转方式运行。

每个进程在执行时都可能出现以下三种情况：

（1）任务在给定的时间片内已经完成，该进程便在释放处理机后进入完成状态；

（2）任务在本次分得的时间片内尚未完成，操作系统便将该任务再次放入就绪队列的末尾；

（3）在执行期间，进程因为某事件而被阻塞后，被操作系统放入阻塞队列。

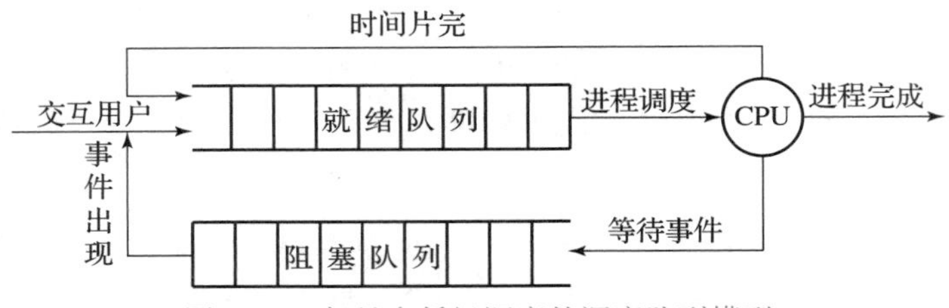

图 4－3 仅具有低级调度的调度队列模型

2）具有高级和低级调度的调度队列模型（图 4－4）

在批处理系统中，不仅需要进程调度，而且还需要有作业调度，由后者按一定的作业调度算法，从外存的后备队列中选择一批作业调入内存，并为它们建立进程，送入就绪队列，然后才由进程调度按照一定的进程调度算法选择一个进程，把处理机分配给该进程。

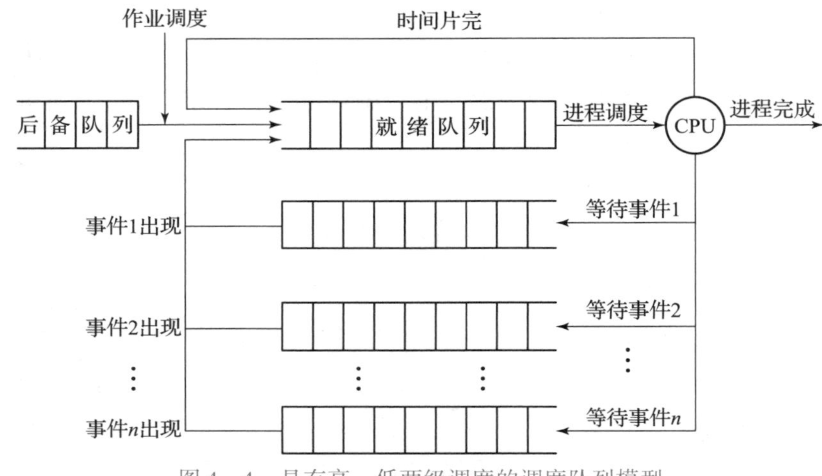

图 4－4 具有高、低两级调度的调度队列模型

该模型与上一模型的主要区别在于如下两个方面：

（1）就绪队列的形式。在批处理系统中，最常用的是最高优先权优先调度算法，相应地，最常用的就绪队列形式是优先权队列。进程在进入优先级队列时，根据其优先权的高低，被插入具有相应优先权的位置上，这样，调度程序总是把处理机分配给就绪队列中的队首进程。在最高优先权优先的调度算法中，也可采用无序链表方式，即每次把新到的进程挂在链尾，而调度程序每次调度时，是依次比较该链中各进程的优先权，从中找出优先权最高的进程，将之从链中摘下，并把处理机分配给它。

（2）设置多个阻塞队列。对于小型系统，可以只设置一个阻塞队列。但当系统较大时，若仍只有一个阻塞队列，其长度必然会很长，队列中的进程数可以达到数百个，这将严重影响对阻塞队列操作的效率。故在大、中型系统中通常都设置了若干个阻塞队列，每个队列对应于某一种进程阻塞事件。

3）同时具有三级调度的调度队列模型（图 4－5）

当在操作系统中引入中级调度后，人们可把进程的就绪状态分为内存就绪（表示进程在内存中就绪）和外存就绪（进程在外存中就绪）。类似地，也可把阻塞状态进一步分成内存阻塞和外存阻塞两种状态。在调出操作的作用下，可使进程状态由内存就绪转为外存就绪，由内存阻塞转为外存阻塞；在中级调度的作用下，又可使外存就绪转为内存就绪。

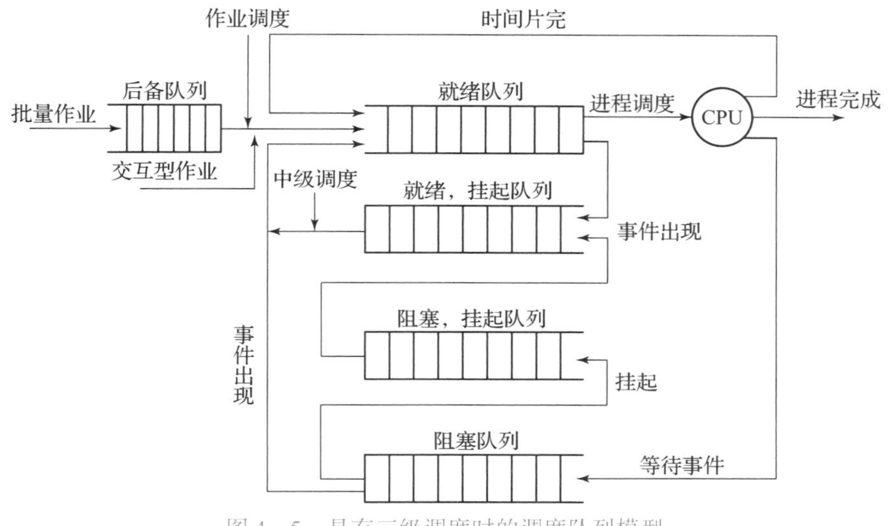

图4－5　具有三级调度时的调度队列模型

4.1.2　作业调度

作业调度又称为高级调度，它的功能是根据一定的调度算法，从输入系统中的一批作业中选出若干个作业，为它们分配必需的资源，如内存空间、外部设备等，并建立相应的用户作业进程和为其服务的系统进程（如输入输出进程），最后把这些进程交给进程调度程序去调度执行。进程调度也被称为低级调度，由它确定有资格获得处理机的各个进程中的某个进程在什么时候真正占有处理机并在其上运行。

作业调度程序本身通常作为一个进程在系统中执行，它在系统初始化时被创建。其主要功能是审查系统能否满足用户作业的资源要求以及按照一定的算法选取作业。前者是比较容易的，只要通过调用相应的资源管理程序（如存储管理、设备管理、文件管理等）中有关的部分，审核一下其资源登记表中是否能满足作业说明书中所提出的各项要求即可，而调度的关键在于选择适当的调度算法。

1. 作业的状态及其转换

一个作业从进入系统到运行结束，一般要经历“后备”“执行”“完成”三个不同的状态。这三种状态的转换过程如图4－6所示。

1）后备状态（收容状态）

作业由输入设备（如读卡机）进入外存储器（如磁盘）的过程称为收容。在作业收容阶段，操作员把用户提交的作业通过相应的输入设备，或脱机输入，或联机输入，或调用SPOOLing系统输入进程，将作业输入到直接存储的外存储器。当作业的全部信息进入系统后，由“作业注册”程序负责为此用户作业建立一个作业控制块（JCB），其中包含作业的描述信息。并把该作业加入后备作业队列中，此作业也就处于后备状态而等候作业调度程序

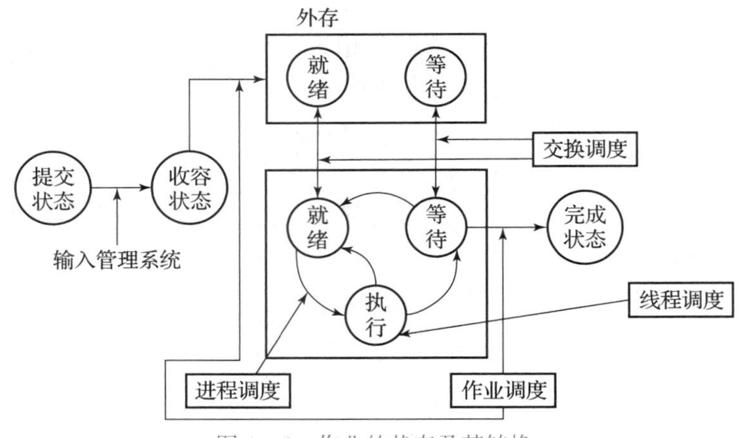

图 4－6　作业的状态及其转换

调度。这一过程也称为作业注册。作业控制块 JCB 中的信息主要根据用户提供的作业控制信息和系统为作业分配资源的情况来填写，这是以后进行作业调度的依据。

2）执行状态

一个后备作业被作业调度程序选中，分配了必要的资源，调入内存，建立一组相应的进程后开始执行，此时称作业处于执行状态。作业管理将按其作业步顺序，依次为每个作业步建立一个主进程，并为它分配必要的资源后交给进程调度程序管理。每个主进程又可以建立若干个子进程，这些子进程有的正占用处理机而处于运行状态，有的等待某个事件发生而处于阻塞状态，有的处于就绪状态。但从宏观上看，该作业已处于执行状态。

作业在执行阶段的活动过程是由进程管理程序实施管理，而不是由作业调度程序实施具体控制，作业调度程序只负责作业的各个作业步的管理和控制。一个作业步执行结束后（即该作业步的若干进程执行结束），作业调度程序将检查该作业步是否为正常结束。若是正常结束，则继续把下一个作业步投入执行，直到该作业的全部作业步执行完毕。若其中某一个作业步是非正常结束，则停止执行以后的作业步，并给出错误信息。

3）完成状态

当作业正常运行结束或因发生错误而中途终止时，作业进入完成状态。这时，由系统的“终止作业”程序将它的作业控制块 JCB 从现行作业队列中除去，并回收作业占用的资源。然后，系统将作业运行情况及作业输出结果编制成输出文件送入外存储器。最后，以脱机方式或假脱机方式将该作业的输出文件由输出设备（如显示器或打印机）打印输出。

2. 作业调度程序

作业调度程序本身通常作为一个进程在系统中执行，它在系统初始化时被创建。它的主要任务是完成作业从后备状态到执行状态和完成状态的转变。作业调度程序的主要功能是审查系统能否满足用户作业的资源要求以及按照一定的算法选取作业投入运行。因此，作业调度进程应具备下述功能：

（1）记录系统中各作业的状况。作业调度程序要能挑选出一个作业投入执行，并且在执行中对其进行管理，它就必须掌握作业在各个状态，包括执行阶段的有关情况。通常，系统为每个作业建立一个作业控制块 JCB 记录这些有关信息。与系统管理进程时使用进程控制块 PCB 一样，系统通过 JCB 来管理作业。系统在作业进入系统时为该作业建立它的 JCB，从而使得该作业可被作业调度程序感知。当该作业执行完毕进入完成状态之后，系统又撤销其 JCB 而释放有关资源并撤销该作业。每个作业在各个阶段所要求和分配的资源以及该作业的状态都记录在它的 JCB 中，根据 JCB 中的有关信息，作业调度程序对作业进行调度和管理。

（2）从后备作业队列中挑选出一部分作业投入执行。一般说来，系统中处于后备状态的作业较多，大的系统可以达到几十个甚至几百个。但是处于执行状态的作业一般只有有限的几个。作业调度程序根据选定的调度算法，从后备作业队列中挑选出若干作业去投入执行。

（3）为被选中的作业做好执行前的准备工作。作业调度程序为选中的作业建立相应的进程，并为这些进程分配它们所需要的系统资源，如给它们分配内存、外存、外设等。

（4）在作业执行结束时做善后处理工作。主要是输出作业管理信息，例如，执行时间等。再就是回收该作业所占用的资源，撤销与该作业有关的全部进程和该作业的作业控制块等。其中，关键问题是确定作业调度算法，即按照什么原则选取作业投入执行。

4.1.3 进程调度

进程调度是一种资源分配，按照一定的算法或者策略，选择一个进程并将处理机分配给它运行，以实现进程的并发执行。

1. 进程调度目标

不同类型的操作系统有不同的调度目标。下面介绍一下常见操作系统的调度目标。设计操作系统时，设计者选择哪些调度目标在很大程度上取决于操作系统自身的特点。

1）多道批处理系统

多道批处理系统强调高效利用系统资源、系统吞吐量大和平均周转时间短。进程提交给处理机后就不再与外部进行交互，系统按照调度策略安排它们运行，直到各个进程完成为止。

2）分时操作系统

分时系统更关心多个用户的公平性和及时响应性，它不允许某个进程长时间占用处理机。分时系统多采用时间片轮转调度算法或在其基础上改进的其他调度算法。但处理机在各个进程之间的频繁切换会增加系统时空开销，延长各个进程在系统中的存在时间。分时系统最关注的是交互性和各个进程的均衡性，对进程的执行效率和系统开销并不苛刻。

3）实时操作系统

实时系统必须保证实时进程的请求得到及时响应，往往不考虑处理机的使用效率。实时系统采取的调度算法和其他类型系统采取的调度算法相比有很大不同，其调度算法的最大特点是可抢占性。

4）通用操作系统

通用操作系统中，对进程调度没有特殊限制和要求，选择进程调度算法时主要追求处理机的使用公平性以及各类资源使用的均衡性。

2. 进程调度功能

低级调度用于决定就绪队列中的哪个进程（或核心级线程）应获得处理机，然后再由分派程序把处理机分配给该进程的具体操作。低级调度的主要功能如下：

（1）保存处理机的现场信息。在进程调度进行调度时，首先需要保存当前进程的处理机现场信息，如程序计数器、多个通用寄存器中的内容等，并将这些现场信息送入该进程的进程控制块（PCB）中的相应单元。

（2）按某种算法选取进程。低级调度程序按某种算法（如先来先服务、优先级算法和轮转法等）从就绪队列中选取一个进程，把它的状态改为运行状态，准备把处理机分配给它。

（3）把处理机分配给进程。由分派程序把处理机分配给进程。此时需为选中的进程恢复处理机现场，即把选中进程的进程控制块内有关处理机的现场信息，加载到处理机相应的各个寄存器中，并把处理机的控制权交给该进程，让它从退出的断点处开始继续运行。

3. 进程调度方式

1）非抢占式调度

非抢占方式，又称非剥夺调度方式。非剥夺调度方式是指当一个进程正在处理机上执行时，即使有某个更为重要或紧迫的进程进入就绪队列，仍然让正在执行的进程继续执行，直到该进程完成或发生某种事件而进入阻塞态时，才把处理机分配给更为重要或紧迫的进程。

这种方式的优点是实现简单、系统开销小，适用于大多数的批处理系统，但它不能用于分时系统和大多数的实时系统。

2）抢占式调度

抢占方式，又称剥夺调度方式。剥夺调度方式是指当一个进程正在处理机上执行时，若有某个更为重要或紧迫的进程需要使用处理机，则立即暂停正在执行的进程，将处理机分配给这个更为重要或紧迫的进程。采用剥夺式的调度，对提高系统吞吐率和响应效率都有明显的好处。

但“抢占”不是一种任意的行为，必须遵循一定的原则，主要有优先级、短进程优先和时间片原则等。

4.1.4 处理机调度算法的评价准则

在一个操作系统的设计中，应如何选择调度方式和算法，在很大程度上取决于操作系统的类型及其目标。例如，在批处理系统、分时系统和实时系统中，通常都采用不同的调度方式和算法。选择调度方式和算法的准则，有的是面向用户的，有的是面向系统的。进程调度算法的选择能够影响系统的设计目标和工作效率，不同的 CPU 调度算法有不同的属性，因此，很难评价哪种算法是最好的。一般说来，选择算法时可以考虑如下一些原则：

（1）公平性：确保每个用户每个进程获得合理的 CPU 份额或其他资源份额，防止长进程长期不能获得调度而产生饥饿。

（2）资源利用率：尽量增大 CPU 的吞吐率，让 CPU 在所有时间基本上处于忙碌状态，其中处理机的利用率可以用以下方法计算：

$$\text{CPU 利用率} = \frac{\text{CPU 有效工作时间}}{\text{CPU 有效工作时间} + \text{CPU 空闲等待时间}} \tag{1}$$

又因为：CPU 总的运行时间 = CPU 有效工作时间 + CPU 空闲等待时间，所以

$$\text{CPU 利用率} = \frac{\text{CPU 有效工作时间}}{\text{CPU 总的运行时间}} \quad (2)$$

（3）响应时间：让交互用户之间的响应时间达到最小。

交互式进程从提交一个请求（命令）到接收到响应之间的时间间隔，称为响应时间。使交互式用户的响应时间尽可能短，或尽快处理实时任务，这是分时系统和实时系统衡量调度性能的一个重要指标。

（4）吞吐率（ThroughPut）：单位时间内，让 CPU 尽可能多地处理任务。

（5）平衡性：由于在系统中可能具有多种类型的进程，有的属于计算型作业，有的属于 I/O 型。为了使系统中的 CPU 和各种外部设备都能经常处于忙碌状态，调度算法应尽可能保持系统资源使用的平衡性。

（6）策略强制执行：对所制定的策略（包括安全策略），只要需要就必须予以准确执行，即使会造成某些工作的延迟也要执行。

实际应用中，要根据用户和系统的不同需求，选择不同的调度方式和调度算法，对于用户和系统的不同需求特点产生了面向用户的评价准则、面向系统的评价准则。有的算法能够较好地满足用户的要求，但给系统实现带来了复杂性，使系统的时间空间开销增加，因此，对于不同的评价准则要选择不同的算法或者算法的组合，同时还要比较算法的原则。

1. 面向用户的评价准则

1）周转时间

通常把周转时间的长短作为评价批处理系统的性能、选择作业调度方式与算法的重要准则之一。

所谓周转时间，是指从作业被提交给系统开始，到作业完成为止的这段时间间隔。它包括四部分时间：作业在外存后备队列上等待（作业）调度的时间；进程在就绪队列上等待进程调度的时间；进程在 CPU 上执行的时间；进程等待 I/O 操作完成的时间。

平均周转时间描述为：

$$T = \frac{1}{n}\left[\sum_{i=1}^{n} T_i\right], \text{即 } T = \frac{1}{n}(T_1 + T_2 + \cdots\cdots + T_n) \quad (3)$$

作业的周转时间 T 与系统为它提供服务的时间 T_s 之比，即 $W = T/T_s$，称为带权周转时间，而平均带权周转时间则可表示为：

$$W = \frac{1}{n}\left[\sum_{i=1}^{n} \frac{T_i}{T_s}\right] \quad (4)$$

2）响应时间

常用响应时间的长短来评价分时系统的性能，这是选择分时系统中进程调度算法的重要准则之一。响应时间是指从进程输入第一个请求到系统给出首次响应的时间间隔。用户请求的响应时间越短，用户的满意度越高。

3）截止时间的保证

这是评价实时系统性能的重要指标，因而是选择实时调度算法的重要准则。截止时间，是指某任务必须开始执行的最迟时间，或必须完成的最迟时间。对于严格的实时系统，其调度方式和调度算法必须能保证这一点，否则将可能造成难以预料的后果。

4）优先权准则

在批处理、分时和实时系统中选择调度算法时，都可遵循优先权准则，以便让某些紧急的作业能得到及时处理。在要求较严格的场合，往往还须选择抢占式调度方式，才能保证紧急作业得到及时处理。

2. 面向系统的评价准则

1）系统吞吐量

系统吞吐量是用于评价批处理系统性能的另一个重要指标，也是选择批处理作业调度的重要准则。吞吐量是指在单位时间内系统所完成的作业数，因而它与批处理作业的平均长度具有密切关系。

2）处理机利用率

在实际系统中，CPU 的利用率一般在 40%（系统负荷较轻）到 90%之间。在大、中型系统中，在选择调度方式和算法时，应考虑到这一准则。但对于单用户微机或某些实时系统，则此准则就不那么重要了。处理机利用率指 CPU 有效工作时间与 CPU 总的运行时间之比。

3）各类资源的平衡利用

在大、中型系统中，不仅要使处理机的利用率高，而且还应能有效地利用其他各类资源，如内存、外存和 I/O 设备等。选择适当的调度方式和算法可以保持系统中各类资源都处于忙碌状态。但对于微型机和某些实时系统而言，该准则并不重要。

4.2 进程调度算法

调度算法是指根据系统资源分配策略所规定的资源分配算法。本节的算法有些适合作业调度，有些适合进程调度，有些适用于两者。由于作业调度算法和进程调度算法非常相似，做一些简单的修改就可以将进程调度算法修改成作业调度，本节只对进程调度算法进行介绍。基本的操作系统进程调度算法包括先来先服务调度算法、短进程优先调度算法、最高响应比优先法、最高优先级调度算法、时间片轮转调度算法、多级队列调度算法、多级反馈队列调度算法。

4.2.1 先来先服务调度算法

先来先服务调度算法（First Come First Service，FCFS）是一种最简单的调度算法。算法的基本原理是将用户作业或就绪进程按照进入就绪队列的顺序来进行调度，第一个进入就绪队列的进程最先开始执行，直到该进程退出或被阻塞，才开始执行队列中的下一个进程。此调度算法是服务完一个进程后，再服务下一个进程，不会出现中断行为，因此属于不可剥夺算法。该算法在执行过程中不考虑等待时间和执行时间，会产生饥饿现象。

先来先服务调度算法类似于银行叫号系统，银行中办理业务的工作人员相当于一个 CPU，办理业务的整个流程就相当于一个进程。人们按照叫号的顺序进行等待，最先到达银行并且叫号的人最先开始办理业务，之后陆续到达银行并且叫号的人排队等待，不区分办理业务的类型和所需要的时间，按照号码的先后顺序依次办理业务。办理业务的过程中不会被他人中断，除非是自己有事离开，下一个号码的人才开始办理业务。但是此人如果想继续办理只能重新叫号。

算法的优点是易于理解且实现简单，在没有特殊要求或者是某个进程急需优先调度时，只需要一个队列，无论是要在队列中追加元素或是取出元素，操作上都最为简单。可以实现基本上的公平，并且每个进程的等待时间都可以进行预估。

算法的缺点是一旦就绪队列中存在长进程，排在后面的短进程只能等待长进程执行完毕后才能执行，因此短进程的等待时间长，CPU 利用率不高。

下面举例说明采用 FCFS 调度算法的调度性能。

【例 4.1】 系统中有 5 个进程 P_1、P_2、P_3、P_4 和 P_5 并发执行，5 个并发进程的创建时间、执行时间、优先级以及时间片个数如表 4-2 所示。

表 4-2　5 个并发进程的信息表

进程	进程创建时间	要求执行时间	优先级	时间片个数
P_1	0	3	3	3
P_2	1	6	5	6
P_3	2	1	1	1
P_4	3	4	4	4
P_5	4	2	2	2

从表 4-2 中可以看出：

①$t=0$ 时，因为只有 P_1 到达系统，所以把 CPU 分配给 P_1 进行进程调度，这时候等待时间为 0；

②$t=3$ 时，P_1 完成进程调度，而 P_2、P_3、P_4 到达系统进入主存，由于 P_2 是 $t=1$ 时创建的，先于 P_3 的到达时间，所以 P_2 分配 CPU 进程调度；

③$t=9$ 时，P_2 完成进程调度，而 P_5 到达系统，主存中有 P_3、P_4、P_5，由于 P_3 最先进入主存，所以 P_3 分配 CPU 进行进程调度；

④$t=10$ 时，P_3 完成进程调度，主存中只剩下 P_4、P_5，根据到达的先后顺序，P_4 分配 CPU 进行进程调度；

⑤$t=14$ 时，P_4 完成进程调度，主存中只剩下 P_5，所以 P_5 分配 CPU 进行进程调度；

⑥$t=16$ 时，P_5 结束，完成进程调度。

因此，采用 FCFS 调度算法，这 5 个并发进程的运行时序图如图 4-7 所示。

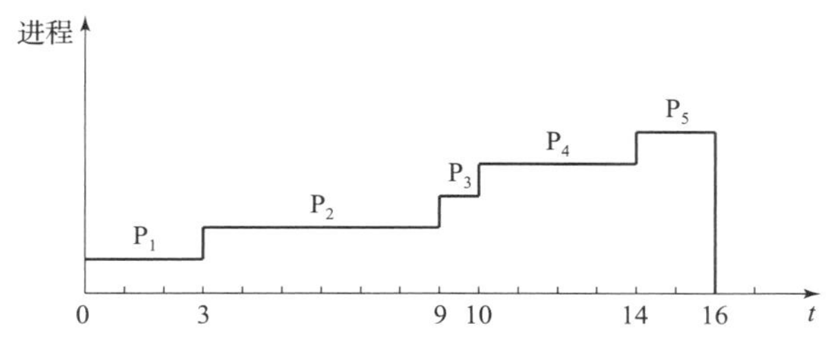

图 4-7　采用 FCFS 调度算法的 5 个并发进程的运行时序图

采用先来先服务算法，每个进程的完成时间、周转时间和带权周转时间如表 4-3 所示。

表 4-3 先来先服务调度算法的评价结果

进程	创建时间	运行时间	开始时间	完成时间	周转时间	带权周转时间
P_1	0	3	0	3	3	1.00
P_2	1	6	3	9	8	1.33
P_3	2	1	9	10	8	8.00
P_4	3	4	10	14	11	2.75
P_5	4	2	14	16	12	6.00
平均周转时间 $T=8.40$ 带权平均周转时间 $W=3.82$					42	19.08

目前存在着多种调度算法，有的算法适用于作业调度，有的算法适用于进程调度，但也有些调度算法既可用于作业调度，也可用于进程调度。其中，先来先服务（FCFS）调度算法是一种最简单的调度算法。FCFS 调度算法比较有利于长进程，而不利于短进程。FCFS 调度算法有利于 CPU 繁忙型的作业，而不利于 I/O 繁忙型的作业（进程）。CPU 繁忙型作业，是指该类作业需要大量的 CPU 时间进行计算，而很少请求 I/O。通常的科学计算便属于 CPU 繁忙型作业。I/O 繁忙型作业是指 CPU 进行处理时，还需要频繁地请求 I/O，而每次 I/O 的操作时间却很短，目前大多数事务处理都属于 I/O 繁忙型作业。

4.2.2 短进程优先调度算法

短进程优先调度算法（Shortest Process First，SPF）又称为短作业优先调度算法（Shortest Job First，SJF），短进程优先调度算法从进程的就绪队列中挑选运行时间（估计时间）最短的进程进入主存运行。先来先服务调度算法存在着一旦就绪队列中存在长进程，排在后面的短进程等待时间长的缺点，SPF 算法很好地解决了这个问题，SPF 算法的原理就是优先调度短进程。

短进程优先调度算法是一个非抢占式算法，如果在一个进程执行的过程中，又来了一个短进程，这个短进程的执行时间比当前正在执行的进程剩余的时间短，此时，短进程优先调度算法不中断当前进程，但是也有抢占式的版本——最短剩余时间优先算法（Shortest Remaining Time Next，SRTN）。下面我们来看一下两种算法的具体实现：

1. 非抢占式的短作业优先调度算法

短进程优先调度算法是一种对短进程非常友好的算法，进程的运行时间长短决定了调度的优先级。SPF 从后备队列中选择预期运行时间最短的一个进程，将处理机分配给它，使它在不被阻塞的前提下一直执行，直到完成运行并退出系统。这样就减少了在就绪队列中等待的进程数，同时也降低了进程的平均等待时间，提高了系统的吞吐量。但从另一方面来说，各个进程的等待运行时间的变化范围较大，并且进程（尤其是大进程）的等待运行时间难以预先估计。也就是说，进程什么时候完成是未知的，当后续短进程过多时，大进程可能没有机会运行，导致饿死。而在先来先服务算法中，进程的等待和完成时间是可以预期的。

短进程优先调度算法要求事先能正确地了解一个作业或进程将运行多长时间。但通常一个进程没有这方面可供使用的信息，只能估计。在生产环境中，对于一个类似的作业可以提供大致合理的估计，而在程序开发环境中，用户难以知道他的程序大致将运行多长时间。

正因为此算法明显偏向短进程，而且进程的运行时间是估计的，所以用户可能把他的进程运行时间估得过低，争取优先运行。因此，当一个进程运行超过所估计时间时，系统将停止这个进程，或对超时部分加价收费。

短进程优先算法和先来先服务算法都是非抢占的，因此均不适合于分时系统，因为不能保证对用户及时进行响应。

【例 4.2】 对 FCFS 算法中的实例采用 SPF 调度算法重新调度。具体分析如下：

①$t=0$ 时，因为只有 P_1 到达系统，所以把 CPU 分配给 P_1 进行进程调度，这时候等待时间为 0；

②$t=3$ 时，P_1 完成进程调度，而 P_2、P_3、P_4 到达系统进入主存，由于 P_3 的运行时间最短，所以 P_3 分配 CPU 进行进程调度；

③$t=4$ 时，P_3 完成进程调度，而 P_5 到达系统，主存中有 P_2、P_4、P_5，由于 P_5 的运行时间最短，所以 P_5 分配 CPU 进行进程调度；

④$t=6$ 时，P_5 完成进程调度，主存中只剩下 P_2、P_4，根据运行时间的长短，P_4 要比 P_2 的运行时间更短，所以 P_4 进行进程调度；

⑤$t=10$ 时，P_4 完成进程调度，主存中只剩下 P_2，所以 P_2 进行进程调度；

⑥$t=16$ 时，P_2 结束，完成进程调度。

因此，5 个并发进程的运行时序图如图 4－8 所示。

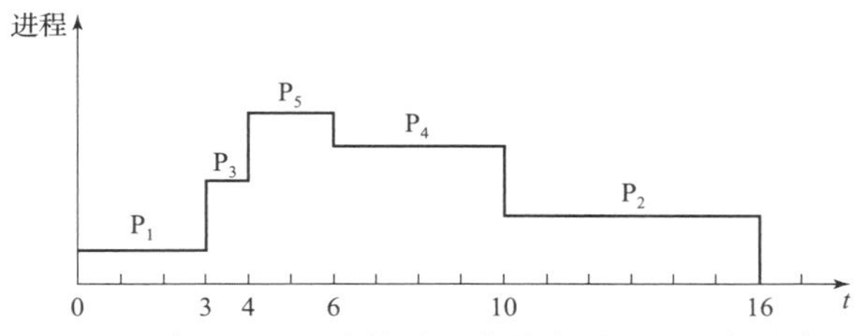

图 4－8　采用 SPF 调度算法 5 个并发进程的运行时序图

采用 SPF 每个进程的完成时间、周转时间和带权周转时间如表 4－4 所示。

表 4－4　短进程优先调度算法的评价结果

进程	创建时间	运行时间	开始时间	完成时间	周转时间	带权周转时间
P_1	0	3	0	3	3	1.00
P_2	1	6	10	16	15	2.50
P_3	2	1	3	4	2	2.00
P_4	3	4	6	10	7	1.75
P_5	4	2	4	6	2	1.00
平均周转时间 $T=5.80$					29	8.25
带权平均周转时间 $W=1.65$						

为了和 FCFS 调度算法进行比较，我们仍利用 FCFS 算法中所使用的实例，并改用 SPF 算法重新调度，再进行性能分析。由表 4－3 和表 4－4 可以看出，采用 SPF 算法后，不论是平均周转时间还是平均带权周转时间，都有较明显的改善，尤其是对短进程，其平均周转时间由原来的（用 FCFS 算法时）8.40 降为 5.80，而平均带权周转时间是从 3.82 降到 1.65。这说明 SPF 调度算法能有效地降低进程的平均等待时间，提高系统吞吐量。

2. 抢占式的短进程优先调度算法——最短剩余时间优先算法（Shortest Remaining Time，SRT）

最短剩余时间（Shortest Remaining Time，SRT）算法是在 SPF 算法的基础上，增加了抢占机制。原理同样是优先调度短进程，过程中如果有新进程加入就绪队列中时，并且这个进程的执行时间比当前正在执行的进程剩余的时间短，此时，该短进程将中断当前进程并开始运行，这就是 SPF 算法的抢占式版本。该算法在调度过程中存在优先级，比 SPF 算法要好，但是仍然存在一些缺点，比如需要预估作业的运行时间、长进程长时间得不到处理等问题。

【例 4.3】 四个进程 P_1、P_2、P_3、P_4 到达系统的时间和运行时间如表 4－5 所示。

表 4－5　最短剩余时间优先各进程到达时间和运行时间

进程	到达时间	运行时间	进程	到达时间	运行时间
P_1	0	12	P_3	3	7
P_2	1	5	P_4	5	3

从表 4－5 可以看出：

①$t=0$ 时，因为只有 P_1 到达系统，所以把 CPU 分配给 P_1 进行进程调度，这时候等待时间为 0；

②$t=1$ 时，P_2 到达系统，由于 P_2 的运行时间比 P_1 的剩余时间短，所以 P_2 分配 CPU 进行进程调度；

③$t=3$ 时，P_3 到达系统，但是 P_2 的剩余时间比 P_3 的运行时间短，所以 P_2 继续进程调度；

④$t=5$ 时，P_4 到达系统，由于 P_2 的剩余时间比 P_4 的运行时间短，所以 P_2 继续进程调度；

⑤$t=6$ 时，P_2 完成进程调度，主存中只剩下 P_1、P_3、P_4，根据运行时间的长短，P_4 运行时间最短，所以 P_4 进行进程调度；

⑥$t=9$ 时，P_4 完成进程调度，主存中只剩下 P_1、P_3，根据运行时间的长短，P_3 运行时间最短，所以 P_3 进行进程调度；

⑦$t=16$ 时，P_3 结束，完成进程调度，主存中只剩下 P_1，所以 P_1 继续分配 CPU 进行进程调度；

⑧$t=27$ 时，P_1 结束，完成进程调度。

因此，4 个并发进程的运行时序图如图 4－9 所示。

采用最短剩余时间优先调度算法，每个进程的周转时间和带权周转时间如表 4－6 所示。

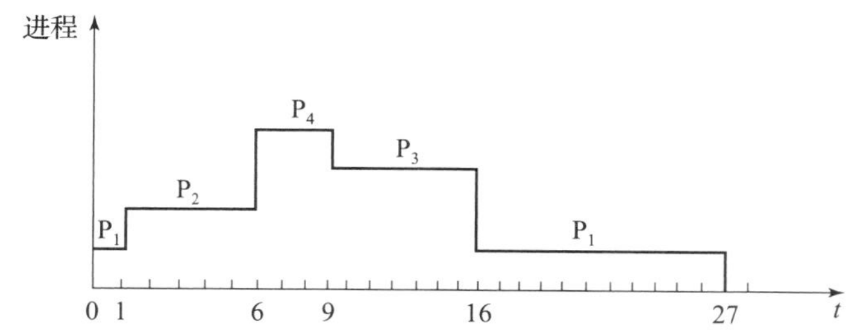

图 4－9　采用最短剩余时间优先算法的 5 个并发进程的运行时序图

表 4－6　最短剩余时间调度算法的评价结果

进程	到达时间	运行时间	开始时间	完成时间	周转时间	带权周转时间
P_1	0	12	0	27	27	2.25
P_2	1	5	1	6	5	1.00
P_3	3	7	9	16	13	1.86
P_4	5	3	6	9	4	1.33
平均周转时间 $T=12.25$					49	1.61
带权平均周转时间 $W=1.61$						

该算法的优点是，可以用于分时系统，保证及时响应用户要求。缺点是，系统开销增加。首先，要保存进程的运行情况记录，以比较其剩余时间大小；其次，剥夺本身也要消耗处理机时间片。毫无疑问，这个算法使短进程一进入系统就能立即得到服务，从而降低进程的平均等待时间。

4.2.3　最高响应比优先法

最高响应比优先调度算法（Highest Response Ratio First，HRRF）是优先级调度算法的一个特例，通常用于作业调度，是非抢占式算法。Hansen 针对短进程优先调度算法的缺点提出了最高响应比优先调度算法。

最高响应比优先调度算法基本思想：按照此算法每个进程都有一个优先数，该优先数不但是要求的运行时间的函数，还是该进程得到服务所花费的等待时间的函数。进程的动态优先数计算公式如下：

$$优先数=\frac{等待时间+要求的运行时间}{要求的运行时间}=1+\frac{等待时间}{要求的运行时间}$$

要求的运行时间是分母，所以对短进程是有利的，它的优先数高，可优先运行。但是由于等待时间是分子，所以长进程由于其等待了较长时间，从而提高了其调度优先数，终于被分给了处理机。进程一旦得到了处理机，它就一直运行到进程完成（或因等待事件而主动让出处理机），中间不被抢占。

可以看出，“等待时间＋要求的运行时间”是系统对作业的响应时间，所以优先数公式中，优先数实际上也是响应时间与运行时间的比值，称为响应比。响应比高者得到优先调度。

$$\text{优先数}=\frac{\text{响应时间}}{\text{要求的服务时间}}$$

进程的等待时间相同时，要求运行时间越短，响应比越高，越有利于短进程。要求运行时间相同时，进程的响应比由其等待时间决定，等待时间越长，其响应比越高，因而它实现的是先来先服务。对于长进程，进程的响应比可以随等待时间的增加而提高，等待时间足够长时，其响应比便可升到很高，从而也可获得处理机。因此，克服了饥饿状态，兼顾了长进程。算法的缺点就是每次进行调度之前所要做的响应比计算增加了系统开销。

【例 4.4】 如表 4-7 所示，设有 A、B、C、D、E 五个进程，其到达时间分别为 0、1、2、3、4，要求运行时间依次为 3、6、4、5、2，采用最高响应比优先调度算法，试计算其平均周转时间和平均带权周转时间。

表 4-7　最高响应比优先调度算法

进程	提交时间	运行时间	开始时间	完成时间	周转时间	带权周转时间
A	0	3	0	3	3	1.00
B	1	6	3	9	8	1.33
C	2	4	11	15	13	3.25
D	3	5	15	20	17	3.40
E	4	2	9	11	7	3.50

分析：A、B、C、D、E 的到达时间依次为 0、1、2、3、4，要求运行时间依次为 3、6、4、5、2。用 r 表示响应比，则不同时刻的运行过程为：

0：A 运行，BCD 依次到达；

3：$r_B=1+2/6$，$r_C=1+1/4$，$r_D=1$；B 先运行。

9：$r_C=1+7/4$，$r_D=1+6/5$，$r_E=1+5/2$；E 先运行。

11：$r_C=1+9/4$，$r_D=1+8/5$；C 先运行。

由此可知作业的运行顺序为 A、B、E、C、D。

平均周转时间 $T=(3+8+13+17+7)/5=9.6$

平均带权周转时间 $W=(1.00+1.33+3.25+3.40+3.50)/5=2.496$

4.2.4　最高优先级调度算法

为了更好地照顾紧迫型作业，使之在进入系统后便获得优先处理，引入了最高优先级调度算法。

最高优先级调度算法（Highest Priority First，HPF）又称优先权调度算法，是按照进程的优先级大小来进行调度，使拥有高优先级的进程优先得到处理机的调度。该算法同样也可以用于作业调度，该算法中的优先级用于描述作业运行的紧迫程度。每次从后备作业队列中选择优先级最高的一个或几个作业，将它们调入内存，分配必要的资源，创建进程并放入就绪队列。

根据进程创建后其优先级是否可以改变，可以将进程优先级分为以下两种：

（1）静态优先级。优先级是在创建进程时确定的，且在进程的整个运行期间保持不变。确定静态优先级的主要依据有进程类型、进程对资源的要求、用户要求。

（2）动态优先级。在进程运行过程中，根据进程情况的变化动态调整优先级。动态调整优先级的主要依据为进程占有 CPU 时间的长短、就绪进程等待 CPU 时间的长短。

还有一点需要注意的是，最高优先级算法并非是固定的抢占式策略或非抢占式策略，根据新的更高优先级进程能否抢占正在执行的进程，可将该调度算法分为：

1. 非抢占式优先级调度算法

当某一个进程正在处理机上运行时，即使有某个更为重要或紧迫的进程进入就绪队列，仍然让正在运行的进程继续运行，直到由于其自身的原因而主动让出处理机时（任务完成或等待事件），才把处理机分配给更为重要或紧迫的进程。这种调度算法主要被用于批处理系统中，也可用于某些对实时性要求不严的实时系统中。

2. 抢占式优先级调度算法

当一个进程正在处理机上运行时，若有某个更为重要或紧迫的进程进入就绪队列，则立即暂停正在运行的进程，将处理机分配给更重要或紧迫的进程。这种调度算法主要被用于要求比较严格的实时系统，以及对性能要求较高的批处理和分时系统中。算法的缺点是可能会导致低优先级的进程永远不会运行。

【例 4.5】 仍然采用 FCFS 算法中的实例，分别改用不可抢占静态优先级调度算法和可抢占静态优先级调度算法重新调度。不可抢占静态优先级调度算法具体分析如图 4－10 所示：

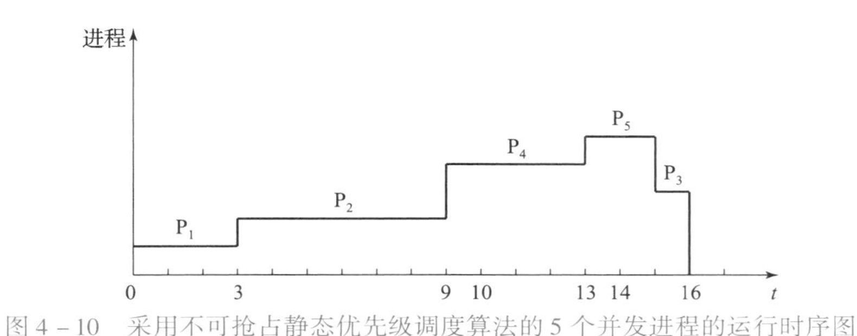

图 4－10 采用不可抢占静态优先级调度算法的 5 个并发进程的运行时序图

可抢占静态优先级调度算法具体分析如图 4－11 所示：

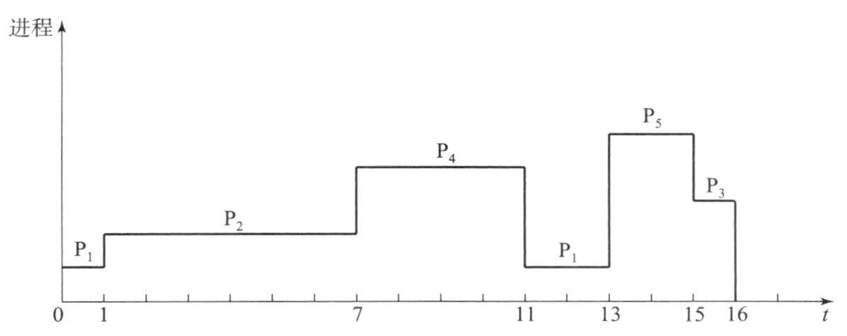

图 4－11 采用可抢占静态优先级调度算法的 5 个并发进程的运行时序图

采用不可抢占和可抢占静态优先级调度算法，每个进程的调度结果如表 4－8 所示。

表 4-8　静态优先级调度算法的评价结果

不可抢占静态优先级调度算法						
进程	创建时间	运行时间	开始时间	完成时间	周转时间	带权周转时间
P_1	0	3	0	3	3	1.00
P_2	1	6	3	9	8	1.33
P_3	2	1	15	16	14	14.00
P_4	3	4	9	13	10	2.50
P_5	4	2	13	15	10	5.00
平均周转时间 $T=9.00$					45	23.83
带权平均周转时间 $W=4.77$						
可抢占静态优先级调度算法						
进程	创建时间	运行时间	开始时间	完成时间	周转时间	带权周转时间
P_1	0	3	0	13	13	4.33
P_2	1	6	1	7	6	1.00
P_3	2	1	15	16	14	14.00
P_4	3	4	7	11	8	2.00
P_5	4	2	13	15	11	5.50
平均周转时间 $T=10.40$					52	26.83
带权平均周转时间 $W=5.37$						

4.2.5　时间片轮转调度算法

时间片轮转调度算法（Round Robin，RR）是一种最古老、最简单、最公平且使用最广的抢占式算法，主要适用于分时系统。该算法结合了先来先服务调度算法，并采用时间片的原理来进行 CPU 资源的抢占。每个进程被分配一个时间段，称为它的时间片，即该进程允许运行的时间，例如几十毫秒到几百毫秒。

RR 算法的基本原理是系统把所有就绪进程按照到达的时间排成一个队列，然后应用时间片的原理，也就是说将 CPU 的处理时间分成固定大小的时间片，然后开始进程的调度。最先被调度的是排在队列最前面的进程，按照 FCFS 算法的原则，在 CPU 上运行完一个时间片后，强迫当前运行进程让出 CPU 资源，开始运行进程就绪队列中的下一个进程，而运行完一个时间片后被抢占的进程则排在就绪队列的最后，等待下一轮的调度。因此一个进程一般需要多次轮转才能完成。如图 4-12 所示，A 进程最先被调度，运行完一个时间片后，排到就绪队列的末端，紧接着 B 进程被调度，运行完一个时间片后，排到就绪队列末端……

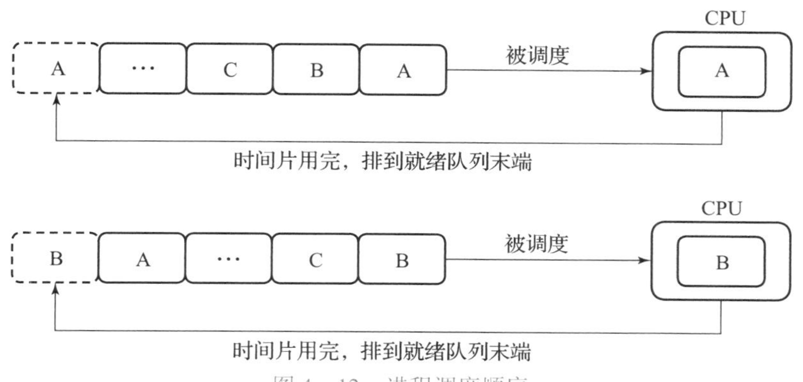

图4－12 进程调度顺序

轮转调度算法对每个进程都一视同仁，就好比大家都排好队，一个一个来，每个人都运行一会儿再接着重新排队等待运行。RR算法需要注意的是，时间片的长度是一个很关键的因素：如果时间片设置得太短，就会导致频繁的进程上下文切换，降低了CPU效率；如果时间片设置得太长，那么随着就绪队列中进程数目的增加，轮转一次消耗的总时间加长，即每个进程的相应速度放慢。甚至时间片大到让进程足以完成其所有任务，RR调度算法便退化成FCFS算法。一个较为可取的时间片大小是略大于一次典型的交互所需要的时间，使大多数交互式进程能在一个时间片内完成，从而可以获得很小的响应时间。

【例4.6】 仍然采用FCFS算法中的实例，改用时间片轮转调度算法对其重新调度。5个进程分别需要运行3、6、1、4、2个时间片，5个并发执行进程的运行时序图如图4－13所示。

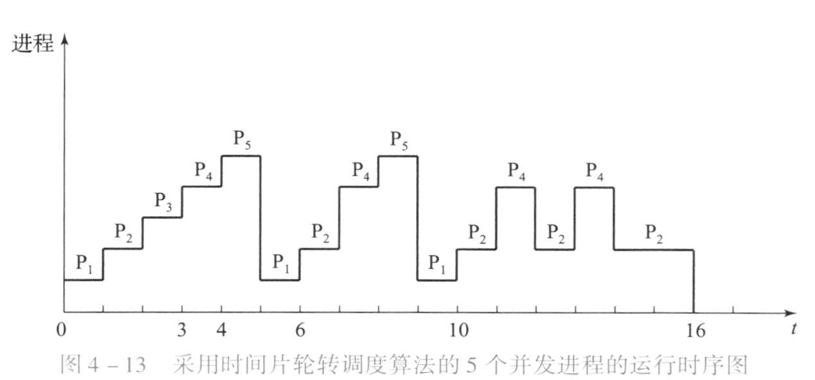

图4－13 采用时间片轮转调度算法的5个并发进程的运行时序图

采用时间片轮转调度算法，每个进程的完成时间、周转时间和带权周转时间如表4－9所示。

表4－9 时间片轮转调度算法的评价结果

进程	创建时间	运行时间	开始时间	完成时间	周转时间	带权周转时间
P_1	0	3	0	10	10	3.33
P_2	1	6	1	16	15	2.50
P_3	2	1	2	3	1	1.00
P_4	3	4	3	14	11	2.75

续表

<table>
<tr><th>进程</th><th>创建时间</th><th>运行时间</th><th>开始时间</th><th>完成时间</th><th>周转时间</th><th>带权周转时间</th></tr>
<tr><td>P_5</td><td>4</td><td>2</td><td>4</td><td>9</td><td>5</td><td>2.50</td></tr>
<tr><td colspan="5">平均周转时间 $T=8.40$</td><td rowspan="2">42</td><td rowspan="2">12.08</td></tr>
<tr><td colspan="5">带权平均周转时间 $W=2.42$</td></tr>
</table>

在轮转法中，加入就绪队列的进程有 3 种情况：第一种是分给它的时间片用完，但进程还未完成，回到就绪队列的末尾等待下次调度去继续执行；第二种情况是分给该进程的时间片并未用完，只是因为请求 I/O 或由于进程的互斥与同步关系而被阻塞，当阻塞解除之后再回到就绪队列；第三种情况就是新创建进程进入就绪队列。

如果对这些进程区别对待，给予不同的优先级和时间片，从直观上看可以进一步改善系统服务质量和效率。例如，我们可把就绪队列按照进程到达就绪队列的类型和进程被阻塞时的阻塞原因分成不同的就绪队列，每个队列按 FCFS 原则排列，各队列之间的进程享有不同的优先级，但同一队列内优先级相同。这样，当一个进程在执行完它的时间片之后，或从睡眠中被唤醒以及被创建之后，将进入不同的就绪队列。

4.2.6 多级队列调度算法

前述的调度算法，因为系统中仅设置一个进程就绪队列，因此进程调度算法是固定的、单一的，无法满足系统中不同用户对进程调度策略的不同要求，并且在多 CPU 的系统中，这种缺点尤为突出。

多级队列调度算法（Multi - level Queue，MLQ）将系统中的进程就绪队列从一个拆分为若干个，将不同类型或性质的进程固定分配在不同的就绪队列，不同的就绪队列采用不同的调度算法，一个就绪队列中的进程可以设置不同的优先级，不同的就绪队列本身也可以设置不同的优先级。

因为对队列调度算法设置了多个就绪队列，因此可以为每个就绪队列设置不同的调度算法，这样就很容易满足多用户的不同需求，对于多 CPU 系统，同样可以很方便地为每个处理机设置一个单独的就绪队列。例如：为交互型作业设置一个就绪队列，该队列采用时间片轮转调度算法，为批处理作业设置另一个就绪队列，该队列采用先来先服务调度算法。

在进程容易分成不同组的情况下，可以有另一类调度算法。例如，进程通常分为前台进程（或交互进程）和后台进程（或批处理进程）。这两种类型的进程具有不同的响应时间要求，进而也有不同调度需要。另外，与后台进程相比，前台进程可能要有更高的优先级（外部定义）。

多级队列调度算法将就绪队列分成多个单独队列，如图 4 - 14 所示。根据进程属性，如内存大小、进程优先级、进程类型等，一个进程永久分到一个队列，每个队列有自己的调度算法。例如，可有两个队列分别用于前台进程和后台进程。前台队列可以采用 RR 调度算法，而后台队列可以采用 FCFS 调度算法。此外，队列之间应有调度，通常采用固定优先级抢占调度。例如，前台队列可以比后台队列具有绝对的优先级。

如图 4－14 是一个多级队列调度算法的实例，这里有 5 个队列，它们的优先级由高到低：

每个队列与更低层队列相比具有绝对的优先。例如，只有系统进程、交互进程和交互编辑进程队列都为空，批处理队列内的进程才可运行。如果在一个批处理进程运行时有一个交互进程进入就绪队列，那么该批处理进程会被抢占。

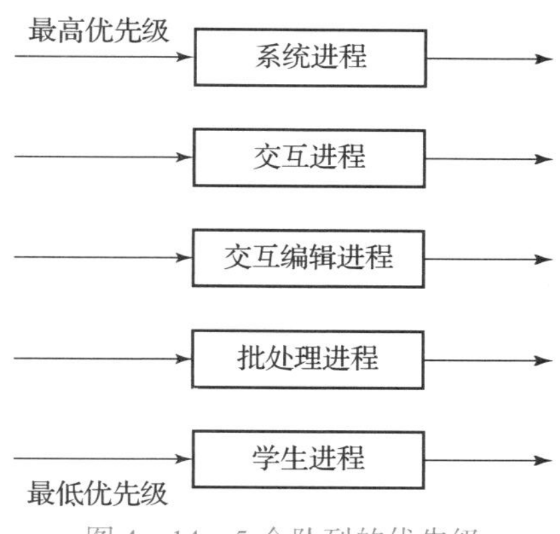

图 4－14　5 个队列的优先级

另一种可能是，在队列之间划分时间片。最高优先级上进程运行 1 个时间片，次高优先级上进程运行 2 个时间片，再下级运行 4 个时间片，以此类推。每次从队列头开始运行进程，每当一个进程在一个优先级队列中用完它的时间片后就移到队列尾部；只有当高优先级队列为空时，才会从不为空的低优先级队列中选择进程运行；在低优先级队列中等待时间过长进程将会移到高优先级队列。划分完时间片后，每个队列都有一定比例的 CPU 时间，可用于调度队列内的进程。例如，对于前台－后台队列的例子，前台队列可以有 80% 的 CPU 时间，用于在进程之间进行 RR 调度，而后台队列可以有 20% 的 CPU 时间，用于按 FCFS 算法来调度进程。

4.2.7　多级反馈队列调度算法

通常在使用多级队列调度算法时，进程进入系统时被永久地分配到某个队列。例如，如果前台和后台进程分别具有单独队列，那么进程并不从一个队列移到另一个队列，这是因为进程不会改变前台或后台的性质。这种设置的优点是调度开销低，缺点是不够灵活。相反，多级反馈队列调度算法允许进程在队列之间迁移。

多级反馈队列调度算法（Multi－level Feedback Queue，MLFQ）是时间片轮转调度算法和优先级调度算法的综合与发展。多级表示有多个队列，每个队列优先级从高到低，同时优先级越高时间片越短。反馈表示如果有新的进程加入优先级高的队列时，立刻停止当前正在运行的进程，转而去运行优先级高的队列。该调度算法可以不用事先知道各种进程所需的执行时间，还可以较好地满足各种类型进程的需要，是目前公认的一种较好的进程调度算法。

可以发现，对于短作业可能在第一级队列很快被处理完。对于长作业，如果在第一级队列处理不完，可以移入下级队列等待被执行，虽然等待的时间变长了，但是运行时间也会更长，所以该算法很好地兼顾了长短作业，同时有较好的响应时间。

如图 4－15，一个多级反馈队列的调度程序有三个队列，从 S_1 到 S_3。

调度程序首先执行队列 S_1 内的所有进程。只有当队列 S_1 为空时，它才能执行队列 S_2 内的进程。类似地，只有队列 S_1 和 S_2 都为空时，队

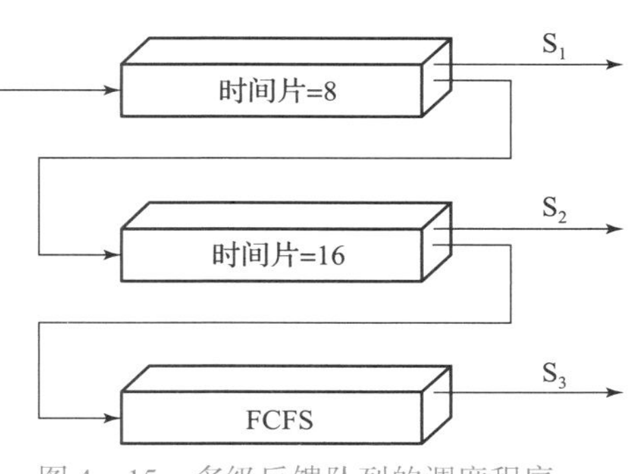

图 4－15　多级反馈队列的调度程序

列 S_3 的进程才能执行。到达队列 S_2 的进程会抢占队列 S_3 的进程。同样，到达队列 S_1 的进程会抢占队列 S_2 的进程。

每个进程在进入就绪队列后，就被添加到队列 S_1 内。队列 S_1 内的每个进程都有 8 ms 的时间片。如果一个进程不能在这一时间片内完成，那么它就被移到队列 S_2 的尾部。如果队列 S_1 为空，队列 S_2 头部的进程会得到一个 16 ms 的时间片。如果它不能完成，那么将被抢占，并添加到队列 S_3。只有当队列 S_1 和 S_2 为空时，队列 S_3 内的进程才可根据 FCFS 来运行。

这种调度算法将给那些 CPU 执行不超过 8 ms 的进程最高优先级。这类进程可以很快得到 CPU，完成 CPU 执行，并且处理下个 I/O 执行。所需超过 8 ms 但不超过 24 ms 的进程也会很快得到服务，但是它们的优先级要低一点。长进程会自动沉入队列 S_3，队列 S_1 和 S_2 不用的 CPU 周期按 FCFS 顺序来服务。

多级反馈队列调度算法的实现思想如下：

（1）在系统中设置多个就绪队列，并为各个队列赋予不同的优先级，每个队列优先级从高到低，第 1 级队列的优先级最高，第 2 级队列次之，其余队列的优先级逐次降低。

按照优先级越高时间片越短的原则，赋予各个队列中的进程大小各不相同的执行时间片。优先级越高的队列，每个进程的时间片越小。例如，第 2 级队列的时间片要比第 1 级队列的时间片长 1 倍，第 $i+1$ 个队列的时间片要比第 i 个队列的时间片长一倍。

如图 4－16 所示为多级反馈队列调度算法的示意图。

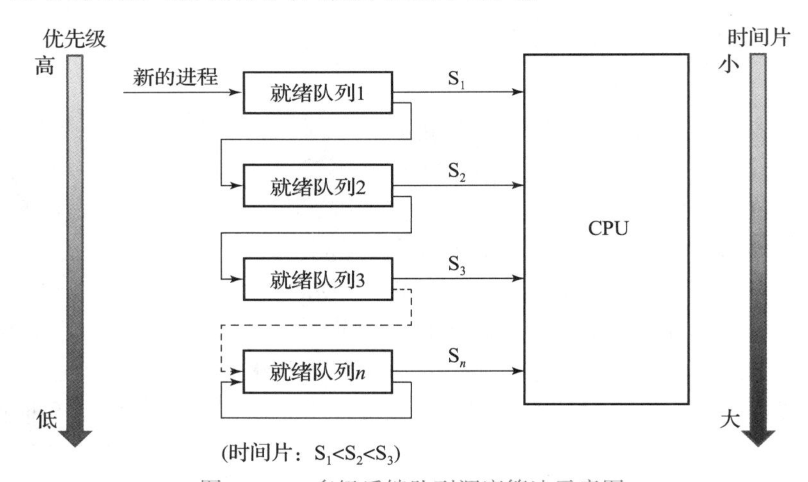

图 4－16　多级反馈队列调度算法示意图

（2）一个新进程进入内存后，首先将它放入第 1 级队列的末尾，按 FCFS 原则排队等待调度。当轮到该进程执行时，如它能在该时间片内完成，便可准备撤离系统；若它在一个时间片结束时尚未完成，调度程序便将该进程转入第 2 级队列的末尾，再同样按 FCFS 原则等待调度执行；若它在第 2 级队列中运行一个时间片后仍未完成，再以同样的方法放入第 3 级队列。如此下去，最后一个队列中使用时间片轮转调度算法。

（3）调度程序首先调度最高优先级队列中的各进程运行，仅当第 1 级队列为空时，调度程序才调度第 2 级队列中的进程运行。仅当第 1～$(i-1)$ 级队列均为空时，才会调度第 i 级队列中的进程运行。若处理机正在执行第 i 级队列中的某进程，这时又有新进程进入优先级较高的队列［第 1～$(i-1)$ 中的任何一个队列］，则此时新进程将抢占正在运行进程的处理机，即由调度程序把正在运行的进程放回第 i 级队列的末尾，把处理机分配给新到的更高优先级的进程。

【例4.7】 如表4-10所示，设有A、B、C、D、E五个进程，其到达时间分别为0、1、3、4、5，要求运行时间依次为3、8、4、5、7，采用多级反馈队列调度算法，系统中共有3个队列，其时间片依次为1、2和4，试计算其平均周转时间和平均带权周转时间。

表4-10 多级反馈队列调度算法

进程	提交时间	运行时间	开始时间	完成时间	周转时间	带权周转时间
A	0	3	0	9	9	3.00
B	1	8	1	27	26	3.25
C	3	4	3	20	17	4.25
D	4	5	4	22	18	3.60
E	5	7	5	26	21	3.00

分析：A、B、C、D、E的到达时间依次为0、1、3、4、5，要求运行时间依次为3、8、4、5、7。则不同时刻的运行过程为：

0：A运行；

1：B运行，A等待；

2：A运行，B等待；

3：C运行，B、A等待；

4：D运行，B、A、C等待；

5：E运行，B、A、C、D等待；

6：B B运行，A、C、D、E等待；

8：A运行，C、D、E等待；B等待；

9：C C运行，D、E等待；B等待；

11：D D运行，E等待；B、C等待；

13：E E运行，B、C、D等待；

15：B B B B运行，C、D、E等待；

19：C运行，D、E、B等待；

20：D D运行，E、B等待；

22：E E E E运行，B等待；

26：B运行。

平均周转时间 $T=(9+26+17+18+21)/5=18.25$

平均带权周转时间 $W=(3.00+3.25+4.25+3.60+3.00)/5=3.42$

多级队列调度与多级反馈队列调度区别：

(1) 多级反馈队列调度中就绪队列的设置不是像多级队列调度一样按作业性质划分，而是按时间片的大小划分。

(2) 多级队列调度中的进程固定在某一个队列中，而多级反馈队列调度中的进程不固定。

（3）多级队列调度中每个队列按作业性质不同而采用不同的调度算法，而多级反馈队列调度中除了个别队列外，均采用相同的调度算法。

4.3 本章小结

本章主要介绍了处理机的三级调度体系，操作系统根据进程的执行对三种类型的调度方案做出选择。在设计进程调度时使用了面向用户和面向系统的准则。还介绍了典型的进程调度算法。

常用调度算法的比较如表 4－11 所示。

表 4－11 常用调度算法的比较

算法	调度方式	吞吐量	响应时间	开销	对进程的作用
先来先服务（FCFS）	非抢占式	不突出	可能很高	最小	不利于短进程和 I/O 繁忙进程
短进程优先（SPF）	非抢占式	高	对于短进程提供较好的响应时间	可能高	不利于长进程
最短剩余时间（SRTF）	抢占式	高	提供较好的响应时间	可能高	不利于长进程
最高响应比优先（HRRF）	非抢占式	高	提供较好的响应时间	可能高	较好均衡
最高优先级（HPF）	非抢占式/抢占式	低	对于紧迫性进程提供良好的响应时间	可能高	有利于紧迫性进程
时间片轮转（RR）	抢占式	如时间片太小，可变低	对于短进程提供良好的响应时间	低	公平对待
多级反馈队列（MLFQ）	抢占式	不突出	不突出	可能高	偏爱 I/O 繁忙型进程

第 4 章 习题

一、选择题

1. （考研真题）若某单处理机多进程系统中有多个就绪进程，则下列关于处理机调度的叙述中，错误的是（　　）。

A. 在进程结束时能进行处理机调度

B. 创建新进程后能进行处理机调度

C. 在进程处于临界区时不能进行处理机调度

D. 在系统调用完成并返回用户态时能进行处理机调度

2.（考研真题）下面有关选择进程调度算法的准则，错误的是（　　）。

A. 尽量提高处理机利用率　　B. 尽可能提高系统吞吐量

C. 适当增长进程在就绪队列中的等待时间　　D. 尽快响应交互式用户的要求

3. 进程调度算法中，可以设计成可抢占式的算法有（　　）。

A. 先来先服务调度算法　　B. 最高响应比优先调度算法

C. 最短作业优先调度算法　　D. 时间片轮转调度算法

4.（考研真题）下列有关基于时间片的进程调度的叙述中，错误的是（　　）。

A. 时间片越短，进程切换的次数越多，系统开销也越大

B. 当前进程的时间片用完后，该进程状态由执行态变为阻塞态

C. 时钟中断发生后，系统会修改当前进程在时间片内的剩余时间

D. 影响时间片大小的主要因素包括响应时间、系统开销和进程数量等

5. 关于时间片轮转调度算法的叙述中，（　　）是不正确的。

A. 在时间片轮转调度算法中，系统将 CPU 的处理时间划分成若干时间段

B. 就绪队列中的诸进程轮流在 CPU 运行，每次最多运行一个时间片

C. 当时间片结束时，运行进程自动让出 CPU，该进程进入等待队列

D. 如果时间片长度很小，则调度程序抢占 CPU 的次数频繁，加重系统开销

6.（考研真题）下列进程调度算法中，综合考虑进程等待时间和执行时间的是（　　）。

A. 时间片轮转调度算法　　B. 短进程优先调度算法

C. 先来先服务调度算法　　D. 高响应比优先调度算法

7. 有利于 CPU 繁忙型的作业，而不利于 I/O 繁忙型的作业（进程）的算法是（　　）。

A. 时间片轮转调度算法　　B、先来先服务调度算法

C. 短作业（进程）优先调度算法　　D、优先权调度算法

8. 有 5 个批处理任务 A、B、C、D、E 几乎同时到达一计算中心。它们预计运行的时间分别是 10 min、6 min、2 min、4 min 和 8 min。其优先级（由外部设定）分别为 3、5、2、1 和 4，这里 5 为最高优先级。下列各种调度算法中，其平均进程周转时间为 14 min 的是（　　）。

A. 时间片轮转调度算法　　B. 优先级调度算法

C. 先来先服务调度算法　　D. 最短作业优先调度算法

9. 若每个作业只能建立一个进程，为了照顾短作业用户，应采用（　　）；为了照顾紧急作业用户，应采用（　　）；为了实现人机交互，应采用（　　）；为了使短作业、长作业和交互作业用户都满意，应采用（　　）。

Ⅰ. FCFS 调度算法　　Ⅱ. 短作业优先调度算法

Ⅲ. 时间片轮转调度算法　　Ⅳ. 多级反馈队列调度算法

Ⅴ. 基于优先级的剥夺调度算法

A. Ⅱ、Ⅴ、Ⅰ、Ⅳ　　B. Ⅰ、Ⅴ、Ⅲ、Ⅳ

C. Ⅰ、Ⅱ、Ⅳ、Ⅲ　　D. Ⅱ、Ⅴ、Ⅲ、Ⅳ

10.（考研真题）现有 3 个同时到达的作业 J_1、J_2、J_3，它们的执行时间分别是 T_1、T_2

和 T_3，且 $T_1 < T_2 < T_3$。若系统按单道方式运行且选用短作业优先调度算法。则平均周转时间是（　　）。

A. $T_1 + T_2 + T_3$　　B. $(T_1 + T_2 + T_3)/3$

C. $(3T_1 + 2T_2 + T_3)/3$　　D. $(T_1 + 2T_2 + 3T_3)/3$

11. 选用时间片轮转调度算法分配 CPU 时，当处于执行状态的进程用完一个时间片后，它的状态是（　　）。

A. 阻塞　　B. 运行　　C. 就绪　　D. 消亡

12. 有 3 个作业 J_1、J_2、J_3，其运行时间分别为 2 h、5 h、3 h，假定同时到达，并在同一台处理机上以单道方式运行，则平均周转时间最短的执行序列是（　　）。

A. J_1、J_2、J_3　　B. J_3、J_2、J_1

C. J_2、J_1、J_3　　D. J_1、J_3、J_2

13. 设有 3 个作业（J_1、J_2、J_3），它们的到达时间和运行时间如表 4－12 所示，并在一台处理机上按单道方式运行。如按高响应比优先调度算法，则作业执行的次序是（　　）。

A. J_1、J_2、J_3　　B. J_1、J_3、J_2

C. J_2、J_3、J_1　　D. J_3、J_2、J_1

表 4－12　作业到达时间和运行时间表

作业	到达时间	运行时间/h
1	8：00	2.00
2	8：30	1.00
3	9：30	0.25

14. （考研真题）一作业 8：00 到达系统，估计运行时间为 1 h。若从 10：00 开始执行该作业，其响应比为（　　）。

A. 2　　B. 1　　C. 3　　D. 0.5

15. （考研真题）下列关于进程和线程的叙述中，正确的是（　　）。

A. 不管系统是否支持线程，进程都是资源分配的基本单位

B. 线程是资源分配的基本单位，进程是调度的基本单位

C. 系统级线程和用户级线程的切换都需要内核的支持

D. 同一进程中的各个线程拥有各自不同的地址空间

16. （考研真题）下列关于线程的描述中，错误的是（　　）。

A. 内核级线程的调度由操作系统完成

B. 操作系统为每个用户级线程建立一个线程控制块

C. 用户级线程间的切换比内核级线程间的切换效率高

D. 用户级线程可以在不支持内核级线程的操作系统上实现

二、综合题

1. 关于处理机调度，试问：

（1）什么是处理机的三级调度？

（2）处理机的三级调度分别在什么情况下发生？

（3）各级调度分别完成了什么工作？

（4）衡量处理机调度算法的性能指标主要有几种？

2. 简述引起进程调度的原因。

3. 试述抢占式调度和非抢占式调度方式的基本思想。

4. 在基于时间片轮转调度算法中，应如何确定时间片的大小？

5. 在选择调度方式和调度算法的时候，应遵循哪些原则？

6. 设有一组进程，它们需要占用 CPU 的时间及优先级如表 4－13 所示。

表 4－13 一组进程需要占用 CPU 的时间及优先级

进程	需要占用 CPU 的时间	优先级
P_1	10	3
P_2	1	1
P_3	2	3
P_4	1	4
P_5	5	2

假设各进程在时刻 0 按 P_1、P_2、P_3、P_4 和 P_5 的顺序到达。

（1）画出分别采用调度算法先来先服务（FCFS）、短进程优先（SPF）、非抢占式优先级（non－preemptive priority，缩写为 NPP，数值小的优先级大）及时间片轮转（RR，时间片为 1）时的调度顺序甘特（Gantt）图。

（2）计算各种调度算法下每个进程的周转时间和平均周转时间。

（3）计算各种调度算法下每个进程的等待时间和平均等待时间。

（4）哪个调度算法可以获得最小的平均等待时间？

7. 假定在一个处理机上执行以下 5 个作业的情况如表 4－14 所示。

表 4－14 5 个作业的执行情况

进程	到达时间	运行时间
A	0	3
B	1	5
C	3	2
D	9	5
E	12	5

分别采用先来先服务（FCFS）、短作业优先（SJF）和高响应比优先（HRRN）3 种调度算法时：

（1）画出 Gantt 图，写出采用 HRRN 调度算法时选择的作业序号和选择作业时的依据（各作业响应比）。

（2）计算每个作业的周转时间和平均周转时间。

8. 假设某多道程序设计系统中供用户使用的主存容量为100 KB，有打印机1台。系统采用可变分区方式管理主存；对打印机采用静态分配，并假设输入输出操作的时间忽略不计；采用短作业优先的进程调度算法，进程执行时间相同时采用先来先服务调度算法；进程调度时机选择在执行进程结束时或有新进程到达时。现有一进程序列作业情况如表4－15所示。

表4－15　作业情况表

进程	进程到达时间	要求执行时间	要求主存容量/KB	申请打印机数/台
1	0	8	15	1
2	4	4	30	1
3	10	1	60	0
4	11	20	20	1
5	16	14	10	1

假设系统优先分配主存的低地址区域，且不准移动已在主存中的进程，并考虑到执行进程随时间递减的因素。

（1）给出进程调度算法选中进程的次序，并说明理由。

（2）全部进程执行结束所用的时间是多少？

9. 设有一组进程，它们的到达时间和需要占用CPU的时间如表4－16所示。

表4－16　一组进程的到达时间和需要占用CPU的时间

进程	进程到达时间	需要占用CPU的时间
P_1	0.0	8
P_2	0.4	4
P_3	1.0	1

假设采用非抢占式调度策略，回答下列问题：

（1）若采用FCFS调度算法，各进程的平均周转时间是多少？

（2）若采用SPF调度算法，各进程的平均周转时间是多少？

（3）SPF调度算法往往能提高性能，在时刻0选择P_1，是因为无法预知有两个更短的进程很快会到达。如果调度程序在时刻0等待1个时间单位，然后开始调度，则情况就不一样了。由于在时刻1之前，进程P_1和P_2都将等待，所以它们的等待时间会变长，我们称这种调度算法为预知调度算法。给出采用此预知调度算法时各进程的平均周转时间。

第 5 章　死锁

【本章知识体系】

本章知识体系如图 5－1 所示。

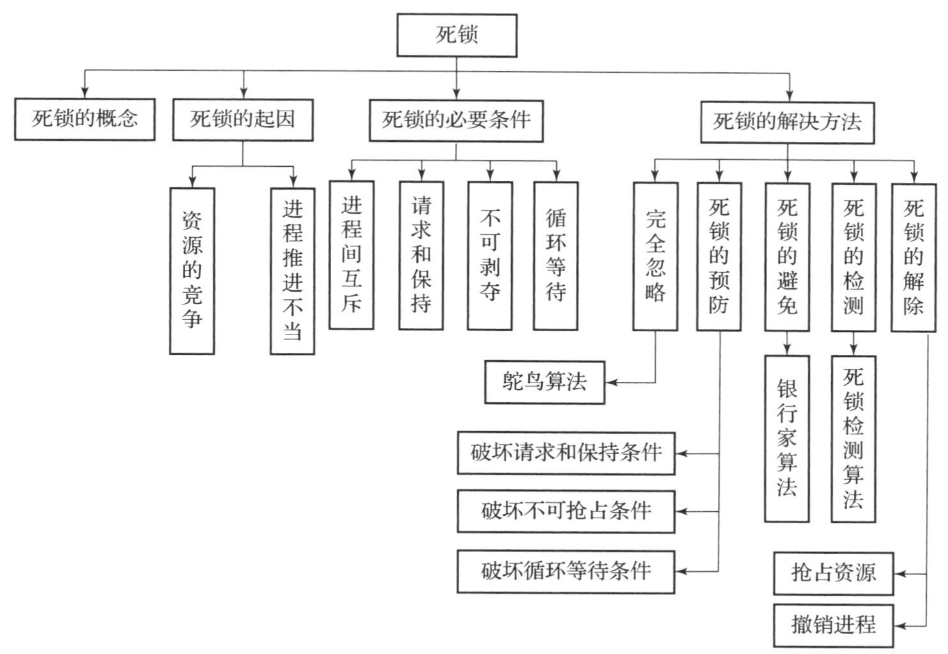

图 5－1　本章知识体系

【本章大纲要求】

1. 死锁的概念；
2. 死锁的处理方法；
3. 死锁的预防；
4. 死锁的避免：安全性算法、银行家算法；
5. 死锁检测和解除。

【本章重点难点】

1. 产生死锁的原因和进程推进中的安全区理解;
2. 产生死锁的 4 个必要条件;
3. 预防死锁的方法;
4. 安全性算法和银行家算法;
5. 资源分配图和死锁定理;
6. 死锁解除的方法。

在上一章经典进程同步问题中的“哲学家进餐”问题，若不加以限制条件，就可能引起死锁，即哲学家同时饥饿而各自拿起左手边的筷子，又同时申请右手边的筷子，哲学家将都会因无筷子可拿而无限期地等待下去，出现这样的僵持状态，则发生了死锁。死锁问题是在 1965 年由 Dijkstra 在研究银行家算法时发现的，它是计算机操作系统最难处理的问题之一。

什么是死锁？死锁是怎样产生的？用什么方法可解决死锁？本章将对这些问题做比较详细的介绍。

5.1 死锁概述

5.1.1 死锁的概念

死锁是操作系统中多个进程运行可能发生的一种状态。在多道程序系统中，多个进程并发执行，系统的资源利用率和处理能力得以提高。然而，多个进程的并发执行也可能带来新的问题——死锁。死锁是一种僵局，若无外力作用，进程将无法再向前推进。

例如，某系统中只有一台输入设备和一台打印机，有两个进程分别为 P_1 和 P_2，若进程 P_1 占有着输入设备未释放，又申请打印机使用，而该打印机正在被进程 P_2 占用，而进程 P_2 未释放打印机又提出申请输入设备，则这两个进程会相互无休止地等待下去，此时两个进程 P_1、P_2 陷入死锁状态。若有新的进程继续申请输入设备或打印机，也会陷入死锁。

死锁问题不仅普遍存在于计算机系统中，同样在日常生活中也十分常见。例如，在生活中，交通死锁的例子。在一个十字路口，有 4 个分岔口 a、b、c、d，每个分岔口只允许通过一辆车。有 4 辆车在同一时间到达这个路口的 4 个方向，如图 5－2 所示。十字路口这 4 个分岔口 a、b、c、d 就是需要抢占的资源。①号车继续向前行驶需要 a、b 这两个分岔口；②号车继续向前行驶需要 b、c 这两个分岔口；③号车继续向前行驶需要 c、d 这两个分岔口；④号车继续向前行驶需要 d、a 这两个分岔口。若按照正常交通秩序行驶，该路口只是存在潜在的死锁，但并不处于死锁状态，例如，②号车和④号车通行时，①号车和③号车等候，不会出现死锁，但若是 4 辆车同时获得 a、b、c、d 四个分岔口资源，则会出现 4 辆车拥挤在这个路口，谁也过不去的现象，这就是死锁。

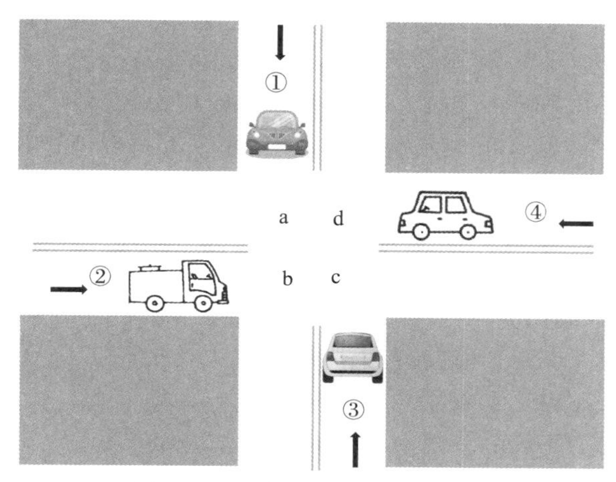

图5－2　可能发生交通死锁示例

通过上面的两个例子可以发现，死锁具有以下特点：

（1）陷入死锁的进程至少要有两个，单个进程不会产生死锁；

（2）每个陷入死锁的进程均等待对方释放资源；

（3）陷入死锁的进程中至少有两个进程占有资源；

（4）死锁进程是系统中当前进程集合的一个子集。

所以死锁是指多个进程因资源竞争或相互通信而处于永久等待状态，若无外力作用，这些进程都将无法向前推进。

5.1.2　死锁产生的原因

死锁产生的原因可归结为两点：一是资源的竞争，因共享资源的不足导致死锁的产生；二是进程推进的顺序不当，请求和释放资源的顺序不当，也可能导致死锁。

1. 死锁产生的原因之一——资源的竞争

计算机系统中有许多不同类型的资源。按照占用方式，可分为可剥夺资源与不可剥夺资源。按照资源的利用方式，可分为可重用资源和可消耗资源。

1）可剥夺资源与不可剥夺资源

可剥夺资源是指，某进程在获得该资源后，即使该进程并没有使用完该资源，也可能被抢夺走，被其他进程剥夺使用。例如，处理机是一种特殊的资源，一个处理机在一段时间内只能分配给一个进程，但优先级别高的进程可以抢占优先级别低的进程处理机。再如，若内存紧张时，可以将一个进程从内存调出到外存，即剥夺了进程在内存的空间，实现虚拟存储。可见，处理机和内存均属于可剥夺资源，所以不会产生死锁。

不可剥夺资源是指，某进程在获得该资源后，在没有主动释放该资源时，其他进程不可强行抢夺走。其他进程申请该资源只能进入等待态，等该资源被释放后才能使用。例如，打印机正在打印一个任务，任务未结束前，是无法打印其他任务的。打印机、刻录机、磁带机均属于不可剥夺资源。

若系统中只有一个进程在运行，所有资源为这个进程独享，则不会出现死锁，但当多道程序并发执行时，不可剥夺资源数量不足，不能够满足当前正在运行的进程的需求，死锁就会产生，这些进程在运行过程中会因为争夺资源而陷入僵局。

例如，系统中有两个进程 P_1 和 P_2，两个进程都需要写入文件 F_1 和 F_2，进程 P_1 先打开文件 F_1，再申请打开文件 F_2。同时进程 P_2 打开文件 F_2，再申请打开文件 F_1。因为文件 F_1 和 F_2 是不可剥夺资源，这时两个进程就会因文件已被打开而阻塞，它们都在等待对方关闭所需要的文件，但都无法进行该操作，则进入无限期等待，形成一个环路，从而产生死锁，如图 5－3 所示。

2）可重用资源和可消耗资源

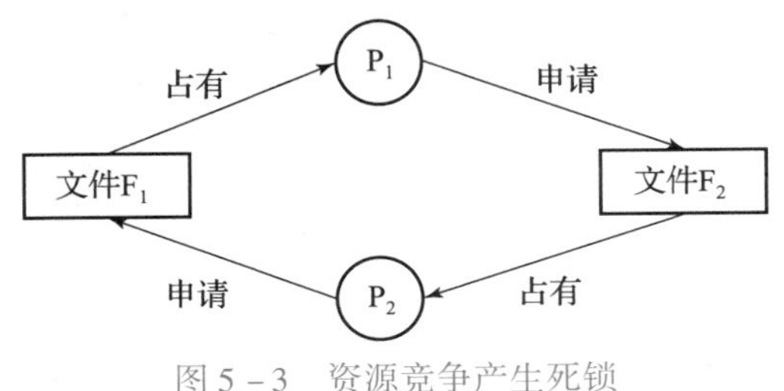

图 5－3　资源竞争产生死锁

可重用资源是一种可供用户重复使用多次的资源。具有的性质：①对于可重用资源，每一个可重用性资源中的单元只能分配给一个进程使用，不允许多个进程共享。②进程在使用资源时需要遵循的使用顺序为：申请资源，若进程申请资源失败，则该进程被阻塞或循环等待；使用资源，该进程对资源进行操作；释放资源，该进程使用完资源后自己释放资源。③系统中每一类可重用资源中的单元数目是相对固定的，进程在运行期间既不能创建也不能删除它。计算机系统中大多数资源都属于可重用资源。

可消耗资源，又称为临时性资源，是由进程在运行期间动态创建和消耗的。具有的性质：①每一类可消耗资源的单元数目在进程运行期间是可以不断变化的，有时可能为 0。②进程在运行过程中可以不断地创建可消耗资源的单元，将它们放入该资源类的缓冲区中，以增加该资源类的单元数目。③进程在运行过程中可请求若干个可消耗资源，用于进程自己的消耗，不再将它们返回给该资源类中。可消耗资源通常是由生产者进程创建，由消费者进程消耗。典型的可消耗资源就是用于进程间通信的消息等。

进程在运行过程中，竞争可消耗资源可能会引起死锁。假设，有 3 个进程 P_1、P_2、P_3，这 3 个进程利用消息进行通信，m_1，m_2，m_3 分别是进程 P_1、P_2、P_3 产生的消息。send 原语表示发送消息（创建资源），例如 send（P2，m1），表示将 P_1 产生的消息 m_1，发送给 P_2。receive 原语表示接收消息（消耗资源），例如 receive（P3，m3），表示接收 P_3 的消息 m_3。

若 3 个进程都是先等待接收上一个进程的消息，再发送消息给下一个进程，则会产生死锁。

P_1：receive（P3，m3）　send（P2，m1）；

P_2：receive（P1，m1）　send（P3，m2）；

P_3：receive（P2，m2）　send（P1，m3）；

但如果 3 个进程的通信步骤改变一下，即该 3 个进程都是先发送消息给下一个进程，再接收上一个进程发送的消息，则都可以顺利运行，不会发生死锁：

P_1：send（P2，m1）；receive（P3，m3）

P_2：send（P3，m2）；receive（P1，m1）

P_3：send（P1，m3）；receive（P2，m2）

2. 死锁产生的原因之二——请求和释放资源的顺序不当

多个进程在系统中并发执行，运行时存在异步性，彼此之间执行的速度不定，存在着多种推进顺序，而推进顺序不当会引起死锁。

假设有两个进程 P_1、P_2，有两个资源 A 和 B，每个进程都要独占使用这两个资源一段时间，具体描述如下：

```
进程 P1:                     进程 P2:
P1()                         P2()
{                            {
 …                            …
 request(A);                  request(B);
 …                            …
 Request(B);                  request(A);
 …                            …
 release(A);                  release(B);
 …                            …
 release(B);                  release(A);
 …                            …
}                            }
```

图 5-4 给出了两者推进顺序示意图，图中的横轴表示进程 P1 的执行进展，纵轴表示进程 P2 的执行进展。图中给出了 4 种不同的执行路径，表示 4 种不同的进程间推进顺序。

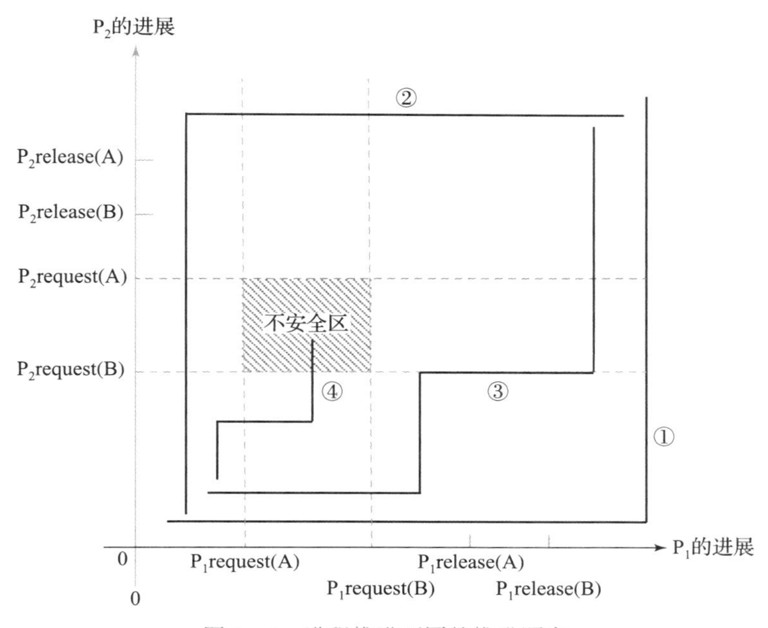

图 5-4　进程推进不同的推进顺序

①号执行路径表示先是进程 P_1 执行，进程 P_1 申请获得了 A，申请获得了 B，然后释放了 A，释放了 B 后，进程 P_2 申请获得了 B，申请获得了 A，然后释放了 B，释放了 A。该执行顺序不会发生死锁。

②号执行路径表示先是进程 P_2 执行，进程 P_2 申请获得了 B，申请获得了 A，然后释放了 B，释放了 A 后，进程 P_1 申请获得了 A，申请获得了 B，然后释放了 A，释放了 B。该执行顺序不会发生死锁。

③号执行路径表示先是进程 P_1 执行，进程 P_1 申请获得了 A，申请获得了 B 后，执行一段时间产生中断。P_2 继续执行，当申请 A 时，因为 A 被进程 P_1 占用而产生中断。P1 恢复中断，继续执行，然后释放了 A，释放了 B 后，进程 P_2 恢复中断，申请获得了 B，申请获得了 A，然后释放了 B，释放了 A。该执行顺序不会发生死锁。

④号执行路径表示先是进程 P_2 执行一段时间后，产生中断。进程 P_1 开始执行申请获得了 A 后，执行一段时间，产生中断。P_2 恢复中断，继续执行，申请获得了 B，此时两个进程进入了不安全区（阴影部分）。因为此时进程 P_1 和进程 P_2 都分别占有了资源，如果继续向前推进，就可能发生死锁。例如，进程 P_2 继续执行申请 A，而 A 被进程 P_1 占用，产生中断。A 恢复中断继续执行，申请 B，而 B 被进程 P_2 占用，所以陷入僵局，产生死锁。

5.1.3 产生死锁的必要条件

多个进程并发执行并不一定出现死锁，但如果出现，一定会满足以下 4 个必要条件。

1. 互斥条件

进程要求对所分配的资源进行排他性控制。即在一段时间内，某资源被进程所占有，其他进程如果申请则必须等待，直到占用资源的进程主动释放。例如，图 5－2 所示的例子中，4 个分岔口 a、b、c、d 就是互斥资源，如果资源可实现共享，即每个分岔口可以同时通过多辆车，则 4 辆车不会产生死锁。

2. 请求和保持条件

进程已经持有了至少一个资源，但又提出了新的资源请求，而新请求的资源又被其他进程占有，此时请求进程进入等待态，同时自己所占有的资源不释放。例如，在图 5－2 所示的例子中，①号、②号、③号、④号车每一辆都分别占着分岔口 a、b、c、d，又去申请 b、c、d、a 分岔口，则产生死锁。若其中有一辆车没有到达分岔口，即使其他几辆车提出申请，也不会产生死锁。

3. 不可剥夺条件

进程已获得的资源在未使用完之前，不能被其他进程剥夺，只能自己使用完时，主动释放资源。例如，在图 5－2 所示的例子中，①号、②号、③号、④号车每一辆都分别占着分岔口 a、b、c、d，因为不能强制每辆车释放占有的分岔口资源，所以导致死锁产生。

4. 循环等待条件

表示有一组进程存在着“进程－资源”的循环等待链，其中每一个进程占有资源又分别等待另一个进程所占有的资源，导致永久的等待。例如，在图 5－2 所示的例子中，①号车等待②号车占有的分岔口 b；②号车等待③号车占有的分岔口 c；③号车等待④号车占有的分岔口 d；④号车等待①号车占有的分岔口 a。这样就形成了一个循环等待的关系，导致死锁产生。

以上 4 个条件是产生死锁的必要条件，不是充分条件。即只要发生死锁，这 4 个条件一定会同时成立。上述 4 个条件不是彼此独立的，第 4 个必要条件“循环等待条件”则包含了前面 3 个条件。特别注意的是死锁会导致循环等待，而循环等待不一定会产生死锁。

如图 5－5 所示，有 1 个资源 A 和 1 个资源 B，进程 P_1 和 P_2。进程 P1 占有着资源 A，申请资源 B，进程 P_2 占有着资源 B，申请资源 A，形成环路，产生死锁。如图 5－6 所示，有 2 个资源 A 和 1 个资源 B，进程 P_1、P_2 和 P_3。进程 P1 占有着资源 A，申请资源 B，进程 P_2 占有着资源 B，申请资源 A，进程 P_3 占有着资源 A，虽然也形成环路，但不会产生死锁，因为进程 P_3 使用完资源 A 后就会释放 A，然后 P_2 就会获得资源 A。

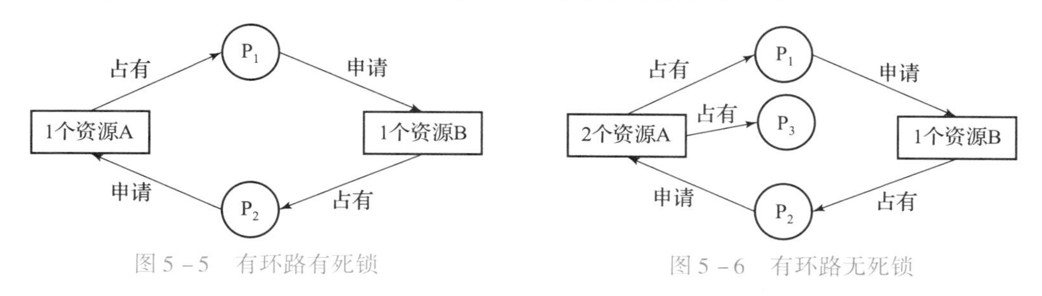

图 5－5 有环路有死锁　　图 5－6 有环路无死锁

5.1.4 死锁的处理方法

当死锁产生时，参与死锁的进程因得不到申请的资源，而进入等待态，这样不但进程不能向前推进，资源的利用率也下降。随着越来越多的申请资源的进程得不到资源，它们也会进入等待态，这样参与死锁的进程会越来越多，导致整个系统瘫痪。为了保证系统中的诸进程都能正常运行，应事先采用必要的措施，来防止死锁的发生。

目前死锁的处理方法主要有以下几种：第一种是视而不见，即忽略死锁；第二种是预防或避免死锁，确保系统永远不会发生死锁；第三种是允许死锁发生，检测死锁，然后解除死锁。

1. 忽略死锁

忽略死锁，是目前实际系统中采用最多的一种策略，也称为“鸵鸟算法”。在计算机操作系统中，当死锁真正发生且影响系统正常运行时，采取手动干预－重新启动的方法。这种方法是最简单的，但也是代价最大的。因为在此之前所有进程已经完成的工作也都付之东流。结束的全部进程不仅包括参与死锁的进程，也包括未发生死锁的进程。

2. 预防或避免死锁

预防死锁是指在系统运行之前就采取相应的措施，通过某些限制条件去破坏产生死锁的 4 个必要条件中的一个或几个。预防死锁的策略是静态策略，虽然保守，资源利用率低，但实现起来比较简单，已被广泛使用。

避免死锁同样属于提前预防的方法。但避免死锁不需要事先采取各种限制措施去破坏产生死锁的 4 个必要条件，而是在资源动态分配过程中，用某种方法防止系统进入不安全状态，避免死锁发生。目前在较完善的系统中常用此方法来避免死锁发生。

3. 检测和解除死锁

检测死锁不需要事先采用任何限制性措施，允许进程在运行过程中发生死锁。但通过检测机构可及时地检测出死锁的发生，然后采用相应的措施把进程从死锁中解脱。死锁的检测不会延迟进程初始化时间，允许对死锁进行现场处理，但是其缺点是通过剥夺的手段解除死锁，对用户进程造成一定损失。

解除死锁与检测死锁是配套的一种措施。当检测到系统发生死锁时便采取措施将死锁进程解脱出来。常用的方法是撤销或挂起一些进程，回收它们的资源，将回收的资源分配给处于等待状态的进程，使之获得资源继续运行。

死锁的检测和解除方法实现难度较大，但与预防和避免死锁相比，能较好地提高资源的利用率和提高系统的吞吐量。

综上所述，死锁主要研究的是死锁的预防、死锁的避免、死锁的检测和死锁的解除。

5.2 死锁的预防

死锁的预防是通过在应用编程时或资源分配管理设计时破坏死锁存在的必要条件来防止死锁发生。互斥、请求与保持、不剥夺和循环等待这 4 个必要条件，只需要破坏其中任意一条，死锁就不会发生。在这 4 个必要条件中，第一条“互斥条件”，是非共享设备所必需的，是设备的固有属性，无法改变，还应加以保证。因此，死锁的预防主要是破坏产生死锁的其余 3 个条件。

5.2.1 破坏“请求和保持”条件

为了破坏“请求和保持”条件，可采用预分配资源的方法。即所有进程在开始运行之前，必须一次性地申请其在整个运行过程中所需要的全部的资源。进程在整个运行期间不可以再提出资源请求。进程在申请资源时，若系统有足够的可分配资源，则可把其需要的所有资源分配给它，但只要有一种资源不能满足进程的要求，则即使需要的其他资源处于闲置状态，也不能分配给该进程，而是让进程进入等待态。因为该进程在等待态并没有占有任何资源，所以破坏了“请求和保持”条件，从而避免死锁的发生。

这种方法的优点是简单、易实现、安全，但缺点也较为明显。

缺点一，采用预分配资源方法，进程在开始运行时，系统会将所申请的资源一次性分配给它。而进程在运行过程中，一般情况下，有些资源可能仅在运行初期或运行快结束时才使用，其他时间都是处于闲置状态，甚至有些资源在整个运行期间都未使用，这就严重降低了系统资源的利用率。例如打印机一般情况下在进程运行的最后才会被用到，但也要在进程运行开始前分配给它。

缺点二，进程经常发生饥饿现象。“饥饿”表示进程等待的时间过长，给进程的推进和响应带来明显的影响。“饥饿”到一定程度的进程所赋予的任务即使完成了也不再具有实际意义，称该进程被饿死。采用预分配资源方法，只有进程获得其所需的全部资源后才能开始运行，所以个别资源长期被其他进程所占用，等待该资源的进程迟迟不能开始运行，导致饥饿现象。

缺点三，有些进程是交互式的，它在运行之前很难完全确定所需要的全部资源。

通过以上分析可知，这种预分配资源方法优点显著，缺点也是较明显的，因此对该方法进行改进。改进方法为允许一个进程只获得运行初期所需的资源后，便开始运行。进程运行过程中再逐步释放已分配给自己的且已用完的全部资源，然后再请求新的需要的资源。例如，进程从磁带上将数据复制到磁盘文件上，然后对磁盘文件进行排序，最后打印结果。进程运行需要的资源有｛磁带机、磁盘文件、打印机｝。按照未改进的预分配资源方法，必须3个资源都处于闲置状态，进程才可以获得分配并开始运行。采用改进后的方法，进程在开始时只需请求磁带机、磁盘文件，然后即可运行。等到磁带上的全部数据复制到磁盘文件中，并且已排好序，就释放磁带机和磁盘文件，再申请打印机。这样不仅能加速进程的推进，同时也提高了设备的利用率，减少饥饿现象的发生。

5.2.2 破坏“不可剥夺”条件

破坏不可剥夺条件的方法是，当一个已经保持了某些不可剥夺资源的进程，提出了新的资源请求，但新资源被其他进程占用，提出的新资源请求不能被满足，则必须释放已经保持的所有资源，待以后需要时再重新申请。这意味着进程已占有的资源会被暂时释放，或者说被剥夺了使用权，从而破坏了产生死锁的第3个必要条件——不可剥夺条件。

这种方法实现起来比较复杂，且须付出很大的代价。因为不可剥夺的资源在使用一段时间后被剥夺使用，会导致进程在前一阶段的工作失效。并且会导致因为反复地申请和释放资源，进程的执行被无限期延迟，使系统的开销增加，进程的周转时间延长，系统的吞吐量降低。

破坏不可剥夺条件的方法仅适用于资源状态易于保留和恢复的环境，如CPU寄存器、内存空间。不适用于打印机、磁带机等这类资源。

5.2.3 破坏“循环等待”条件

为了破坏循环等待条件，可以采用有序资源分配法。有序资源分配法的实现思想是，对系统的所有资源类型进行线性排序，并赋予它们不同的序号。规定每个进程必须按照序号递增的顺序请求资源。

假设有一组资源类型的集合，$R=\{r_1,r_2,r_3,\cdots r_m\}$，系统中有磁带机、磁盘驱动器和打印机等，为每个资源类型赋予唯一的序号，如磁带机是1，磁盘驱动器是5，打印机是12，则函数F(x)可进行如下定义：

```
F(tap drive)=1;
F(disk drive)=5;
F(printer)=12;
```

一个进程在开始时可以请求任意资源 r_i，在运行过程中，进程再请求某类资源 r_j，则必须当且仅当 $F(r_j)>F(r_i)$ 时，进程才可以请求 r_j 类资源。如果有多个同类型资源，则必须一次性一起请求。例如某进程申请了磁带机再请求打印机是合理的，因为磁带机的序号是1，而打印机的序号是12；若进程先获得打印机，再申请磁带机，则不允许。

假如某进程已请求了序号较高的资源，后来又想请求序号较低的资源，则必须先将所有具有相同序号和更高序号的资源释放掉，才能申请序号较低的资源。即“先弃大，再取小”。

采用有序资源分配法，即申请资源必须保证 $F(r_j)>F(r_i)$，保证了不可能出现环路，所以破坏了循环等待的条件。采用这种方法，对每种资源规定合理的序号是十分重要的，一般情况下，大多数进程都是先输入程序和数据，再进行运算，最后将运算结果再输出。因此，可将输入设备赋予较低的序号，将输出设备赋予较高的序号。

有序资源分配法与前面的方法比较，对资源的利用率和系统的吞吐量都有很大的提高。但同样也存在着一些问题。缺点一，限制了进程对资源的请求，用户在编程时则会考虑限制条件，不能简单、自主地编程。缺点二，由于对系统中的各类资源规定了序号，并且规定的序号必须相对稳定，所以会限制新类型设备的增加。缺点三，在序号设定时，虽然已经考虑了大多数作业在实际使用这些资源时的顺序，但也经常会发生作业使用各类资源的顺序与系统规定的顺序不同的问题，造成对资源的浪费。

5.3 死锁的避免

死锁的避免也是死锁发生前采用的一种预防策略，但并不是采用某些限制方法来破坏产生死锁的 4 个必要条件，而是允许进程动态地申请资源，系统在资源分配前，对进程的资源请求进行严格的检查，满足条件，则系统处于安全状态，资源分配；不满足条件，则拒绝申请，从而避免了死锁的发生。这种方法对进程使用资源所施加的限制条件较弱，可能会获得较好的系统性能。

5.3.1 安全状态与不安全状态

在死锁避免的方法中，把系统的状态分为安全状态和不安全状态，系统处于安全状态，则一定不会发生死锁。但若系统处于不安全状态，则可能会有死锁现象发生。因为进程是并发执行的，具有异步性，所以处于不安全状态时，可能发生死锁，也可能不发生死锁，为了避免死锁的产生，不允许系统进入不安全状态。

1. 安全状态与不安全状态

所谓的安全状态，是指系统能按照某种进程推进顺序（P_1，P_2，P_3，…，P_n），为每个进程 P_i 分配其所需的资源，直至满足每个进程对资源的最大需求，进而使每个进程都可以顺利运行完成，则称此时的系统状态为安全状态。称进程推进序列 $<P_1, P_2, P_3, \cdots, P_n>$ 为安全序列。如果系统无法找到这样一个安全序列，则称此时的系统状态为不安全状态。因此避免死锁的实质在于资源分配时，如何使系统不进入不安全状态。

2. 安全状态与不安全状态举例

【例 5.1】 假定系统中现有 12 个同类型资源，有 4 个进程 P_1，P_2，P_3，P_4。在 T_0 时刻，4 个进程已占有的资源个数和完成每个进程所需的资源的最大需求量如表 5－1 所示。试问：在 T_0 时刻系统是否是安全状态。

表 5-1　各进程资源分配情况

进程	已占有的资源个数	对资源的最大需求量
P_1	1	9
P_2	3	7
P_3	4	6
P_4	2	5

通过表 5-1 可知，在 T_0 时刻，进程 P_1 已占有资源 1 个，进程 P_2 已占有资源 3 个，进程 P_3 已占有资源 4 个，进程 P_4 已占有资源 2 个，因此系统中已被占用的资源是 10 个。系统一共有 12 个资源，则在 T_0 时刻剩余的资源个数是 2 个。

每个进程在 T_0 时刻“尚需的资源个数 = 该进程对资源的最大需求量 - 该进程已占有的资源个数”。所以各进程尚需的资源数量如表 5-2 所示。

表 5-2　各进程资源分配情况

进程	已占有的资源个数	对资源的最大需求量	尚需资源数量	系统剩余资源数量
P_1	1	9	8	2
P_2	3	7	4	
P_3	4	6	2	
P_4	2	5	3	

因为每个进程在有限的时间内得到各自所需的全部资源，执行结束后，系统可收回所有资源为其他进程使用。所以系统中剩余的 2 个资源，只可满足分配给进程 P_3，因为只有进程 P_3 尚需资源 2 个，其他进程都因系统剩余资源数量不足，不能满足要求。进程 P_3 执行结束后，系统可将分配给该进程的资源回收，则系统中可用资源个数为 6 个。这样，可将系统中的剩余资源再分配给进程 P_2 或 P_4。以此类推，4 个进程都可获得所需的全部资源，执行结束后，系统收回所有资源。经分析，在 T_0 时刻系统是安全的，因为存在一个安全序列 <P_3，P_2，P_4，P_1>，只要系统按此序列为进程分配资源，就能使每个进程都顺利完成。

如果不按照安全序列分配资源，则系统可能会由安全状态进入不安全状态。例如在 T_0 时刻以后，进程 P_1 又请求了一个资源，若此时系统分配给了它，则系统目前各进程占有资源情况如表 5-3 所示。

表 5-3　各进程资源分配情况

进程	已占有的资源个数	对资源的最大需求量	尚需资源的数量	系统剩余资源数量
P_1	2	9	7	1
P_2	3	7	4	
P_3	4	6	2	
P_4	2	5	3	

此时剩余资源的数量已不能满足任何一个进程需求。即使按照原来的安全序列，将系统剩余资源先分配给进程 P_3，进程 P_3 还缺少 1 个资源，因进程 P_3 运行没有完成，它也不会释放已占有的资源。按照目前的系统资源分配情况，系统由安全状态进入到不安全状态。这是由于资源分配不当所造成的。

这里要注意，“不安全状态”并不等同于“死锁”。上述的分配情况使系统进入了不安全状态，但死锁尚未发生，若继续将剩余的系统资源分配给申请进程，则系统才陷入“死锁”。因为每一个进程都在申请资源，却又不能获得资源，也不会释放已占有的资源。

5.3.2 银行家算法

银行家算法是在 1965 年由 Dijkstra 设计的最具有代表性的避免死锁的算法。Dijkstra 设计银行家算法原本是在保证银行安全的情况下，将资金借贷给客户。在银行中客户申请贷款的数量是有限的，每个客户在第一次申请贷款时要声明完成该项目所需的最大资金量，在满足所有贷款要求时，客户应及时归还。银行家在客户申请的贷款数量不超过自己拥有的最大值时，都应尽量满足客户的需要。

同样在操作系统中也可用银行家算法来避免死锁。其基本思想是：允许进程动态地申请一组资源，但每个进程在进入系统时，必须先申明在运行过程中可能需要的每种资源的最大数量，该数量不能超过系统所拥有的资源总量。当进程申请一组资源时，系统必须首先确定是否有足够的资源可分配给进程。若系统有足够的资源，先试探性地分配给该进程资源，计算资源分配的安全性，若此次资源分配安全，便将资源分配给进程，若此次资源分配不安全，则不分配资源，让进程等待。

1. 银行家算法的数据结构

在银行家算法中，需要在系统中设置 4 个数据结构。分别用来表示系统中可利用的资源、每个进程对资源的最大需求、系统中资源的分配情况和进程还需要资源的数量。

(1) 可利用资源向量 Available。资源向量 Available 是个含有 m 个元素的数组，其中的每一个元素代表一类可利用的资源数目。其初始值是系统所配置的该类全部可用资源的数目，该数目随着资源的动态分配和回收而改变。如果 Available[j] = K，则表示系统中现有 R_j 类资源数目是 K 个。

(2) 最大需求矩阵 Max。这是一个 $n \times m$ 的矩阵，它定义了系统中 n 个进程中的每一个进程对 m 类资源的最大需求。如果 Max[i,j] = K，则表示进程 i 需要 R_j 类资源的最大数目为 K。

(3) 分配矩阵 Allocation。这也是一个 $n \times m$ 的矩阵，它定义了系统中每一类资源当前已分配给每一进程的资源数。如果 Allocation[i,j] = K，则表示进程 i 当前已获得 R_j 类资源的数目为 K。

(4) 需求矩阵 Need。这也是一个 $n \times m$ 的矩阵，用以表示每一个进程尚需的各类资源数。如果 Need[i,j] = K，则表示进程 i 还需要 R_j 类资源 K 个，方能完成其任务。

最大需求矩阵 Max、分配矩阵 Allocation、需求矩阵 Need 存在着如下关系：

$$\text{Need}[i,j] = \text{Max}[i,j] - \text{Allocation}[i,j]$$

即每个进程对该类资源需求的最大数量减去该进程已获得的资源数量等于进程尚需的资源

数量。

2. 银行家算法

当进程 P_i 申请资源时，设 $Request_i$ 是进程 P_i 的请求向量，如果 $Request_i[j]=K$，表示进程 P_i 需要 K 个 R_j 类型的资源。当 P_i 发出资源请求后，系统将进行下列步骤检查：

步骤一：如果 $Request_i[j] \leq Need[i,j]$，表示进程 P_i 申请的 R_j 类资源的数量小于等于尚需的 R_j 类资源数量，则转向"步骤二"，否则认为出错，因为进程 P_i 所请求的资源数已超过它所宣布的最大值。

步骤二：如果 $Request_i[j] \leq Available[i,j]$，表示进程 P_i 申请的 R_j 类资源的数量小于等于系统目前可利用的 R_j 类资源数量，则转向"步骤三"，否则，表示系统目前尚无足够资源，进程 P_i 需等待。

步骤三：系统试探着把资源分配给进程 P_i，并需要修改下面数据结构中的数值：

$$Available[j] = Available[j] - Request_i[j];$$
$$Allocation[i,j] = Allocation[i,j] + Request_i[j];$$
$$Need[i,j] = Need[i,j] - Request_i[j];$$

步骤四：调用系统安全性算法，检查此次资源分配后系统是否处于安全状态。若安全，满足进程 P_i 的资源申请，将资源分配给该进程。否则，本次试探分配作废，恢复原来资源分配状态，让进程 P_i 等待。

银行家算法流程图如图 5－7 所示。

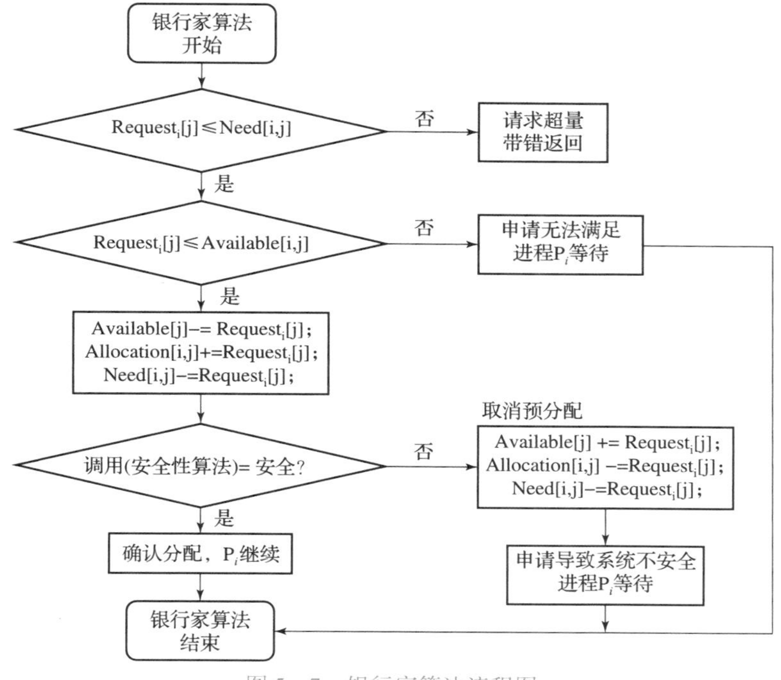

图 5－7 银行家算法流程图

3. 安全性算法

步骤一：初始化：系统在执行安全性检测时需要增加两个数据结构，并进行初始化。

（1）工作向量 Work：它表示系统可提供给进程继续运行所需的各类资源数目，它含有 m 个元素，在执行安全算法开始时，*Work*：= Available。

（2）完成向量 Finish：它表示系统是否有足够的资源分配给进程，使之运行完成。开始时先令每个进程的完成向量 Finish[i]：= false；当有足够资源分配给进程时，再令 Finish[i]：= ture。

步骤二：从进程集合中找到一个满足下述条件的进程：

①Finish[i] = false；

②Need[i,j] ≤ Work[j]；

若能找到，执行“步骤三”，否则，执行“步骤四”。

步骤三：当进程 P_i 获得资源后，可顺利执行，直至完成，并释放出分配给它的资源，故应执行：

```
Work[j]:=Work[j]+Allocation[i,j];
Finish[i]:=true;
Go to 2;//继续查找
```

步骤四：如果所有进程的 Finish [i] = true 都满足，则表示系统处于安全状态；否则，系统处于不安全状态。

安全性算法流程图如图 5-8 所示。

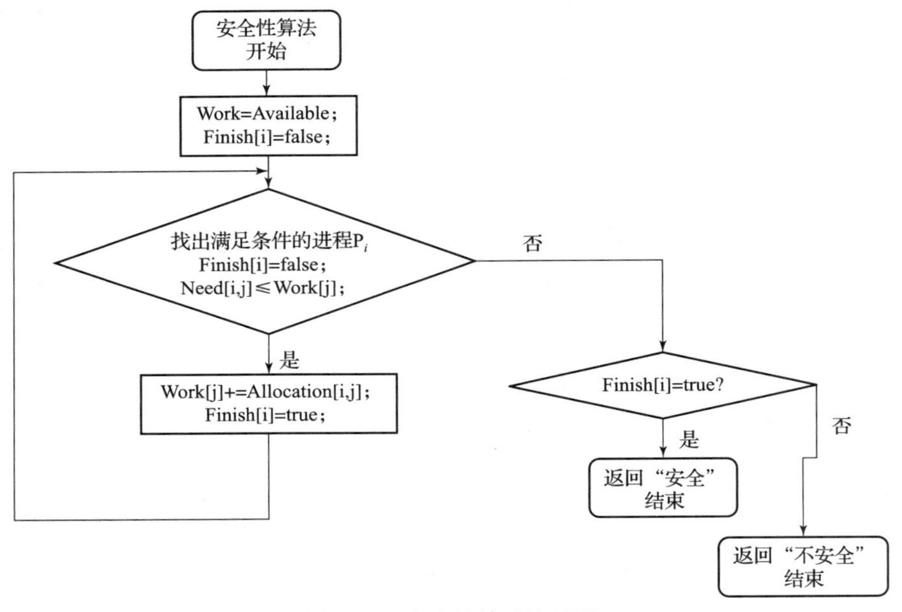

图 5-8 安全性算法流程图

4. 银行家算法示例

【例 5.2】 假设系统中有 5 个进程 P_0、P_1、P_2、P_3、P_4，有 3 类资源 {A、B、C}，A 资源的数量为 10，B 资源的数量为 5，C 资源的数量为 7。在 T_0 时刻，系统状态如表 5-4 所示。系统采用银行家算法实现死锁的避免。

表 5-4 T_0 时刻各进程资源分配情况

资源情况 / 进程	Max			Allocation			Available		
	A	B	C	A	B	C	A	B	C
P_0	7	5	3	0	1	0	3	3	2
P_1	3	2	2	2	0	0			
P_2	9	0	2	3	0	2			
P_3	2	2	2	2	1	1			
P_4	4	3	3	0	0	2			

试问：

(1) 在 T_0 时刻是否是安全状态，若是，请给出安全序列。

(2) 在 T_0 时刻，若进程 P_1 发出资源请求 $\text{Request}_1(1,0,2)$，是否可分配给进程 P_1？为什么？

(3) 在（2）的基础上，进程 P_4 发出资源请求 $\text{Request}_4(3,3,0)$，是否可分配给进程 P_4？为什么？

(4) 在（3）的基础上，进程 P_0 发出资源请求 $\text{Request}_0(0,2,0)$，是否可分配给进程 P_0？为什么？

解答：

(1) T_0 时刻的安全性求解。

首先根据已知的各进程的 Max 矩阵和 Allocation 矩阵，求出各进程的 Need 矩阵。

$$\text{Need}[i,j]=\text{Max}[i,j]-\text{Allocation}[i,j]=\begin{bmatrix}7&5&3\\3&2&2\\9&0&2\\2&2&2\\4&3&3\end{bmatrix}-\begin{bmatrix}0&1&0\\2&0&0\\3&0&2\\2&1&1\\0&0&2\end{bmatrix}=\begin{bmatrix}7&4&3\\1&2&2\\6&0&0\\0&1&1\\4&3&1\end{bmatrix}$$

由于资源向量 Available 为（3，3，2），根据安全性算法 Work：= Available，则 Work 向量初始化是（3，3，2）。令每个进程的完成向量初始为 Finish[i]：= false；利用安全性算法对 T_0 时刻的资源分配情况进行分析，如表 5-5 所示。

表 5-5 T_0 时刻安全性检查表

资源情况 / 进程	Work			Need			Max			Allocation			Work + Allocation			Finish
	A	B	C	A	B	C	A	B	C	A	B	C	A	B	C	
P_1	3	3	2	1	2	2	3	2	2	2	0	0	5	3	2	true
P_3	5	3	2	0	1	1	2	2	2	2	1	1	7	4	3	true
P_4	7	4	3	4	3	1	4	3	3	0	0	2	7	4	5	true
P_2	7	4	5	6	0	0	9	0	2	3	0	2	10	4	7	true
P_0	10	4	7	7	4	3	7	5	3	0	1	0	10	5	7	true

根据表 5 -5 计算，存在安全序列 <P_1、P_3、P_4、P_2、P_0 >，所以 T_0 时刻是安全的。

注意：操作系统在某一个分配状态下，其实并不只是存在一条满足条件的安全序列，它可以有多条，而只需要找到一条，就可以说明这一次的分配是安全的，不会发生死锁。安全序列的查找可以采用多种方法，只要满足条件 Need[i,j] <= Work[j]，且 Finish[i] = false 即可。可以采用如下方法，如找所有进程中 Need 最少的且 Finish 是 false 的进程，然后看 Available 是否满足，满足后此进程排第一，接着再找第二个 Need 最少的且 Finish 是 false 的进程，然后依次进行…也可以采用如下方法，从进程 P_0 开始遍历，一个一个尝试，一遍下来后，第二遍可以向上依次遍历或者从上往下遍历，直到找出一个安全序列。当然还有很多其他的方法。

（2）P_1 请求资源。

进程 P_1 发出请求向量 $Request_1(1,0,2)$，系统按照银行家算法进行检查。

①$Request_1(1,0,2) <= Need_1(1,2,2)$；

②$Request_1(1,0,2) <= Available(3,3,2)$；

③系统暂时先假定分配资源给进程 P_1，根据以下公式计算修改 Available、$Allocation_1$ 和 $Need_1$ 向量。

Available（2，3，0） = Available（3，3，2） − $Request_1$（1，0，2）；

$Allocation_1$（3，0，2） = $Allocation_1$（2，0，0） + $Request_1$（1，0，2）；

$Need_1$（0，2，0） = $Need_1$（1，2，2） − $Request_1$（1，0，2）；

由此各资源发生变化，变化情况如表 5 -6 所示。

表 5 -6　假定分配资源给进程 P_1 资源分配情况

资源情况 / 进程	Max			Allocation			Need			Available		
	A	B	C	A	B	C	A	B	C	A	B	C
P_0	7	5	3	0	1	0	7	4	3	2	3	0
P_1	3	2	2	3	0	2	0	2	0			
P_2	9	0	2	3	0	2	6	0	0			
P_3	2	2	2	2	1	1	0	1	1			
P_4	4	3	3	0	0	2	4	3	1			

④再利用安全性算法检查此时系统是否安全。此时资源向量 Available 为（2，3，0），所以 Work 初始化为（2，3，0）。由所进行的安全性检查得知，可以找到一个安全序列 <P_1、P_3、P_4、P_0、P_2 >。因此，系统是安全的，可以立即将进程 P_1 所申请的资源分配给它。计算过程如表 5 -7 所示。

表 5 -7　进程 P_1 申请资源安全性检查表

资源情况 / 进程	Work			Need			Max			Allocation			Work + Allocation			Finish
	A	B	C	A	B	C	A	B	C	A	B	C	A	B	C	
P_1	2	3	0	0	2	0	3	2	2	3	0	2	5	3	2	true

续表

进程＼资源情况	Work			Need			Max			Allocation			Work + Allocation			Finish
	A	B	C	A	B	C	A	B	C	A	B	C	A	B	C	
P_3	5	3	2	0	1	1	2	2	2	2	1	1	7	4	3	true
P_4	7	4	3	4	3	1	4	3	3	0	0	2	7	4	5	true
P_0	7	4	5	7	4	3	7	5	3	0	1	0	7	5	5	true
P_2	7	5	5	6	0	0	9	0	2	3	0	2	10	5	7	true

（3）P_4 请求资源。

由（2）验证，可知进程 P_1 发出请求向量 $Request_1$（1，0，2），存在安全序列，可以分配系统中的资源给它，则这时系统中可用资源为 Available（2，3，0）。之后进程 P_4 发出请求向量 $Request_4$（3，3，0），系统按照银行家算法进行检查。

①$Request_4$（3，3，0）<= $Need_1$（4，3，1）；

②$Request_4$（3，3，0）> Available（2，3，0）；

显然，系统资源数量不够，所以不能实施资源分配，让进程 P_4 等待。

（4）P_0 请求资源。

进程 P_0 发出请求向量 $Request_0$（0，2，0），系统按照银行家算法进行检查。

①$Request_0$（0，2，0）<= $Need_0$（7，4，3）；

②$Request_0$（0，2，0）<= Available（2，3，0）；

③系统暂时先假定分配资源给进程 P_0，根据以下公式计算修改 Available、$Allocation_0$ 和 $Need_0$ 向量。

Available（2，1，0）= Available（2，3，0）- $Request_0$（0，2，0）；

$Allocation_0$（0，3，0）= $Allocation_0$（0，1，0）+ $Request_0$（0，2，0）；

$Need_0$（7，2，3）= $Need_0$（7，4，3）- $Request_0$（0，2，0）；

由此各资源发生变化，变化情况如表 5－8 所示。

表 5－8　进程 P_0 申请资源安全性检查表

进程＼资源情况	Max			Allocation			Need			Available		
	A	B	C	A	B	C	A	B	C	A	B	C
P_0	7	5	3	0	3	0	7	2	3	2	1	0
P_1	3	2	2	3	0	2	0	2	0			
P_2	9	0	2	3	0	2	6	0	0			
P_3	2	2	2	2	1	1	0	1	1			
P_4	4	3	3	0	0	2	4	3	1			

显示系统资源的数量 Available（2，1，0）不能满足任何一个进程的 Need，故系统进入不安全状态，此时系统不分配资源，假定分配资源作废，恢复原来的资源分配状态。

通过这个例子可以看出，银行家算法确实能保证系统在任何时刻都处于安全状态，避免了死锁的发生。但每当有进程发出申请，就要检测每个进程对各类资源的占用和申请情况，需花费较多的计算时间。

5.4 死锁的检测与解除

死锁的预防和死锁的避免都是采用某些方法在死锁没有发生前进行限制或进行检测。虽然可以有效地避免死锁的发生，但同样付出的代价也是较高的，不利于各进程对系统资源的充分共享。若系统为进程分配资源时不采取任何措施，解决死锁的途径就是死锁的检测和解除。系统配有的两个算法分别是死锁检测算法和死锁解除算法。

5.4.1 死锁的检测

死锁的检测就是对系统的状态进行检测，以确定系统中是否发生了死锁。采用的算法是死锁检测算法。为了能对系统中是否已经发生死锁进行检测，系统采用如下步骤，步骤一，在操作系统中保存资源的请求和分配信息。步骤二，利用死锁检测算法对这些信息加以检查，以判断是否存在死锁。

1. 资源分配图

操作系统中的每一时刻的状态都可以用资源分配图来表示。资源分配图是一个描述进程和资源之间申请与分配关系的有向图。资源分配图可以用来检测系统是否发生死锁。

定义：资源分配图是由一组“节点集合”N 和一组“边集合”E 所构成，所以将资源分配图定义为一个二元组 $G=\langle N,E\rangle$。

节点集合 N 分为两个子集：“进程节点集合”和“资源节点集合”。“进程节点集合”用 $P=\{P_1,P_2,\cdots,P_n\}$ 表示，其中每一个 P_i 代表一个进程。“资源节点集合”用 $R=\{R_1,R_2,\cdots,R_m\}$ 表示，其中每一个 R_j 代表一类资源。即 $N=\langle P,R\rangle$。

边集合 E 是一组有向边，每一条边都是一个有序对，用 $\langle P_i,R_j\rangle$ 表示“申请边”，用 $\langle R_j,P_i\rangle$ 表示“分配边”。其中“申请边”$\langle P_i,R_j\rangle\in E$ 表示存在一条从 P_i 指向 R_j 的有向边，表示进程 P_i 申请一个 R_j 资源，并且当前尚未分配。“分配边”$\langle R_j,P_i\rangle\in E$ 表示存在一条从 R_j 指向 P_i 的有向边，表示一个 R_j 资源已经分配给进程 P_i。即 $E=\langle PR,RP\rangle$。

资源分配图是由一组方框、圆圈和箭头线组成的。如图 5－9 所示。

图 5－9 中各符号的表示含义如下：

（1）方框：表示各类资源。每一类资源用 R_j 表示。有几类资源画几个方框，方框中的小圆圈表示该类资源的个数，当一类资源包含资源个数较大时，可以在方框内用阿拉伯数字表示。图 5－9 中有 4 类资源，分别是 R_1、R_2、R_3、R_4。其中 R_1 有 1 个资源、R_2 有 2 个资源、R_3 有 1 个资源、R_4 有 3 个资源。该资源分配图的资源节点集合可表示如下：$R=\{R_1(1)$，

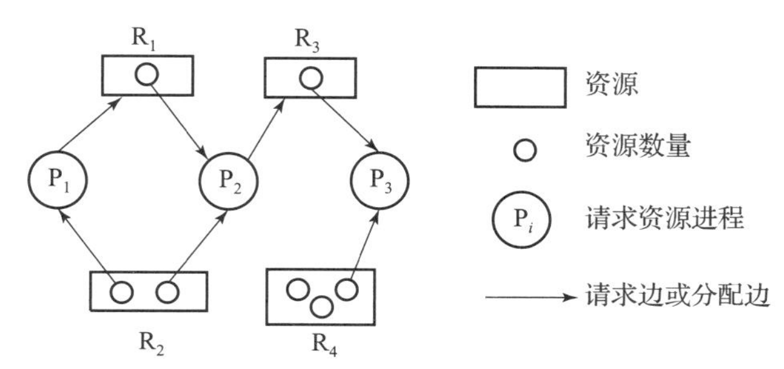

图 5-9 资源分配图示例

$R_2(2),R_3(1),R_4(3)\}$。

（2）圆圈：表示各个进程。每一个进程用 P_i 表示。有几个进程画几个圆圈。圆圈内标明进程名称。图 5-9 中有 3 个进程，分别是 P_1、P_2、P_3。该资源分配图的进程节点集合可表示如下：$P=\{P_1,P_2,P_3\}$。

（3）箭头线：表示资源的分配边与申请边。由资源指向进程的箭头线是分配边。由进程指向资源的箭头线是申请边。申请边由进程指向方框的边缘，而分配边则应始于方块中的一个小圆圈指向进程。如图 5-9 所示，该资源分配图的边集 E 表示如下：$E=\{(P_1,R_1),(P_2,R_3),(R_1,P_2),(R_2,P_1),(R_2,P_2),(R_3,P_3),(R_4,P_3)\}$。其中边集 E 的前两项元素是申请边，后五项元素是分配边。

2. 死锁定理

在死锁检测时，可以通过对资源分配图的化简，来判断系统当前是否处于死锁状态。具体化简过程如下：

步骤一：在资源分配图中找出一个既不阻塞又非孤立的进程节点 P_i，即从进程集合中找到一个有边与它相连，且资源申请数量小于系统中已有空闲资源数量的进程。因为进程 P_i 可获得它所需要的全部资源，能继续运行，直至运行完毕，运行结束后进程 P_i 会释放其所占有的所有资源，即消去进程 P_i 的全部申请边和分配边，使它成为一个孤立的节点。如图 5-9 所示，进程 P_3 为既不阻塞又非孤立的进程节点（进程 P_3 有两条分配边），将进程 P_3 的两条分配边消去，形成了如图 5-10（a）所示的孤立点。

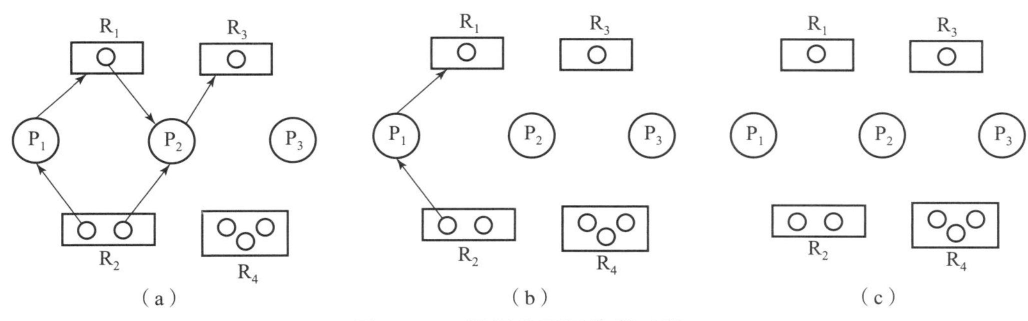

图 5-10 资源分配图化简过程

（a）进程 P_3 成为孤立的点；（b）进程 P_2 成为孤立的点；（c）进程 P_1 成为孤立的点

步骤二：进程 P_i 释放资源后，可以唤醒因等待这些资源而阻塞的进程。原来阻塞的进程可能就为非阻塞进程。如图 5-9 所示，进程 P_2 原来为阻塞进程，根据“步骤一”的化简，P_3 释放的 1 个 R_3 资源就可以分配给进程 P_2，如图 5－10（a）所示，则进程 P_2 变为非阻塞进程。消去进程 P_2 的全部分配边和申请边，就形成了如图 5－10（b）所示的孤立点。

步骤三：重复前两步的化简过程。同理，进程 P_2 释放的 1 个 R_1 资源就可以分配给进程 P_1，如图 5－10（b）所示，则进程 P_1 变为非阻塞进程。消去进程 P_1 的全部分配边和申请边，就形成了如图 5－10（c）所示的孤立点。

步骤四：在进行系统的化简后，若能消去图中所有的边，使所有的进程节点都成为孤立的节点，则称该资源分配图是可完全化简的；若不能对资源分配图完全化简，则称该图是不可完成化简的，会产生死锁。

对于较复杂的资源分配图，可能会有多个既未阻塞又非孤立的进程节点，但不论采用哪个化简顺序，都将得到相同的化简图。这样就可以证明：检测系统所处的某种状态用 S 表示，当 S 状态的资源分配图是不可完全化简的，则该状态产生死锁；同样，若 S 状态是死锁状态，则该状态的资源分配图是不可完全化简的。所以 S 为死锁状态的充分必要条件是 S 的资源分配图不可完全约简。这一结论称为死锁定理。

思考，假设在图 5－9 基础上又增加一条申请边，即进程 P_3 又向资源 R_2 申请了一个资源，则该状态是否会产生死锁？如图 5－11 所示。

显然，该资源分配图是不可完全约简的，所以进程 P_1、P_2 和 P_3 产生死锁。

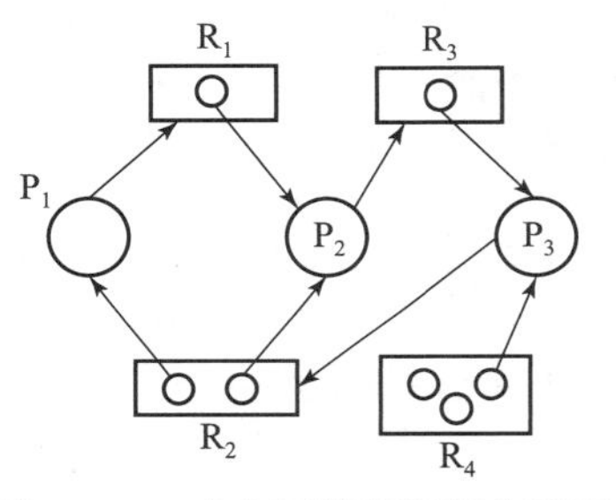

图 5－11 产生死锁的资源分配图

3. 死锁检测算法

检测死锁算法的原理是考查某一时刻系统状态是否合理，是否存在一组可以实现的系统状态，能使所有进程都得到它们所申请的资源而运行结束。

检测死锁算法的数据结构与银行家算法中的类似，如下介绍：

（1）Available，可利用资源向量。

（2）Allocation[i,j]，表示已经分配给进程的资源矩阵。

（3）Request[i,j]，表示进程请求资源的矩阵。

（4）临时变量：Work 和 Finish，其作用和安全性算法用法一致。

检测死锁算法的基本思想是：

步骤一：获得某时刻 T 系统中各类可利用资源的数目向量 Available。设置 Work = Available。

步骤二：把不占用资源的进程，即 $\text{Allocation}_i == 0$ 进程记入表 L 中。

步骤三：对于系统中的一组进程 $\{P_1, P_2, P_3, \cdots, P_n\}$，找到一个 $\text{Request}_i \leqslant \text{Work}$ 的进程 P_i，做如下处理：

（1）将其资源分配图简化，释放资源，增加工作向量：$\text{Work} = \text{Work} + \text{Allocation}_i$。

（2）将 P_i 进程记入表 L 中。

步骤四：若不能把所有的进程都记入表 L 中，则表明系统状态 S 的资源分配图是不可完全化简的。因此该系统状态将发生死锁。

过程描述如下：

```
Work = Available;
L = {Pi | Needi == 0 && Requesti == 0};
for(all Pi ∉ L){
    for(all Requesti ≤ Work ){
        Work = Work + Allocationi;
        Pi ∪ L;
    }
}
Deadlock! = ( L == {P1,P2,P3,…,Pn})
```

4. 死锁检测算法应用

【例5.3】假设系统中有5个进程P_0、P_1、P_2、P_3、P_4，有3类资源{A、B、C}，A资源的数量为7，B资源的数量为3，C资源的数量为6。在T_0时刻，资源分配与申请情况如表5-9所示。

表5-9 T_0时刻各进程资源分配与申请情况

资源情况 / 进程	Allocation			Request			Available		
	A	B	C	A	B	C	A	B	C
P_0	0	1	0	0	0	0	0	1	0
P_1	2	0	0	2	0	2			
P_2	3	0	3	0	0	0			
P_3	2	1	1	1	0	0			
P_4	0	0	2	0	0	2			

试问：

(1) 在T_0时刻，用死锁检测算法判断系统是否死锁。

(2) 假定现在进程P_2发出请求$Request_1(0,0,1)$，此时系统是否发生死锁？

解答：

(1) T_0时刻的安全性求解。

根据死锁检测算法，将Work = Available且$Finish_i$ = false，找到$Request_i$ ≤ Work后执行Work += Available且将$Finish_i$ = True，寻找是否存在安全序列。根据死锁检测算法可以得到一个安全序列〈P_0、P_2、P_3、P_1、P_4〉，它使Finish[i] = true。所以系统在T_0时刻不会发生死锁。具体计算过程如表5-10所示。

表5-10 T_0时刻安全序列检查表

资源情况 / 进程	Work			Allocation			Request			Work + Available			Finish
	A	B	C	A	B	C	A	B	C	A	B	C	
P_0	0	1	0	0	1	0	0	0	0	0	2	0	true

续表

资源情况/进程	Work			Allocation			Request			Work + Available			Finish
	A	B	C	A	B	C	A	B	C	A	B	C	
P_2	0	2	0	3	0	3	0	0	0	3	2	3	true
P_3	3	2	3	2	1	1	1	0	0	5	3	4	true
P_1	5	3	4	2	0	0	2	0	2	7	3	4	true
P_4	7	3	4	0	0	2	0	0	2	7	3	6	true

（2）假定现在进程 P_2 发出请求 $Request_1(0,0,1)$，资源分配与申请情况发生变换，如表 5－11 所示。

表 5－11　P_2 发出请求后各进程资源分配与申请情况

资源情况/进程	Allocation			Request			Available		
	A	B	C	A	B	C	A	B	C
P_0	0	1	0	0	0	0	0	1	0
P_1	2	0	0	2	0	2			
P_2	3	0	3	0	0	1			
P_3	2	1	1	1	0	0			
P_4	0	0	2	0	0	2			

此时 Available 只能分配给进程 P_0，回收资源，$Work = Work + Allocation_0 = (0, 2, 0)$，系统中的可利用资源不能满足其他剩余进程。所以系统处于死锁状态，参与死锁的进程构成的集合为 <P_1、P_2、P_3、P_4>。

从死锁检测算法的实现思想中可以看出，死锁检测算法比较复杂，因而需要确定何时进行死锁检测。一种实现方法是每次分配资源后进行死锁检测，这样能尽早地发现死锁，但会使 CPU 花费大量的时间。另一种实现方法是定期检查，每间隔一段时间检查一次，或者发生系统 CPU 使用率下降到某个下限值时进行检查。

5.4.2　死锁的解除

系统一旦检测产生死锁，则应立即采取相应的处理措施来解除死锁。最简单的处理方法就是采取人为操作，立即结束所有进程的执行，并重新启动操作系统，这种方法简单，但以前做的工作全部作废，损失很大。另一种措施，就是利用死锁解除算法，可采用的方法有两种：一种是撤销进程法，一种是资源剥夺法。

1. 撤销进程法

最简单的方法是撤销全部死锁进程，使系统恢复到正常状态，但这种做法付出的代价太大。死锁的进程可能已经运算了很长时间，必须丢弃已经产生的部分结果，且需要重新计算。

另一种方法是按照某种顺序逐个撤销死锁进程，直到有足够的资源供其他未被撤销的进程使用，消除死锁状态为止。这种方法也会带来一些额外的开销，因为每终止一个进程，都需要使用死锁检测算法来判定系统中是否还存在死锁闭环。

在采用逐个终止死锁进程策略时，还涉及采用什么策略来选择一个要撤销的进程。选择策略依据一般为“为解除死锁而付出的代价最小”，但很难有一个精准的度量。一般情况选择撤销进程会考虑以下几点：

（1）进程的优先级；

（2）进程已执行了多少时间，还需运行多长时间；

（3）进程在运行中已使用了多少资源，还需多少资源；

（4）进程的性质是批处理还是交互式。

2. 资源剥夺法

当发现死锁后，从其他进程那里剥夺足够数量的资源给死锁进程，以解除死锁状态。

如果需要剥夺资源来解除死锁，应考虑以下几点：

（1）选择剥夺哪一个进程的资源。必须确定剥夺的顺序从而使得代价最小，代价因素包括死锁进程所保持的资源数量和进程所消耗的时间等。

（2）回溯。如果选择某个进程剥夺其资源，那么该进程将会不能正常运行，必须对该进程进行回溯，回溯到某个安全状态，并从该状态开始重启。但实际上，确定安全状态是非常困难的，最简单的方法，也是最暴力的方法就是完全回溯，即终止进程，重启进程。

（3）如何保证不总是从同一个进程那里剥夺资源。

一种付出代价最小的死锁解除算法如图 5－12 所示。假定在死锁状态时，有死锁进程 P_1，P_2，…，P_k。首先，终止进程 P_1，使系统状态由 $S \rightarrow U_1$，将 P_1 记入被撤销进程集合 d(T) 中，并把付出的代价 C_1 加入 rc(T) 中。对死锁进程 P_2，…，P_k 等重复上述过程，得到状态 U_1，U_2，…，U_k。然后再按撤销进程时所花费代价的大小，将其插入由状态 S 所演变的新的状态队列中。假设队列中的第一个状态为 U_i，显然状态 U_i 是由状态 S 花最小代价撤销一个进程所演变的状态。在撤销一个进程后，若系统仍处于死锁状态，则从状态 U_i 中按照上述处理方式再一次撤销一个进程，得到 V_{i1}，V_{i2}，…，V_{ik}，再从上述状态中选取一个代

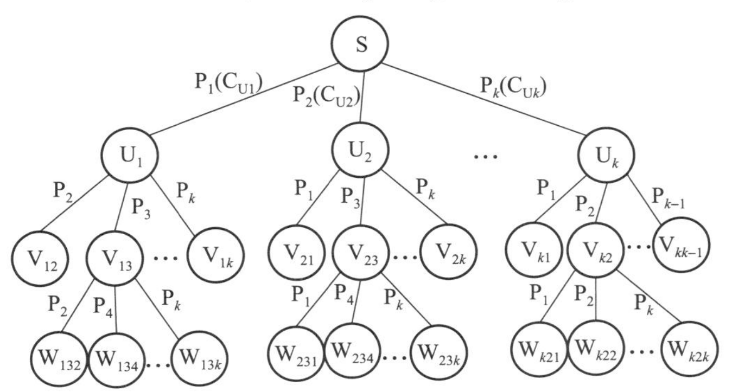

图 5－12　付出代价最小的死锁解除算法

价最小的状态，假设为 V_{ij}。如此反复，直至死锁状态解除为止。为把系统从死锁状态中解脱出来，所付出的代价可表示为：

$$R(S)_{min}=\min\{C_{ui}\}+\min\{C_{uj}\}+\min\{C_{uk}\}\cdots$$

5.5 死锁的综合策略

解除死锁的策略有预防死锁、避免死锁、死锁的检测、死锁的解除，不论用哪一种策略，都各有不同的优缺点。在不同的情况下对操作系统使用不同的策略比只采用其中一种策略更有效。

综合死锁的策略方法是：

（1）首先把资源分成几组不同的资源类，即根据资源特性分类。

（2）为了预防资源类之间由于循环等待产生死锁，可使用线性排序策略。

（3）在一个资源类中，使用该类资源最适合的算法。

使用综合死锁策略技术的一个例子，考虑有如下资源类：

（1）可交换空间：在进程交换中所使用的外存中的存储块。

可采用的策略：通过要求一次性分配所有请求的资源来预防死锁，就像占有且等待预防策略一样。如果知道最大存储需求，则这个策略是合理的。死锁避免也是可能的。

（2）进程资源：可分配的设备，如磁带设备和文件。

可采用的策略：死锁避免策略对于这类资源常常是很有效的，这是因为进程可以事先声明它们将需要的这类资源。采用资源排序的预防策略也是可能的。

（3）内存。

可采用的策略：对于内存，基于剥夺式的预防是最适合的策略。当一个进程被剥夺内存空间后，它仅仅被换到外存，释放空间以解决死锁。

（4）内部资源：诸如 I/O 通道。

可采用的策略：可以使用基于资源排序的预防策略。

5.6 死锁与饥饿

死锁、饥饿、饿死、活锁是非常容易混淆的概念，这里特别说明一下。

在一个动态系统中，进程会不断地请求资源和释放资源，并发执行向前推进。对于每类系统资源，操作系统会根据不同的分配策略分配资源，当若干个进程申请资源时，操作系统会根据分配策略按顺序分配给进程，该分配策略可能是公平的，可能是不公平的（如先来先服务是公平的，优先级分配是不公平的）。进程申请资源后，申请的资源被其他进程占用，则需要等待，当等待时间给进程的推进和响应带来明显的影响时，就称发生进程的饥饿。当饥饿到一定程度的进程所赋予的任务即使完成也不再具有实际意义时，称该进程被饿死。例如，一台打印机，有多个进程向操作系统申请使用它打印文件，若按照短作业优先调度算法，则长文件会不断地给短作业让路，不断地被推迟，就会产生饥饿现象。若无限期地被推迟，就会产生饿死现象。

而死锁是指两个或两个以上的进程（或线程）在执行过程中，因争夺资源而造成的一种互相等待的现象，若无外力作用，它们都将无法推进下去。此时称系统处于死锁状态或系统产生了死锁，这些永远在互相等待的进程称为死锁进程。

饥饿和死锁有什么样的联系和区别呢？首先饥饿和死锁都是由于资源竞争所导致的，但二者的区别表现在如下几个方面：

（1）从进程状态考虑，参与死锁的进程都处于等待态；忙式等待（处于运行态或者就绪态）的进程并非处于等待态，但可能发生饿死现象。

（2）死锁进程等待的是永远不会被释放的资源；而饿死进程等待会被释放但不会分配给自己的资源，即等待时限无上界，一直处于排队等待或忙式等待状态。

（3）死锁产生则一定发生了循环等待，而饿死不是。可以通过资源分配图检测出是否产生死锁，可资源分配图无法检测是否有饥饿现象。

（4）死锁产生涉及多个进程，至少有两个进程才会发生死锁，而饥饿或者被饿死可能只有一个进程。

饥饿和饿死现象是由于资源分配策略不公平所导致的，所以防止饥饿和饿死现象的发生则可以考虑资源分配策略的公平性，确保不会有进程被忽略。例如采用多级反馈队列调度算法。

活锁可以认为是一种特殊的饥饿。活锁发生时，任务或者执行者没有被阻塞，由于某些条件没有满足，导致一直重复尝试，失败，尝试，失败。例如，如果事务 T_1 封锁了数据 R，事务 T_2 又请求封锁数据 R，于是 T_2 等待。T_3 也请求封锁数据 R，当 T_1 释放了数据 R 上的封锁后，系统首先批准了 T_3 的请求，T_2 仍然等待。然后 T_4 又请求封锁数据 R，当 T_3 释放了数据 R 上的封锁之后，系统又批准了 T_4 的请求…，T_2 可能永远等待（在整个过程中，事务 T_2 在不断地重复尝试获取锁 R）。通过以上例子可知，活锁的进程并没有被阻塞，它会不断地轮询等待某个不可能为真的条件，导致耗尽 CPU 资源，这是其与死锁的本质区别。

5.7 本章小结

本章主要介绍了进程由于资源竞争或推进顺序不当，导致系统进入死锁状态。系统产生死锁有 4 个必要条件，分别是互斥条件、请求和保持条件、不可剥夺条件、循环等待条件。解决死锁的方法有忽略死锁、死锁的预防、死锁的避免、死锁的检测、死锁的解除。各种解决死锁的方法各有优缺点，如表 5 - 12 所示。

表 5 - 12 解决死锁方法的比较

方法	资源分配策略	采用的模式	优点	缺点
忽略死锁	资源全部回收	重启系统	平衡系统性能和复杂性，是最简单的方法	功亏一篑，从头再来

续表

方法	资源分配策略	采用的模式	优点	缺点
死锁的预防	保守型，资源预留，宁可资源闲置	①进程运行前一次性请求所有资源	简单安全，破坏“请求和保持条件”，适合单个行为模式的进程	事先需一次性申请；系统资源不能充分利用
		②资源可以被剥夺	破坏“不可剥夺条件”，适用于剥夺资源后代价较小的场合	重复申请和释放，增加系统开销；实现起来较复杂
		③有序资源分配法	动态分配，破坏“循环等待条件”	资源编号不宜修改，限制了新设备的增加；资源浪费；资源按序号申请使用，增加程序编写的复杂性
死锁的避免	在运行时动态分配资源，判断系统是否安全	银行家算法，安全性算法	动态分配，不剥夺资源	计算较复杂；花费较多的时间
死锁的检测	允许死锁发生，定期检查系统是否发生死锁	资源分配图，死锁检测算法	不需要事先采取任何限制性措施，通过检测机构检测死锁	系统检测过于频繁，系统开销大；检测时间间隔长，陷入死锁进程增加
死锁的解除	剥夺资源	发生死锁全部撤销或部分撤销死锁进程；最小代价解除算法	有可能使系统获得较好的资源利用率和吞吐量	实现上难度最大

不同的解决死锁的方法各有优缺点，可采用死锁的综合策略提高资源利用率，增加吞吐量，避免死锁发生。

本章最后介绍了死锁、饥饿、饿死、活锁的概念，并比较了死锁与饥饿的联系与区别。

第 5 章　习题

一、选择题

1.（考研真题）下列关于死锁的叙述中，正确的是（　　）。

Ⅰ. 可以通过剥夺进程资源解除死锁

Ⅱ. 死锁的预防方法能确保系统不发生死锁

Ⅲ. 银行家算法可以判断系统是否处于死锁状态

Ⅳ. 当系统出现死锁时，必然有两个或两个以上的进程处于阻塞态

A. 仅Ⅱ、Ⅲ　　B. 仅Ⅰ、Ⅱ、Ⅳ　　C. 仅Ⅰ、Ⅱ、Ⅲ　　D. 仅Ⅰ、Ⅲ、Ⅳ

2. 在一个交通繁忙的十字路口，每个方向只有一个车道，如果车辆只能向前直行，而不允许转弯和后退，并未采用任何方式进行交通管理。下列叙述正确的是（　　）。

A. 该十字路口不会发生死锁。

B. 该十字路口一定会发生死锁。

C. 该十字路口可能会发生死锁，规定同时最多3个方向的车使用该十字路口是最有效的方法。

D. 该十字路口可能会发生死锁，规定南北方向的两个车队和东西方向的两个车队互斥使用十字路口是最有效的方法。

3. 在下列描述中，发生进程通信上的死锁的是（　　）。

A. 某一时刻，发来的消息传给进程 P_1，进程 P_1 传给进程 P_2，进程 P_2 得到的消息传给进程 P_3，则 P_1、P_2、P_3 3个进程发生进程通信上的死锁。

B. 某一时刻，进程 P_1 等待进程 P_2 发来的消息，进程 P_2 等待进程 P_3 发来的消息，而进程 P_3 等待进程 P_1 发来的消息，消息未到，则 P_1、P_2、P_3 3个进程发生进程通信上的死锁。

C. 某一时刻，发来的消息传给进程 P_3，进程 P_3 传给进程 P_2，进程 P_2 再传给进程 P_1，则 P_1、P_2、P_3 3个进程发生进程通信上的死锁。

D. 某一时刻，发来的消息传给进程 P_2，进程 P_2 传给进程 P_3，进程 P_3 再传给进程 P_1，则 P_1、P_2、P_3 3个进程发生进程通信上的死锁。

4. 为多道程序提供的共享资源不足时，可能会产生死锁。但是，不当的（　　）也可能产生死锁。

A. 进程调度顺序　B. 进程的优先级　　C. 时间片大小　　D. 进程推进顺序

5. 预防死锁是通过破坏死锁4个必要条件中的任何一个来实现的，下面关于预防死锁的说法中，错误的是（　　）。

A. 破坏“非抢占”条件目前只适用内存和处理机资源

B. 可以采用共享等策略来破坏“互斥”条件

C. 破坏“请求与保持”条件可以采用静态分配策略或规定进程申请新的资源前首先释放已经占用的资源

D. 采用资源编号，并规定进程访问多个资源时，按编号次序顺序申请的方法可以破坏“环路”条件，从而防止死锁的出现

6. （考研真题）若系统 S_1 采用死锁避免方法，S_2 采用死锁检测方法，下列叙述中正确的是（　　）。

Ⅰ. S_1 会限制用户申请资源的顺序

Ⅱ. S_1 需要进行所需资源总量信息，而 S_2 不需要

Ⅲ. S_1 不会给可能导致死锁的进程分配资源，S_2 会

A. 仅Ⅰ、Ⅱ　　B. 仅Ⅰ、Ⅲ　　C. 仅Ⅱ、Ⅲ　　D. 仅Ⅰ、Ⅱ、Ⅲ

7. （考研真题）下列关于银行家算法的叙述中，正确的是（　　）。

A. 银行家算法可以预防死锁

B. 当系统处于安全状态时，系统中一定无死锁进程

C. 当系统处于不安全状态时，系统中一定会出现死锁进程

D. 银行家算法破坏了死锁必要条件中“请求与保持”条件

8. 假设 n 个进程 P_1，P_2，$\cdots P_n$，共享 m 个相同的资源，一次只能够保留或者释放 1 个单元的资源。进程 P_i 最大的资源需求为 S_i，其中 $S_i>0$。下述确保死锁不会发生的充分条件是（　　）。

A. $\forall i,\ S_i<m$　　B. $\forall i,\ S_i<n$　　C. $\sum_{i=1}^{n} S_i<(m+n)$　　D. $\sum_{i=1}^{n} S_i<(m\times n)$

9. （考研真题）若系统中有 $n(n\geq2)$ 个进程，每个进程均需要使用某类临界资源 2 个，则系统不会发生死锁所需的该类资源总数至少是（　　）。

A. 2　　B. n　　C. $n+1$　　D. $2n$

10. （2009 年考研真题）某计算机系统中有 8 台打印机，有 K 个进程竞争使用，每个进程最多需要 3 台打印机，该系统可能会发生死锁的 K 的最小值是（　　）。

A. 2　　B. 3　　C. 4　　D. 5

11. 在银行家算法的数据结构中，其中最大需求 Max[i,j]、已分配 Allocation[i,j]、尚需 Need[i,j]、可利用资源 Available[i,j]之间的关系是（　　）。

A. Need[i,j] = Max[i,j] − Allocation[i,j]

B. Need[i,j] = Allocation[i,j] − Max[i,j]

C. Available[i,j] = Max[i,j] − Allocation[i,j]

D. Available[i,j] = Need[i,j] − Allocation[i,j]

12. （考研真题）某系统有 A、B 两类资源各 6 个，t 时刻资源分配及需求情况如表 5－13 所示。

表 5－13　A、B 两类资源 t 时刻资源分配及需求情况

进程	A 已分配数量	B 已分配数量	A 需求总量	B 需求总量
P_1	2	3	4	4
P_2	2	1	3	1
P_3	1	2	3	4

t 时刻安全性检测结果是（　　）。

A. 存在安全序列 P_1、P_2、P_3　　B. 存在安全序列 P_2、P_1、P_3

C. 存在安全序列 P_2、P_3、P_1　　D. 不存在安全序列

13. （考研真题）系统中有 3 个不同的临界资源 R_1、R_2 和 R_3，被 4 个进程 P_1、P_2、P_3 及 P_4 共享。各进程对资源的需求为：P_1 申请 R_1 和 R_2；P_2 申请 R_2 和 R_3；P_3 申请 R_1 和 R_3；P_4 申请 R_2；若系统出现死锁，则处于死锁状态的进程数至少是（　　）

A. 1　　B. 2　　C. 3　　D. 4

14. 采用资源剥夺法可以解除死锁，还可以采用（　　）方法解除死锁。

A. 执行并行操作　　B. 撤销进程　　C. 拒绝分配新资源　　D. 修改信号量

15. 某个系统采用如下资源分配策略：若一个进程提出资源请求得不到满足，而此时没

有由于等待资源而被阻塞的进程，则自己就被阻塞。若此时已有等待资源而被阻塞的进程，则检查所有由于等待资源而被阻塞的进程，如果它们有申请进程所需要的资源，则将这些资源剥夺并分配给申请进程。这种策略会导致（　　）。

A. 死锁　　B. 抖动　　C. 回退　　D. 饥饿

二、综合题

1. 什么是死锁？产生死锁的原因和必要条件是什么？

2. 假定某计算机系统有 R_1 设备 3 台、R_2 设备 4 台，它们被 P_1、P_2、P_3、P_4 这 4 个进程所共享，且已知这 4 个进程均以下面所示的顺序使用现代设备。

→申请 R_1→申请 R_2→申请 R_1→释放 R_1→释放 R_2→释放 R_1→

（1）系统运行过程中是否有产生死锁的可能？为什么？

（2）如果有可能产生死锁，请列举一种情况，并画出表示该进程状态的资源分配图。

3.（考研真题）考虑某个系统在表 5－14 所示时刻的状态。

表 5－14　某系统的状态

资源情况 / 进程	Allocation				Max				Available			
	A	B	C	D	A	B	C	D	A	B	C	D
P_0	0	0	1	2	0	0	1	2	1	5	2	0
P_1	1	0	0	0	1	7	5	0				
P_2	1	3	5	4	2	3	5	6				
P_3	0	0	1	4	0	6	5	6				

使用银行家算法回答下面的问题。

（1）计算 Need 矩阵。

（2）系统是否处于安全状态？如安全，请给出一个安全序列。

（3）如果从进程 P_1 发来一个请求（0，4，2，0），这个请求能否立刻被满足？如安全，请给出安全序列。

4. 设系统中有 3 类型的资源（A，B，C）和 5 个进程 P_1、P_2、P_3、P_4、P_5，A 资源数量为 17，B 资源的数量为 5，C 资源的数量为 20。在 T_0 时刻系统状态如表 5－15 所示。系统采用银行家算法实现死锁避免策略。

表 5－15　T_0 时刻系统状态

资源情况 / 进程	最大资源需求量			已分配资源数量			剩余资源数量		
	A	B	C	A	B	C	A	B	C
P_1	5	5	9	2	1	2	2	3	3
P_2	5	3	6	4	0	2			
P_3	4	0	11	4	0	5			
P_4	4	2	5	2	0	4			
P_5	4	2	4	3	1	4			

（1）T_0 时刻是否为安全状态？若是，请给出安全序列。

（2）在 T_0 时刻若进程 P_2 请求资源（0，3，4），是否能实施资源分配？为什么？

（3）在（2）的基础上，若进程 P_4 请求资源（2，0，1），是否能实施资源分配？为什么？

（4）在（3）的基础上，若进程 P_1 请求资源（0，2，0），是否能实施资源分配？为什么？

5. 集合 P、R、E 分别代表进程集、资源集和边集，若存在如下关系：

$P = \{P_1, P_2\}$

$R = \{R_1(3), R_2(2)\}$

$E = \{ <P_1, R_2>, <P_2, R_1>, <R_1, P_1>, <R_1, P_1>, <R_1, P_2>, <R_2, P_2> \}$

（1）请根据以上关系画出资源图；

（2）将该资源分配图化简，画出化简过程，并判断是否有死锁进程。

6. 设系统中有下述解决死锁的办法。

（1）银行家算法。

（2）检测死锁，终止处于死锁状态的进程，释放该进程所占有的资源。

（3）资源预分配。

哪种办法允许最大的并发性？即哪种办法允许更多的进程无等待地向前推进？请按并发性从大到小对上述 3 种办法进行排序。

第6章　存储管理

【本章知识体系】

本章知识体系如图6－1所示。

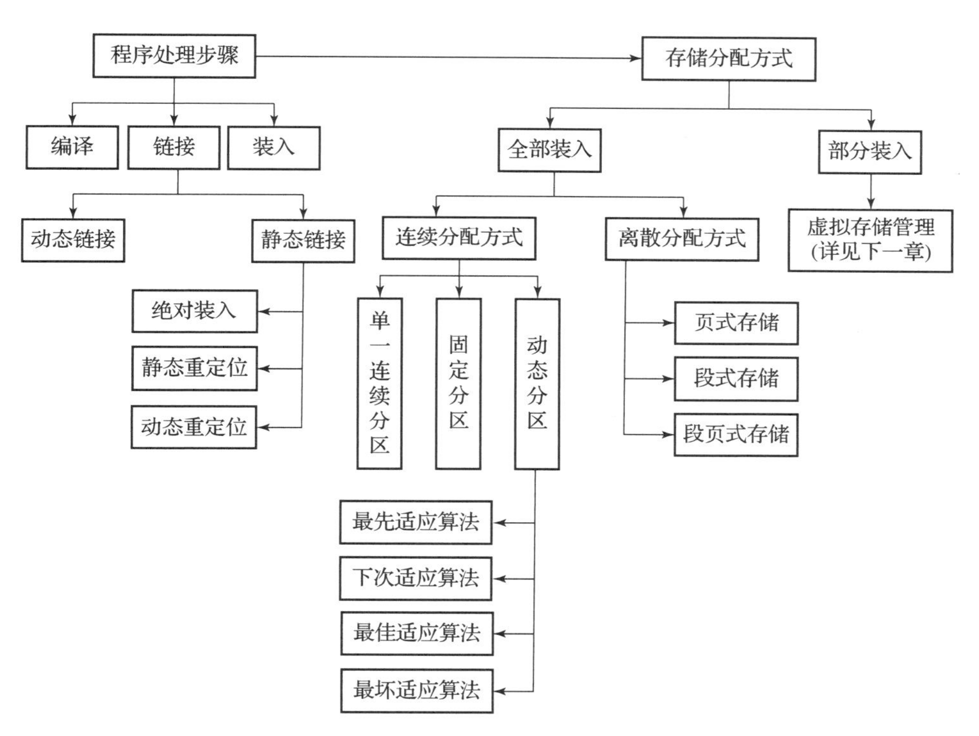

图6－1　本章知识体系

【本章大纲要求】

1. 掌握内存管理概念：程序编译、链接、装入，逻辑地址和物理地址；
2. 掌握覆盖技术、交换技术；
3. 掌握连续分配管理方式；
4. 掌握离散分配管理方式。

【本章重点难点】

1. 存储管理的有关概念；
2. 各种存储管理方法的思想，使用的数据结构、相关算法等；
3. 分区分配和回收处理；
4. 分页的机理和地址转换过程；
5. 分段存储的基本原理；
6. 段页式存储的基本原理。

存储器是一个能接收数据和保存数据，而且能根据命令提供这些数据的硬件装置。内存储器简称内存，是计算机非常重要的资源，程序只有被加载到内存中才可以运行。CPU 所需要的指令与数据都来自内存，它的速度介于 CPU 缓存和外部存储器之间。近年来，存储器容量一直在不断扩大，但其仍不能满足现代软件的发展需要，所以，存储器仍然是一种宝贵和稀缺的资源。存储器的管理是操作系统的主要功能之一，操作系统中的存储管理是指对内存的管理（又称主存管理）。外存管理与内存管理类似，只是用途不同，外存主要是用于文件存储，因此在文件管理中介绍。

本章主要介绍内存管理的基本概念和常用的内存管理方法。

6.1 存储管理基本概述

6.1.1 存储体系结构

计算机是一种数据处理设备，它由 CPU 和内存储器以及外部设备组成。CPU 的功能是数据处理，内存储器的功能是存储，外部设备负责数据的输入和输出，它们之间通过总线连接在一起，如图 6－2 所示。

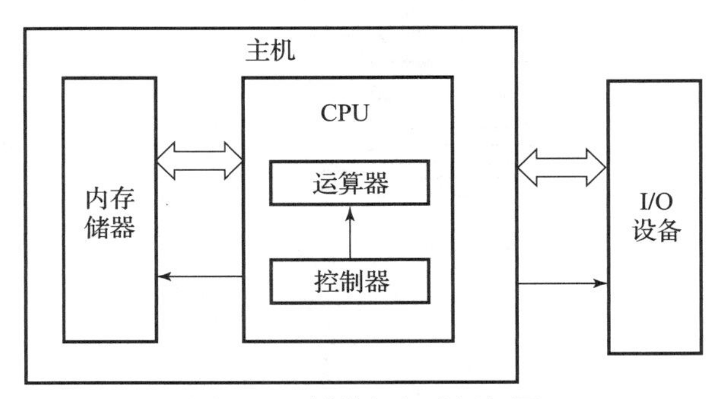

图 6－2　计算机组成框架图

存储器是冯·诺伊曼的伟大杰作，通过对 ENIAC 的考察，冯·诺伊曼敏锐地抓住了它的最大弱点——没有真正的存储器。计算机包含多种存储器，如寄存器、高速缓存、内存储器、硬盘、光盘等。为什么会有这么多种存储方式？主要是由读写速度、空间大小、产品价格等因素所致。

计算机主要的功能就是运算（CPU），但是要完成一个任务，就要读取运算指令，并将结果输出给用户，因此，指令的存储、运算过程中中间状态的存储、结果的保存等都需要存储器。理想状态下，存储器的执行速度应该快过计算机的运算速度，这样才可以最大化地利用CPU的计算能力。假定CPU执行指令的运算速度是100万次/秒，但是如果存储器的速度是每秒最多能读取10万条指令，那么CPU 90%的时间是在等待指令，则CPU的利用率是较差的。有没有和CPU运算速度相匹配的存储器呢？这样的存储器是有的，那就是寄存器。寄存器材质和CPU相同，速度和CPU一样快，价格和CPU一样比较高昂。如果一台计算机的存储器都是寄存器，那这台计算机的价格会高得让普通用户无法接受。根据计算机兼顾性能和价格的综合考量，设计了一个性价比最好的方案，即采用分层结构来实现存储。

现代通用计算机，存储层次至少应具有三级：最高层为CPU寄存器，中间层为内存储器，最底层为辅存（如磁盘、光盘等）。在计算机中，还可以根据具体的功能分工，细划为CPU寄存器、高速缓存（cache）、内存储器、磁盘缓存、磁盘等，如图6－3所示。

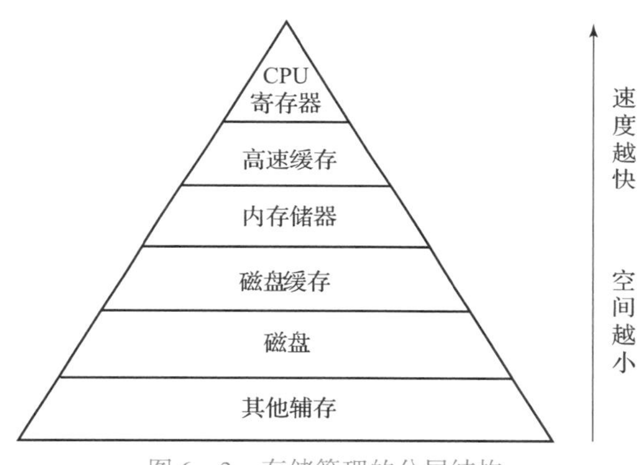

图6－3　存储管理的分层结构

CPU寄存器，其速度和CPU速度相当，空间比较小，在KB级别。CPU寄存器比高速缓存要快1倍左右，但高速缓存空间可以达到MB级别。高速缓存比内存储器要快10倍左右，但内存储空间可以达到GB级别。硬盘速度更慢，内存储器的速度比硬盘要快上万倍，但是硬盘价格偏低，空间也很大，可达到TB级别。其他存储介质，如光盘、U盘等作为硬盘的一个补充，有便于携带的优点。可见，越高层次的存储介质访问速度越快，价格也越高，存储容量也越小。对于不同层次的存储介质，由操作系统进行统一的管理。其中，CPU寄存器、高速缓存、内存储器和磁盘缓存均由操作系统管理，但它们存储的信息只是暂存的，掉电后不再存在。磁盘和其他辅存属于设备管理的范畴，其存储的信息可长期保存。

1. CPU寄存器

CPU寄存器是CPU内的小型存储区域。CPU内部主要由控制器、运算器和寄存器组成。控制器负责指令的读取和调度，运算器负责指令的运算执行，寄存器负责数据的存储，它们之间通过CPU内的总线连接在一起。CPU寄存器访问速度最快，完全能与CPU协调工作，但价格昂贵，容量不大。在早期计算机中，CPU寄存器的数目仅为几个，在当前的微机系统和大中型计算机中，CPU寄存器的数目已增加到数十个到数百个，长度一般为32位或

64 位。

CPU 寄存器主要用于存放处理机运行时的数据和加速存储器的访问速度，如用寄存器存放操作数，或用作地址寄存器加快地址转换速度等。

2. 高速缓存

高速缓存（cache）的作用是解决内存速度与 CPU 速度不相匹配问题。其容量大于或远大于 CPU 寄存器，而比内存小 2～3 个数量级，容量一般为几十 KB 到几 MB，访问速度高于内存。

根据程序局部性原理，将内存中一些经常访问的信息存放在高速缓存中，减少访问内存的次数，可大幅提高程序执行速度。通常，进程的程序和数据存放在内存，每当使用时，被临时复制到高速缓存中，当 CPU 访问一组特定信息时，首先检查它是否在高速缓存中，如果已存在，则直接取出使用，否则，从内存中读取信息。系统也会动态管理高速缓存中的数据，如果有数据访问频率降低到一定值，就从高速缓存中移除，而将内存中访问更加频繁的数据替换进去。

高速缓存可以不只一级，有的计算机系统设置两级或多级高速缓存，一级缓存速度最高，容量小；二级缓存容量稍大，速度稍慢，以此类推。

3. 内存储器

内存储器简称内存。是计算机系统中的主要部件。用于存储指令（如编译好的代码段），运行中的各个静态、动态、临时变量，外部文件的指针等。原始的运行文件都是先加入内存中的，因此内存的大小决定了一个程序可运行的最大程度。CPU 的控制部件只能从内存储器中取得指令和数据，数据能够从内存储器中读取并将他们装入 CPU 寄存器中，或者从 CPU 寄存器存入内存储器，CPU 与外围设备交换的信息一般也依托于内存储器地址空间。但是，内存储器的访问速度远低于 CPU 执行指令的速度，为缓解这一矛盾，于是引入了 CPU 寄存机和高速缓存。现代操作系统中，内存容量一般为数十 MB 到数 GB。

4. 磁盘缓存

磁盘缓存本身并不是一种实际存在的存储介质，它利用内存中的存储空间，来暂存从磁盘中读出（或写入）的信息。由于磁盘的输入输出速度远低于对内存的访问速度，因此将频繁使用的一部分磁盘数据和信息暂时存放在磁盘缓存中，可减少访问磁盘的次数。

磁盘缓存的作用就是做一个“缓冲区”来暂存数据。磁盘中的数据若想被输入，必须要复制到内存中才能使用；反之，数据若想输出，则必须将数据先存到内存，再通过内存输出到磁盘中，由于机械硬盘相比内存要缓慢许多，因此理论上就需要很长的时间才能完成任务，要解决这种速度上的差异，就需要磁盘缓存。

5. 磁盘

磁盘（硬盘），其优点是空间大，价格便宜，并且掉电数据不丢失。常常用来存储需要永久存储的文件。当数据需要运行或被访问时，必须先调入内存，也可以暂时存放在磁盘高速缓存中。

6. 其他辅存

其他辅存有软盘、光盘、U 盘等，其作用和硬盘一样，都是用来长期保存数据的介质。

6.1.2 存储管理的功能

存储器管理是对内存资源的管理，存储管理需要完成的功能有：地址转换、存储分配与去配、存储共享、存储保护、存储扩充。

1. 地址转换

地址转换机构的目的就是将用户地址空间中的逻辑地址转换为内存储空间中的物理地址。

1）逻辑地址

用户编写的源程序经过编译后形成的目标代码中出现的地址，通常为逻辑地址，也称为相对地址，即规定目标程序的首地址为“0”，而其他指令中的地址都是相对于首地址而定的。其逻辑地址构成的空间称为逻辑地址空间。

用户程序的逻辑地址是相对地址，不能反映用户程序真实的在内存中的存储位置。例如，在C语言中应用指针编程，可以读取指针变量本身值（& 操作），实际上这个值就是逻辑地址，它是相对于你当前进程数据段的地址（偏移地址）而言的，与绝对物理地址不相干。

2）物理地址

反映用户程序的物理地址才是用户程序在内存中的真实地址。内存的存储单元以字节（Byte）为单位编址，每个存储单元都有一个地址与其相对应。一个存储单元可存入若干个二进制的位（bit），8个二进制位被称为一个字节。内存中的存储单元按一定顺序进行编号，每个单元所对应的编号，称为该单元的单元地址。假定内存的容量大小为 n，则内存中有 n 个字节的存储空间，其单元地址编号为0，1，2，3，…，$n-1$。这些单元地址称为内存的物理地址，也称为绝对地址。物理地址所对应的内存空间称为物理地址空间。

采用多道程序设计技术，内存中往往同时存放多个用户作业，而这些用户作业在内存中的位置是不能预知的，所以在用户程序中使用逻辑地址。但CPU执行指令时是按物理地址进行访问的，所以在调度程序时选中某一用户程序，将该程序装入内存并为之创建进程，在进程运行之前或运行时必须把该进程指令中逻辑地址转换成内存中的物理地址。

将逻辑地址转换为物理地址的过程称为地址映射。地址映射通常需要将软件与硬件结合起来实现。这种地址映射亦称为重定位。

2. 存储分配与去配

内存储空间是有限的，在多道程序设计环境下，内存储空间同时容纳多个用户作业，则内存如何分配与去配至关重要。

当作业装入内存时，必须按规定的方式向操作系统提出申请，操作系统按一定策略分配存储空间，分配存储空间的工作称为内存的分配。因此，操作系统必须随时掌握内存空间的使用情况。

若内存中的某个作业撤离或主动回收内存资源时，操作系统负责及时收回相关存储空间，回收存储空间的工作称为内存的去配。

3. 存储共享

内存空间是有限的，为了提高内存空间的利用率，需要进行内存空间的共享。内存空间的共享包含两方面含义：

（1）共享内存资源：在多道程序环境下，若干个作业同时装入内存的不同区域，共同占用一个存储器。

（2）共享内存的某些区域：在同一内存中若干个作业有共同的程序段或数据段时，将这些共同的部分存放于同一内存区域中，该区域各个作业执行时都可以访问它，从而可节省大量的内存空间，这个内存区域也称为共享区域。

4. 存储保护

在多道程序环境下，系统不仅需要完成地址变换，还需要保证操作的正确。系统的内存中不仅包含多个用户作业的程序，同时还有系统程序，为了使系统正常运行，各用户进程间不互相干扰，信息不被破坏，必须采取保护措施。内存的地址保护功能一般由硬件和软件配合实现。存储保护包括以下内容：

1）防止地址越界

为了确保每个进程都有一个单独的内存空间来保证进程间不会相互影响，系统对每个进程设置一对“界限寄存器”来防止越界访问，达到内存保护的目的。

采用“界限寄存器”实现内存保护的方法有两种：“上、下界寄存器”方法和“基址、限长寄存器”的方法。

“上、下界寄存器”方法，是分别将进程存储空间的开始地址和结束地址分别存到“上、下界寄存器”中。即下界寄存器≤物理地址＜上界寄存器。在程序运行过程中，将每一个访问内存的地址都和这两个寄存器的内容进行比较，若超出上、下界寄存器的范围，则产生越界中断信号，并停止进程的运行。例如，如图6－4所示，访问的进程指令或数据D物理地址必须满足20 KB≤D＜30 KB，否则发生越界中断。

“基址、限长寄存器”方法，是分别将进程存储空间的起始地址和进程地址空间长度存到“基址寄存器”和“限长寄存器”中，“基址寄存器”保存最小的合法物理内存地址，“限长寄存器”指定了合法的范围大小，即基地址≤物理地址＜（基地址＋限长地址）。若访问地址超过限长，则产生越界中断信号，并停止进程的运行。例如，如图6－5所示，访问的进程指令或数据D物理地址必须满足20 KB≤D＜30 KB，否则发生越界中断。

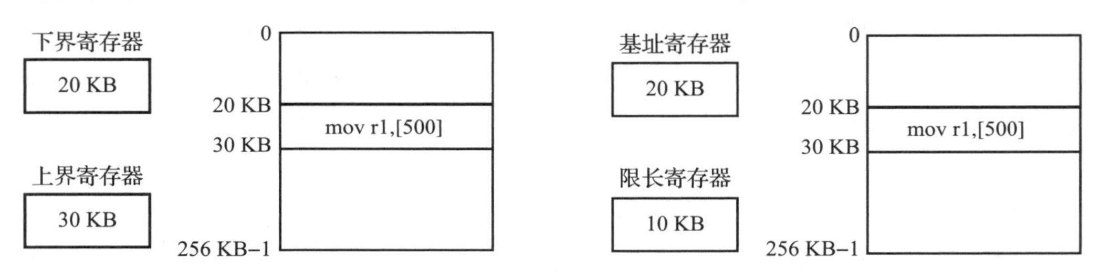

图6－4　上、下界寄存器保护　　　　图6－5　基址、限长寄存器保护

2）防止访问方式越权

对于允许多个进程共享的存储区域，每个进程都有自己的访问权限，例如，某些进程可以执行读操作，有些进程可以执行写操作，或所有共享相同存储区域的进程只可执行读操作，若有一个进程违反了访问权限的规定，则称之为访问方式越权。因此，对共享区域的访问必须加以检查，以防止越权操作。

5. 存储扩充

内存的空间是有限的，若有一个比内存容量还大的程序要运行，内存的存储空间不能满足用户程序的需求，则需要操作系统利用外存对内存容量进行扩充，这个过程是用户感知不到的。这种方式为用户提供的是一个虚拟的存储器，它比实际内存的容量大，起到内存储器扩充的功能。

6.1.3 程序的链接与装入

1. 程序如何运行

在多道程序环境下，若使编写好的程序可以运行，必须首先要创建进程，进程的创建必须将程序和数据先装入内存，然后将其转变为一个可执行的程序。

从用户编写的源文件到内存中执行的过程，分为三个阶段：

首先，源程序通过编译器，编译成 CPU 可以执行的若干个目标模块；其次通过链接程序，将编译后形成的若干个目标模块以及所需要的库函数链接到一起，形成完整的装入模块；最后，通过装入程序将这些装入模块装入内存并执行。程序的处理过程如图 6－6 所示。

简单来说，用户程序的处理过程即“编译—链接—装入”。

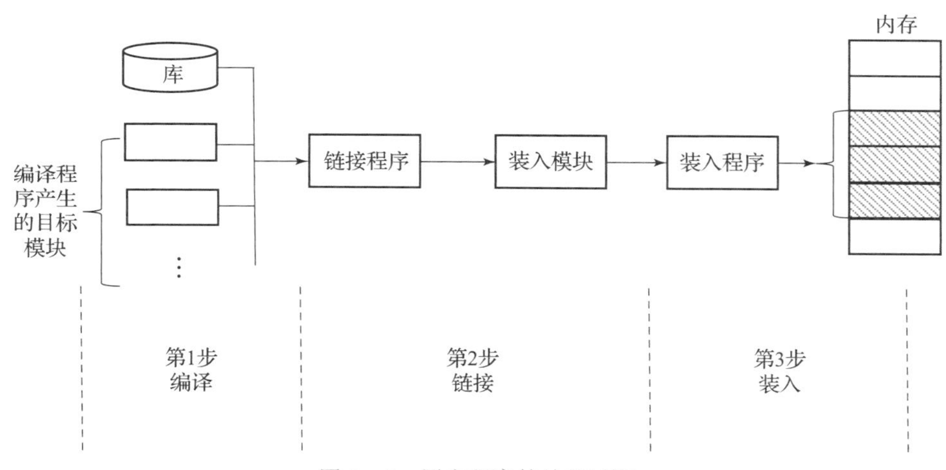

图 6－6 用户程序的处理过程

2. 程序的链接

源程序经过编译后，可得到一组目标模块，其中的每一个目标模块都是相对于“0”编址的。再利用链接程序将这组目标模块链接，形成装入模块。装入模块虽然具有统一的地址空间，但它仍是以“0”编址的。

根据链接时间的不同，可把链接分成静态链接、装入时动态链接和运行时动态链接三种。

1） 静态链接

在程序运行之前，先将各目标模块及它们所需的库函数，链接成一个完整的装入模块，以后不再拆开，这种方式称为静态链接方式。

通常，由编译产生的所有目标模块的起始地址都是从 0 开始，每个模块中的程序代码地址都是相对于模块的起始地址，如图 6－7 所示。经过静态链接后，模块的地址重新编排。

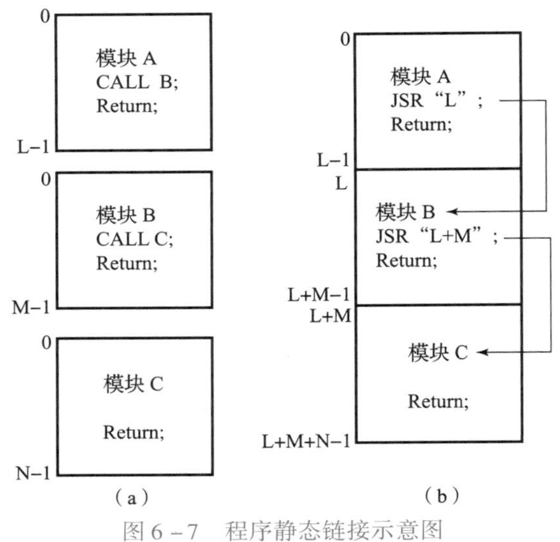

图 6－7　程序静态链接示意图

(a) 目标模块；(b) 装入模块

在图 6－7 中有三个目标模块，分别是模块 A，长度为 L；模块 B，长度为 M；模块 C，长度为 N。模块 A 中有一条语句“CALL　B”表示调用模块 B。模块 B 中有一条语句“CALL　C”表示调用模块 C。模块 B 和模块 C 属于外部符号引用。将这三个目标模块装配成一个装入模块时，需要解决两个问题：

一是相对地址的修改。由编译程序所产生的目标模块中，使用的都是相对地址，即起始地址是 0，链接成一个装入模块时，原模块 B 和模块 C 装入模块的起始地址不再是“0”，而起始地址分别是“L”和“L＋M”，所以模块 B 和模块 C 的相对地址要修改。把原模块 B 中的所有相对地址都加上 L，把原模块 C 中的所有相对地址都加上 L＋M。

二是外部符号引用的变换。将每个模块中所用的外部调用符号也都变换为相对地址，例如把原模块 A 中的“CALL　B”变换成“JSR“L””，即把 B 的起始地址变换为 L。把原模块 B 中的“CALL　C”变换成“JSR“L＋M””，即把 C 的起始地址变换为 L＋M。

这种静态链接方式所形成的一个完整的装入模块（又称为可执行文件），通常都不再拆开，要运行时可直接装入内存。

2）装入时动态链接

用户源程序经编译后所得的目标模块，是在装入内存时边装入边链接的，即在装入一个目标模块时，若发生一个外部模块调用事件，将引起装入程序去找出相应的外部目标模块，并将它装入内存。如图 6－7 所示，在装入 A 模块时，遇到了外部符号引用“CALL　B”，此时引用装入程序去找出相应的外部目标模块 B，并把它装入内存，同时修改修改目标模块中的相对地址。同理，遇到了外部符号引用“CALL　C”，引用装入程序去找出相应的外部目标模块 C，并把它装入内存，同时修改修改目标模块中的相对地址。

装入时动态链接方式由于各目标模块是分开存放的，所以要修改或更新各个目标模块是件非常容易的事。同时采用装入时动态链接方式，操作系统很容易将一个目标模块链接到几个应用模块上，实现多个应用程序对该模块的共享。

3）运行时动态链接

装入时动态链接比静态链接有优势，便于实现目标模块的共享，但也有不足之处。主要表现在两方面：一是，装入时动态链接，则程序的整个运行期间，装入模块是不改变的。实际应用中有时需要不断地修改某些装入模块，并希望在程序不停止运行的情况下把修改后的装入模块与正在运行的应用模块链接在一起运行。二是，在许多情况下，应用程序在运行时，每次要运行的模块可能是不相同的，但由于事先无法知道本次要运行哪些模块，故只能将所有可能要运行到的模块全部装入内存，并在装入时全部链接在一起，显然这是低效的，因为往往会有部分目标模块根本不运行。同时还会引起程序装入时间的浪费和内存空间的浪费。例如，在设计程序时，设计了错误解决模块，当错误发生时调用该模块，解决错误，但往往程序在运行过程中发生错误的概率很小，所以在程序运行前将该错误模块装入内存中，而该模块可能根本不会被用到，这样既延长了装入时间，又对内存造成浪费。

而运动时动态链接，将对某些模块的链接推迟到程序执行时才进行链接。即，在执行过程中，当发现一个被调用模块尚未装入内存时，立即由操作系统去找到该模块，将之装入内存，并把它链接到调用模块。在执行过程中没有被用到的目标模块，则不会被调入内存和被链接到装入模块上，这样加快了程序装入过程，节省了内存空间。所以运行时动态链接是对装入时动态链接的方法改进。

3. 程序的装入

将装入模块装入内存实际物理地址空间，可以有 3 种装入方式：绝对装入方式、静态重定位装入方式和动态重定位装入方式。

1）绝对装入方式

在编译时，程序必须装入内存的固定位置，编译程序将产生绝对地址的目标代码。绝对装入程序按照装入模块中的地址，将程序和数据装入内存。装入模块被装入内存后，由于程序中的逻辑地址与实际内存地址完全相同，故不须对程序和数据的地址进行修改。这种方式就是直接跟内存打交道，程序员直接给出绝对地址。要求程序员熟悉内存的使用情况，而且一旦程序或数据被修改后，例如插入或删除新的程序或数据，可能要改变程序中的所有地址。

这种方式不适用于多道程序设计，仅能运行单道程序，当计算机系统很小，且仅能运行单道程序时，完全有可能知道程序将驻留在内存的什么位置，此时可以采用绝对装入方式。

2）静态重定位装入方式

在多道程序环境下，编译程序不可能预知所编译的目标模块应放在内存的何处，所以绝对装入方式不适合。在多道程序环境下，链接程序由编译程序产生的多个目标模块和它们所要调用的库函数一起，链接成一个从 0 开始编址的完整的装入模块。根据内存当前情况，将装入模块装入内存的适当位置。

通常，把在装入模块的逻辑地址变换为内存的物理地址的过程，称为重定位，又称为地址映射。

如果地址变换通常在装入时一次完成，之后不再改变，那么这种方式称为静态重定位。简单来说就是在程序执行之前进行重定位。静态重定位将装入模块装入内存后，会使装入模块的所有逻辑地址与实际装入内存的物理地址不同，实际装入内存的物理地址 = 逻辑地址 + 操作系统分配的这个起始地址。作业中所要访问的指令实际地址也同样需要加上这个起始地址。

如图 6－8 所示，一个以“0”为起始地址的装入模块 A，要装入以 1000 为起始地址的内存实际存储空间中，装入时要做某些代码的修改。装入模块 A 中有一条指令“Load 1，500”，该指令的意义是将逻辑地址为 500 的存储单元的内容 1234 装入 1 号寄存器中。

当将装入模块 A 装入以 1000 为起始地址的内存空间后，原来程序中的地址 500 就变成了 1500，即将逻辑地址 500 + 操作系统分配的起始地址 1000。因此，原程序的“Load 1，500”指令在内存空间变成“Load 1，1500”。程序中涉及地址的每条指令都要进行这样的修改。这种修改是在程序运行之前，程序装入时一次完成的，以后不再改变，这就是静态重定位。

静态重定位工作由软件来实现，不需要硬件提供支持。实行静态重定位时，地址重定位工作是在程序装入时一次性完成的，绝对地址空间里的目标程序与原相对地址空间里的目标程序已不相同，因为绝对地址空间已做了地址调整。静态重定位可以将装入模块装入内存中的任何位置，但不允许程序在内存中移动位置。因为程序若在内存中移动，则该程序在内存中的物理位置会发生变化，这时必须对程序和数据的物理地址进行修改后才能运行。同时静态重定位要求程序的存储空间是连续的，不能把程序放在若干个不连续的存储区域中。如图 6－8 中，程序 A 就是装到绝对地址 1000～1700 这个连续的存储区域中的。

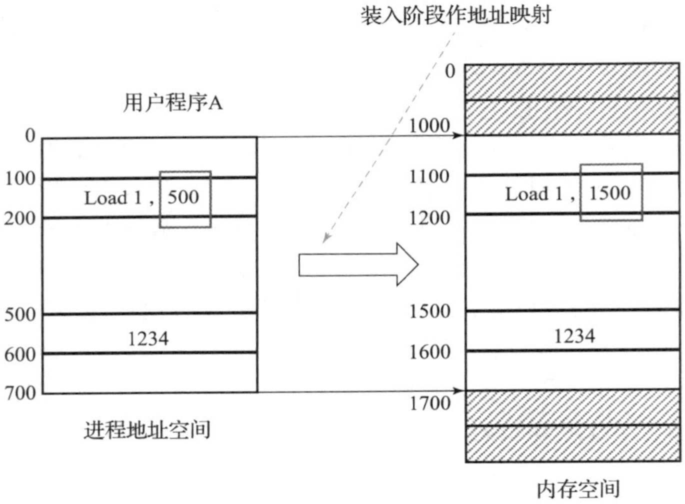

图 6－8　静态重定位

3）动态重定位装入方式

动态重定位装入方式，将逻辑地址转换成物理地址的过程推迟到程序真正运行时。

实际情况下，在程序运行过程中，程序在内存中的位置可能经常改变，显然静态重定位方式不适合于程序在内存中移动，所以应采用动态重定位装入方式。

动态运行时的装入程序在把装入模块装入内存后，并不立即把装入模块中的相对地址转换为绝对地址，而是把这种地址转换推迟到程序真正要执行时才进行。因此，装入内存后的所有地址仍是相对地址。为使地址转换不影响指令的执行速度，这种方式需要一个硬件地址转换机构——“重定位寄存器”的支持。当某个进程开始执行时，操作系统负责把该进程在内存中的起始地址送入“重定位寄存器”中，之后在进程的整个执行过程中，每当访问内存时，系统就会自动将“重定位寄存器”的内容加到逻辑地址中去，从而得到与逻辑地址相对应的物理地址。

如图 6 –9 所示，装入模块不进行任何修改就装入内存，程序中与地址相关的各项均保持原来的相对地址。如“Load 1，500”这条指令中仍保持相对地址 500。当该模块运行时，CPU 每取一条访问内存指令，硬件地址转换机构就自动将指令中的相对地址与重定位寄存器中的值相加，再将此值作为内存绝对地址去访问该单元中的数据。

图 6 –9 中，该模块被操作系统调度到处理机上执行时，操作系统首先把该模块装入的实际起始地址装入重定位寄存器中，即将 1000 装入重定位寄存器中。当 CPU 访问内存1100 号单元中的指令“Load 1，500”时，硬件地址转换机构自动地将这条指令中的逻辑地址 500 加上重定位寄存器的内容，得到物理地址 1500，从物理地址 1500 中取出数据“1234”装入 1 号寄存器。由此可见，动态重定位实施的时机是在指令执行过程中，每次访问内存前动态进行。

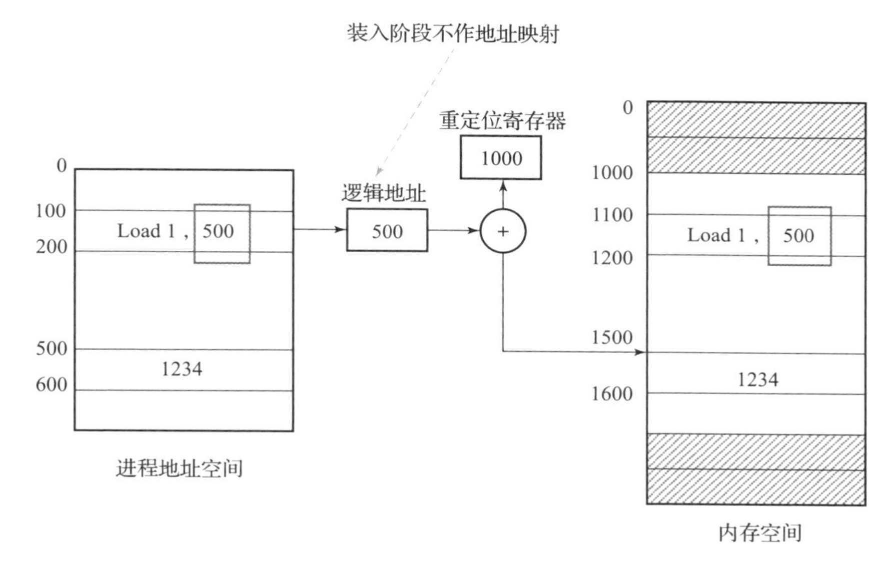

图 6 –9　动态重定位

采用动态重定位装入方式可带来两个好处：

一是目标模块装入内存时不需要任何修改，因而装入时可以在内存中移动位置，以提高对内存的利用率，移动后把新的起始地址送到重定位寄存器中即可。

二是一个程序是由若干个相对独立的目标模块组成。每个目标模块装入内存时可以各放在一个存储区域，这些区域可以不是顺序相邻的，只要各个模块有自己对应的重定位寄存器即可。

6.1.4　覆盖与交换

覆盖技术与交换技术是在多道程序环境下用来扩充内存的两种方法。覆盖技术主要用在早期的操作系统中，交换技术在现代操作系统中仍然应用比较广泛。

1. 覆盖技术

为什么提出覆盖技术？倘若有一个程序要运行，而该程序需要的内存空间大于现在拥有的实际内存空间大小，该怎么办？覆盖技术就可以解决这样一个问题，即在较小的可用内存中运行较大的程序。

覆盖技术的方法是把一个大的程序划分为一系列覆盖，每个覆盖就是一个相对独立的程序单位，把程序执行时并不要求同时装入内存的覆盖组成一组覆盖段，将一个覆盖段分配到同一个存储区域，这个存储区域称为覆盖区，它与覆盖段一一对应。为了使一个覆盖区能为相应覆盖段中的每个覆盖在不同时刻共享，其大小应由覆盖段中的最大覆盖来确定。具体有以下几点：

（1）必要部分（常用功能）的代码和数据常驻内存；

（2）可选部分（不常用功能）放在其他程序模块中，只在需要时加载到内存；

（3）不存在调用关系的模块可以相互覆盖，共用同一块内存区域。

假设有一个进程大小为 200 KB，进程中模块间的调用关系如图 6－10 所示。按照上述覆盖技术方法对该进程进行分组。从图中看到 A 模块是一个独立的模块，它调用模块 B 和模块 C，并且模块 B 和模块 C 是互斥的关系，因此将模块 B、模块 C 分为一组。同时模块 B 调用模块 D，模块 C 调用模块 E 或模块 F，模块 E 和模块 F 也是互斥关系，因此将模块 D、模块 E 和模块 F 分为一组。所以模块 A 在内存划分 10 KB 放到常驻区；模块 B（40 KB）、模块 C（20 KB）这组，模块 B 最大，分配 40 KB 的内存空间，分配覆盖区 1；模块 D（40 KB）、模块 E（40 KB）、模块 F（50 KB），这组分配 50 KB 的内存空间，分配覆盖区 2。这样这个程序可以在内存大小为 100 KB（这里忽略操作系统所占的内存空间）的机器中运行。

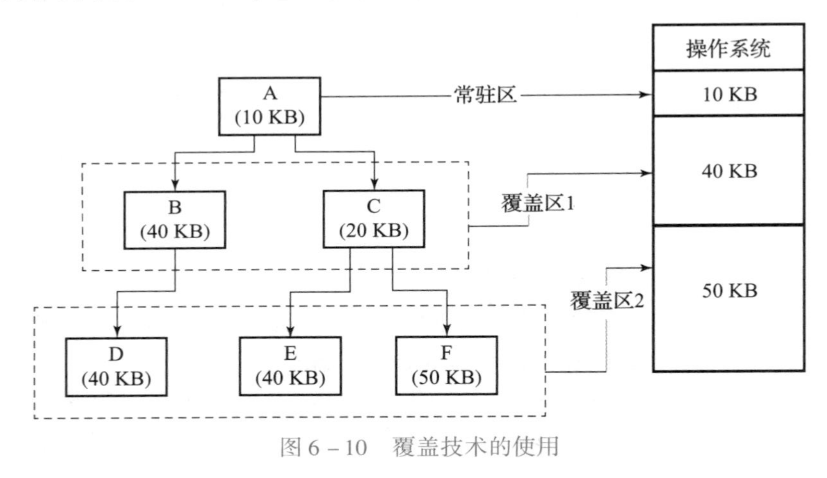

图 6－10　覆盖技术的使用

覆盖技术要求程序员必须把一个程序划分成不同的程序段，并规定好它们的执行和覆盖顺序，操作系统根据程序员提供的覆盖结构来完成程序段之间的覆盖，因此增加了编程的复杂度；同时，覆盖技术需要将各程序模块在内存模块中换入换出，实际是用时间换空间，增加了执行时间。

2. 交换技术

交换技术也是扩充内存的一种方法，它与覆盖技术不同，覆盖技术是当一个程序无法全部加载到内存时，采用将程序分段的方式放入内存空间。而交换技术是内存足够放下一个程序，但内存空间不足无法存放多个程序，采用交换的方法多个程序交换使用有限的内存空间。例如，在多道程序环境下，内存中的某些进程，由于处于等待态而无法运行却占用着大量的内存空间；可能又有许多进程因内存空间不足，一直在外存等待，不能进入内存运行，这样都会导致系统的吞吐量下降，资源的利用率降低。而这样的问题，可以采用交换技术来解决。

交换技术的方法是把暂时不用的某个程序及数据部分从内存移到外存中去，以便腾出必要的内存空间给其他的程序。或者把指定的程序或数据从外存读入相应的内存中，并将控制权转给它，让它在系统上运行。交换技术如图6-11所示。

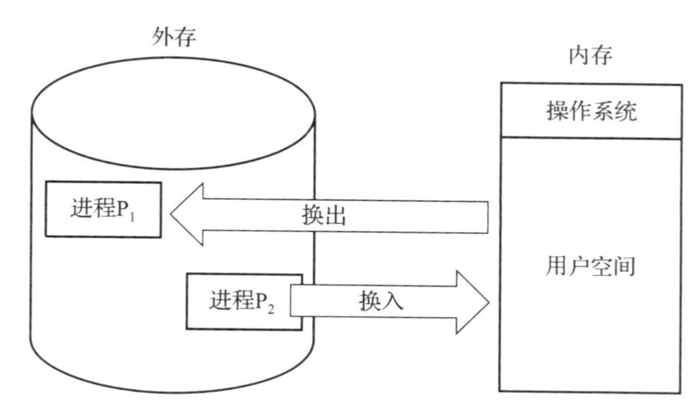

图6-11 交换技术的使用

在选择换出进程时，应检查所有驻留在内存中的进程中是否有被阻塞的进程，当有多个阻塞进程时，可以先换出优先级别低的，如果没有阻塞的进程，也可以考虑优先级别低的就绪进程。同时也要考虑公平性原则，若有的进程优先级别低，但在内存中驻留时间短，则不要优先选择被换出，以免发生饿死现象。对于换出的进程，只能换出非共享的程序和数据段，而共享的程序和数据段只要有进程需要，就不能被换出。在进行换出时，首先申请外存中的交换区，若申请成功，则启动磁盘，将换出的程序和数据段送入外存的交换区中，同时修改进程控制块PCB和内存分配表等。

对于外存交换区中的进程，若内存空间紧张问题得以改善，可以执行换入操作，首先需查找交换区中进程的状态，找出就绪状态但被换出的进程，若有多个这样的进程，则选择被换出在交换区时间长的进程，然后申请内存空间。若申请成功，则由外存交换区送入内存；若申请不成功，内存空间不足，则内存再选择进程换出，腾出空间后，再将该进程换入内存。

与覆盖技术相比，交换技术不要求程序员给出程序段之间的逻辑关系，而且交换主要是在进程之间进行，而覆盖则主要在同一个进程中进行。交换技术打破了一个程序一旦进入内存便一直运行到结束的限制。但运行的进程大小仍受实际内存的限制。因为交换技术涉及进程的换进、换出，需要操作系统来协调工作，所以也要耗费大量的时间开销，因此，目前较多的交换方法是，如果发现有许多进程在运行时经常发生缺页中断，则可以考虑内存空间不足，启动交换程序，选择一部分进程换出到外存。在处理机正常运行时，是不启动交换程序的。

6.2 分区存储管理方式

单用户存储管理方式每次只能允许一个用户作业在内存中运行，当内存空间较大，而用户作业较小时，单用户存储管理方式对内存造成极大的浪费。那么如何有效地利用内存空间装入多个用户作业呢？可以把内存划分成若干个连续的区域，称为分区。分区存储管理可实现多道程序设计管理。分区的方式可分为固定分区和可变分区两种。

6.2.1 单一连续存储管理

单一连续存储管理，是最简单的一种存储管理方式，只能用于单用户、单任务的操作系统中。

采用单一连续存储管理方式时，把内存分为两个连续存储区域，分别是系统区和用户区。如图 6－12 所示。系统区仅提供给操作系统使用，通常是放在内存的地址部分；用户区一次只分配给一个用户作业使用，一般情况下，一个用户作业实际只占用该区的一部分，剩余部分只能空闲被浪费，所以对内存的利用率很低。因为每次只允许一个用户作业装入内存，因此不必考虑用户作业在内存中移动的问题，所以作业被装入内存时，系统一般采用静态重定位方式进行地址转换。用户作业一旦进入内存，就要等到其结束后才能释放内存。

在早期的单用户、单任务操作系统中，大多配置了存储保护机制，用于防止用户程序对操作系统的破坏，主要是采用设置“基址寄存器”和“界限寄存器”的方法来实现。在近年来，常见的几种单用户单任务操作系统中，例如 CP/M、MS－DOS 等，都未设置存储保护设施。一方面为了节省硬件，另一方面是因为机器由用户独占，不可能存在受其他用户作业干扰的问题，其可能出现的破坏行为，也是由用户作业自己去破坏操作系统，后果也不严重，只影响自身的运行，并且操作系统也可以采用重启的方式重新装入内存。

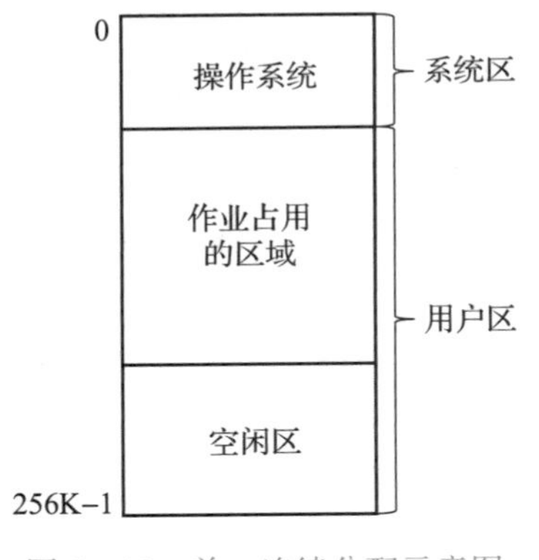

图 6－12　单一连续分配示意图

对于单一连续存储管理其优点是管理简单，只需要很少的软件和硬件支持，系统效率高，操作系统简单，因为是单用户、单任务，所以不存在其他用户干扰的问题，所以无并发程序带来的负面作用。但其缺点是程序大小受内存限制，内存无共享性，小程序浪费空间，同时不能实现多道程序设计，效率低。

6.2.2 固定分区存储管理

固定分区存储管理方法是最早使用的一种可运行多道程序的存储管理方法。在多道程序系统中，内存可以同时装入多个作业，但为了使这些作业在内存中互不干扰，就把内存提前划分出若干个区域分给这些作业，每个区域装入一个作业，这样这些作业就可以并发执行。这就是最早期使用的固定分区存储管理方法。

1. 基本原理

固定分区存储管理是在系统运行之前就将内存中的用户区划分为若干个固定大小的连续区域。每一个区域称为一个分区。每个分区可以装入一个作业。分区一旦划分好，在系统运行期间就不能重新划分。分区的划分方式有两种：等长分区和异长分区。

（1）等长分区，是指分区的大小相等，如图6－13所示。这种情况的缺点是明显的，这种分区方法缺乏灵活性。因为若用户作业太小，会造成内存空间的浪费；若作业太大，可能因为分区太小不足以装入该作业而无法运行。但对于一台计算机控制多个相同对象的场合，这种等长分区方法较为方便和实用。

（2）异长分区，是指把内存划分大小不同的分区，通常情况下，把系统分成含有多个较小的分区、适量的中等分区和少量的大分区。如图6－14所示，系统根据用户作业大小适当分区。

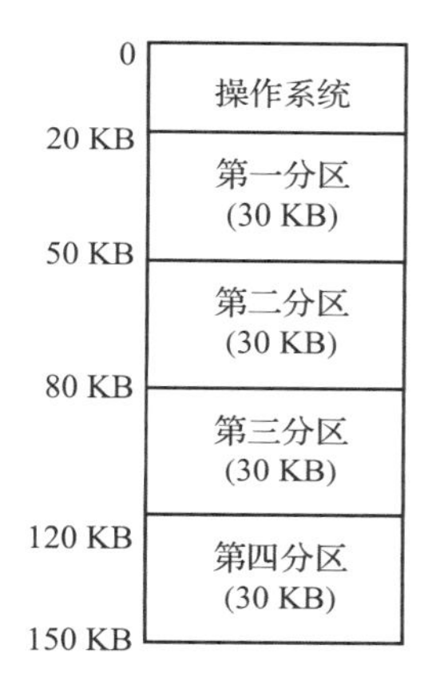

图6－13　等长分区分配示意图

图6－14　异长分区分配示意图

2. 内存分配和回收

内存的分配：为了便于内存分配管理，通常将分区按大小进行排队，并为之建立一张“固定分区分配表”，记录各个分区的使用情况，方便内存空间的分配与回收操作。一个系统中的内存分配表长度是固定的，由内存中的分区个数决定。在固定分区分配表中记录了各个分区的起始地址、长度和该分区的状态。

假设固定分区大小分别是12 KB，32 KB，64 KB，128 KB，起始地址分别是20 KB，32 KB，64 KB，128 KB。现在有3个作业，作业A（10 KB），作业B（64 KB），作业C（100 KB），根据作业的大小为其选择合适的分区。这表示内存中包含4个分区，按分区大小从小到大排序，作业A占用分区1，作业B占用分区3，作业C占用分区4，分区2处于空闲状态，如表6－1固定分区分配表所示。多个作业在内存的分配情况如图6－15所示。

表 6－1　固定分区分配表

区号	分区大小	分区起始地址	分区状态
1	12 KB	20 KB	已分配作业 A
2	32 KB	32 KB	未分配
3	64 KB	64 KB	已分配作业 B
4	128 KB	128 KB	已分配作业 C

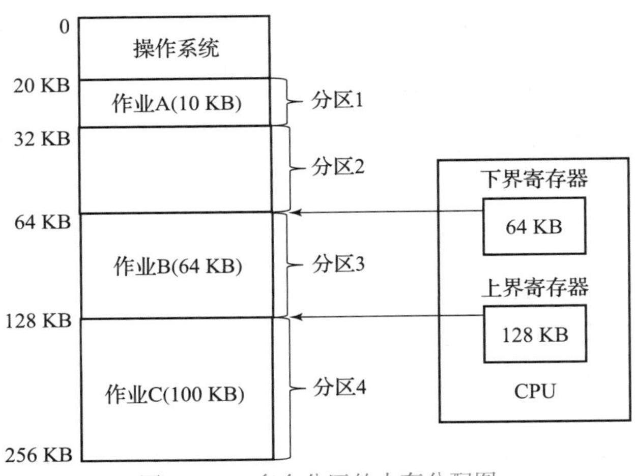

图 6－15　多个分区的内存分配图

固定分区的分配：当作业队列有作业要求装入内存时，由内存分配程序检索固定分区分配表，从中找出一个能满足要求的、尚未分配的分区，将之分配给该作业，然后将该表项中的分区状态置为“已分配”。若未找到大小足够的分区，则拒绝为该用户作业分配内存。固定分区的回收：装入后的作业执行完，操作系统需将内存空间回收，并将固定分区分配表的分区状态由“已分配”改成“未分配”标志。

3. 存储保护

在固定分区存储管理方式下，不仅要防止用户作业对操作系统形成侵扰，也要防止用户作业之间形成侵扰。因此在处理机中设置两个寄存器：“下界寄存器”和“上界寄存器”，用于对存储空间进行保护。

如图 6－15 示。当一个已经被装入内存的作业占有 CPU 运行时，作业调度程序将该作业的首地址和末地址分别存储于 CPU 的下界寄存器和上界寄存器中，CPU 执行该作业指令时，硬件会自动检测指令中的地址，保证下界寄存器≤物理地址＜上界寄存器。当物理地址在下界寄存器和上界寄存器地址范围内，则按物理地址访问内存空间；反之，如果条件不成立，则产生中断事件——地址越界，达到存储保护的目的。

当作业运行结束时，调度程序选择另一个可运行的作业，同时修改下界寄存器和上界寄存器的内容，以保证 CPU 能控制该作业的正确执行。

4. 内存空间的利用率

固定分区存储管理方式总是为用户作业分配一个不小于作业地址空间的分区，因此在分区中产生了一部分被浪费掉的空闲区域，影响了内存空间的利用率。这部分被浪费的区域称为“碎片”。

5. 固定分区存储管理的优缺点

固定分区的优点是简单易行，特别是对于作业的大小预先已知的专用系统比较实用。当一个分区分配给某个作业时，作业将一次性全部装入一个连续分区中。缺点是内存利用不充分，若作业小于分区的大小，则会产生“内部碎片”，导致内存的浪费。同时作业的大小受到分区大小的限制，若作业太大，最大的分区也不能满足要求，则无法得到运行。

6.2.3 动态分区存储管理

在固定分区存储管理方式中，内存的分区大小是固定的，这样很容易造成小作业空间分配对内存空间的浪费。为了让分区的大小与作业的大小相一致，可以采用动态分区存储管理方式。

1. 基本原理

动态分区存储管理也称为可变分区存储管理，在作业执行前并不建立分区，分区的建立是在作业的处理过程中进行的，因此分区大小不是预先固定的，而是按作业需求量来划分的；分区的个数和位置也不是预先确定的。它有效地克服了固定分区方式中由于分区内部剩余内存空置造成浪费的问题。

系统初启时，整个用户区可看作一个大的空闲区。当作业要求装入时，根据作业对内存需求量，从空闲区中划出一个与作业大小一致的分区来装入该作业，剩余部分仍为空闲区。当空闲区能满足需求时，即空闲区长度≥作业长度，作业可装入；否则，作业暂时不能装入。如图 6－16 所示。

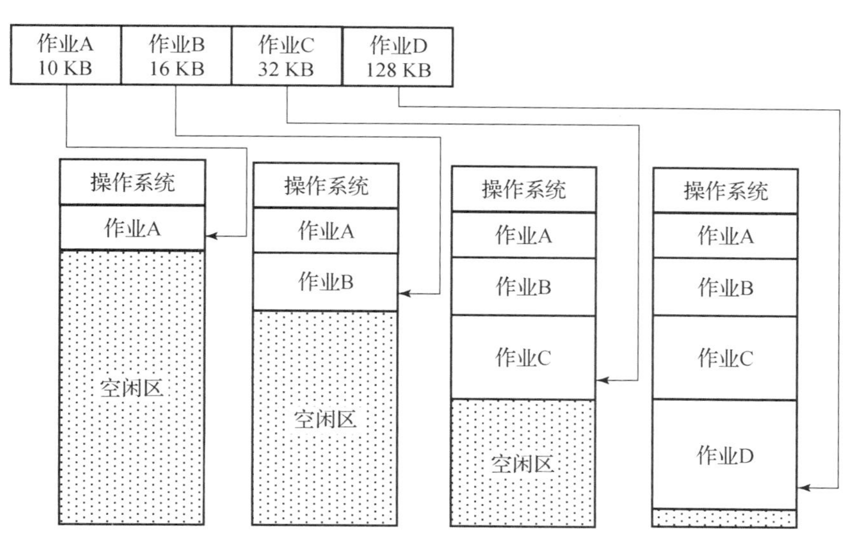

图 6－16 期初内存分配示意图

装入内存的作业执行结束后，所占分区被收回成为一个空闲区，这个空闲区又可用于装入其他作业。随着作业不断装入和撤离，内存空间被分成许多分区，有的被作业占用，有的空闲。假设开始时作业 A、作业 B、作业 C、作业 D 装入内存，然后作业 B、作业 D 结束，回收内存空间，作业 E 进入内存，分配空闲区，则分配和回收过程如图 6－17 所示。可见内存中空闲区数目和大小是在不断变化的。随着后续装入和作业的执行与结束，会出现一系列的分配和回收。

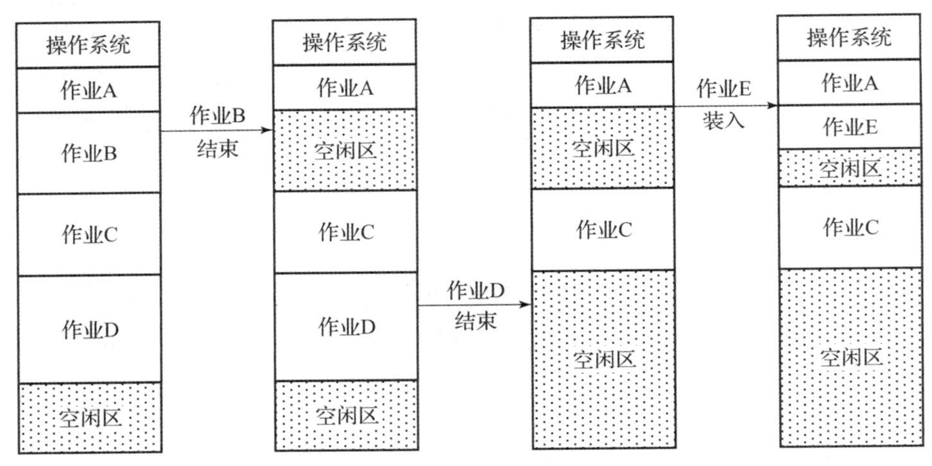

图 6－17　内存分配空间变化示意图

2. 分区分配的数据结构

为了实现动态分区分配，系统中也必须设置相应的数据结构来记录内存的使用情况。常用的数据结构有两种：分区表和空闲分区链。

1）分区表

系统设置空闲分区表和已用分区表。空闲分区表，记录当前内存中空闲分区的情况，包括空闲分区序号、分区大小、起始地址和状态，如表 6－2 所示。已用分区表，记录当前已经分配给用户作业的内存分区，包括分区区号、分区大小、起始地址和状态，如表 6－3 所示。

表 6－2　空闲分区表

序号	大小	起始地址	状态
1	25 KB	40 KB	未分配
2	30 KB	90 KB	未分配
3	…	…	空表目
4	…	…	空表目
…	…	…	空表目

表 6－3　已用分区表

序号	大小	起始地址	状态
1	10 KB	30 kB	作业 A
2	25 KB	65 kB	作业 B
3	30 KB	105 KB	作业 E
4	150 KB	120 kB	作业 C
…	…	…	空表目

注意：在空闲分区表中表项的状态有两种，一种是“未分配”状态，表示该区域是空闲区，作业申请内存空间，查找空闲分区表中“未分配”状态的存储空间；一种是“空表目”状态，表示表中对应的登记项是空白，可以用来登记新的空闲区，若有作业运行结束，回收占用的内存空间，应找一个“空表目”栏登记回收区的长度和起始地址以及状态。由

于分区的个数不定，所以空闲分区表中应有适量的状态是“空表目”的登记栏目，否则导致分区表“溢出”，无法登记。已用分区表中的“空表目”同理。

2）空闲分区链

用链头指针将内存中的空闲分区链接起来，构成空闲分区链，如图6－18所示。在每个分区的起始部分，设置一些用于控制分区分配的信息，以及用于链接各分区所用的前向指针；在分区尾部则设置一后向指针，通过前、后向链接指针，可将所有的空闲分区链接成一个双向链。为了检索方便，在分区尾部重复设置状态位和分区大小表目。当分区被分配出去以后，把状态位由“0”改为“1”，此时，前、后向指针已无意义。

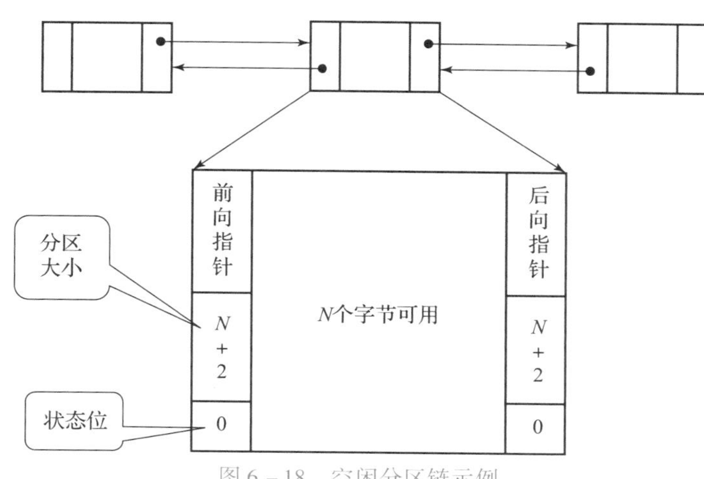

图6－18 空闲分区链示例

3. 动态分区分配算法

将一个作业装入内存，应按照一定的分配算法从空闲分区表（或空闲分区链）中选出一个满足作业需求的分区分配给作业。如图6－19所示，为作业A申请10KB的内存空间。则首先从空闲分区表的第1个区开始，寻找≥10KB的空闲区；找到后从分区中分割出大小为10KB的部分给作业A使用；分割后的剩余部分作为空闲区仍然登记在空闲分区表中。

注意：分割空闲区时一般从底部分割。这是因为当分割空闲区时，若从底部分割，剩下的空闲区只需修改空闲分区表中的大小，而起始地址不变。这是为了方便空闲分区表的更新。

内存分配流程图如图6－20所示。若请求的分区大小为u. size，如何进行内存分配？即从空闲分区表的第一个表目起查找该表，找到合适的空闲区分配给作业。为了减少查找时间，空闲分区按地址由低到高进行排序。空闲表中每个空闲分区的大小可表示为m. size。若m. size－u. size≤size（size是事先规定的不再切割的剩余分区的大小），说明多余部分太小，可不再切割，将整个分区分配给请求者；否则（即多余部分超过size），从该分区中按请求的大小划分出一块内存空间分配出去，余下的部分仍留在空闲分区链（表）中。然后，将分配区的首址返回给请求者。

作业申请内存空间，操作系统需要遍历这个空闲分区表，那么空闲分区表如何排序呢？目前，常用的放置策略算法有4种：最先适应算法、下次适应算法、最佳适应算法和最坏适应算法。

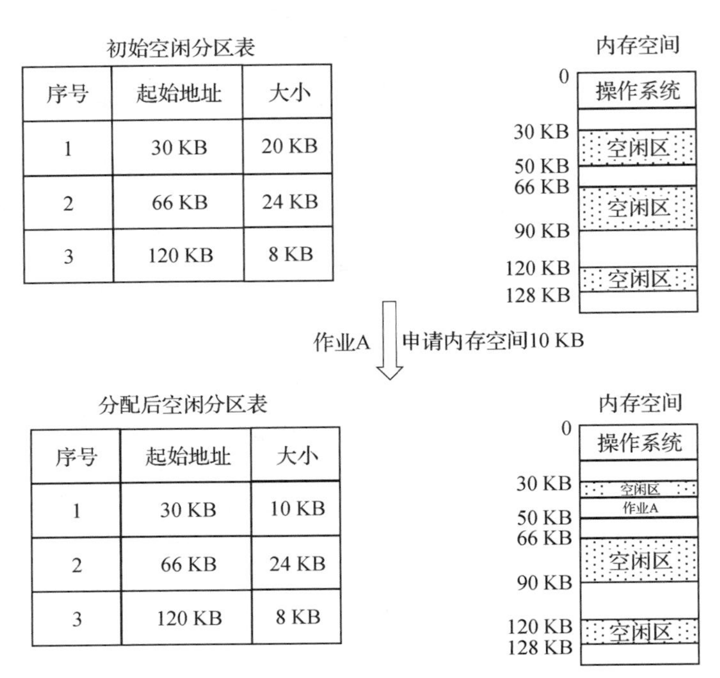

图 6－19　空闲区分配过程

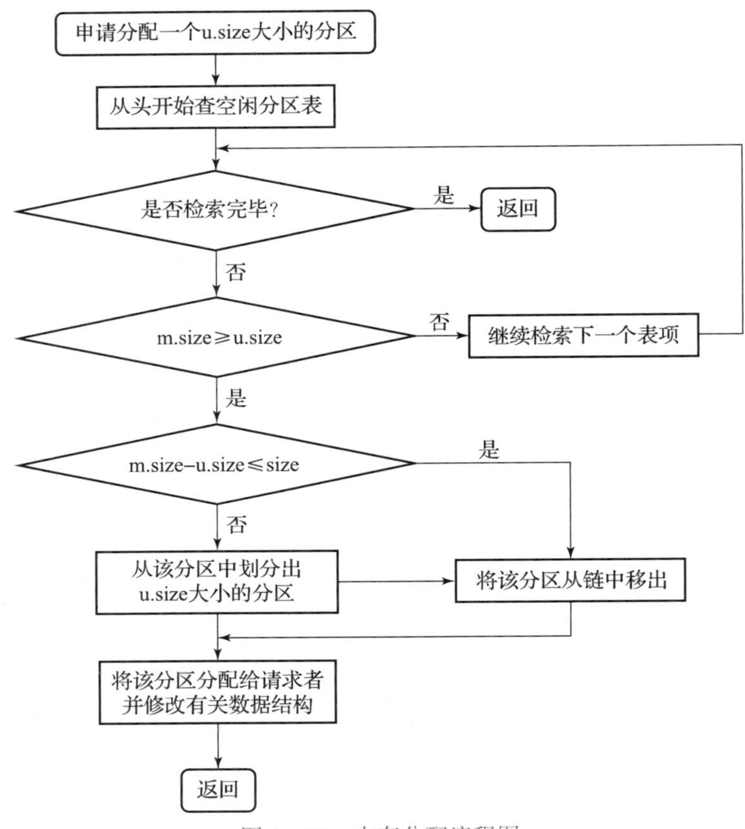

图 6－20　内存分配流程图

1）最先适应算法（First Fit，FF）

最先适应算法也称为首次适应算法，该算法要求空闲分区表中的记录按地址递增的顺序排列，如表6－4所示。在进行内存分配时，从空闲分区表表首开始顺序查找，直到找到第一个能满足其大小要求的空闲分区为止。然后再按作业大小，从该分区中划分出一块内存空间分配给请求者，余下的空闲分区仍然留在空闲分区表中。若从头到尾找不到满足要求的分区，则分配失败。

表6－4 最先适应算法空闲分区表

序号	起始地址	大小
1	30 KB	10 KB
2	66 KB	24 KB
3	120 KB	8 KB

这种算法简单、快速。较大空闲分区可以被保留在内存高端分区。但随着内存低端分区不断划分而产生较多小分区，即产生“外部碎片”，从而使内存空间的利用率大大降低，同时每次分配时查找时间开销会增大。

2）下次适应算法（Next Fit，NF）

下次适应算法又称为循环首次适应算法，为了减少内存碎片产生的速度，把最先适应算法改造为下次适应算法。该算法要求空闲分区表的记录仍然按地址递增的顺序排列。每次分配是从上次分配的空闲区的下一条记录开始顺序查找空闲分区表，最后一条记录不能满足要求时，再从第1条记录开始比较，找到第一个能满足作业长度要求的空闲分区，分割这个空闲分区，装入作业，否则，不能将作业装入。

下次适应算法的优点是能使内存中的空闲分区分布得更均匀，减少查找空闲分区的开销。但该算法的缺点是可能分割大的空闲分区。

3）最佳适应算法（Best Fit，BF）

最佳适应算法是为了克服最先适应算法的缺点而提出的，该算法要求把空闲分区按长度递增次序登记在空闲分区表中，如表6－5所示。当作业申请存储空间时，系统由表的头部开始查找，取满足要求的第一个表目。

表6－5 最佳适应算法空闲分区表

序号	起始地址	大小
1	120 KB	8 KB
2	30 KB	10 KB
3	66 KB	24 KB

适应算法的优点是尽可能地先使用较小的空闲区，尽量不分割大的空闲区域，当需要较大分区时有较大满足的可能性。其缺点是容易产生碎片。当系统中碎片很多时，便会造成资源的浪费。

4）最坏适应算法（Worst Fit，WF）

最坏适应算法是为了克服最佳适应算法的缺点而提出的，该算法要求把空闲分区按长度递减次序登记在空闲分区表中，如表 6－6 所示。当作业申请存储空间时，系统由表的头部开始查找，取满足要求的第一个表目。

表 6－6　最坏适应算法空闲分区表

序号	起始地址	大小
1	66 KB	24 KB
2	30 KB	10 KB
3	120 KB	8 KB

最坏适应算法的优点是大空闲区分割后剩下的部分还可能很大，还能装下较大的作业，避免碎片的形成，并且仅作一次查找就可以找到所要的分区。其缺点是分割了大的空闲区域，当遇到较大作业的申请时，无法满足要求的可能性较大。

4. 分区的回收

当作业执行结束，系统应回收已使用完毕的分区。回收后的空闲区登记在空闲区表中，用于装入新的作业。回收空间时，应检查是否存在与回收区相邻的空闲分区，如果有，则将其合并成为一个新的空闲分区进行登记管理。

回收分区与已有空闲分区的相邻情况有 4 种，上邻空闲区、下邻空闲区、上下相邻空闲区、上下都不相邻空闲区，分区情况如图 6－21 所示。

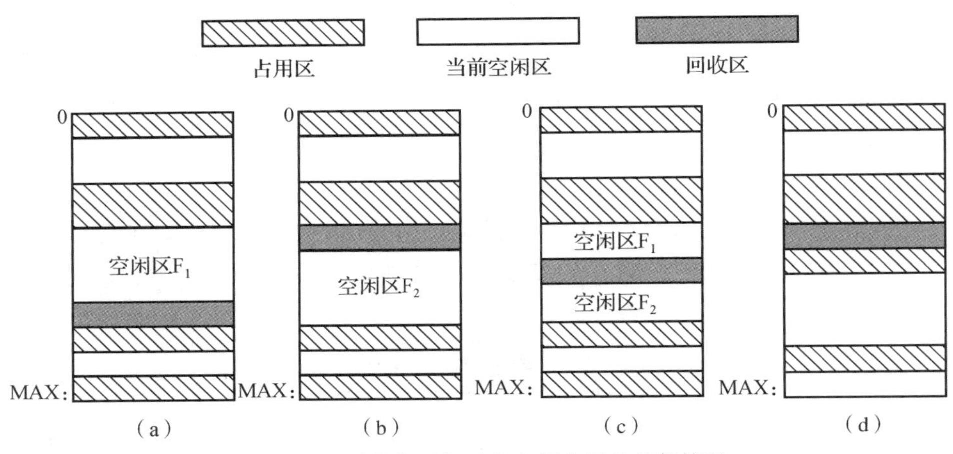

图 6－21　回收分区与已有空闲分区的相邻情况

（a）上邻空闲区；（b）下邻空闲区；（c）上下相邻空闲区；（d）上下不相邻空闲区

（1）上邻空闲区：如图 6－21（a）所示，若回收分区的前面有相邻的空闲区，则与前面的空闲区合并。在空闲分区表中找到其前面相邻的这个空闲分区，修改这个空闲分区的大小，即大小为这个空闲分区＋回收分区的和，起始地址不变。

（2）下邻空闲区：如图 6－21（b）所示，若回收分区的后面有相邻的空闲区，则与后面的空闲区合并。在空闲分区表中找到其后面相邻的这个空闲分区，修改这个空闲分区的起始地址和大小。起始地址改为回收分区的起始地址，大小为回收分区的大小与空闲分区的大小之和。

（3）上下相邻空闲区：如图6－21（c）所示，若回收分区的前后都有相邻的空闲区，则与前后的空闲区合并。在空闲分区表中找到这两个空闲分区，修改前面相邻的空闲区的大小，起始地址不变。大小改为回收分区的大小与两个空闲分区的大小之和，然后从空闲分区表中删除后一个相邻空闲分区的记录。

（4）上下都不相邻空闲区：如图6－21（d）所示，在空闲分区表中要增加一条新表项记录，该记录的起始地址和大小即为回收分区的起始地址和大小。

图6－22给出了空闲区回收算法流程。图中“m. size = 0”表示空闲分区表的表目为“空表目”；“m. addr > aa”表示空闲分区表表目的起始地址大于回收分区的起始地址。

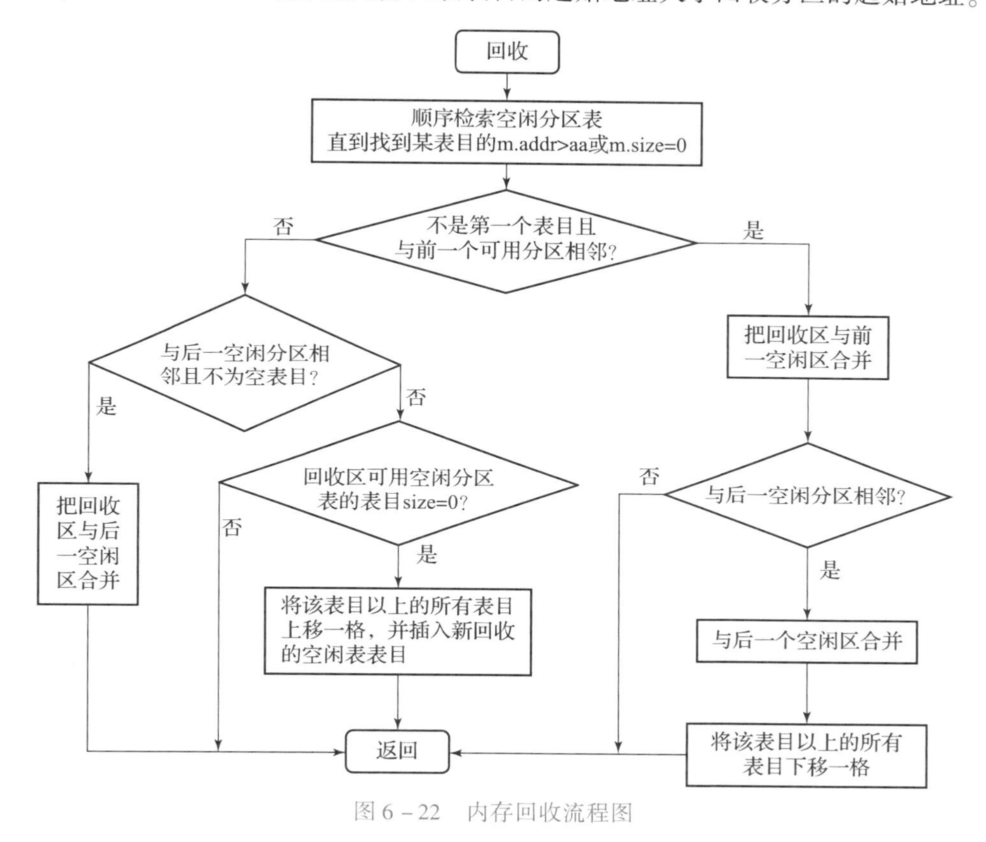

图6－22　内存回收流程图

5. 动态分区存储管理的优缺点

动态分区的主要优点是有助于多道程序设计，因为多个作业同时存在于内存中的不同位置，提高了内存的利用率。管理方案相对简单，不需要更多开销。实现存储保护的手段比较简单，只需界限寄存器越界检查。但动态分区的缺点是必须给作业分配一连续的内存区域。内存碎片问题严重，仍不能得到充分利用。不能实现对内存的扩充，分区的大小受到存储器容量的限制。

6.2.4 碎片

“碎片”是指内存中无法被利用的小的空闲区。根据碎片出现的情况，可以将碎片分为内部碎片和外部碎片。

1. 内部碎片

采用固定分区分配方式时，将内存以固定大小的块为单位来分配，内存分配给作业的空间要大于作业本身的大小，这两个数字之差称为内部碎片。内部碎片是处于操作系统分配的用于装载某一作业的内存区域内部的剩余存储块。占用这些区域的作业并不使用这个剩余区域。而在作业占用这个分区存储块时，系统无法利用这个碎片。直到作业释放它，或作业结束时，系统才有可能利用此碎片。

2. 外部碎片

外部碎片是由于随着作业装入和移出内存，空闲内存空间被划分为若干小片段。而这些空闲小片段夹在两个已分配区域中，即这些空闲小片段不连续。这些空闲小片段的总和可以满足当前申请的长度要求，但是由于它们的地址不连续或其他原因，使得系统无法满足当前申请。例如动态分区分配，就可能产生外部碎片。

解决外部碎片的方法有如下几种。

1）规定最小分割值

在动态分区分配时，若分割空闲区剩余部分小于规定的最小分割值，则空闲区不进行分割，而采用全部分配给作业的方法。

2）拼接技术

将所有小的空闲区集中到一起构成一个大的空闲区。可重定位分区分配通过对程序实现重定位，从而可以将内存块进行搬移，将小块拼成大块，将小空闲"紧凑"成大空闲，腾出较大的内存以容纳新的程序作业。例如，如图 6－23 所示，内存中有四个互不相邻的小分区，容量分别为 5 KB、10 KB、8 KB、12 KB，总量为 35 KB，若有一作业申请 30 KB 的内存空间，就必须采用拼接技术，否则无法装入。

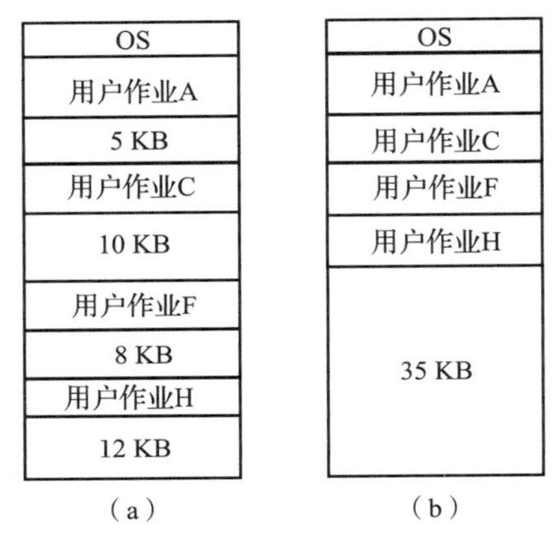

图 6－23　拼接示意图

（a）拼接前；（b）拼接后

显然拼接技术的开销是很大的，因为不仅要修改被移出作业的地址信息，而且要复制作业空间，所以不必要时尽量不要采用拼接技术。

3）分割申请内存空间的作业

解除程序占用连续内存才能运行的限制，把程序划分成多个部分，装入不同的分区，充分利用碎片。如图 6－24 所示，假设一个作业的大小为 3 KB，在内存中只有两个小的空闲区，分别为 1 KB 和 2 KB。若将这个作业分割成两部分，大小分别为 1 KB 和 2 KB，而又不影响作业的运行，则可以采用该种方法，将作业的两部分分别装入两个空闲区中。

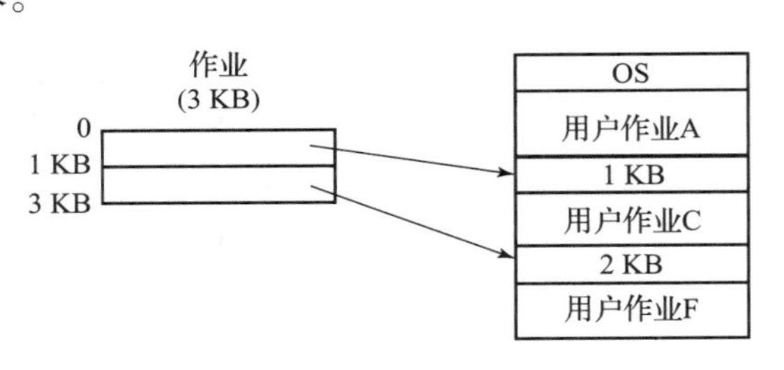

图 6－24　分割示意图

6.3 分页存储管理方式

连续分配方式会形成许多“碎片”，虽然可以通过拼接技术将碎片拼接成可用的大块空间，但需为之付出很大的开销。如果允许一个进程直接分散地分配到许多不相邻的分区中，并且能保证进程的正确执行，显然会提高内存空间、减少内存碎片。基于这一思想而产生了一种离散分配的方式——分页存储管理方式。

6.3.1 分页存储基本原理

在分页存储管理中，其基本原理是将进程的逻辑地址空间和内存空间按相同长度为单位进行划分。

1. 内存空间划分

把内存物理空间划分成大小相等的若干区域，称为物理块或页框。每个页框通常有 2^i 个单元（i 为整数）。内存中所有的物理块从 0 开始依次编址，0 块、1 块、……、（$n-1$）块，这些块称为物理块号或页框号。

2. 进程空间划分

系统将用户进程的逻辑地址空间分成与内存块大小相等的页，每个页称为一个物理页面或页。页面的大小是 2 的整数幂。每个页面从 0 开始依次编号，0 页、1 页、……、（$n-1$）页，这些页称为页号。在为进程分配存储空间时，可以将进程中任意一页放到内存中的任意一个空闲物理块中。

在分页式存储管理方式中内存中的物理块大小与进程的页面大小相等，都是 2^i 个单元。

6.3.2 内存的分配和地址结构

1. 内存分配

在分配存储空间时，总是以块为单位，按照进程的页数分配物理块。分配的物理块可以连续也可以不连续。由于进程的最后一页经常装不满一个物理块，因此会形成不可利用的“碎片”，称为“页内碎片”。

2. 地址结构

在分页存储管理中，逻辑地址和物理地址均可以分解成两部分。

一个内存单元的地址称为物理地址。物理地址可以通过下式计算：

$$
\begin{aligned}
\text{物理地址} &= \text{物理页框首地址} + \text{页内地址} \\
&= \text{物理页框号} \times 2^i + \text{页内偏移量}
\end{aligned}
$$

一个进程（进程）单元的地址称为逻辑地址。逻辑地址可以通过下式计算：

$$
\begin{aligned}
\text{逻辑地址} &= \text{逻辑页首地址} + \text{页内地址} \\
&= \text{逻辑页号} \times 2^i + \text{页内偏移量}
\end{aligned}
$$

下面以16位地址空间为例说明分页式存储器的逻辑地址结构。分页系统中逻辑地址由两部分组成："页号P"和"页内地址（偏移量）W"。其格式如图6－25所示。

图中地址长度为16位。其中0～9（计10位）为低位，是页内地址，即每个页面的大小为2^{10}B＝1 KB；10～15（计6位）为高位，是页号，这表明一个运行的进程最多页数为2^6＝64 KB个页表项，或者说进程的地址空间最大有64 KB页。

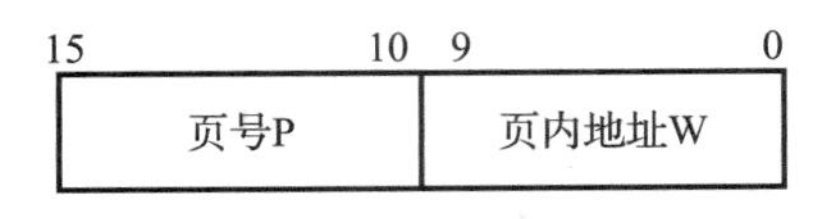

图6－25 分页系统中的逻辑地址结构

【例6.1】 假设一页式存储管理系统，向用户提供逻辑地址空间最大是16页，每页2048个字节，内存总共有8个存储块，试问逻辑地址应为多少位？内存空间有多大？

逻辑地址位数计算，因为逻辑地址结构由页号和页内偏移组成，用户提供逻辑地址空间最大是16页，即2^4页，所以高位占4位；而每一页是2048个字节，即2^{11}，所以低位占11位。故逻辑地址应为11＋4＝15位。

内存空间大小可如下计算，因为内存共有8个存储块，在页式存储中，存储块大小与页面大小相等，则内存空间＝页的大小（每页2048个字节）×8＝16384个字节，因为1 KB＝1024个字节，则16384个字节/1024个字节＝16 KB。则内存空间为16 KB。

【例6.2】 某计算机系统具有36位逻辑地址空间，其页面大小为8 KB。试问在逻辑地址空间中一共能容纳多少页？

由于页面大小为8 KB，即2^{13}，说明0～12（计13位）是页内地址，而一共有36位逻辑地址空间，因此36－13＝23，说明13～35（计23位）是页号，因此逻辑地址空间中一共能容纳2^{23}＝8 MB页。

3. 进程逻辑划分与内存空间分配的关系

在页式存储管理系统中，进程的划分和内存的划分大小相同，都为2^i个单元，所以进程划分的一个页面对应内存的一个页框。其进程的逻辑划分与内存分配的对应关系如图6－26所示。

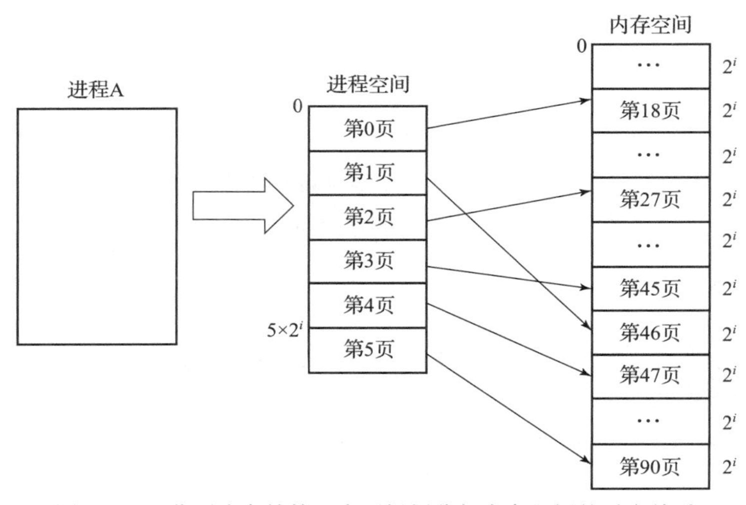

图6－26 分页式存储管理中逻辑划分与内存空间的对应关系

6.3.3 页面映射表

当进程运行时，需要将它的各个逻辑页面保存到存储空间的物理页框中，即需要确定逻辑页面与物理块之间的对应关系。进程的逻辑页面是连续的，但内存空闲的物理块却可能是不连续的。允许将进程的连续逻辑页面离散地存储在内存的任一空闲物理块中。但系统应能保证进程的正确运行，即能在内存中找到每个页面所对应的物理块。为此，系统又为每个进程建立了一张页面映射表，简称页表。在进程地址空间内的所有页（$0\sim n$），依次在页表中有一个页表项，该页表项记录了相应页在内存中对应的物理块号。在配置了页表后，进程执行时，通过查找该表，即可找到每页在内存中的物理块号。所以页表实现了从页号到内存块号的地址映像，如图6-27所示。

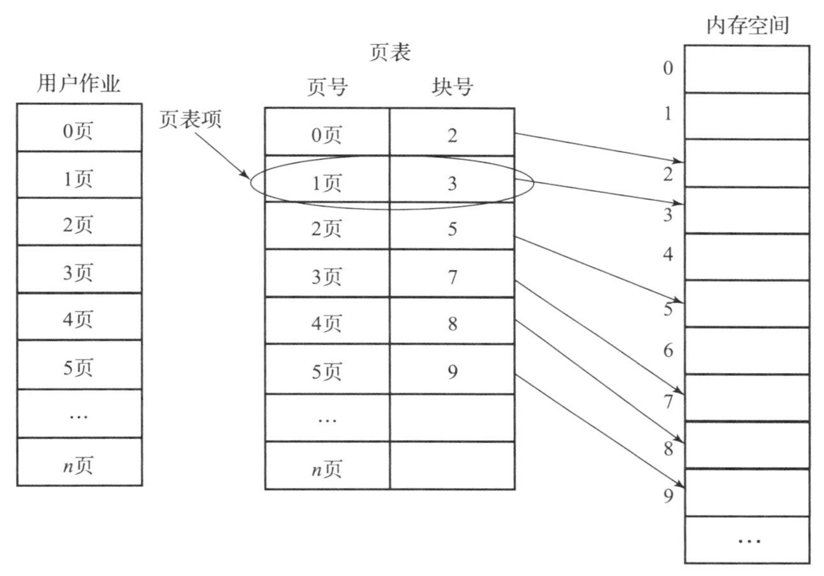

图6-27 分页系统中页表与物理块的对应关系

6.3.4 基本地址变换机构

在分页存储管理系统中，逻辑地址到物理地址的变换要借助页表来实现。页表通常存放在内存中，为了便于实现，系统中设置了一个页表寄存器（PTR），用来存放页表在内存的起始地址和页表的长度。进程未执行时，页表的起始地址和长度存放在其控制块中。当进程被调度时，才将页表起始地址和长度存放到页表寄存器中。

程序执行时，从PCB中取出页表起始地址和页表长度，装入页表寄存器（PTR）中。当执行某条指令或数据时，由分页系统的地址变换机构自动将逻辑地址分为页号和页内偏移量两部分，然后以页号为索引检索页表。在执行检索之前，先将页号与页表长度进行比较，如果页号超过了页表长度，则表示本次所访问的地址已超越进程的地址空间，系统产生地址越界中断；若未出现越界，将页表起始地址+页号×页表项长度，便得到该表项在页表中的位置，从中得到存放该页的物理块号。最后将物理块号与逻辑地址中的页内偏移量拼接在一起，就形成了访问内存的物理地址，用得到的物理地址访问内存。地址变换过程如图 6 – 28 所示。

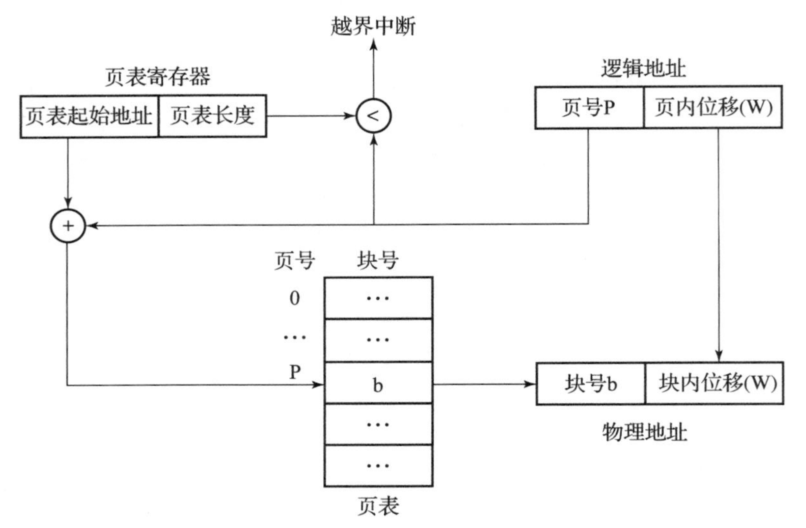

图 6 – 28　分页存储地址变换过程

【例 6.3】 在某页式存储管理系统中，页表内容如表 6 – 7 所示，若页面的大小为 1 KB，则地址转换机构将逻辑地址 2500 地址变换后的物理地址是多少?

表 6 – 7　页表

页号	块号
0	3
1	1
2	8
3	2
4	7

（1） 计算逻辑地址对应的页号和页内偏移量。

①页号 = (int) 逻辑地址/页面大小

= (int) 2500/1024

= 2

其中 “（int）” 是强制类型转换为整型，“/” 是取商；

②页内偏移量 = 逻辑地址% 页面大小

= 2500% 1024

= 452

其中 “%” 是取余操作。

（2） 比较页号与页表长度，若页号≥页表长度，则中断；反之，继续执行第（3）步。本题中页号是 2，页表长度是 5，所以不会产生中断，继续执行。

(3) 通过页表起始地址 + 页号 × 页表项长度，便得到该页表项在页表中的位置。查找到对应的物理块号。

本题中如表6－7所示，页号2对应的页表项中的物理块号是8。

(4) 将物理块号与逻辑地址中的页内偏移量拼接，得到对应的物理地址。

物理地址 = 物理块号 × 页面大小 + 页内偏移量

$= 8 \times 1024 + 452$

$= 8644$

所以逻辑地址2500地址变换后的物理地址是8644。

6.3.5 具有快表的地址变换机构

前面讲的页表是存储在内存中的，这样取一个数据或指令至少需要访问内存两次。第一次是根据页号访问页表，读出页表相应项中的块号，由逻辑地址转换成物理地址；第二次是根据物理地址进行读/写操作。两次访问内存几乎使程序运行速度下降了一半，显然是用高昂的代价换取了存储空间利用率的提高，得不偿失。

为了提高地址变换的速度，可以在地址变换机构增设一个具有并行查找能力的高速缓冲存储器——快表（TLB），又称为联想存储器。快表一般是由半导体存储器实现的，其工作周期与CPU的周期大致相同，但造价较高。为了降低成本，通常是在快表中存放正在运行进程当前访问的那些页表项，页表的其余部分仍然存放在内存中。

增加快表后地址变换过程如图6－29所示：

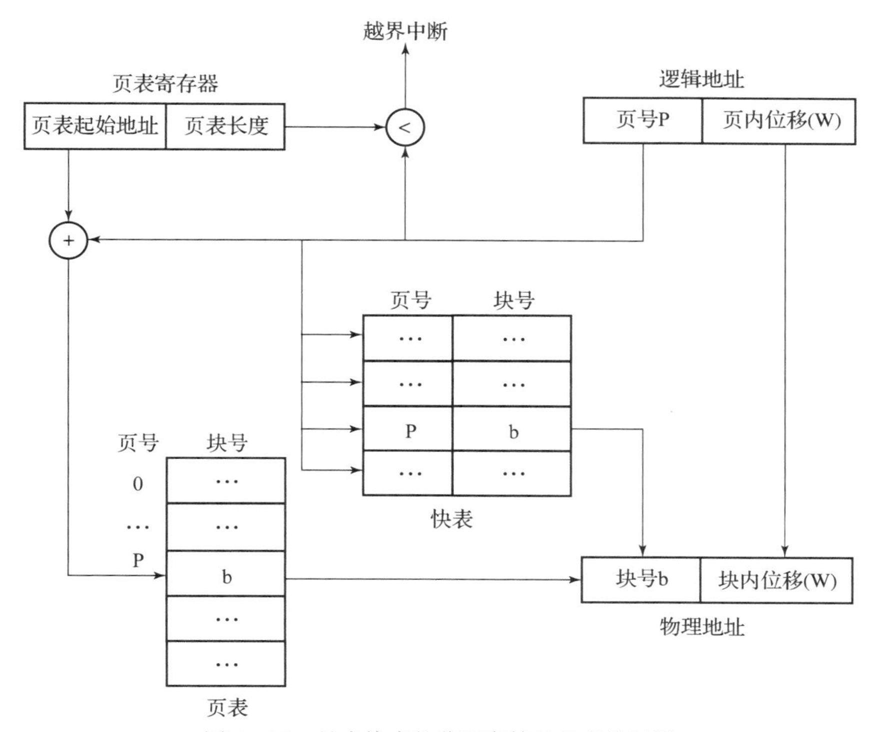

图6－29 具有快表的分页存储地址变换过程

（1）根据逻辑地址得出页号 P 和页内偏移量 W。

（2）先将页号与快表中的所有页号进行对比，若有匹配的页号，则直接读出对应块号，将块号与页内偏移量组合得到物理地址。

（3）若在快表中没有找到匹配的页号，则还需要访问内存中的页表，从页表中取出物理块号，将块号与页内偏移量组合得到物理地址，并将此次访问的页表项存入快表中。若快表已满，则需要按照某种原则淘汰出一个旧表项以腾出位置。

（4）用得到的物理地址访问内存。

快表的查找速度极快，但成本较高，所以容量一般比较小，通常只存放 16～512 个页表项，一般中、小型作业可以全部将页表项放在快表中，而对于大型作业，不可能将全部页表项装入快表中，但由于程序的执行往往具有局部性特征，所以把常用的页表信息装入快表中，可实现快速查找的目的。通常快表查找的命中率可以达到 80%～90%。大大提高了效率。

6.3.6 基本分页管理方式中的有效访问时间

从进程发出指定逻辑地址的访问请求，经过地址变换在内存中找到相应的物理地址，通过该物理地址单元取出数据，所需要花费的总时间，称为有效访问时间（EAT）。

1. 没有快表时有效访问时间的计算

在进程运行期间，需要将每条指令或数据的逻辑地址变换为物理地址，这个过程需要借助页表来实现。页表装在内存中，当 CPU 执行指令时，先访问内存中的页表，根据页表找到相对应的物理块号，再由物理块号和页内偏移量得到物理地址，再根据这个物理地址去访问相应的内存单元，取得或存入数据。

若假设访问一次内存的时间为 t，则这种没有快表时有效访问时间为两次访问内存的时间，即 $\mathrm{EAT}=t+t=2t$。

2. 有快表时有效访问时间的计算

在分页式系统中，需要考虑逻辑地址到物理地址的映射速度问题。在大多数系统中都设置了快表，用快表暂存当前访问的部分页表。在进行地址变换时，首先检索快表，如果在快表中找到相应的页表项，则由物理块号和页内偏移量得到物理地址，不再查找内存中的页表，然后根据这个物理地址去访问相应的内存单元，取得或存入数据，所以只需要访问一次内存。若快表中没有找到相应的页表项，仍然需要访问内存中页表，还是需要访问两次内存。

假设访问一次内存的时间为 t，访问快表的命中率为 x，访问快表的时间为 λ，引入快表后的有效访问时间为查找页表项获得物理地址的平均时间和访问物理地址的时间之和，即：

$$\begin{aligned}\mathrm{EAT}&=[x\times\lambda+(1-x)(t+\lambda)]+t\\&=2t+\lambda-xt\end{aligned}$$

也可以这样推导：

$$\begin{aligned}\mathrm{EAT}&=x\times(\lambda+t)+(1-x)(\lambda+2t)\\&=2t+\lambda-xt\end{aligned}$$

若将访问快表的时间忽略不计，则有：

$$\begin{aligned} EAT &= x \times t + (1 - x) \times 2t \\ &= 2t - xt \end{aligned}$$

注意：若系统支持快表和慢表同时查找，则引入快表后的有效访问时间为：

$$\begin{aligned} EAT &= [x \times \lambda + (1 - x) \times t] + t \\ &= 2t + x\lambda - xt \end{aligned}$$

或

$$\begin{aligned} EAT &= x \times (\lambda + t) + (1 - x) \times 2t \\ &= 2t + x\lambda - xt \end{aligned}$$

【例 6.4】 某系统使用基本分页存储管理，并采用了具有快表的地址变换机构，该系统支持快表和慢表同时查找。假设访问一次内存的时间是 100 μs，快表的命中率为 90%。

试问：

（1）假设查找快表所需花费的时间忽略不计，则有效访问时间是多少？

（2）假设访问一次快表耗时 1 μs，则有效访问时间是多少？

（3）若未采用快表机制，访问一个逻辑地址需消耗的时间是多少？

解答：

（1）若快表所需花费的时间忽略不计，则

有效访问时间为 0.9 × 100 μs + (1 − 0.9) × (100 μs + 100 μs) = 110 μs。

（2）若快表所需花费的时间 1 μs，则

有效访问时间为 0.9 × (1 + 100) μs + (1 − 0.9) × (100 μs + 100 μs) = 110.9 μs。

（3）若未采用快表机制，则

有效访问时间为 100 μs + 100 μs = 200 μs。

通过【例 6.4】中的结果对比，显然引入快表机制后，访问一个逻辑地址的速度要比不引入前快得多。

6.3.7 两级页表与多级页表

现代计算机系统都支持非常大的逻辑地址空间（232 ~ 264），这样的环境下，页表变得非常大，占用很大的内存空间。

例如，假设有一个 32 位逻辑地址空间的页式管理系统，如果页的大小是 4 KB，即 2^{12} B，32 − 12 = 20，则每个进程页表中的页表项数可达 2^{20} 页，即 1 MB 这么多，假设每个页表项占用 4 个字节，则每个进程仅页表就要占用 4 MB 的内存空间，而且还要求是连续的。显然这是不现实的，解决这一问题的办法是：

（1）对页表所需要的内存空间，采用离散分配的方式，解决很难找到一块连续的大内存空间的问题。

（2）只将部分页表调用入内存，其余的页表驻留在磁盘上，需要时再调入。

1. 两级页表

对于难以找到连续的内存空间存放页表的问题，可将页表分页，使每个页面的大小与内存物理块的大小相同，并编号，依次为 0 页、1 页、……、（$n - 1$）页。然后离散地将各个页面分别存放在不同的物理块中。为了记录这些页在内存的存放情况，再建立一张页表，称

之为“外层页表”或“页目录表”。每个页表项中记录页表页面的物理块号。

例如，逻辑地址空间是32位，页面大小为4 KB（2^{12}B），每个页表项占4个字节，若采用一级页表，结构如图6－30所示。剩余20位表示页号。因此该系统中用户进程最多有2^{20}页，最多会有2^{20}＝1 MB＝1048576个页表项之多，如果都连续存放则太大了。由于每个页面大小4 KB，每个页表项占4个字节，则每页可以放下4 KB/4＝1 K＝1 024项。如果把每页都分开放，就不需要很大的连续内存了。

两级页表中外层页表用来存放每个二级页表的序号和它对应的块号。内层页表中的每个页表项存放的是该进程的某一页在内存中的存储块号。

例如，逻辑地址空间是32位，页面大小为4 KB（2^{12}B），每个页表项占4个字节，若采用两级页表结构的逻辑地址结构：一级页号有10位，二级页号有10位。采用两级页表结构如图6－31所示。

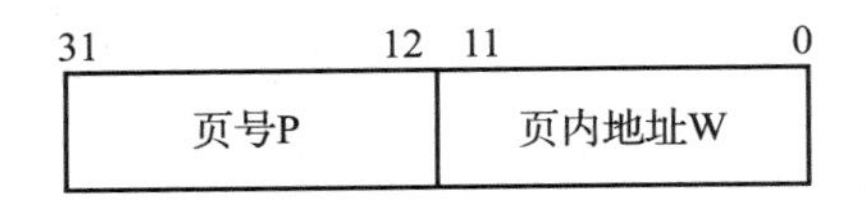

图6－30　32位逻辑地址空间一级页表结构

图6－31　32位逻辑地址空间两级页表结构

在两级页表中一级页号有10位，共1 024个，对应0～1 023，如图6－32所示。二级页号同理。

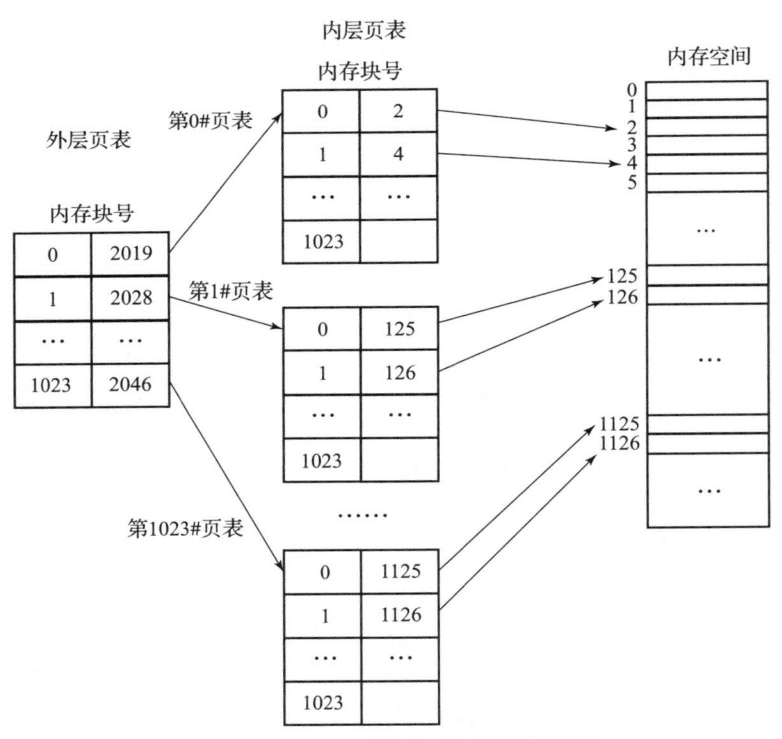

图6－32　两级页表地址变换结构过程

两级页表如何实现地址转换：

（1）按照地址结构将逻辑地址拆分为三部分；

（2）从PCB中读出外层页表起始地址，再根据一级页号查外层页表，找到下一级页表在内存中的存放位置；

（3）根据二级页号查表，找到最终想要访问的内存块号；

（4）结合页内偏移量得到物理地址。

【例6.5】 逻辑地址空间是32位，页面大小为4 KB（2^{12}B），每个页表项占4个字节，如图6－32所示，将逻辑地址（0000000000，0000000001，111111111111）转换为物理地址。

①“0000000000”是二进制一级页号，即0号查找外层页表，找到下一级页表在内存中的存放位置是2019；

②“0000000001”是二进制二级页号，即1号查找内层页表，想要访问的内存块号是4，该内存块的起始地址是4×4 KB＝4×4×1024 B＝16384 B；

③页内偏移量是1023。

最终的物理地址为16384＋1023＝17407。

【例6.6】 某系统按字节编址，采用40位逻辑地址，页面大小为4 KB，页表项大小为4 B，假设采用页式存储，则要采用几级页表，页内偏移量为几位？

已知页面大小为4 KB，即页面大小＝4 KB＝2^{12}B，按字节编址，因此页内偏移量是12位；

页号＝40－12＝28位；

页面大小＝2^{12}B，页表项大小＝4 B，则每个页面可存放$2^{12}/4=2^{10}$个页表项；

因此，各级页表最多包含2^{10}个页表项，因此每一级的页表对应页号应为10，所以总共28位的页号至少要分为三级，如图6－33所示。

一级页号8位	二级页号10位	三级页号10位	页内位移12位

图6－33　三级页表结构

上述方法解决了页表离散分配的实现，但并没有实现用较少的内存空间存放页表。在采用两级页表结构情况下，对于正在运行的进程，必须将其外层页表调入内存，而对于页表只需调入一页或几页。在外层页表项中增设一个状态位S，其值若是为0，则表示该页表分页不在内存中，否则表示该页表已调入内存。这样就可以实现只将部分页表调入内存，其余的页表驻留在磁盘上，需要时再调入。

2. 多级页表

对于32位的计算机，采用两级页表结构是合适的，但对于64位计算机，采用两级页表仍然无法解决问题。

例如，如果页面大小为4 KB（2^{12}B），页表项大小为4 B，对于64位计算机，还剩下52位，假定按物理块2^{10}B划分页表，还余下42位用于外层页号。此时外层页表有4096 GB个页表项，要占用16384 GB的连续内存空间。

这样的结果显然是不现实的，需要采用多级页表将外层页再进行分页，将各分页离散地装入不相邻的物理块中，这样就有了三级页表、四级页表。

多级页表的优势可以离散存储页表，在某种意义上节省页表内存空间。但也有其缺点，就是增加了寻址次数，从而延长了访存时间。在无快表情况下，使用一级页表时，读取内存中一页内容需要2次访问内存，第一次是访问页表项，第二次是访问要读取的一页数据。但如果使用二级页表，就需要3次访问内存了，第一次访问页目录项，第二次访问页表项，第三次访问要读取的一页数据。访存次数的增加也就意味着访问数据所花费的总时间增加。

6.3.8 页表反置

在分页系统中为每个进程都配置一张页表，进程逻辑地址空间中的每一页，在页表中都对应有一个页表项。在现代计算机系统中，通常允许一个进程的逻辑地址空间非常大，因此就有很多页表项，从而占用很多的内存空间。为了减少页表占用的内存空间而引入了反置页表（Inverted Page Table）。

一般页表的表项是按页号进行排序，页表项中的内容是物理块号。而反置页表是为每一个物理块设置一个页表项并将按物理块号排序，其中的内容则是页号及其隶属进程的标志符。

在利用反置页表进行地址变换时，是用进程标志符和页号去检索反置页表；若检索完整个页表都未找到与之匹配的页表项，表明此页此时尚未调入内存，对于具有请求调页功能的存储器系统应产生请求调页中断，若无此功能则表示地址出错；如果检索到与之匹配的表项，则该表项的序号 i 便是该页所在的物理块号，将该块号与页内地址一起构成物理地址。

虽然反置页表可以有效地减少页表占用的内存，然而该表中却只包含已经调入内存的页面，并未包含那些未调入内存的各个进程的页面，因而必须为每个进程建立一个外部页表，该页表与传统页表一样，当所访问的页面在内存时并不访问这些页表，只是当不在内存时才使用这些页表。该页表中包含了页面在外存的物理位置，通过该页表可将所需要的页面调入内存。

由于在反置页表中为每一个物理块设置一个页表项，通常页表项的数目很大，因此要利用进程标识符和页号去检索这样大的线性表是相当费时的，于是可利用一种哈希表来检索。

6.3.9 页的共享与保护

在多道程序系统中，很多代码是可共享的，如编译程序、编辑程序、公共数据、公共子程序等。这些共享信息在内存中只需要保留一个副本，可大大提高内存空间的利用率。页式存储管理可实现程序和数据的共享，实现方法是使共享用户地址空间中的页指向相同的物理块。

但在分页存储管理系统中实现共享比在分段系统中要困难，因为分页存储管理系统中将进程的地址空间划分成页面的做法对用户是透明的，同时进程的地址空间是连续的，当系统将进程的地址空间分成大小相同的页面时，被共享的部分不一定被包含在一个完整的页面中，这样不应该共享的数据也被共享，不利于保密。并且，共享部分的起始地址在各进程的地址空间划分成页的过程中，在各自页面中的页内偏移量可能不同，这也使得共享比较困难。

分页存储管理系统有两种保护内存的方式。一种是通过比较地址变换机构中的页表长度和所要访问的逻辑地址中的页号来完成，防止地址越界保护。另一种是通过页表中的访问控制信息对内存信息保护，例如，在页表中设置一个存取控制字段，根据页面使用情况对该字段定义读、写、执行等权限，在地址变换过程中，不仅要通过页表找到页号对应的物理块号，同时还要检查本次操作与存取控制字段是否相一致，若不一致，由硬件发出保护性中断。

6.4 段式存储管理方式

如果说页式存储管理方式提高了内存的利用率，则段式存储管理方式方便了用户的使用。用户编制的程序由若干段组成，这些段可以是一个主程序、若干个子程序、符号表、栈、数据等。每一段都有独立、完整的逻辑意义，且每一段的长度可以不同。

6.4.1 分段存储基本原理

在分段存储管理中，其基本原理是将进程按照逻辑段划分。以段为单位分配内存，每段分配一个连续的内存区，但各段之间不要求连续。

1. 内存空间划分

内存空间被动态的划分为若干个长度不相等的区域，称为物理段。每个物理段在内存中有一个起始地址，称为段首址。每个物理段内从 0 开始依次编址，称为段内地址。对于一个长度为 m 的段来说，其段内地址依次为 0，1，2，…，$m-1$。

2. 进程空间划分

进程的地址空间被按逻辑上有完整意义的区域来划分，每一区域长度各异，这个区域称为逻辑段，简称为段。例如，主程序段、子程序段、数据段、堆栈段。将一个逻辑段中的所有单元由 0 开始依次编址，称为段内地址。对于一个长度为 n 的段来说，其段内地址依次为 0，1，2，…，$n-1$。每个逻辑段都有一个符号名字，称为段名。将一个进程的所有逻辑段从 0 开始编号，称为段号。段号通常由程序员自己定义，每个段都有特定的含义。对于一个由 L 个逻辑段构成的进程来说，其段号依次为 0，1，2，…，$L-1$。

例如一个进程有主程序段 Main、子程序段 X、数据段 Data、堆栈段 Stack，如图 6-34 所示。

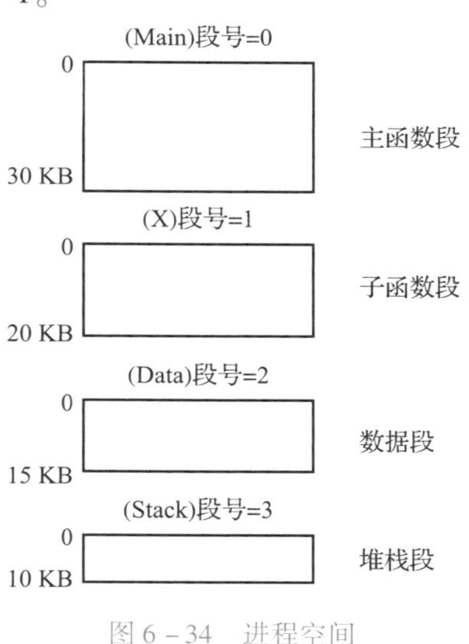

图 6-34 进程空间

6.4.2 内存的分配和地址结构

1. 内存分配

系统以段为单位进行内存分配，为每一个段分配一个连续的内存空间，即物理段。逻辑上连续段在内存中不一定连续存放。

2. 地址结构

段式存储管理的逻辑地址由段号和段内地址两部分组成，以 32 位地址空间为例，其地址结构如图 6－35 所示。其中 0～15（共 16 位）为低位，是段内地址；16～31（共 16 位）为高位，是段号，在这样的地址结构，允许一个程序最多可分为 2^{16}（64 K）个段，每个段的最大长度为 64 KB。

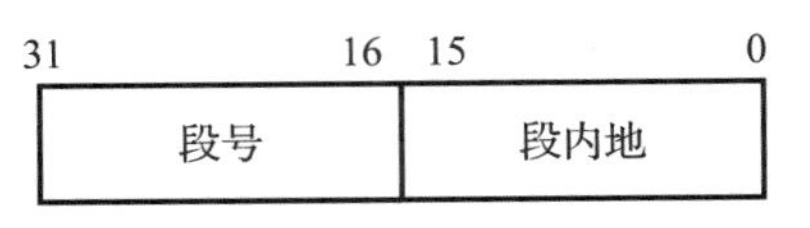

图 6－35　分段存储的地址格式

3. 进程逻辑划分与内存空间分配的关系

在段式存储管理中进程按逻辑段划分，内存为每一段分配连续的存储空间。其进程的逻辑划分与内存分配的对应关系如图 6－36 所示。

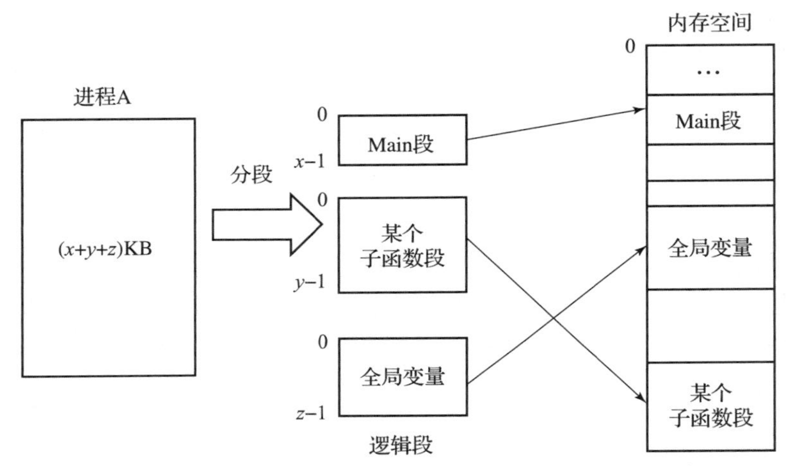

图 6－36　分段式存储管理中逻辑划分与内存空间的对应关系

6.4.3　段映射表

因为在分段存储管理系统中，每一个段分配连续的存储空间，而段与段之间可以不连续，离散地分配到内存的不同区域。为了使程序能够正常执行，即能从内存中找到每个逻辑段所在的存储位置，系统为每个进程建立一张段映射表，简称段表。其中段表中的每个表项描述一个分段的信息，表项中包含段号、段长和该段在内存的起始地址。段表结构如图 6－37 所示。

段号	段长	基址

图 6－37　段表项的结构

配置段表后，执行中的进程可以通过段表查找每个段对应的内存区域，实现逻辑地址到物理地址的映射，如图 6－38 所示。

6.4.4　地址变换机构

为了实现从逻辑地址到物理地址的转换，系统设置了段表寄存器，用于存放段表起始地址和段表长度。在地址变换时，系统将逻辑地址中的段号与段表长度进行比较，若段号超过

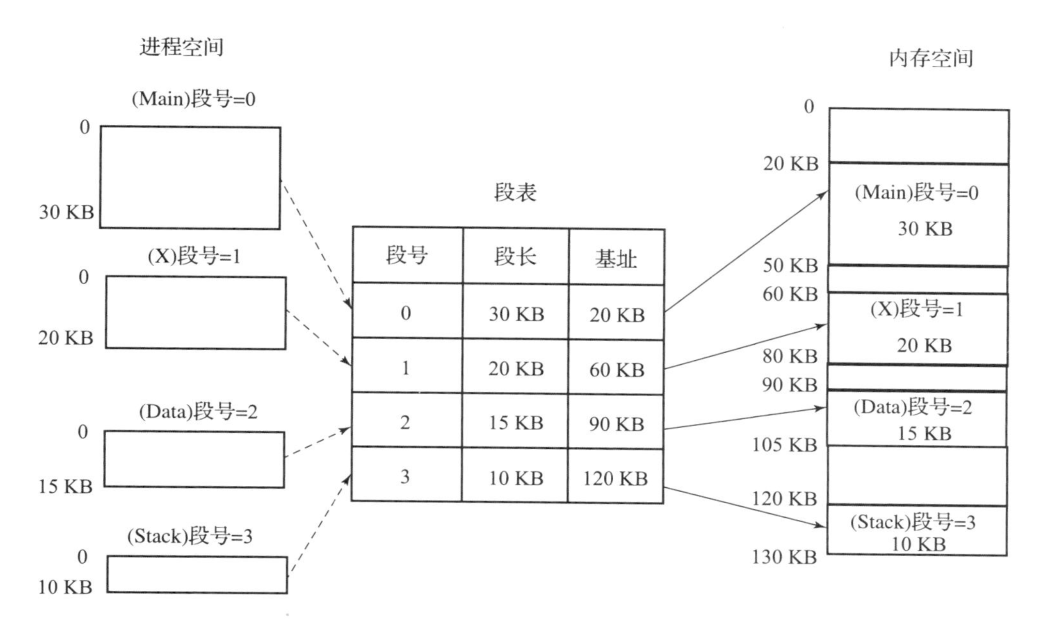

图 6－38　利用段表实现地址映射

了段表长度，则表示段号越界，产生越界中断；否则根据段表起始地址和段号计算出该段对应段表项的位置，从中读出该段在内存中的起始地址，然后检查段内位移是否超过该段段长，若超过，则同样产生越界中断；否则将该段的起始地址与段内位移相加，从而得到要访问的物理地址。地址变换过程如图 6－39 所示。

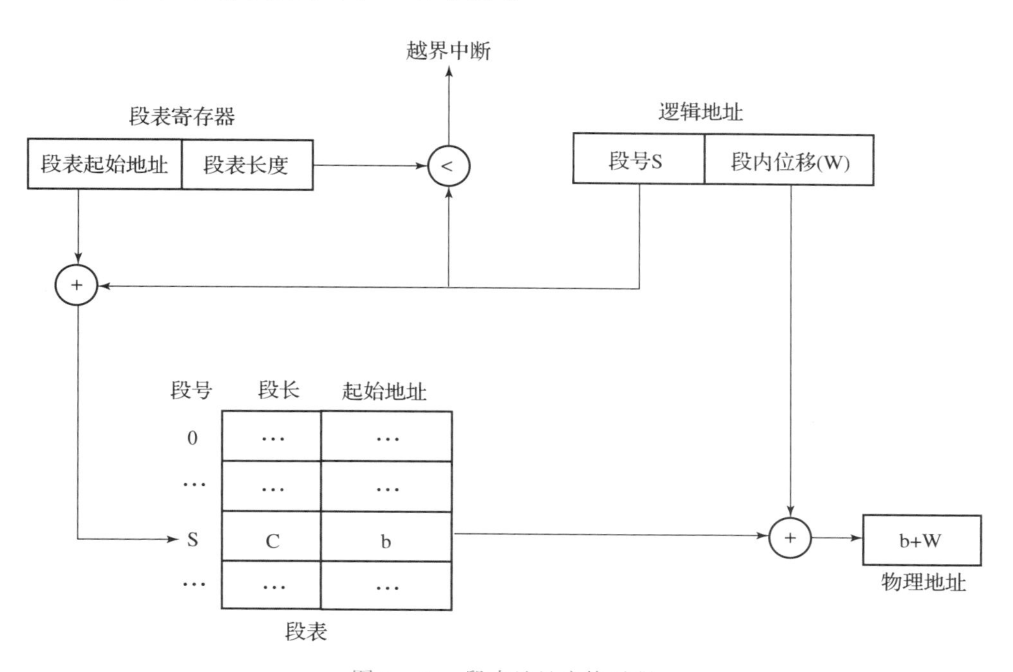

图 6－39　段表地址变换过程

【例 6.7】在某个段式存储管理系统中，进程 P 的段表如表 6－8 所示，求逻辑地址（0，430）、（1，15）、（2，500）、（3，400）、（5，112）对应的物理地址。

表 6－8　进程 P 的段表

段号	基址	段长
0	2200 KB	500 KB
1	3350 KB	20 KB
2	120 KB	80 KB
3	1350 KB	590 KB
4	1900 KB	90 KB

逻辑地址（0，430），根据段表中的段号“0”找到其基址 2200 KB，因为段内位移小于段长 500 KB，所以对应的物理地址 = 基址 + 段内位移 = 2200 + 430 = 2630 KB；同理，逻辑地址（1，15）对应的物理地址是 3365 KB；逻辑地址（3，400）对应的物理地址是 1750 KB；对于逻辑地址（2，500），根据段表中的段号“2”找到其基址 120 KB，因为段内位移 500 KB 大于其段长 80 KB，则发生段内地址越界中断；通过表 6－8 可知，段表长度为 5，即段号从 0 到 4，而逻辑地址（5，112），访问的段号是“5”，显然已超过段表的长度，故段号越界发生中断。各逻辑地址转换成物理地址的结果如表 6－9 所示。

表 6－9　地址映射结果

逻辑地址	物理地址
（0，430）	2630 KB
（1，15）	3365 KB
（2，500）	段内地址越界中断
（3，400）	1750 KB
（5，112）	段号越界中断

6.4.5　段的共享与保护

由于段是按逻辑意义来划分的，并且是按段名进行访问，因此分段式存储管理系统的一个突出优点就是可以方便地实现段的共享。即允许若干个进程共享一个或多个段。共享段在内存中只有一份存储，共享段被多个进程映射到各自的段表中，需要共享的模块都可以设置为单独的段，如图 6－40 所示。但要注意，在多道程序环境下，当一个进程正在共享段中读取数据时，必须防止其他进程修改此共享段的数据。当今大多数实现共享的系统中，程序被分成代码区和数据区。不能修改的代码和数据是可以共享的，而可修改的程序和数据不能共享。

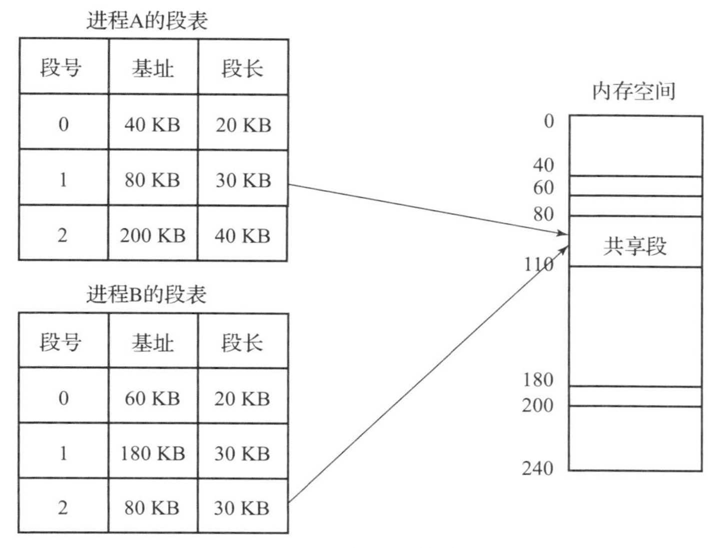

图 6-40 共享段的应用

分段有助于实现将段与对其对应的保护机制相关联。现代操作系统中，指令不可自我修改，故指令段只能定义为只读或只执行，内存映射硬件会检查段表项中的保护位，以防止对内存的非法访问。分段存储管理的保护方式主要有两种：地址越界保护和访问控制保护。地址越界保护，在地址变换过程中，需要进行段号和段表长度的比较、段内地址和段长的比较，只有段号小于段表长度，并且段内地址小于段长才能地址变换；否则，产生越界中断，终止程序的运行。访问控制保护和分页存储管理方式一样，通过在段表中设置存取控制字段来对各段进行保护。

6.4.6 页式存储与段式存储的区别

页式存储和段式存储有许多相似之处，二者都是采用离散的分配方式，并且都是通过地址变换机构实现逻辑地址向物理地址的转换。但两者也有很多区别，具体如下：

（1）页是信息的物理单位，分页是为了实现离散分配方式，以减少内存碎片，提高内存的利用率。分页是为了系统管理的需要，并不是为用户所设计的，对用户是透明的；段是信息的逻辑单位，是一组具有完整意义的信息段，对用户而言，分段是可见的，分段的目的就是为了更好地满足用户的需求。

（2）页的大小是固定的，由系统决定，因而一个系统只能有一种大小的页面；而段的长度却不固定，由用户所编写的程序决定，通常对源程序进行编译时，根据编译的信息性质来划分段。

（3）分页系统中进程的地址空间是一维的，页间的逻辑地址是连续的；而段式系统中段的地址空间是二维的，段的分类是一维的，段内位移是二维的，段间的逻辑地址是不连续的。

（4）段式存储方便共享段的使用，而页式存储不方便共享。

（5）页式存储会产生少量的内部碎片，段式存储会产生外部碎片。

6.5 段页式存储管理方式

6.5.1 段页式存储基本原理

在分页存储管理中，进程的逻辑地址空间和内存空间以相同长度为单位进行划分，提高了内存的利用率。在分段存储管理中，将进程按照逻辑段划分，方便了用户的使用。如果将分页式存储管理和分段式存储管理各取所长，则这种存储管理方式，称为“段页式存储管理方式”。

1. 内存空间划分

段页式存储管理内存的空间划分方式与页式管理相同，内存空间被静态地划分为若干个长度相同的区域，每个区域长 2^i 个单元（i 为整数），称为一个物理块或页框。

2. 进程空间划分

段页式存储管理进程的空间划分方式与段式存储管理相同，进程空间被静态地划分为若干个长度不同的区域，称为一个逻辑段。每段空间被静态地划分为若干个长度相同的区域，每个区域长 2^i 个单元（i 为整数），称为一个逻辑页面。

6.5.2 内存的分配和地址结构

1. 内存分配

段页式存储管理方式把内存分成与页大小相同的块，每个逻辑段分配与其页数相同的内存块，即以页为单位进行分配。内存块可以连续，也可以不连续。

2. 地址结构

在段页式存储管理中，进程的逻辑地址由段号、段内页号和页内位移组成。以 32 位地址空间为例，其地址结构如图 6－41 所示。“分段”对用户是可见的，用户编程时需要显示地给出段号、段内地址。而将各段进行分页，对用户是不可见的，系统会根据段内地址自动划分页号和页内位移。

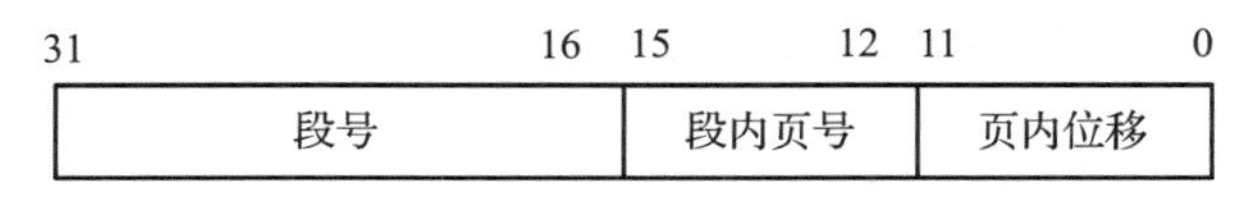

图 6－41　段页式存储管理的逻辑结构

在图 6－41 中，32 位的地址空间，段号占 16 位，因此每个进程最多有 $2^{16}=64$ K 个段。段内页号占 4 位，因此每段最多有 $2^4=16$ 页，页内位移占 12 位，因此每个页面的大小是 $2^{12}=4$ KB。

3. 进程逻辑划分与内存空间分配的关系

在段页式存储管理系统中，进程按逻辑关系划分成段，每个逻辑段再划分成页，而内存空间按页划分。其进程的逻辑划分与内存分配的对应关系如图6－42所示。

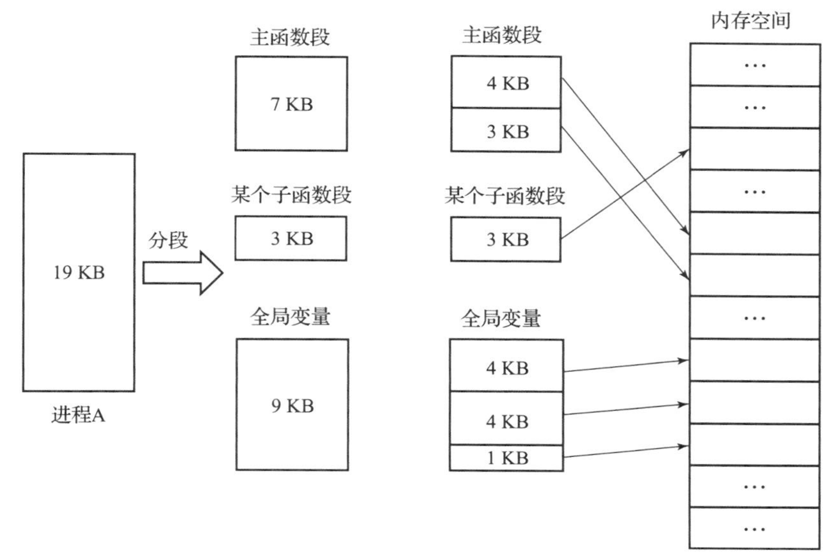

图6－42 段页式存储管理中逻辑划分与内存空间的对应关系

6.5.3 段页式存储管理的映射表

段页式存储管理为了实现地址映射，为每一个装入内存的进程建立一张段表，且对每一段建立一张页表。

段表的表项中至少包括段号、页表起始地址和页表长度，其中页表起始地址指出该段的页表在内存中的起始位置；页表的表项中至少应包括页号和页框号。

6.5.4 地址变换机构

为了实现段页式存储管理方式，将逻辑地址转换成物理地址的过程如图6－43所示。

（1）为了便于实现地址变换，系统中还需要配置一个段表寄存器。在被调进程的PCB中取出段表起始地址和段表长度，装入段表寄存器。

（2）段号与段表寄存器的段表长度进行比较，若段号大于等于段表长度，则地址越界产生中断，停止调用，否则继续执行（3）。

（3）段表中对应段表项地址＝段表起始地址＋段号S×段表项大小，取出该段表项内容的前几位，得到对应页表的页表长度C，后几位得到对应的页表起始地址d。若段内页号P大于等于页表长度C，则产生越界中断，否则继续执行（4）。

（4）页表中对应页表项地址＝页表起始地址d＋P×页表项大小，从该页表项内容得到物理块号b。

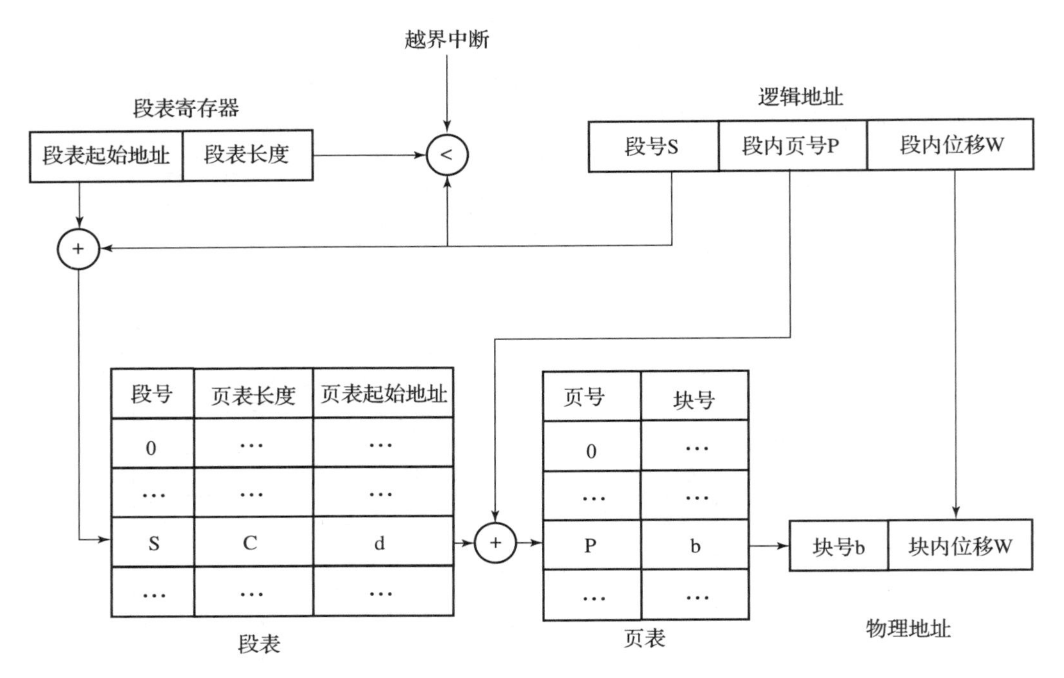

图 6－43　段页式存储管理方式地址变换过程

（5）存储块号 & 页内地址，即得到物理地址，即计算逻辑地址 = 块号 b × 页面大小 + W。

【例 6.8】 在一个采用段页式存储管理的系统中，页的大小为 1 KB。某个正在执行的作业情况如图 6－44 所示，请计算出逻辑地址（2，3500）对应的物理地址的值。

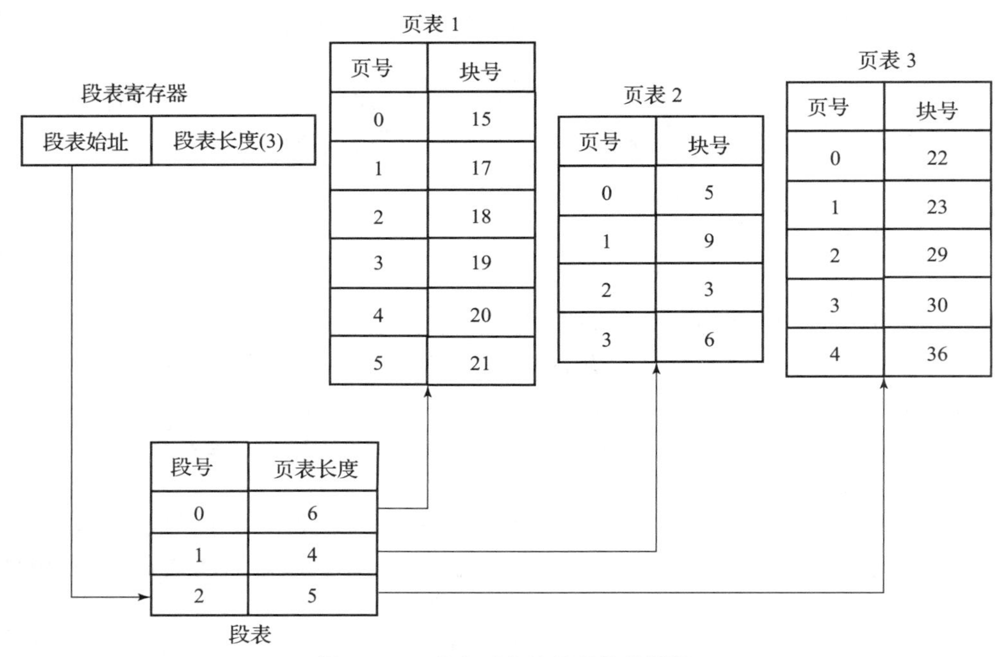

图 6－44　某个正在执行的作业情况

（1）逻辑地址（2，3500）中的段号“2”与段表寄存器中的段表长度“3”进行比较，由于2小于3，故段号没有越界；

（2）根据段表寄存器中的段表起始地址加上段号“2”，找到段表中段号为2的段表项，得到段号为2的页表长度“5”和页表起始地址；

（3）根据段内位移3500得到页号＝段内位移/页面大小＝3500/1024＝3（“/”表示整除），页内位移＝段内位移%页面大小＝3500%1024＝428（“%”表示求余）；

（4）把段内页号“3”和段表项中的页表长度“5”进行比较，得知页号没有越界，不会发生中断；

（5）页表起始地址加上页号得到对应的页表项，从而得到段号“2”对应的页表页号“3”所对应的物理块号是“30”；

（6）物理块号30和块内位移428拼接成物理地址，即30×1024＋428＝31148。

6.5.5　段页式存储管理的特点

在段页式存储管理方式下，执行一条指令需要访问内存3次，第一次是访问段表，从中找到页表的位置，第二次是访问页表，得出该页对应的物理块号，第三次是按照得到的物理地址访问内存。段页式存储管理也可以引入快表机制，用段号和页号作为查询快表的关键字。若快表命中，则仅需访问两次内存。

段页式存储方式同时具备了分段和分页管理的优点。在内存中可以分散存储，内存利用率较高，便于代码或数据的共享，支持动态链接，而且克服了外部碎片的问题。但段页式的内部碎片并没有做到和页式一样少，页式存储管理方式下平均一个程序有半页碎片，而段页式存储管理平均一段就有半页碎片，而一个程序有很多段，所以平均下来段页式的内部碎片比页式管理要多。

6.6　本章小结

存储器管理主要是对内存中用户区的管理。目的是让用户能安全、充分、方便地使用存储空间。学习本章的目的是理解操作系统是如何管理内存空间的。

本章主要讲解存储管理的基本概念、程序的编译、链接及装入、分区存储管理的方式、分页式存储管理、分段式存储管理及段页式存储管理等内容。

一个用户源程序需要经过编译、链接、装入三个过程才能在内存中运行。本章讲解了链接的三种方式：静态链接方式、装入时动态链接、运行时动态链接。程序装入的三种方式：绝对装入方式、静态重定位装入方式、动态重定位装入方式。

覆盖技术和交换技术可解决大程序与小内存的矛盾。覆盖技术是把一个大的程序划分为一系列覆盖，每个覆盖就是一个相对独立的程序单位，把程序执行时并不要求同时装入内存的覆盖组成一组覆盖段，将一个覆盖段分配到同一个覆盖区。交换技术是把暂时不用的某个程序及数据部分从内存移到外存中去，以便腾出必要的内存空间给其他程序。或者把指定的程序或数据从外存读入相应的内存中，并将控制权转给它，让它在系统上运行。

存储管理方式中连续分配内存块的方式有单一连续存储管理、固定分区存储管理、动态分区存储管理。这三种管理方式之间的比较如表 6－10 所示。

表 6－10　连续分配方式的比较

<table>
<tr><th rowspan="2">分区方式
比较的方面</th><th rowspan="2">单一连续分配</th><th colspan="2">分区</th></tr>
<tr><th>固定分区</th><th>动态分区</th></tr>
<tr><td>适应环境</td><td>单道</td><td colspan="2">多道</td></tr>
<tr><td>地址维数</td><td>一维</td><td colspan="2">一维</td></tr>
<tr><td>是否将全部程序段装入内存</td><td>是</td><td colspan="2">是</td></tr>
<tr><td>扩展内存方法</td><td>交换</td><td colspan="2">交换</td></tr>
<tr><td>内存分配单位</td><td>整个内存的用户可用区</td><td colspan="2">分区</td></tr>
<tr><td>地址重定位</td><td>静态</td><td>静态</td><td>动态</td></tr>
<tr><td>重定位机构</td><td>装入程序</td><td>装入程序</td><td>重定位寄存器</td></tr>
<tr><td>共享信息</td><td>不能</td><td colspan="2">不能</td></tr>
</table>

存储管理方式中离散分配内存块的方式有分页式存储管理、分段式存储管理、段页式存储管理。这三种管理方式之间的比较如表 6－11 所示。

表 6－11　离散分配方式的比较

分区方式	分页	分段	段页式
适应环境	多道	多道	多道
地址维数	一维	二维	二维
内存分配单位	页	段	页
有无外部碎片	无	有	无
有无内部碎片	有	无	有
执行一条指令，访问内存次数（无快表）	两次	两次	三次
优点	内存利用率高	段有逻辑意义，便于共享保护和动态链接	兼有分页和分段的优点
缺点	分页缺乏逻辑意义，不能满足用户	内存利用率低	多访问一次内存

第6章　习题

一、选择题

1. 在以下存储管理方案中，不适用于多道程序设计系统的是（　　）。

A. 固定式分区分配　　B. 页式存储管理

C. 单一连续分配　　D. 可变式分区分配

2. 在可变分区存储管理方案中需要一对界限地址寄存器，其中（　　）作为地址映射（重定位）使用。

A. 逻辑地址寄存器　　B. 长度寄存器

C. 物理地址寄存器　　D. 基址寄存器

3. 在可变式分区分配方案中，某一作业完成后，系统收回其内存空间并与相邻空闲区合并，为此需修改空闲区表，造成空闲区数减1的情况是（　　）。

A. 无上邻空闲区，也无下邻空闲区

B. 有上邻空闲区，但无下邻空闲区

C. 有下邻空闲区，但无上邻空闲区

D. 有上邻空闲区，也有下邻空闲区

4. 假定某页式管理系统中，内存为128 KB，分为32块，块号为0，1，2，3，……，31；某作业有5块，其页号为0，1，2，3，4，被分别装入内存的3，8，4，6，9块中。有一逻辑地址为［3，70］。求出相应的物理地址（其中方括号的第一个元素为页号，第二个元素为页内地址，按十进制计算）为（　　）。

A. 14646　　B. 24646　　C. 24576　　D. 34576

5. （考研真题）一个分段存储管理系统中，地址长度为32位，其中段长占8位，则最大段长是（　　）。

A. 2^8B　　B. 2^{16}B　　C. 2^{24}B　　D. 2^{32}B

6. （考研真题）某基于动态分区存储管理的计算机，其内存容量为55 MB（初始为空），采用最佳适配（Best Fit）算法，分配和释放的顺序为：分配15 MB，分配30 MB，释放15 MB，分配8 MB，分配6 MB，此时内存中最大空闲分区的大小是（　　）。

A. 7 MB　　B. 9 MB　　C. 10 MB　　D. 15 MB

7. 假设页的大小是4 KB，页表中每个表项占用4 B。对于一个64位地址空间系统，采用多级页表机制，至少需要（　　）级页表。

A. 2　　B. 3　　C. 6　　D. 7

8. （考研真题）在一段式存储管理系统中，某段表的内容如表6－12所示。

表6－12　段表

段号	段长	内存起始地址	权限	状态
0	100	6000	只读	在内存
1	200	—	读写	不在内存
2	300	4000	读写	在内存

当访问段号为2，段内地址为400的逻辑地址时，进行地址转换的结果是（　　）。

A. 段缺失异常　　B. 得到内存地址4400

C. 越权异常　　D. 越界异常

9. 考虑一个分页存储管理系统，其页表存放在内存，如果内存读写周期为1.0 μs，则CPU从内存中取一条指令或一个操作数需要的时间为（　　）。

A. 1.0 μs　　B. 1.1 μs　　C. 1.2 μs　　D. 2.0 μs

10. 考虑一个分页存储管理系统，其页表存放在内存，内存读写周期为1.0 μs，如果设立一个可存放8个页表表项的快表，80%的地址变换可通过快表完成，假设快表的访问时间忽略不计，则内存平均存取时间为（　　）。

A. 1.0 μs　　B. 1.1 μs　　C. 1.2 μs　　D. 2.0 μs

11. 下列选项中，不会产生内部碎片的存储管理是（　　）。

A. 分页管理　　B. 分段管理　　C. 固定分区管理　D. 段页式管理

12. 在一个3级页表结构的系统中，内存共有8192(2^{13})页，每页2048(2^{11})字节，请问内存的物理地址需要（　　）位。

A. 8　　B. 16　　C. 24　　D. 32

13. （考研真题）在分段存储管理系统中，用共享段表描述所有被共享的段。若进程P_1和P_2共享段S，下列叙述中，错误的是（　　）。

A. 在物理内存中仅保存一份段S的内容。

B. 段S在进程P_1和P_2中应该具有相同的段号。

C. 进程P_1和P_2共享段S在共享段表中的段表项。

D. 进程P_1和P_2都不再使用段S时才回收段S所占的内存空间。

14. 在存储器采用段页式管理的多道程序环境下，每道程序都有对应的（　　）。

A. 一个段表和一个页表　　B. 一个段表和一组页表

C. 一组段表和一个页表　　D. 一组段表和一组页表

15. 在存储管理中，采用覆盖与交换技术的目的是（　　）。

A. 节省内存空间　　B. 物理上扩充内存容量

C. 提高CPU效率　　D. 实现内存共享

二、综合题

1. 存储管理的主要功能是什么？

2. 什么叫重定位？重定位有哪几种类型？采用内存分区管理时，如何实现程序运行时的动态重定位？

3. 在某页式存储管理系统中，现有P_1，P_2和P_3共3个进程同驻内存。其中，P_2有4个页面，被分别装入内存的第3，4，6，8块中。假定页面和存储块的大小均为1 024 B，内存容量为10 KB。

（1）写出P_2的页表；

（2）当P_2在CPU上运行时，执行到其地址空间第500号处遇到一条传送指令：

MOV 2100，3100

计算MOV指令中两个操作数的物理地址。

4. 某系统有5个固定分区，其长度依次为100 KB、500 KB、200 KB、300 KB、600 KB。

有4个进程，对内存的需求分别是212 KB、417 KB、112 KB、426 KB。当分别用最先适应算法、最佳适应算法、最坏适应算法响应这4个进程的内存申请时，请分别给出系统的内存分配动态。哪种算法最有效？

5. 已知段表如表6－13所示：

表6－13　段表

段号	基址	长度	合法（0）/非法（1）
0	219	600	0
1	2300	14	0
2	90	100	1
3	1327	580	0
4	1952	96	0

系统在分段存储管理下运行时，下列逻辑地址的物理地址是多少？

（1）0，430　（2）1，10　（3）1，11　（4）2，500　（5）3，400　（6）4，112

6. 在一个分页式存储管理系统中，某作业的页表如表6－14所示。已知页面大小为1 024 B，试将逻辑地址1011、2148、3000、4000、5012转换为相应的物理地址。

表6－14　页表

页号	块号
0	2
1	3
2	1
3	6

第 7 章　虚拟存储

【本章知识体系】

本章知识体系如图 7－1 所示。

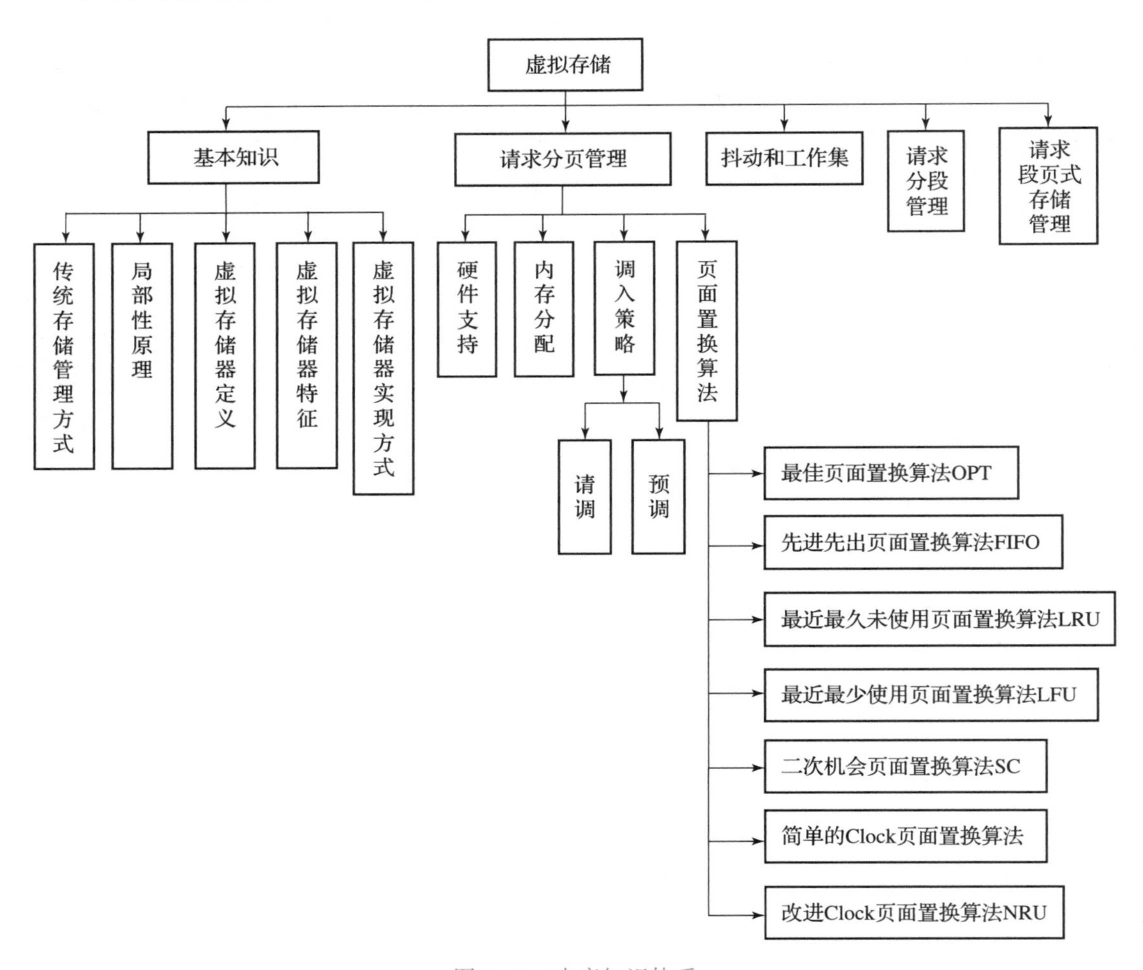

图 7－1　本章知识体系

【本章大纲要求】

1. 掌握虚拟内存基本概念;
2. 掌握请求分页式存储管理;
3. 掌握页面置换算法;
4. 理解抖动的概念;
5. 理解工作集的应用。

【本章重点难点】

1. 请求分页管理方式中的逻辑地址结构、页表结构;
2. 常见的几种页面置换算法应用。

前面第6章介绍的内存管理，要求进程在运行之前全部装入内存，虽然现代计算机内存空间已达到GB级别，但是随着系统、应用软件、游戏等越来越臃肿，内存也越来越吃紧，并且许多进程在实际运行时并非用到全部程序，所以一次性装入会造成内存资源的浪费，甚至导致内存不足，无法运行。因此，采用虚拟存储的方式，换取更大容量的内存，解决内存空间的容量问题。实际上虚拟存储就是用时间换取空间的办法。

7.1 虚拟存储的引入

7.1.1 传统存储管理方式

在第6章中介绍的存储管理方式是传统的存储管理方式，这种管理方式具有两个突出的特征，即一次性和驻留性。

(1) 一次性：就是作业必须一次性地全部装入内存才能运行。这样会造成如下两个问题：

一是作业的容量很大，超出了内存的容量，导致无法全部装入内存，造成大作业无法运行。

二是当有大量作业都要求运行时，由于内存无法容纳所有作业，因此只有少量作业能运行，导致多道程序并发度下降，这就造成多道程序设计对处理机的利用率和系统吞吐量的降低。

所以一次性将要运行的进程的全部程序和数据都装入内存是不合理的，会导致内存空间不足，也是对内存空间的一种浪费。

(2) 驻留性：驻留性是指当作业装入内存后，若作业运行没有结束，整个作业会一直驻留在内存中，其中的任何一部分都不会换出内存。可实际运行过程中，在一个时间段内，只需要访问作业的一小部分数据即可正常运行，这就导致了内存中会驻留大量的暂时用不到的数据，浪费了宝贵的内存空间。

通过以上分析，一次性和驻留性会导致内存空间被占用，而一些需要运行的作业又无法装入内存运行，是否可以改变这两个特性，是我们后续要研究的问题。

7.1.2 局部性原理

1968年，布兰农·邓宁提出“程序在执行时将呈现出局部性规律，即在一段较短的时间内，程序的执行仅局限于某个部分，相应地，它所访问的存储空间也局限于某个区域”。实际上程序的大多数情况都是顺序执行，只有部分循环、过程调用等会再次执行。循环结构在运行过程中会重复执行，过程调用会使程序的执行轨迹由一部分区域转到另一部分区域。经研究发现，过程调用的深度不会超过5，所以循环和过程调用使程序在一段时间内都局限在一小部分范围内运行，这就是局部性。

局部性的表现有两个方面，时间局部性和空间局部性：

（1）时间局部性：如果执行了程序中的某条指令，那么不久后这条指令很有可能再次执行；如果某个数据被访问过，不久之后该数据很可能再次被访问。产生时间局限性的典型原因就是程序中的大量循环。

（2）空间局部性：一旦程序访问了某个存储单元，在不久之后，其附近的存储单元也很有可能被访问。因为很多数据在内存中都是连续存放的，例如数组；并且程序的指令也是顺序地在内存中存放的，例如代码的顺序执行。

基于局部性原理，对前面提出的“是否可以改变传统的存储管理方式一次性和驻留性”的问题，就可以给出肯定的答案。

程序在装入时，不必将其全部装入内存，而只将当前执行需要的部分装入内存，将其余部分放在外存，就可以启动程序执行。在程序执行过程中，当所访问的信息不在内存时，由操作系统将所需要的信息调入内存，然后继续执行。同时可由操作系统将内存中暂时不使用的内容调出到外存中，从而释放一部分内存空间。这样的计算机系统可以为用户提供一个存储容量比实际内存大得多的存储器，这就是虚拟存储。

7.2 虚拟存储器的特征和实现方式

7.2.1 虚拟存储器的定义

通过将程序的一部分驻留在外存，需要时再调入内存；将内存中暂时不会用到的数据调出内存，驻留到外存，腾出内存空间的方式，会使用户感觉到内存的容量会比实际内存容量大得多，但这是一种错觉，是“虚”的，实际上是用一部分硬盘空间弥补内存，防止内存使用过多而消耗殆尽。所以这种存储器就是虚拟存储器，又被称为虚拟内存。

所谓虚拟存储，就是指具有请求调入功能和置换功能，能从逻辑上对内存容量加以扩充的一种存储器系统。其逻辑容量由内存容量和外存容量之和所决定，其运行速度接近于内存速度，而每个存储位的成本又接近于外存。可见，虚拟存储技术是一种性能非常优越的存储器管理技术，在大、中、小和微型计算机中被广泛应用。

7.2.2 虚拟存储器的特征

与传统的存储器管理相比，虚拟存储器具有四个基本特征：离散性、多次性、对换性和虚拟性。

1. 离散性

进程必须离散地装入内存多个不同的区域中。如果采用连续分配方式，需将进程装入一个连续的内存区域，必须事先为进程一次性地分配内存空间，即使不调入内存，也要预留出存储空间，否则调入时进程就无法连续存放，这样进程分多次调入内存就没有意义。同时也无法实现小内存空间运行大程序，所以只有采用离散分配方式，进程只调入部分运行的程序和数据到内存空间，才能避免内存浪费，实现虚拟存储。

离散性是实现虚拟存储器的基础。

2. 多次性

多次性是指将作业分成多次调入内存运行，即作业运行时不全部加载到内存中，只需将当前要运行的那部分程序和数据加载进内存即可。以后当运行到尚未调入的那部分程序时，再将其调入。

多次性是虚拟存储器最重要的特征，任何其他存储管理方式都不具有这一特征，正是虚拟存储器具有多次性的特征，才使它具有从逻辑上扩大内存的功能。

3. 对换性

对换性是指允许在作业的运行过程中进行换入和换出，即在进程运行期间，允许将那些暂时不使用的程序和数据从内存调到外存的对换区，待以后需要时再将它们从外存的对换区换入内存。甚至还允许将暂时不运行的进程调至外存，待它们具备运行条件时再调入内存。

换入和换出能有效提高内存的利用率。可见存储器具有对换性的特征，使不足的内存空间变得满足多道程序并发执行的空间需求。

4. 虚拟性

虚拟性是指能够从逻辑上扩大内存容量，使用户所看到的内存容量远大于实际内存容量。这样就可以在小的内存中运行大的作业，并且还能提高多道程序度。虚拟性是虚拟存储器所表现出的重要特征，也是实现虚拟存储器的重要目的。有效地改善了内存利用率，增加了系统的吞吐量。

值得说明的是，虚拟性是以多次性和对换性为基础的，或者说，仅当系统允许将作业分多次调入内存，并能将内存暂时不运行的程序和数据换出至外存时，才有可能实现虚拟存储。同时，多次性和对换性又必须建立在离散分配方式的基础之上。

7.2.3 虚拟存储器的实现方式

虚拟存储器的实质是让程序存在的地址空间与运行时用于存放程序的存储空间区分开。

程序员可以在地址空间内编写程序，而完全不用考虑实际内存的大小。在多道程序环境下，可以为每个用户程序建立一个虚拟存储器。当然，虚拟存储器的容量也不是无限大的，它的最大容量由计算机的地址结构确定（CPU 的寻址范围），而虚拟内存的实际容量 = min{CPU 的寻址范围,内存和外存容量之和}，即取二者的最小值。

【例 7.1】某计算机地址结构是 32 位，按字节编址，内存大小为 512 MB，外存大小为 2 GB，则虚拟内存的最大容量为多少？虚拟内存的实际容量是多少？

虚拟内存的最大容量为 2^{32} B = 4 GB；

虚拟内存的实际容量 = min{2^{32} B，512 MB + 2 GB} = 512 MB + 2 GB

实现虚拟存储技术需要有一定的硬件条件：

(1) 要有相当数量的外存，足以存放多个用户程序；

(2) 要有一定容量的内存，因为在处理机上运行的程序必须有一部分信息存放在内存中；

(3) 要有地址变换机构，以动态方式实现虚拟地址到实际地址的地址变换。

目前，所有的虚拟存储器都采用下“请求分页系统”“请求分段系统”或“请求段页式系统”方式实现：

1. 请求分页系统

请求分页系统是在分页系统的基础上，增加了请求调页功能和页面置换功能所形成的页式虚拟存储系统。它允许用户程序只装入少数页面的程序和数据即可启动运行；以后，再通过请求调页功能和页面置换功能，陆续把即将运行的页面调入内存，同时把暂不运行的页面换出到外存上。置换时以页面为单位。为了能实现请求调页功能和页面置换功能，系统必须提供必要的硬件支持和实现请求分页的软件。

1）硬件支持

(1) 请求分页的页表机制，它是在基本分页的页表机制上通过增加若干页表项而形成的，被作为请求分页的数据结构；

(2) 缺页中断机构，即每当用户程序要访问的页面尚未调入内存时，便产生一个缺页中断，以请求操作系统将所缺的页调入内存；

(3) 地址变换机构，也是在基本分页地址变换机构的基础上发展形成的。

2）实现请求分页的软件

包括用于实现请求调页的软件和实现页面置换的软件。在硬件的支持下，将程序运行时所需的尚未在内存中的页面调入内存，再将内存中暂时不用的页面从内存置换到外存上。

2. 请求分段系统

请求分段系统是在分段系统的基础上增加请求调段功能和分段置换功能后所形成的段式虚拟存储系统。它允许用户程序只装入少数段而非所有段的程序和数据即可启动运行；以后通过请求调段功能和分段置换功能将暂不运行的段调出，再调入即将运行的段。置换是以段为单位进行的。为了实现请求分段，系统同样需要必要的硬件支持和实现请求分段的软件。

1）硬件支持

(1) 请求分段的段表机制，它是在基本分段的段表机制上通过增加若干段表项而形成的，被作为请求分段的数据结构；

(2) 缺段中断机构，即每当用户程序要访问的段尚未调入内存时，便产生一个缺段中断，以请求 OS 将所缺的段调入内存；

(3) 地址变换机构，也是在基本分段地址变换机构的基础上发展形成的。

2）实现请求分段的软件

包括用于实现请求调段的软件和实现段置换的软件。在硬件的支持下，将程序运行时所需的尚未在内存中的段调入内存，再将内存中暂时不用的段从内存置换到外存上。

目前，有许多虚拟存储器是建立在段页式系统基础上的，通过增加请求调页和页面置换功能而形成了段页式虚拟存储系统。所需的硬件支持集成在处理机芯片上。例如，具有段页式虚拟存储器功能的 Intel 80386 处理机芯片

7.3　请求分页存储管理

请求分页存储管理是目前最常用的一种实现虚拟存储器的方式。请求分页系统建立在基本分页系统的基础上，为了能支持虚拟存储器功能而添加了请求调页功能和页面置换功能。每次调入和换出的基本单位是长度固定的页面，所以请求分页存储实现起来比较简单。

请求分页存储管理的基本实现思想中，作业地址空间的分页、存储空间的分块等概念与第 6 章传统分页存储管理完全相同，不同的是，作业在运行之前，请求分页存储管理只要求将当前需要的一部分页面装入内存便开始运行，在作业运行过程中，若所要访问的页面不在内存中，则通过调入功能，将缺少的页面调入，同时还可以将暂时不用的页面换出到外存上，腾出内存空间。

7.3.1　请求分页存储管理硬件支持

实现请求分页存储管理系统，系统需要提供必要的硬件支持。除了内外存对换区之外，还需要页表机制、缺页中断和地址变换机构。

1. 请求页表机制

在请求分页系统中所需要的主要数据结构仍然是页表。其基本作用是将用户地址空间中的逻辑地址转换为内存空间中的物理地址。因为仅仅将应用程序的一部分调入内存，另一部分仍在外存上，故需在页表中再添加若干表项，供程序（数据）在调入、换出时参考。在请求分页系统中的每个页表包含如图 7－2 所示的页表项。

页号	物理块号	状态位P	访问字段A	修改位M	外存地址

图 7－2　请求页表表项

现对图 7－2 所示的各页表项说明如下：

(1) 页号：其含义和作用与分页存储管理一样。页号从 $0 \sim n$。

(2) 物理块号：其含义和作用与分页存储管理一样。记录的是相应页在内存中对应的物理块号。

(3) 状态位 P：又称为存在位。用于指示该页是否已调入内存，供程序访问时参考。状态位由操作系统来管理，当把一页调入内存，其状态位是 1，表示该页存在于内存中；反之，若将一页换出内存时，要将该状态位由 1 改成 0，表示该页不存在于内存。

(4) 访问字段 A：用于记录本页在一段时间内被访问的次数，或记录本页近期已有多长时间未被访问，该字段供页面置换算法选择换出页面时参考。

(5) 修改位 M：表示该页在调入内存后是否被改动过。因为内存中的每一页都在外存上保留了一份副本，因此，若未被改动过，在置换该页时就不需要再将该页写回到外存上，以降低系统的开销和启动磁盘的次数；若已被改动过，则必须将该页重新写到外存上，以保证外存中所保留的始终是最新副本。

(6) 外存地址：用于指出该页在外存上的地址，供调入该页时使用。

2. 缺页中断

在请求分页管理系统中，访问请求页表表项中的状态位，若状态位是 0，表示该页不在内存中，则产生缺页中断，请求操作系统将所缺的页调入内存。缺页中断也是一种中断源，也需要保存 CPU 现场信息，分析中断源，转入缺页中断处理程序进行中断处理，中断处理完成后需要恢复现场信息等步骤。但缺页中断是一种比较特殊的中断，主要的表现有以下两方面：

(1) 产生的中断时间特殊。缺页中断是在指令执行期间产生和处理中断信号。CPU 在执行一条指令时，往往是当该条指令执行结束后，才检查系统中是否存在中断请求，若有，便去中断响应；若没有，则继续执行下一条指令。但是缺页中断是在 CPU 正在执行一条指令期间，一旦发现要访问的指令或数据不存在于内存，便立刻产生缺页中断信号，CPU 处理该缺页中断，及时将缺的页调入内存中。缺页中断返回时，执行产生中断的那一条指令，不同于其他中断返回，执行的是中断点的下一条指令。

(2) 产生的中断可能有多次。一条指令在执行期间，可能产生多次缺页中断。例如，一条双操作数指令“A ADD B”，A、B 两个操作数都不在内存中，且这两个操作数不在同一页面中，则这条指令至少要产生两个缺页中断。基于这些特征，系统中的硬件机构应能保存多次中断时的状态，并能保证返回到中断前的指令处继续执行。

3. 地址变换机构

请求分页存储管理系统中，若要访问的页存在于内存中，其地址变换过程与分页存储管理相同，但若要访问的页不在内存中，则需要先将该页调入内存，再按分页存储管理方式进行地址转换，如图 7－3 所示。

(1) 在地址变换开始后，首先检查给予的页号是否大于页表长度，若大于，则产生越界中断；否则转向 (2)。

(2) 若页号不大于页表长度，则 CPU 在快表中查找页号，若在快表中找到该页号对应的物理块号，便修改页表项中的访问字段。若是写操作，该页被修改，则需要将页表项中的修改位置为 1，地址变换结束；若 CPU 在快表中未查找到页号，转向 (3)。

(3) 若 CPU 在快表中未查找到页号，则在内存中查找页表，若在页表中查找到该页号，首先访问页表项中的状态位，了解该页是否已经调入内存。如果该页在内存，则将此页的页表项写入快表；若快表已满，则需要用某种置换算法置换出一页后，再将该页写入。修改该页的访问位，若是写操作，该页被修改，则需要将页表项中的修改位置为 1，完成逻辑地址

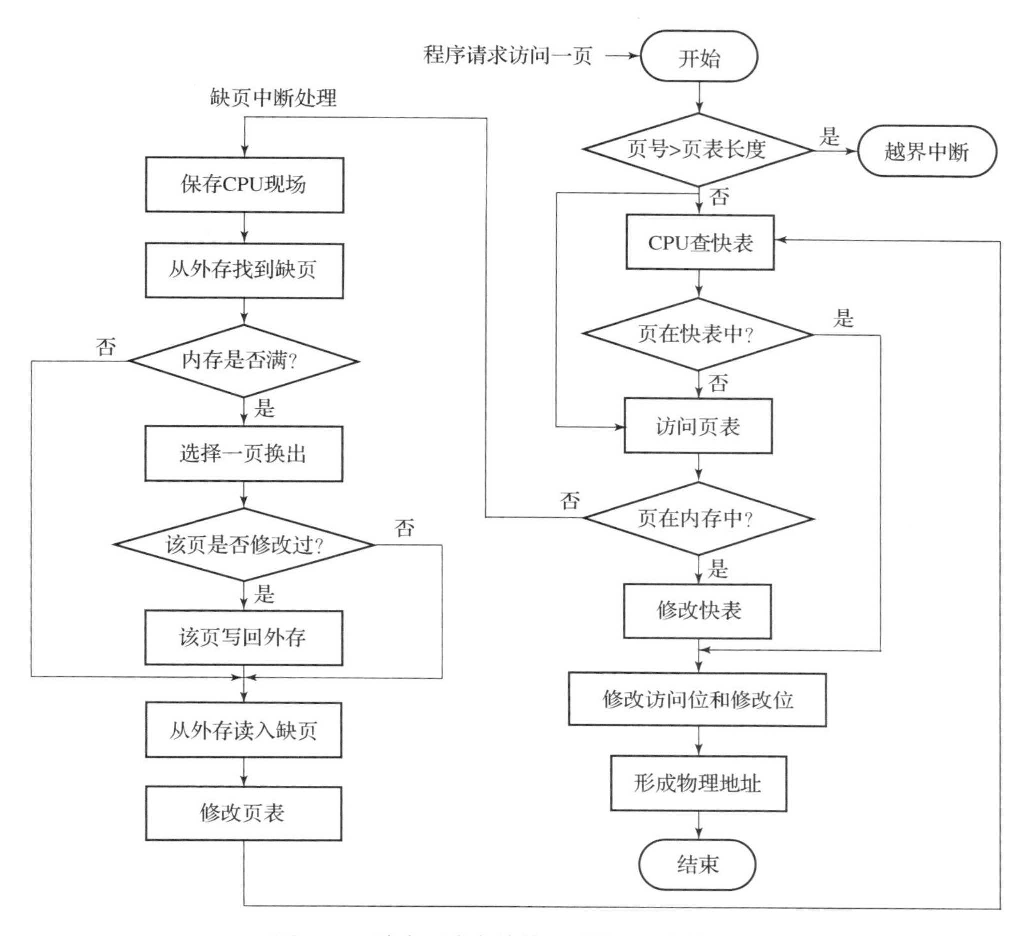

图7-3 请求页式存储管理系统地址变换过程

向物理地址的转换；若该页尚未调入内存，则转向（4）。

（4）CPU访问内存中的页表，若该页尚未调入内存，便产生一个缺页中断，保存CPU现场信息，由中断处理程序负责从外存找到需要调入的页，调入内存。若此时内存有空闲，则从外存读入缺页，修改页表的页表项；若内存已满，则转向（5）。

（5）如果从外存读入缺页，内存已满，则使用某种页面置换算法从内存中换出一页后再将该页写入内存。

7.3.2 请求分页的内存分配

为保证进程能够正常运行，在分配内存时要确定最小的物理块数；同时在为每个进程分配物理块时，要确定采用什么样的分配策略，物理块是固定的还是可变的；对于不同进程分配物理块，确定是采用平均分配算法分配还是按进程的大小分配。

1. 确定最小的物理块数

最小物理块是指能保证进程正常运行所需的最小的物理块数。进程在运行时，不用将所有页调入内存，所以操作系统需要决定将进程的多少页调入内存。这样需要考虑以下几个因素：

（1）分配给一个进程的物理块数越少，驻留在内存中的进程数就会越多。因为每个进程所分配的物理块数少，则进程在执行过程中的缺页率就会上升，频繁地出现缺页中断，导致进程的执行速度降低，内存中无法运行的进程增多。

（2）进程在内存中的存储块数达到一定数量后，根据局部性原理，即使给进程分配更多的存储块数，该进程的缺页率也不会明显改善。

2. 物理块分配策略

在请求分页存储管理系统中，内存对物理块的分配策略有固定分配策略和可变分配策略。

1）固定分配策略

固定分配策略是为每个进程分配固定数目的 n 个物理块，物理块数在整个运行中都不改变。如出现缺页则从该进程的 n 个物理块中选出一页换出，然后再调入一页，以保证分配给该进程的内存空间不变。

通常采用固定分配策略所分配的物理块数是根据进程的类型或程序员的建议来确定的。固定分配策略原理简单，但是实现过程中存在的困难是如何确定为进程分配合理的物理块数。若太多，内存中驻留的进程数目减少，可能造成 CPU 空闲或其他资源空闲的情况；若太少，会频繁地出现缺页中断，系统开销增大，降低了系统的吞吐量。

2）可变分配策略

可变分配策略就是先为每个进程分配一定数目的物理块，随着进程的运行，可根据进程的运行情况适当地增加和减少物理块。可变分配策略有两种策略，即全局置换和局部置换。

（1）可变分配全局置换：为每个进程分配一定数目的物理块，但操作系统自留一空闲块队列，若发现进程缺页，则从空闲块队列中分配一空闲块给该进程，然后调入缺的页，这样分配给该进程的内存空间就会随之增大。当操作系统自留的空闲块队列用完时，操作系统才从内存中任意选择一页换出，被选择换出的页可能是系统中任何一个进程中的页，换出页的进程所拥有的物理块就会减少。

可变分配全局置换是最容易实现的一种物理块分配和置换策略，现在普遍应用于操作系统中。

（2）可变分配局部置换：为每个进程分配一定数目的物理块，若发现缺页，则从该进程的页面中置换出一页，不会影响其他进程的运行。如果进程在运行过程中频繁地发生缺页中断，则系统会再为该进程分配若干附加的物理块，直到该进程的缺页率减少到适当程度为止。同样，若一个进程在运行过程中缺页率特别低，则可适当减少分配给该进程的物理块数，但不应引起其缺页率的明显增加。

3. 物理块分配算法

在采用固定分配策略时，将系统中可供分配的所有物理块分配给各个进程，一般可采用三种算法：平均分配算法、按比例分配算法、考虑优先权分配算法。

（1）平均分配算法：将系统中可供分配的所有物理块平均分配给各个进程。这种分配方式优点是对每个进程公平分配，但缺点是不考虑进程大小，小进程浪费物理块，大进程严重缺页。

【例7.2】系统中有100个物理块可供分配，有5个进程运行时，求每个进程可分得多少个物理块。

每个进程可分得100/5＝20个物理块。

（2）按比例分配算法：根据进程的大小按比例分配给各个进程物理块数。如果共有 n 个进程，每个进程页面数为 s_i，则系统中各进程页面数的总和 S 为：

$$S = \sum_{i=1}^{n} s_i$$

假设系统可用物理块总数为 m，则每个进程所能分到的物理块数 b_i 为：

$$b_i = \frac{s_i}{S} \times m$$

其中 b_i 是整数，对 b_i 进行分配时需进行调整，使之不低于进程运行所需的最少物理页面且不高于物理块总数 m。

【例7.3】系统中有62个物理块可供分配，系统中有两个进程，进程 P_1 逻辑空间的页面数是127，进程 P_2 逻辑空间的页面数是10，系统中各进程页面数的总和是多少？每个进程能分到多少块物理块？

系统中各进程页面数的总和 S＝127＋10＝137；

进程 P_1 可分得（127/137）×62＝57块物理块，进程 P_2 可分得（10/137）×62＝5块物理块。

（3）考虑优先权的分配算法：通常采取的方法是把内存中可供分配的所有物理块分成两部分，一部分根据进程大小先按比例分配给各个进程，另一部分再根据各进程的优先权分配物理块数。

7.3.3 请求分页的页面调入策略

为了保证进程的正常运行，必须事先把要执行的那部分程序和数据所在的页面调入内存，那么何时调入，调入后如何存入内存？

1. 何时调入页面

将一个页面由外存调入内存，有两种方法：请调和预调。

1）请调

请调是当进程在运行过程中发现需要访问的某部分程序和数据所在的页面不在内存中，则立即发出请求，由操作系统负责将所需页面调入内存。这种策略是请调策略，因为被调入内存的页面一定会被用到，不会发生无意义的页面调度。

请调策略比较容易实现，目前的虚拟存储器中大多数采用这种策略。但是请调策略的缺点是从缺页中断发生到所需页面被调入内存，这期间对应的进程需要等待，影响了进程的推进速度。若多次发生请调，则系统开销也较大，增加了磁盘I/O的启动频率。

2）预调

预调是在缺页故障发生之前进行调度，即当一个页面即将被访问到之前将其调入内存，这样节省了进程因为缺页中断而等待的时间。如果进程的许多页都存放在外存的一个连续区域中，根据程序的顺序性，预测调入相邻的页面。如某进程正在访问第9页，则接下来很可能会访问到第10页、第11页，所以可将这两页预调入内存，这样当该进程访问到第10页至第11页时，它们已经存在于内存，不会发生缺页故障产生中断。这种方法可提高进程的推进速度。

预调这种策略若是预测较准是很有吸引力的，但是目前预调这种策略的成功率仅有50%，所以预调方式的系统还得辅以请调策略，当预调失败，则还得应用请调策略将缺页的页面调入内存。

2. 何处调入页面

当程序所要访问的页面未在内存，即页表中页号对应的状态位是“0”，便由CPU发出缺页中断，然后保存现场信息，分析中断源转入缺页中断处理程序。该程序通过查找页表中的页号对应的外存地址找到该页，如果内存能容纳新页，则启动磁盘I/O。

对于请求分页系统中外存可分为两部分：

文件区：用于磁盘存放文件的区域，采用的是离散的分配方式；

对换区：用于磁盘存放对换页面的区域，采用的是连续的分配方式。

因为对换区是连续分配页面的，所以对数据的存取比文件区要快，这样，当发生缺页中断时，系统如何将缺页调入内存，有三种实现方法：

（1）从对换区调入，表示对换区有足够大的空间，在进程运行前，可以将该进程有关的全部文件从文件区复制到对换区，所需调入的页面全部从对换区调入。这种方法速度比较快，但对换区要比较大。

（2）修改过的页放入对换区，若系统缺少足够的对换区空间，可以将没有修改过的页直接从文件区调入，因为未被修改的页，不必从内存置换到外存（内外存页一样）；对于修改过的页，只将它们换出时换到对换区，以后需要时再从对换区调入。这种方法当对换区较小时适用。

（3）首次从文件区调入，以后从对换区调入，由于与进程有关的文件都存于文件区，凡是未运行过的页面，都是从文件区调入，即首次从文件区调入，而运行过又被换出的页面都存在对换区，在下次调入时从对换区调入。UNIX系统采用这种方式。

7.3.4 请求分页的页面置换算法

在进行内存访问时，若所访问的页已在内存，则称此次访问成功；若所访问的页不在内存，则称此次访问失败，并产生缺页中断。若程序P在运行过程中访问页面的总次数为S，其中产生缺页中断的访问次数为F，则其缺页率f为：$f=F/S$。通常缺页率的高低会受几个因素影响，如页面的大小、进程所分配物理块的数目，页面置换算法，程序固有特性等。

页面置换算法又称为淘汰算法，当CPU要访问的页面不在内存时，需要将其调入，如果此时内存空间无空闲页面，则需要在内存中选择一个页面换出至外存储器，被换出的页面称为淘汰页面，淘汰页面采用的算法称为置换算法。选择置换算法的好坏将直接影响系统的性能。

置换算法选择不当可能会导致进程产生“抖动”现象，“抖动”是指在请求分页存储管理过程中，从内存中刚刚换出某一页面后，根据请求马上又调入该页，因无空闲内存又要替换另一页，而后者又是即将被访问的页，这种反复换出换入的现象，称为“抖动”，也叫系统颠簸。“抖动”现象造成了系统花费大量的时间忙于进行频繁的页面交换，致使系统的实际效率很低，严重时会导致系统瘫痪。

下面讲述几个常用的页面置换算法：

1. 最佳页面置换算法（Optimal，OPT）

最佳页面置换算法是由 Belady 于 1966 年提出的一种理论算法。该算法选择的淘汰页面是以后永不使用或在未来最长时间内不会被访问的页面。

【例 7.4】 假定存在如下页面访问序列，5，0，1，2，0，3，0，4，2，3，0，3，2，1，2，0，1，5，0，1，内存为该进程分配 3 个物理块，采用最佳页面置换算法，页面置换情况如何？缺页次数是多少？缺页率是多少？

根据算法原理，【例 7.4】中的访问序列页面置换情况如图 7－4 所示。

5	0	1	2	0	3	0	4	2	3	0	3	2	1	2	0	1	5	0	1
5	5	5	2	2	2	2	4	2	2	2	2	2	2	2	2	2	5	5	5
	0	0	0	0	0	0	0	0	0	0	0	0	0	0	0	0	0	0	0
		1	1	1	3	3	3	3	3	3	3	3	1	1	1	1	1	1	1
×	×	×	×		×		×	×					×				×		

图 7－4 最佳页面置换算法置换过程

（注：×表示产生一次缺页中断）

一共发生缺页中断 9 次，缺页率是 9/20＝45%。

例题分析：

进程在运行时，首先通过缺页中断，把 5、0、1 三个页面顺序装入内存分配的物理块中，当进程访问页面 2 时，页面 2 不在物理块中，产生缺页中断，根据“最佳页面置换算法”观察页面调度序列，页面 0 下次访问是本进程第 5 次访问的页面；页面 1 下次访问是本进程第 14 次访问的页面；页面 5 下次访问是本进程第 18 次访问的页面；所以最远的是页面 5，将页面 5 淘汰置换为页面 2，三个物理块中的页面是 2，0，1；接下来访问页面 0，由于页面 0 已在内存物理块中，不会产生缺页中断；以此类推，如图 7－4 所示，利用“最佳页面置换算法”对【例 7.4】中的访问序列进行置换。

最佳页面置换算法通常可以保证获得最低的缺页率，但该算法是一种理论上的算法，因为实际上无法预知内存中的哪些页不再使用或最长时间内不再使用，所以该算法无法实现。但是通常用该算法作为标准，衡量其他算法的性能。

2. 先进先出页面置换算法（First In First Out，FIFO）

先进先出页面置换算法是最早使用的一种页面置换算法。该算法总是淘汰最先进入内存的页，或者说选择在内存中驻留时间最久的页予以淘汰。该算法的实现是把进程已调入内存的页面按先后次序链接成一个队列，并设置一个指针，称为替换指针，使它总是指向最老的页面。

【例 7.5】 假定存在如下页面访问序列，5，0，1，2，0，3，0，4，2，3，0，3，2，1，2，0，1，5，0，1，内存为该进程分配 3 个物理块，采用先进先出页面置换算法，页面置换情况如何？缺页次数是多少？缺页率是多少？

根据算法原理，【例 7.5】中的访问序列页面置换情况如图 7-5 所示。

	5	0	1	2	0	3	0	4	2	3	0	3	2	1	2	0	1	5	0	1
最后进入内存的页→	5	0	1	2	2	3	0	4	2	3	0	0	0	1	2	2	2	5	0	1
		5	0	1	1	2	3	0	4	2	3	3	3	0	1	1	1	2	5	0
最先进入内存的页→			5	0	0	1	2	3	0	4	2	2	2	3	0	0	0	1	2	5
	×	×	×	×		×	×	×	×	×	×			×	×			×	×	×

图 7-5　先进先出页面置换算法置换过程

（注：×表示产生一次缺页中断）

一共发生缺页中断 15 次，缺页率是 15/20 =75%。

例题分析：

在图 7-5 中可以看出“最先进入内存的页”这一指针，指向在内存时间最久的页。进程在运行时，首先通过缺页中断，把 5、0、1 三个页面顺序装入内存分配的物理块中，当进程访问页面 2 时，页面 2 不在物理块中，产生缺页中断，根据“先进先出页面置换算法”观察页面调度序列，页面 5 是最先调入内存的，因此将它换出。换出后三个物理块中的页面是 2，1，0；接下来访问页面 0，由于页面 0 已在内存物理块中，不会产生缺页中断；接下来访问页面 3，页面 3 不在物理块中，产生缺页中断，此时页面 0 在内存的时间最久，所以被替换出，将页面 3 调入，换出后三个物理块中的页面是 3，2，1；以此类推，如图 7-5 所示，利用“先进先出页面置换算法”对【例 7.5】中的访问序列进行置换。

先进先出页面置换算法简单，易实现，但效率不高。通过缺页率计算可以看出先进先出页面置换算法的缺页率明显高于最佳页面置换算法。

先进先出页面置换算法存在一种异常现象，一般情况下，对于任何一个作业，系统分配给它的内存的物理块越多，发生缺页中断的次数就会越少，如果一个作业能获得它所要求的全部物理块数，则无缺页中断，缺页率为 0。但先进先出页面置换算法有时会出现这样的奇怪现象，分配的物理块数增加，而缺页中断次数反而增加。这种现象称为 Belady 现象，如图 7-6 所示。

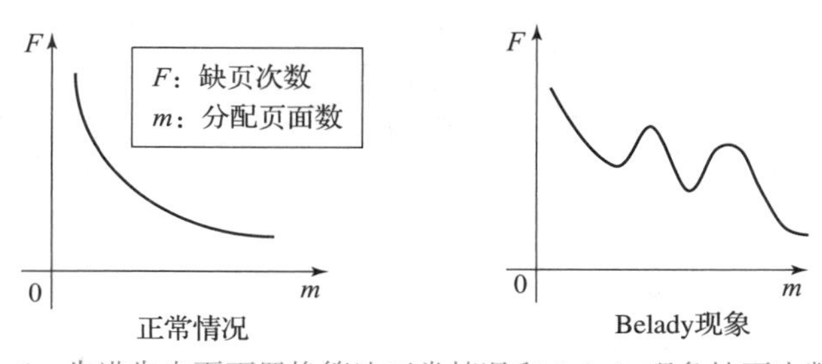

图 7-6　先进先出页面置换算法正常情况和 Belady 现象缺页次数对比

【例 7.6】假定存在如下页面访问序列 1，2，3，4，1，2，5，1，2，3，4，5，内存分别为进程分配 3 个物理块和 4 个物理块，采用先进先出页面置换算法，分别计算其缺页率。

（1）分配 3 个物理块，页面转换过程如图 7-7 所示。

一共发生缺页中断 9 次，缺页率是 9/12 =75%。

（2）分配 4 个物理块，页面转换过程如图 7-8 所示。

	1	2	3	4	1	2	5	1	2	3	4	5
最后进入内存的页→	1	2	3	4	1	2	5	5	5	3	4	4
		1	2	3	4	1	2	2	2	5	3	3
最先进入内存的页→			1	2	3	4	1	1	1	2	5	5
	×	×	×	×	×	×	×			×	×	

图7-7 3个物理块先进先出页面置换算法置换过程

（注：×表示产生一次缺页中断）

	1	2	3	4	1	2	5	1	2	3	4	5
最后进入内存的页→	1	2	3	4	4	4	5	1	2	3	4	5
		1	2	3	3	3	4	5	1	2	3	4
			1	2	2	2	3	4	5	1	2	3
最先进入内存的页→				1	1	1	2	3	4	5	1	2
	×	×	×	×			×	×	×	×	×	×

图7-8 4个物理块先进先出页面置换算法置换过程

（注：×表示产生一次缺页中断）

一共发生缺页中断10次，缺页率是10/12=83.3%。

通过【例7.6】可以看到，随着物理块增加，访问序列的缺页率反而提高了，先进先出算法产生Belady现象的原因是没有考虑程序执行的动态特性。但当物理块增加，应用先进先出页面置换算法不是一定会发生Belady现象，例如，将【例7.5】中内存为该进程分配的物理块数增加到4，访问序列不变，其缺页率降低了。具体置换过程由读者自行验证。

3. 最近最久未使用页面置换算法（Least Recently Used，LRU）

最近最久未使用页面置换算法是根据页面调入内存后的使用情况作为置换的条件，把最近最久未使用作为淘汰的条件。即用过去的行为预测未来。该算法的实现是赋予每个页面一个访问字段，用来记录一个页面自上次被访问以来所经历的时间 t。当淘汰一个页面时，淘汰现有页面中 t 值最大的页面。

【例7.7】假定存在如下页面访问序列，5，0，1，2，0，3，0，4，2，3，0，3，2，1，2，0，1，5，0，1，内存为该进程分配3个物理块，采用最近最久未使用页面置换算法，页面置换情况如何？缺页次数是多少？缺页率是多少？

根据算法原理，【例7.7】中的访问序列页面置换情况如图7-9所示。

	5	0	1	2	0	3	0	4	2	3	0	3	2	1	2	0	1	5	0	1
最近被访问的页→	5	0	1	2	0	3	0	4	2	3	0	3	2	1	2	0	1	5	0	1
		5	0	1	2	0	3	0	4	2	3	0	3	2	1	2	0	1	5	0
最近最久未访问的页→			5	0	1	2	2	3	0	4	2	2	0	3	3	1	2	0	1	5
	×	×	×	×		×		×	×	×	×			×		×		×		

图7-9 最近最久未使用页面置换算法置换过程

（注：×表示产生一次缺页中断）

一共发生缺页中断 12 次，缺页率是 12/20 = 60%。

例题分析：

在图 7 - 9 中可以看出“最近最久未访问的页”这一指针，指向在内存中最近最久未使用的页。进程在运行时，首先通过缺页中断，把 5、0、1 三个页面顺序装入内存分配的物理块中，当进程访问页面 2 时，页面 2 不在物理块中，产生缺页中断，根据“最近最久未使用页面置换算法”观察页面调度序列，页面 5 是内存中最近最久未使用的页，因此将它换出。换出后三个物理块中的页面是 2，1，0；接下来访问页面 0，由于页面 0 已在内存物理块中，不会产生缺页中断，重新排列物理块中的序列是 0，2，1，即页面 1 是最近最久未访问过的页；接下来访问页面 3，页面 3 不在物理块中，产生缺页中断，此时页面 1 在内存中是最近最久未访问过的页，所以将其替换出，将页面 3 调入，换出后三个物理块中的页面是 3，0，2；以此类推，如图 7 - 9 所示，利用“最近最久未使用页面置换算法”对【例 7.7】中的访问序列进行置换。

通过【例 7.7】计算的缺页率可以看出，最近最久未使用页面置换算法的缺页率要优于先进先出页面置换算法，已接近于最佳置换算法，但要求系统提供较多的硬件支持。通过寄存器或栈可知一个进程在内存中各个页面各有多少时间未被进程访问，能快速地知道哪一页是最近最久未使用的页。

1）寄存器

寄存器为内存中的每个页面配置一个移位寄存器，记录某进程在内存中各页的使用情况。该寄存器可表示为：

$$R = R_{n-1}R_{n-2}\cdots R_2R_1R_0$$

当进程访问某物理块时，将其对应的寄存器的 R 位置为 1，此时，定时信号将每隔一定的时间（如间隔时间是 100 ms）使寄存器右移一位，并将高位补零。如果把 n 位寄存器的数看作一个整数，那么，具有最小数值的寄存器所对应的页面，就是最近最久未使用的页面。

假设某进程在内存中有 5 个页面，当采用最近最久未使用页面置换算法访问时，为每个页面配置一个 8 位寄存器。这里，把内存中的 5 个页面的序号分别定为 1 ~ 5。如图 7 - 10 所示，第 3 个内存页面的 R 值最小，当发生缺页时，将会首先把它置换出去。

页面 \ 寄存器	R_7	R_6	R_5	R_4	R_3	R_2	R_1	R_0
1	0	1	0	1	0	0	1	0
2	1	0	1	0	1	1	0	0
3	0	0	0	0	0	0	0	1
4	0	1	1	0	1	0	1	1
5	1	1	0	1	0	1	1	0

图 7 - 10　具有 5 个页面的进程采用最近最久未使用页面置换算法的访问情况

2）栈

当采用最近最久未使用页面置换算法访问时，将当前使用的各个页面的页面号用一个特殊的栈保存。每当进程访问某页面时，便将该页面的页面号从栈中移出，并压入栈顶。此时，栈顶始终是最新被访问页面的页面号，而栈底是最近最久未使用页面的页面号。

【例7.8】假设有一个进程，分到5个物理块，所访问的序列页面号是：3，5，0，5，1，0，1，2，1，2，4，画出用栈保存当前使用页面时栈的变化情况图。

例题分析：

如图7-11所示，前三次访问时，系统会依次将3，5，0压入栈中，此时栈底是3，栈顶是0；第四次访问的是第5页，会使栈顶变为5；在第8次访问页面2后，该进程的5个物理块已装满，第9次和第10次，未发生缺页，只是栈顶页面号发生变化；第11次访问页面4时发生缺页，此时栈底的页面3是最近最久未被访问的页，故将它置换出去。

	3	5	0	5	1	0	1	2	1	2	4
栈顶→								2	1	2	4
					1	0	1	1	2	1	2
			0	5	5	1	0	0	0	0	1
		5	5	0	0	5	5	5	5	5	0
栈底→	3	3	3	3	3	3	3	3	3	3	5

图7-11 用栈保存当前使用页面时栈的变化情况图

4. 最近最少使用页面置换算法（Least Frequently Used，LFU）

最近最少使用页面置换算法是淘汰访问次数最少的页面。在实现时，为每个页面设置一个移位寄存器来记录该页面被访问的频率，把在最近时期使用最少的页面作为淘汰面。

每当进程访问某页面时，将该页面对应寄存器的最高位 R_{n-1} 置为1，系统定期地（如间隔时间是100 ms）将寄存器右移一位，并将最高位补0。在一段时间内，使用最少的页面将是 $\sum R_i$ 最小的页面。最近最少使用页面置换算法的页面访问图，与最近最久未使用页面置换算法的页面访问图完全相同，即利用这样一套硬件既可以实现最近最久未使用页面置换算法，也可以实现最近最少使用页面置换算法。

最近最久未使用页面置换算法淘汰最长时间未被使用的页面，最近最少使用页面置换算法淘汰一定时期内被访问次数最少的页。二者的本质区别是最近最久未使用页面置换算法是看时间长短，而最近最少使用页面置换算法是看使用频率。

5. 二次机会页面置换算法（Second Chance，SC）

二次机会页面置换算法以队列的数据结构来实现。基本思想与先进先出页面置换算法相同，但是有所改进，避免把经常使用的页面置换出去。

二次机会页面置换算法需要一个引用位用于表示页面是否已使用。引用位放到页表条目中。

（1）最初，页面的所有引用位都置为0，表示该页面未使用；

（2）当引用该页面时，相应页面的引用位的状态更改为1，表示该页面被使用；

（3）引用位是1的页面将不会被替换，并且有第二次机会驻留内存。

二次机会页面置换算法流程如图7-12所示。

例如，如图7-13所示，图中3（1），表示页面3最近被访问过，5（0），表示页面5最近未被访问过。假定现在要淘汰一个页面，是从链头扫描，发现页面6被访问过，不淘汰，但将其引用位置为0，同时将其移到链尾；采用同样的方法处理页面3；接下来扫描页

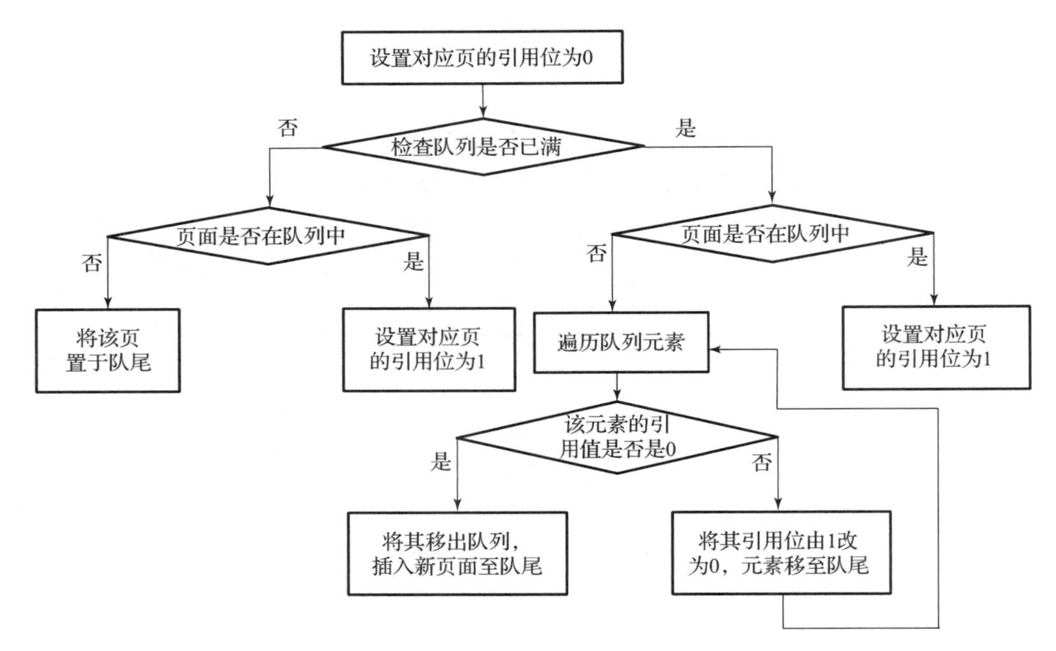

图 7－12　二次机会页面置换算法算法流程

面 4，该页引用位是 0，淘汰页面 4，假定淘汰后取代它的是页面 2，用 2（0）取代 4（0），移到链表尾部。

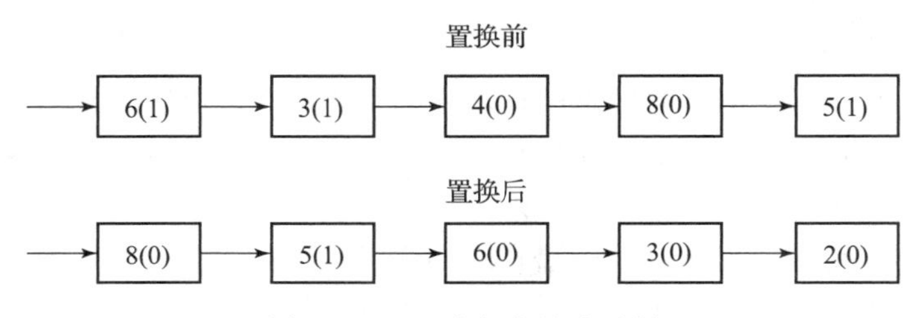

图 7－13　二次机会算法示例

【例 7.9】 假定存在如下页面访问序列 5，0，1，2，0，3，0，4，2，3，0，3，2，系统为该进程分配的物理块数是 3，采用二次机会页面置换算法，页面置换情况如何？缺页次数是多少？缺页率是多少？

根据算法原理，【例 7.9】中的访问序列页面置换情况如图 7－14 所示。

	5	0	1	2	0	3	0	4	2	3	0	3	2
	5(0)	0(0)	1(0)	2(0)	2(0)	3(0)	3(0)	4(0)	2(0)	3(0)	3(0)	3(1)	3(1)
队		5(0)	0(0)	1(0)	1(0)	0(0)	0(1)	3(0)	0(0)	2(0)	2(0)	2(0)	2(1)
首			5(0)	0(0)	0(1)	2(0)	2(0)	0(1)	4(0)	0(0)	0(1)	0(1)	0(1)
	×	×	×	×		×		×	×	×			

图 7－14　二次机会页面置换算法置换过程

（注：× 表示产生一次缺页中断，$i(0)$ 表示页面 i 最近未被访问过，$i(1)$ 表示页面 i 最近被访问过，i 表示页面访问的序列号）

一共发生缺页中断8次，缺页率是8/13 = 61.5%。

例题分析：

前三次访问时，系统会依次将5，0，1调入物理块中并形成队列，如图7－15所示。

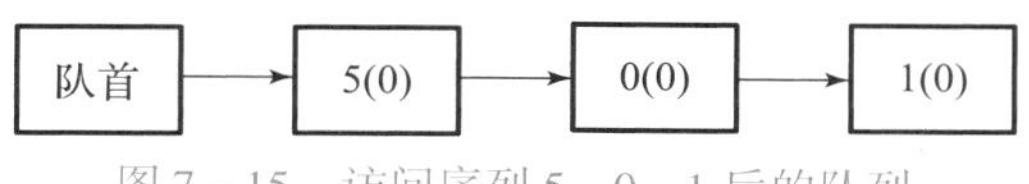

图7－15　访问序列5，0，1后的队列

当访问第4个页面2时，物理块已满，因此需要置换一个页面，采用二次机会页面置换算法，因为队列已满，因此从队首开始检查，队首是页面5，其引用位是0，因此移除该页面，将新页面2插入队尾，此时的队列为0，1，2，如图7－16所示。

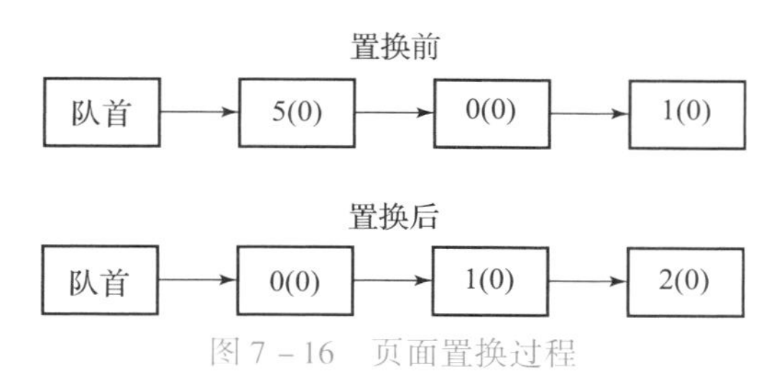

图7－16　页面置换过程

当访问第5个页面0时，此时该页面在物理块中，因此不需要置换，但必须将该页面引用位置为1，如图7－17所示。

当访问第6个页面3时，由于该页面不在物理块中且物理块已满，因此需要进行置换。此时查看队列，队首的页面0的引用位是1，因此将该页面的引用位置为0，同时将该页面移到队尾，如图7－18所示。

图7－17　页面0的引用位置为1

图7－18　页面0的引用位置为0移到队尾

然后，继续沿着队列的方向查找，由于页面1的访问位是0，因此将此页面从队列中移除，并将新页面3插入队尾，如图7－19所示。

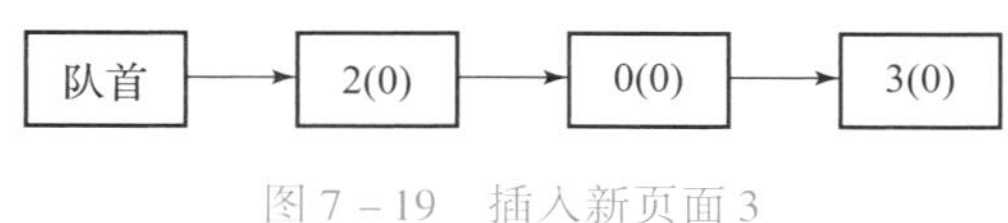

图7－19　插入新页面3

以此类推，如图7－14所示，利用“二次机会页面置换算法”对【例7.9】中的访问序列进行置换。

6. 简单的Clock页面置换算法

二次机会页面置换算法，当出现引用位是1的页面时，需将引用位置为0，同时将该页移至队尾，这会导致效率降低，所以使用一般队列更好的办法是采用一个循环队列。简单的Clock页面置换算法就是将内存中所有页面通过链接指针链接成一个循环队列，该循环队列称为时钟。当出现页面缺页中断时，会检查时钟所指向的页面。

（1）如果所检查的页面引用位是1，则重新将它置为0，暂不换出，给予该页第二次驻留内存的机会，指针前进到下一页。

（2）如果页面的引用位是0，则选择该页换出，将新的页面调入，将新调入的页面引用位设置为1，指针前进到下一页。

（3）若循环队列中所有页面的引用位都是1，这时，指针会逐个扫描所有页面，并将所有页面的引用位都重置为0，最后，到达循环队列中最初访问的第一页时，因为该页的引用位已经是0，因此置换该页。

【例7.10】 假定存在如下页面访问序列5，0，1，2，0，3，0，4，2，3，0，3，2，系统为该进程分配的物理块数是3，采用简单的Clock页面置换算法，页面置换情况如何？缺页次数是多少？缺页率是多少？

根据算法原理，【例7.10】中的访问序列页面置换情况如图7－20所示。

5	0	1	2	0	3	0	4	2	3	0	3	2
->5(1)	0(1)	1(1)	1(0)	1(0)	3(1)	3(1)	3(0)	->3(0)	->3(1)	0(1)	0(1)	0(1)
	->5(1)	0(1)	->0(0)	->0(1)	0(0)	0(1)	->0(0)	2(1)	2(1)	2(0)	->2(0)	->2(1)
		->5(1)	2(1)	2(1)	->2(1)	->2(1)	4(1)	4(1)	4(1)	->4(0)	3(1)	3(1)
×	×	×	×		×		×	×		×	×	

（注：×表示产生一次缺页中断，$i(1)$表示页面i最近被访问过，$i(0)$表示页面i最近未被访问过，->表示指针，i表示页面访问的序列号）

图7－20　简单的Clock页面置换算法置换过程

一共发生缺页中断9次，缺页率是9/13＝69.2%。

例题分析：

采用简单的Clock页面置换算法，当访问前三个页面5，0，1时，循环队列如图7－21所示。

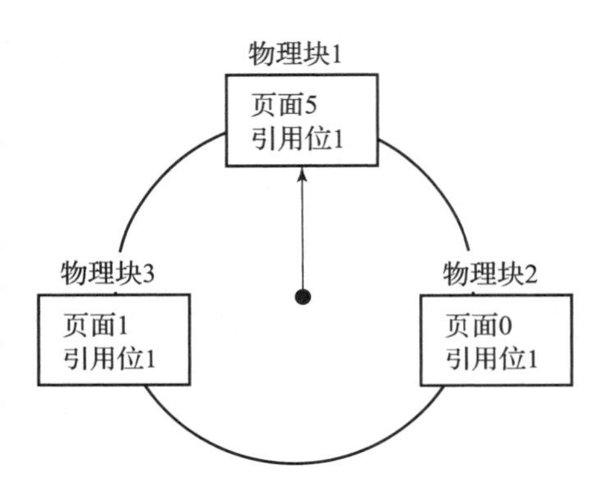

图7－21　访问前三个页面5，0，1

当访问第4个页面2时，该页面不在内存中，产生缺页中断，内存中三个物理块已满，需要进行页面置换，此时时钟指针指向物理块1（页面5），三个物理块中每个页面引用位都是1，时钟指针会旋转一圈，将三个物理块中的页面引用位置为0，如图7－22（a）所示。此时指针指向的物理块1（页面5）的引用位变为0，选择将该页替换为页面2，并将新调入的页面2引用位设置为1，同时指针移向下一位，循环队列如图7－22（b）所示。

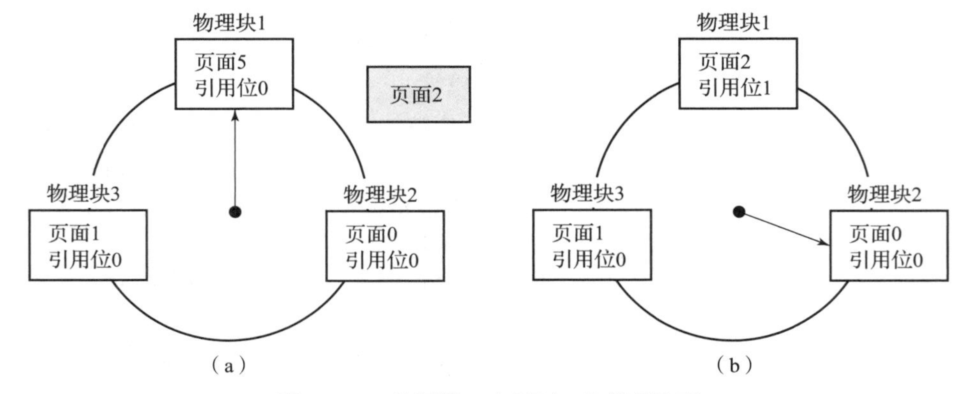

图7－22　访问第4个页面2的循环队列

（a）修改三个页面的引用位；（b）置换成功

当访问第5个页面0时，该页面存在于物理块中，将物理块2（页面0）的引用位置为1，循环队列如图7-23所示。

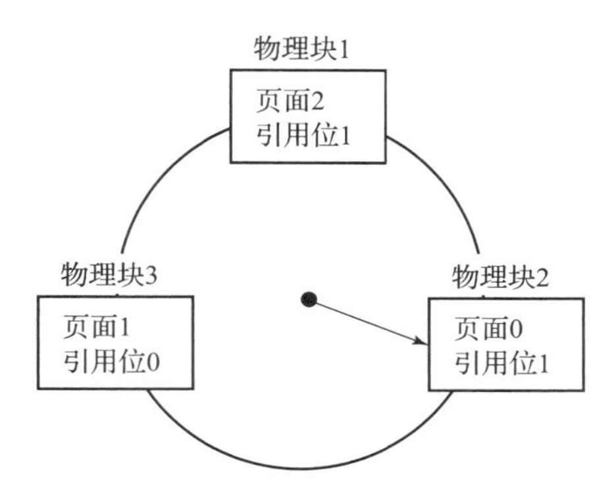

图7-23 访问第5个页面0的循环队列

当访问第6个页面3时，该页面不在内存中，产生缺页中断，内存中三个物理块已满，需要进行页面置换，此时时钟指针指向物理块2（页面0），页面0的引用位是1，则重新将它置为0，暂不换出，给予该页第二次驻留内存的机会，指针前进到下一页物理块3（页面1），如图7-24（a）所示，因为页面1的引用位是0，因此将其置换，由页面3替换，并将新调入的页面3引用位设置为1，同时指针移向下一位，如图7-24（b）所示。

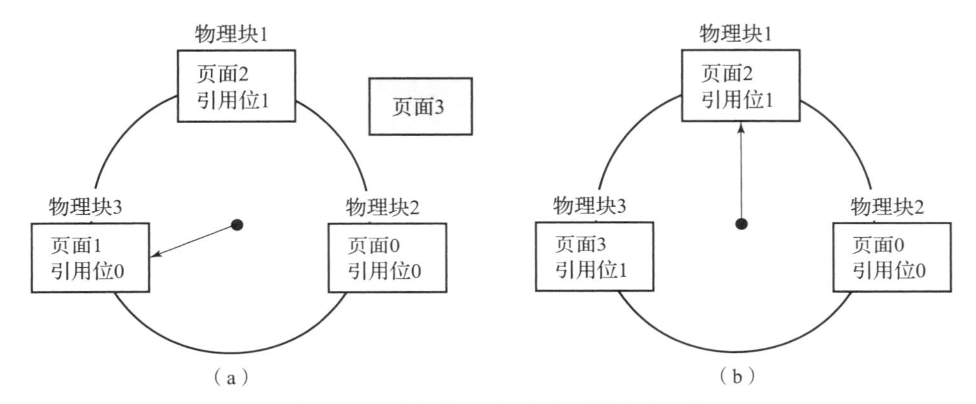

图7-24 访问第6个页面3的循环队列

（a）修改页面0引用位；（b）置换成功

以此类推，如图7-20所示，利用“简单的Clock页面置换算法”对【例7.10】中的访问序列进行置换。

7. 改进Clock页面置换算法（NRU）

在将一个页面换出到外存时，若该页修改过，则需将该页重新写回外存磁盘上；但如果该页没有修改过，则不用写回。可见，若是页面在内存中修改过，换出会产生系统开销，置换代价大。改进Clock页面置换算法，除考虑了页面的引用位外，还要考虑了修改位。若引用位和修改位都是0，即最近未访问过也未修改过，则是首选淘汰的页面。

假设引用位用A表示，修改位用M表示，可以组合成4种类型的页面：

（1）A=0，M=0：表示该页最近既未被访问过也未修改过，首选淘汰页；

（2）A=0，M=1：表示该页最近未被访问过但修改过，不是很好的淘汰页；

（3）A=1，M=0：表示该页最近被访问过但未修改过，该页有可能再被访问；

（4）A=1，M=1：表示该页最近既被访问过又被修改过，该页有可能再被访问。

改进Clock页面置换算法的执行过程：

（1）从指针所指向的当前位置开始，扫描循环队列，寻找“A=0，M=0”的页面，将第一个遇到的此类页面作为淘汰页。在此步骤中，不更改任何位的状态。

（2）如果第（1）步失败，则开始第二轮扫描，寻找“A=0，M=1”的页面，将第一个遇到的此类页面作为淘汰页。在第二轮扫描期间，将所有扫描过的页面的引用位都置为0。

（3）如果第（2）步失败，但在第二轮扫描过程中，所有的页面的引用位都置为了0，指针返回到开始的位置，重复第（1）步，寻找“A=0，M=0”的页面，如果仍然失败，重复第（2）步，此时一定能找到淘汰页。

改进Clock页面置换算法比简单的Clock页面置换算法增加了修改位的考虑，这样可以减少对外存磁盘的I/O操作次数，但为了找到一个可置换的页，可能需要几轮扫描，系统开销将会增加。

【例7.11】 假设如图7-25所示，内存中3个物理块中的页面组成循环队列，若有页面2需要置换入循环队列，按照改进Clock页面置换算法置换过程如何？

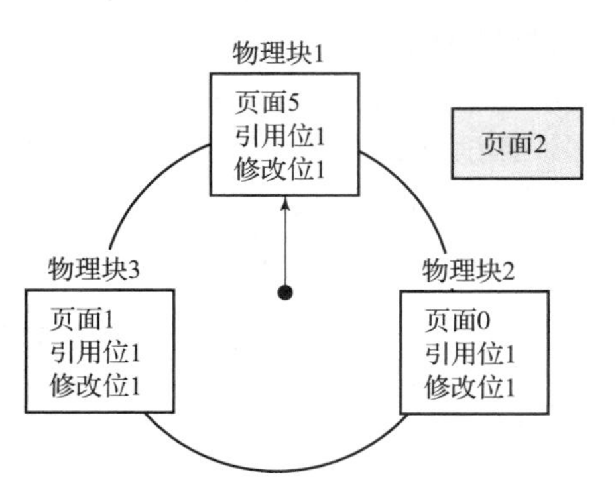

图7-25　内存中物理块循环队列

指针当前指向页面5，其引用位和修改位都是1，因此根据“改进Clock页面置换算法”不进行置换，将该物理块中页面的引用位置0，指针旋转到下一物理块，同理将物理块2中的页面0引用位置为0，指针下移，再将物理块3中的页面1引用位置为0，指针下移；此时指针扫描一圈，又回到了初始位置，即物理块1（页面5），此时再次扫描，发现物理块1（页面5）的引用位是0，修改位是1，符合前面说到的第（2）步，将其置换。置换过程如图7-26所示。

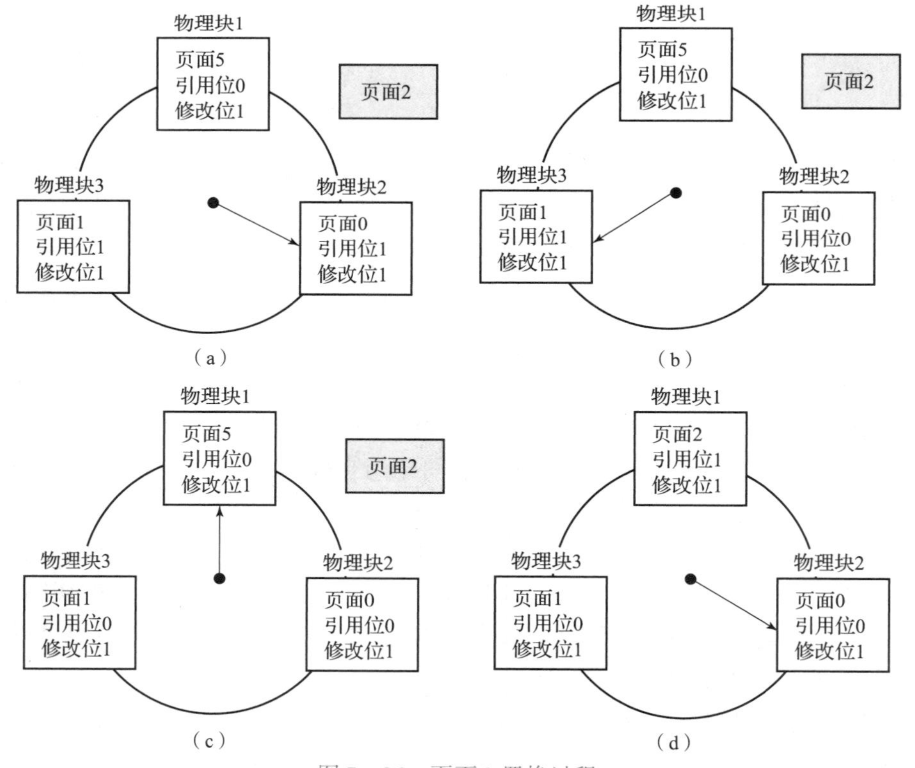

图7-26　页面2置换过程

（a）修改页面5引用位；（b）修改页面0引用位；（c）修改页面1引用位；（d）置换成功

7.3.5 请求分页管理方式中有效访问时间

在6.3.6小节中，基本分页存储管理方式计算的有效访问时间是访问页表（快表）的时间加上访问实际物理地址的时间。在请求分页管理方式中，内存的有效时间除了访问页表（快表）的时间和访问实际物理地址的时间外，还要考虑缺页中断的处理时间。请求分页管理对内存访问操作存在下面3种方式，这样计算的有效访问时间也有所不同：

（1）被访问的页存在于内存中，且对应的页表项在快表中能找到，此时，访问内存的有效时间为查找快表的时间和访问实际物理地址时间，即：

$$\text{EAT} = \text{查找快表时间} + \text{根据物理地址访存时间} = \lambda + t$$

其中，λ 表示访问快表的时间；t 表示访问一次内存的时间。

（2）被访问的页存在于内存中，对应的页表项不在快表中，此时访问内存的有效时间为查找快表的时间、查找页表的时间、修改快表的时间（可忽略不计）和访问实际物理地址时间，即：

$$\begin{aligned}\text{EAT} &= \text{查找快表时间} + \text{查找页表时间} + \text{修改快表时间} + \text{根据物理地址访存时间}\\ &= \lambda + t + \lambda + t\\ &= 2(\lambda + t)\end{aligned}$$

其中，λ 表示访问快表的时间；t 表示访问一次内存的时间。

（3）被访问的页不在内存中。因为被访问的页不在内存中，产生缺页中断，此时访问内存的有效时间为查找快表的时间、查找页表的时间、处理缺页中断时间、修改快表的时间（可忽略不计）和访问实际物理地址时间，即：

EAT = 查找快表时间 + 查找页表时间 + 修改快表时间 + 根据物理地址访存时间 + 处理缺页中断时间

$$\begin{aligned}&= \lambda + t + \lambda + t + \varepsilon\\ &= 2(\lambda + t) + \varepsilon\end{aligned}$$

其中，λ 表示访问快表的时间；t 表示访问一次内存的时间；ε 表示缺页中断处理时间。

上面3种情况的讨论，没有考虑快表的命中率和缺页率等因素，若考虑这两个因素，则请求分页管理的有效访问时间计算公式为：

EAT = d ×（查找快表时间 + 根据物理地址访存时间）+（1 − d）×［查找页表时间 + f ×（缺页中断处理时间 + 查找快表时间 + 根据物理地址访存时间）+（1 − f）×（查找快表时间 + 根据物理地址访存时间）］

$$= d \times (\lambda + t) + (1 - d) \times [t + f \times (\varepsilon + \lambda + t) + (1 - f) \times (\lambda + t)]$$

其中，λ 表示访问快表的时间；t 表示访问一次内存的时间；ε 表示缺页中断处理时间；d 表示命中快表的概率；f 表示缺页率。

若访问快表时间忽略不计（$\lambda = 0$），且不考虑命中率（即 $d = 0$），则有：

EAT = 查找页表时间 + f ×（缺页中断处理时间 + 根据物理地址访存时间）+（1 − f）× 根据物理地址访存时间

$$= t + f \times (\varepsilon + t) + (1 - f) \times t$$

7.4 抖动与工作集

7.4.1 抖动

在请求分页存储管理中，若选择的页面置换算法不合理，则可能出现“抖动”现象，即刚从内存中淘汰某一页面，马上又要访问该页，于是根据请求马上又调入该页，因无空闲内存又要替换另一页，而后者又是即将被访问的页，这种反复换出换入的现象，称为“抖动”，也叫系统颠簸。“抖动”使得系统把大部分时间都用在了页面的调入和换出上，几乎不能完成任何有效的工作，致使系统的实际效率很低，严重时会导致系统瘫痪。

在虚拟存储中，一个进程只要装入一部分程序和数据就可以运行，用户希望在计算机内存中装入的进程数越多越好，使多道程序并发执行，提高处理机的利用率。但是在系统实际运行过程中，内存中装入的进程数也存在一个峰值 N_{max}，使得处理机的利用率达到最大；随后进程数量再继续增加，处理机的利用率会开始缓慢下降；若内存中的进程数量超过 N 值，处理机的利用率会急剧下降。若内存中存在的进程数量特别多，假设一种极端的情况，内存中的每个进程只分得一个物理块，就会导致内存频繁地调入和换出页面，此时系统中出现了严重的“抖动”现象，处理机反而会停滞下来，等待调入的页面，处理机的利用率趋于 0，如图 7－27 所示。

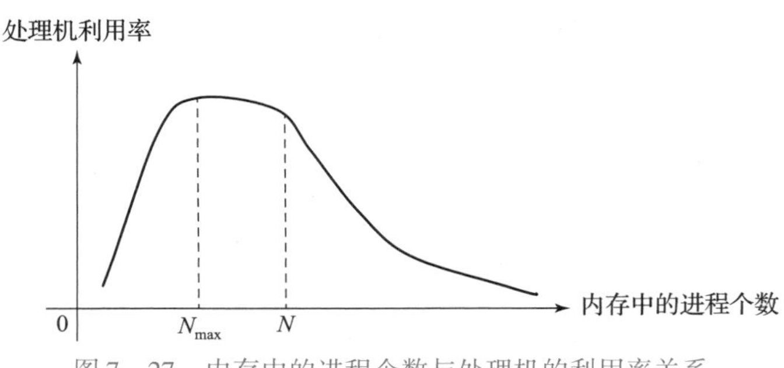

图 7－27　内存中的进程个数与处理机的利用率关系

1. 产生抖动的原因

根本原因是系统内存空间有限，而系统中进程的数量太多，分配给每个进程的物理块数太少，导致频繁地发生缺页中断。增加了对外存磁盘的访问时间，频繁地进行调入和换出，系统处于“抖动”状态，处理机利用率急剧下降。

2. 预防产生抖动的方法

1）采用局部置换策略

为了防止“抖动”现象的产生，页面分配采用可变分配方式，置换策略采取局部置换策略。先为每个进程分配一定数目的物理块，随着进程的运行，可根据进程的运行情况适当增加和减少物理块，若发生缺页，则从该进程的页面中置换出一页，不允许从其他进程处获得新的物理块，如果进程在运行过程中频繁地发生缺页中断，则系统会再为该进程分配若干附加的物理块，直到该进程的缺页率减少到适当程度为止。这样即使发生“抖动”现象，也是在该进程本身的局部范围内发生，不会影响到其他进程。

此种方法简单易行，只影响自己，不波及他人，但是并没有让“抖动”现象消失。进程发生“抖动”时，这些发生“抖动”的进程因为磁盘的I/O，会长时间停留在等待队列中，使队列的长度增加，延长了其他进程的缺页处理时间，使得平均缺页处理时间增加，有效访问时间也增加。

2）采用工作集算法防止“抖动”

处理机的利用率降低，调试程序会选择在外存中调入一个新的作业送入内存。采用工作集算法，是在把新作业调入内存之前，必须先检查内存中各个进程驻留的页面是否足够多，如果足够多，允许新的作业调入内存；反之，若是内存中各个进程驻留的页面不足，则会为内存中的这些进程分配新的物理块，以降低进程的缺页率，不允许新进程进入内存。

3）利用“$L=S$”原则调节缺页率

L表示缺页之间的平均时间，S表示平均缺页服务时间，即用于置换一个页面所需要的时间。“$L=S$”原则是在1980年由布兰农·邓宁提出的。如果L远大于S，则表示很少发生缺页，磁盘的能力没有充分利用；如果L小于S，则表示频繁发生缺页，磁盘处理已饱和；只有“$L=S$”，处理机和磁盘才能发挥最大的作用，通过实践证明，“$L=S$”原则调节缺页率是非常有效的。

4）挂起某些进程

当多道运行的程序在系统中数量偏高，处理机的利用率下降时，为了防止出现“抖动”现象，应当基于某种原则选择暂停某些当前活动进程，将它们换出到外存磁盘上，将腾出来的内存空间分配给缺页率较高的进程。

选择换出的进程原则与调度程序一致，首先选择暂停优先级较低的进程，若内存空间还不足，再选择优先级较低的进程，还可以选择剩余时间较多或占内存空间较大的不重要的进程换出。

7.4.2 工作集

一般情况下，系统分配给进程的物理块多，则进程装入内存的页面数就多，那么缺页中断次数可能就会较少；反之，系统分配给进程的物理块少，则进程装入内存的页面数就少，那么缺页中断次数可能会较多。进程的缺页率和进程占有的内存页面数有关，如图7－28所示，进程在内存分配的物理块越少，缺页中断次数越多，当分配的物理块数量达到临界值，再增加物理块，进程的缺页中断次数也不再明显减少。

工作集的理论是在1968年由布兰农·邓宁提出并推广的，他提到，基于程序运行时的局部性原理，可以得知程序在运行期间对页面的访问是不均匀的，在一段时间内仅局限于较少的页面，而在另一段时间内又可能会局限于对另一些较少的页面进行访问。

若能预知在某段时间里哪些页面会被访问，将它们调入内存，则会大大降低缺页率，提高处理机的利用率。

工作集就是指在某段时间间隔Δ里进程实际要访问页面的集合。程序在内存中需要有少量的几页在内存中就可以运行，为了较少地产生缺页，必须使程序的工作集全部在内存中。

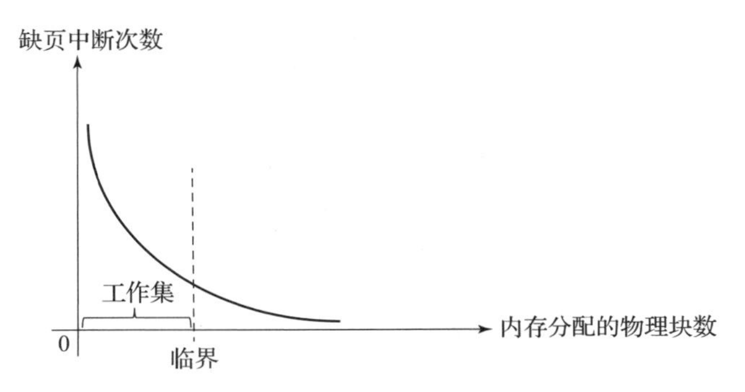

图 7－28　内存容量与缺页中断的关系

把某进程在时间 t 的工作集记为 $\omega(t,\Delta)$，把变量 Δ 称为工作集“窗口尺寸”。$|\omega(t,\Delta)|$表示工作集大小，页面数量。

【例 7.12】 在请求式分页存储管理中，假定存在如下页面访问序列：5，0，1，2，0，3，0，4，2，3，0，3，2，1，2，0，1，5，0，1，3，5，1，窗口尺寸 $\Delta=10$，页面访问顺序如图 7－29 所示，试求 t_1，t_2 时刻的工作集。

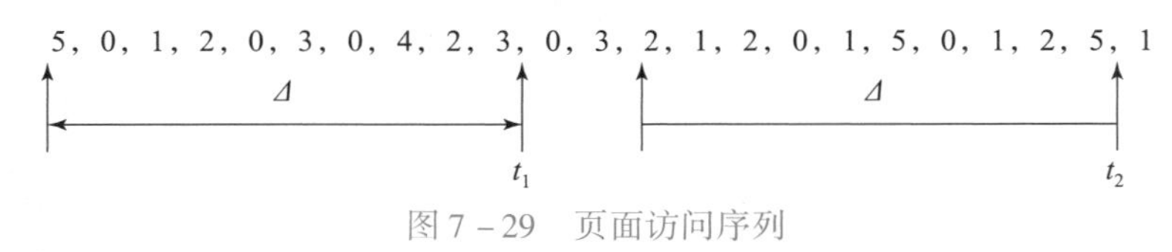

图 7－29　页面访问序列

如果窗口尺寸 $\Delta=10$，则：

t_1 时刻的工作集 $\omega(t_1,\Delta)=\{0,1,2,3,4,5\}$；

t_2 时刻的工作集 $\omega(t_2,\Delta)=\{0,1,2,5\}$。

正确选择工作集窗口尺寸的大小对系统性能有很大的影响，如果 Δ 过大，甚至把整个进程都包括在内，就成了实存管理；如果 Δ 过小，则会引起频繁缺页，导致系统效率降低。由于无法预知一个程序在最近的将来会访问哪些页面，所以用最近在时间间隔 Δ 里访问过的页面作为实际工作集的近似。如图 7－30 所示为某进程访问页面的序列和窗口大小分别是 2，3，4，5 时的工作集变化示意图。

通过图 7－30 可以看出在不同时间 t 的工作集大小不同，所含的页数也不同，与窗口尺寸 Δ 有关，并且存在如下关系：

$$\omega(t,\Delta)\subseteq\omega(t,\Delta+1)$$

工作集具体的做法是，一个进程在创建时指定一个最小的工作集，该工作集的大小是保证进程运行在内存中应有的最小的页面数。在内存负荷不太大时，虚拟存储管理程序允许进程拥有尽可能多的页面作为其最大工作集。当内存发生变化，空闲页不多时，虚拟存储管理程序就使用“自动调整工作集”的方法来增加内存中可用的自由页面数。“自动调整工作集”的方法就是检查内存中的进程，将当前的工作集与最小工作集进行比较，如果大于其最小值，则从这个进程的工作集中移去一些页面作为内存的自由页面，使其可被其他进程使用。如果内存自由页面仍太少，则依法继续检查其他进程，直到每个进程的工作集都达到最小值为止。

访问页面序列	窗口大小 2	3	4	5
21	21	21	21	21
15	15 21	15 21	15 21	15 21
16	16 15	16 15 21	16 15 21	16 15 21
23	23 16	23 16 15	23 16 15 21	23 16 15 21
21	21 23	21 23 16	*	*
17	17 21	17 21 23	17 21 23 16	17 21 23 16 15
16	16 17	16 17 21	*	*
21	21 16	*	*	*
16	*	*	*	*
17	17 16	*	*	*
17	*	*	*	*
15	15 17	15 17 16	15 17 16 21	*
21	21 15	21 15 17	*	*
17	17 21	*	*	*
21	*	*	*	*
16	16 21	16 21 17	*	*

(注：*表示这个时间单位里工作集没有发生改变)

图7－30 不同工作集变化示意图

7.5 请求分段存储管理

请求分页存储管理系统是以页面为单位，在内存与外存间实现调入与换出。请求分段存储管理系统类似于请求分页存储管理系统，是以段为单位，在内存与外存间实现调入与换出。在请求分段存储管理过程中，程序在运行前，不必调入所有分段，只需先调入少数几个段，就可以启动运行。当访问的段不在内存中时，可请求操作系统将所缺的段从外存调入内存。同样，为了实现请求分段存储管理方法，也需要一定的硬件支持和相应的软件。

7.5.1 请求分段存储管理硬件支持

实现请求分段存储管理系统，系统需要提供必要的硬件支持。除了内外存对换区之外，还需要请求段表机制、缺段中断和地址变换机构。

1. 请求段表机制

在请求分段系统中所需要的主要数据结构仍然是段表。因为仅仅将应用程序的部分段调入内存，另一部分仍在外存上，故须在段表中再添加若干表项，供程序（数据）在调入、换出时参考。在请求分段系统中的每个段表包含如图7－31所示的段表项。

段号	段长	段基址	存取方式	访问字段A	修改位M	存在位P	增补位	外存地址

图 7－31　请求段表表项

现对图 7－31 所示的各页表项说明如下：

（1）段号：其含义和作用与分段存储管理一样。段号从 0～n。

（2）段长：表示对应段号的段的大小。

（3）段基址：表示对应段号在内存中的起始地址。

（4）存取方式：存取方式用来标识本分段的存取属性是只执行，只读和允许读/写。

（5）访问字段 A：与请求分页管理中页表的访问字段用法一样，用于记录本段在一段时间内被访问的次数，供置换算法选择换出段时参考。

（6）修改位 M：与请求分页管理中页表的访问字段用法一样，表示该段在调入内存后是否被改动过。

（7）存在位 P：用于表示该段是否已调入内存。供程序访问时参考。

（8）增补位：请求分段存储管理特有的字段，表示本段在运行时是否做过动态增长。

（9）外存地址：用于指出该页在外存上的地址，供调入该页时使用。

2. 缺段中断

在请求分段存储管理中，当要访问的段不在内存中，则由缺段中断机构产生一个中断信号，请求操作系统工作，将所要访问的段从外存调入内存。缺段中断机构与缺页中断机构类似，同样需要一条指令在执行期间产生和处理中断，并且在一条指令执行期间可能会产生多次缺段中断。操作系统处理缺段中断的过程如图 7－32 所示。

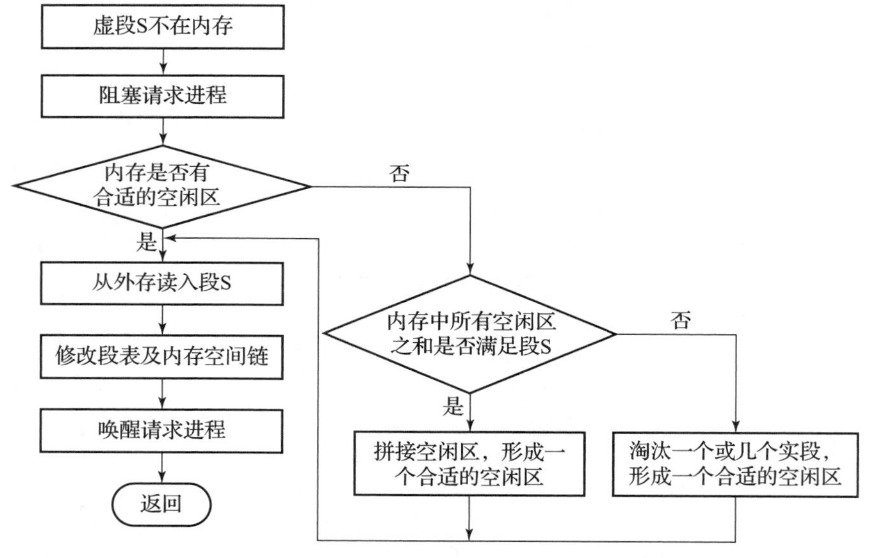

图 7－32　请求分段存储缺段中断处理

（1）查找内存分配表，找出一个足够大的连续区以容纳该分段，如果找不到足够大的连续区，则查找内存中的空闲区总和，若空闲区总和能满足该段要求，则采用适当的移动，将分散的空闲区拼接，形成一个合适的空闲区；若空闲区总和不能满足该段要求，则可选择将内存中的一段或几段淘汰换出，然后把当前段调入内存。

（2）修改段表，段被移动、段被换出、段被调入后，都要对段表中的相应表目进行修改。

（3）新的段被装入后，重新执行被中断的指令，这时就能在内存中找到所要访问的段，继续执行。

3. 地址变换机构

请求分段存储管理方式是在分段存储管理方式基础上形成的，因为要访问的段初始并非全部装入内存，所以在地址变换机构增加了缺段中断请求和处理。如图7－33所示，请求分段存储管理地址变换过程。

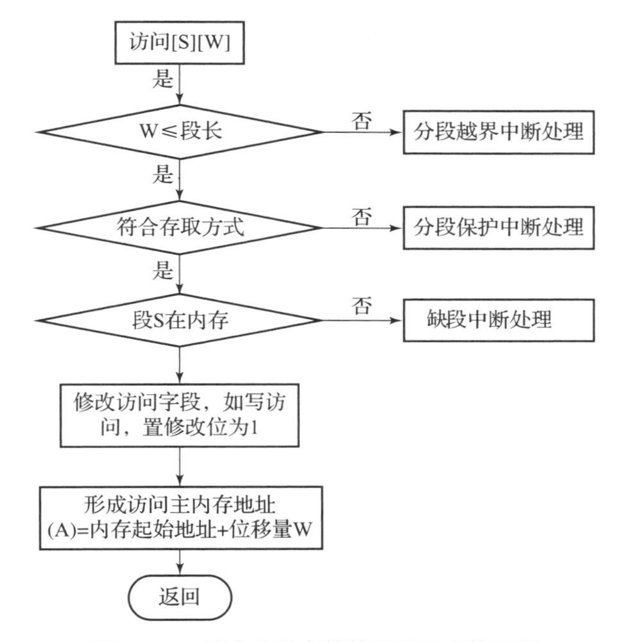

图7－33　请求分段存储管理地址变换过程

7.5.2　再谈段的共享与保护

在6.4.5小节中介绍了段的共享和保护，因为每个逻辑段都具有逻辑意义，所以段的共享可以方便多个进程共享，而共享的段在内存中只存储一份。在本小节中进一步深入讲解段的共享优势。

1. 共享段表

共享段是供多个进程所共享的，为了方便对共享段进行操作，在系统中还配置了共享段表。在共享段表中所有被共享的段都是共享段表中的一个表项。每个表项的属性有段号、段长、内存始址、状态位、外存始址和共享进程计数count等信息，如图7－34所示。

1）共享进程计数count

count的作用是用来计算有多少个进程在共享该段。每调用一次该共享段，count值增加1；每当一个进程释放一个共享段时，count执行减1操作；若count减为0，则由系统回收

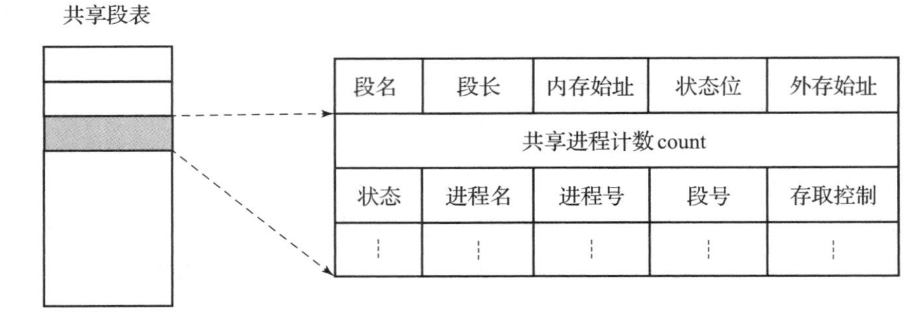

图 7 – 34 共享段表

该共享段的物理内存，以及取消在共享段表中该段所对应的表项。

2）存取控制

对于一个共享段，应给不同的进程以不同的存取权限。

3）段号

不同的进程可以使用不同的段号去共享该段。

2. 如何实现分段共享

（1）在为共享段分配内存时，第一个请求使用该共享段的进程，系统为该共享段分配一个内存空间，再把该段调入内存空间，然后将为该共享段分配的内存空间起始地址填入请求进程的段表相应项中，并且在共享段表中增加一个表项，填写请求使用该共享段的进程名、段号和存取控制等数据，将 count 置为 1。

（2）当又有其他进程需要调用该共享段，因为已经将共享段调入内存，所以不用再为该段分配内存空间，只需在调用进程的段表中增加一表项，填写请求使用该共享段的进程名、段号和存取控制等数据，将 count = count + 1；此时，有两个进程在共享该共享段。

（3）再有需要共享段的进程，采用以此类推的方法。

3. 如何回收共享段

当某进程不再需要共享段时，要将共享段释放，该进程需撤销本进程的段号、存取控制等，执行 count = count – 1 操作，取消调用进程在共享段表中的有关记录；若 count 执行完减 1 操作后值为 0，表示无进程再共享该段，将该共享段在内存中换出，取消共享段表中该段对应的表项。

7.6 请求段页式存储管理

在采用请求段页式存储管理时，需要对每一个装入内存的进程建立一张段表，对每一段建立一张页表。段表中指出该段对应页表所存放的起始地址及其长度，页表中应指出该段的每一页在外存磁盘上的位置以及该页是否在内存中。若在内存中，则填上占用的内存的物理块号，作业执行时按段号查找段表，找到相应的页表，再根据页号查找页表，由状态位判定该页是否已在内存中，若在，则进行地址转换；否则进行页面调度。

请求段页式存储管理结合了请求分段式虚拟管理和请求分页式虚拟管理的优点，但增加了设置表格（段表、页表）和查表等复杂过程，实现开销较大，还需要硬件支持，目前将实现请求段页式虚拟存储所需支持的硬件集成在CPU芯片上。例如，Intel80386以上的CPU芯片都支持请求段页式存储管理。段页式虚拟存储管理一般只在大型计算机系统中采用。

7.7 本章小结

虚拟存储器借助外存储器（磁盘）实现了对内存容量逻辑上的扩充，使得小内存可以运行大进程。本章通过分析传统存储管理方式（对进程采用一次性和驻留性管理方式），引出了虚拟存储器的局部性原理，主要体现在时间局部性和空间局部性两个方面。

虚拟存储器具有离散性、多次性、对换性和虚拟性的基本特征，实现方式有“请求分页系统”“请求分段系统”和“请求段页式系统”。

在“请求分页系统”中，需要的硬件支持有页表机制、缺页中断和地址变换机构，如图7－35所示。

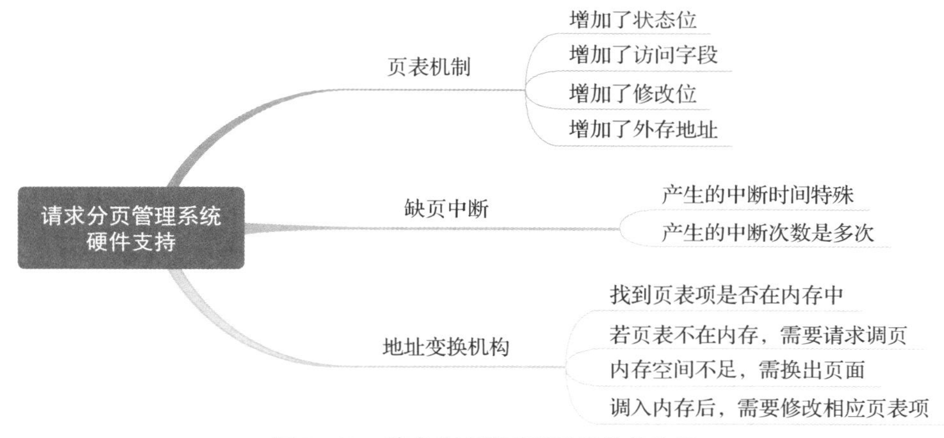

图7－35 请求分页管理系统硬件的作用

为保证进程能正常运行，需确认采用什么样的分配策略分配物理块；如何事先把要执行的那部分程序和数据所在的页面调入内存，何时调入，调入后如何存入内存。

“请求分页系统”页面置换算法是重难点，如表7－1所示。

表7－1 “请求分页系统”页面置换算法

置换算法名称	置换算法规则
最佳页面置换算法（OPT）	选择淘汰页面是以后永不使用或在未来最长时间内不会被访问的页面
先进先出页面置换算法（FIFO）	淘汰最先进入内存的页，或者说选择在内存中驻留时间最久的页予以淘汰

续表

置换算法名称	置换算法规则
最近最久未使用页面置换算法（LRU）	把页面调入内存后的使用情况作为置换的条件，把最近最久未使用作为淘汰的条件
最近最少使用页面置换算法（LFU）	把页面调入内存后的使用情况作为置换的条件，淘汰访问次数最少的页面
二次机会页面置换算法（SC）	以队列的数据结构来实现，需要一个引用位用于表示页面是否已使用，基本思想与先进先出页面置换算法相同，但是有所改进，避免把经常使用的页面置换出去
简单的 Clock 页面置换算法	与二次机会页面置换算法类似，是将内存中所有页面通过链接指针链接成一个循环队列，该循环队列称为时钟。当出现页面缺页中断时，会检查时钟所指向的页面
改进 Clock 页面置换算法（NRU）	对简单的 Clock 页面置换算法的改进，不但考虑了页面的引用位，还考虑了修改位。若引用位和修改位都是 0，即最近未访问过也未修改过，则是首选淘汰的页面

在“请求分页系统”中缺页率的提高和“抖动”现象的发生，会导致处理机的利用率下降，采用局部置换策略能让抖动在小范围内发生；采用工作集算法防止“抖动”，工作集就是指在某段时间间隔 Δ 里进程实际要访问页面的集合；利用“$L=S$”原则调节缺页率；挂起某些进程让出内存空间。

在“请求分段系统”中增加了段表项、缺段中断机制，实现了虚拟存储下请求分段系统的地址变换。

第 7 章　习题

一、选择题

1.（考研真题）下列关于虚拟存储器的叙述中，正确的是（　　）。

A. 虚拟存储只能基于连续分配技术

B. 虚拟存储只能基于非连续分配技术

C. 虚拟存储容量只受外存容量的限制

D. 虚拟存储容量只受内存容量的限制

2.（考研真题）在缺页处理过程中，操作系统执行的操作可能是（　　）。

Ⅰ. 修改页表　　Ⅱ. 磁盘 I/O　　Ⅲ. 分配页框

A. 仅Ⅰ、Ⅱ　　B. 仅Ⅱ　　C. 仅Ⅲ　　D. Ⅰ、Ⅱ、Ⅲ

3. 在请求分页内存管理的页表表项中，其中修改位供（　　）时参考。

A. 分配页面　　B. 置换算法　　C. 程序访问　　D. 换出页面

4. 虚拟存储管理系统的基础是程序的（　　）理论。

A. 全局性　　B. 局部性　　C. 动态性　　D. 虚拟性

5. 使用请求分页存储管理的系统中，进程在执行指令中发生了缺页中断，经操作系统缺页中断处理后，应让其执行（　　）指令。

A. 被中断处的前一条　　B. 被中断处

C. 被中断处的后一条　　D. 启动时的第一条

6.（考研真题）当系统发生抖动时，可以采取的有效措施是（　　）。

Ⅰ. 撤销部分进程

Ⅱ. 增加磁盘交换区的容量

Ⅲ. 提高用户进程的优先级

A. 仅Ⅰ　　B. 仅Ⅱ

C. 仅Ⅲ　　D. 仅Ⅰ、Ⅱ

7. 在请求分页系统中有多种页面置换算法，选择最先进入内存的页面予以淘汰的算法称为（　　）。

A. FIFO 置换算法　　B. OPT 置换算法

C. LRU 置换算法　　D. NRU 置换算法

8. 在请求分页系统中有多种页面置换算法，选择以后不再使用的页面予以淘汰的算法称为（　　）。

A. FIFO 置换算法　　B. OPT 置换算法

C. LRU 置换算法　　D. NRU 置换算法

9. 在请求分页系统中有多种页面置换算法，选择自上次访问以来所经历时间最长的页面予以淘汰的算法称为（　　）。

A. FIFO 置换算法　　B. OPT 置换算法

C. LRU 置换算法　　D. NRU 置换算法

10. 在请求分页系统中有多种页面置换算法，选择自某时刻开始以来，访问次数最少的页面予以淘汰的算法称为（　　）。

A. FIFO 置换算法　　B. LFU 置换算法

C. LRU 置换算法　　D. NRU 置换算法

11.（考研真题）某系统采用 LRU 置换算法和局部置换策略，若系统为进程 P 预分配了 4 个页框，进程 P 访问页号的序列为 0，1，2，7，0，5，3，5，0，2，7，6，则进程访问上述页的过程中，产生页面置换的总次数是（　　）。

A. 3　　B. 4　　C. 5　　D. 6

12.（考研真题）下列措施中，能加快虚实地址转换的是（　　）。

Ⅰ. 增大快表的容量

Ⅱ. 让页表常驻内存

Ⅲ. 增大交换区

A. 仅Ⅰ　　B. 仅Ⅱ

C. 仅Ⅱ、Ⅲ　　D. 仅Ⅰ、Ⅱ

13.（考研真题）在请求分页系统中，页面分配策略与页面置换策略不能组合使用的是

(　　)。

A. 可变分配，全局置换　　B、可变分配，局部置换

C. 固定分配，全局置换　　D、固定分配，局部置换

14. (考研真题) 下列因素中，影响请求分布系统有效访问时间的是 (　　)。

Ⅰ. 缺页率　　Ⅱ. 磁盘读写时间

Ⅲ. 内存访问时间　　Ⅳ. 执行缺页处理程序的 CPU 时间

A. 仅Ⅱ、Ⅲ　　B. 仅Ⅰ、Ⅳ

C. 仅Ⅰ、Ⅲ、Ⅳ　　D. Ⅰ、Ⅱ、Ⅲ、Ⅳ

15. (考研真题) 某进程访问页面的序列如图 7-36 所示。

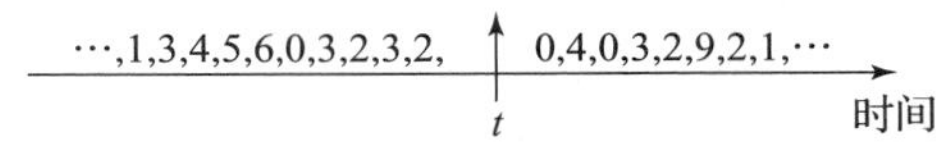

图 7-36　某进程访问页面的序列

若工作集窗口大小为 6，则在 t 时刻的工作集为 (　　)。

A. {6，0，3，2}　　B. {2，3，0，4}

C. {0，4，3，2，9}　　D. {4，5，6，0，3，2}

二、综合题

1. 什么是虚拟存储器？如何实现分页式虚拟存储器？

2. (考研真题) 简述在具有快表的请求分页系统中，将逻辑地址变换为物理地址的完整过程。

3. 一个采用请求分页存储管理的计算机系统，其内存（实存）容量为 256 M 字节，虚拟内存容量（给用户的最大地址空间）为 4 G 字节，页面大小为 4 K 字节，试问：

(1) 实存物理地址应设为多少位？

(2) 实存中有多少物理块？

(3) 实存中最大块号是多少？

(4) 虚存地址应设多少位？

(5) 虚拟地址空间最多可以有多少页？

(6) 页内最大偏移量是多少？

4. 如表 7-2 所示页表，一个进程的大小占 5 个页面，每页的大小为 1 K，系统为它分配了 3 个物理块，试问哪些页不存在于内存中，请分别计算进程中虚地址 OX387、OX12A5、OX1432 单元的物理地址，并说明理由。

表 7-2　内存中页表

页号	物理块号	状态位 P	访问字段 A	修改位 M
0	OX1C	1	1	0
1	OX3F	1	1	1
2	—	0	0	0
3	OX5D	1	0	0
4	—	0	0	0

除了对进程、存储等提供抽象之外，操作系统也控制计算机的所有I/O（输入/输出）设备。操作系统必须向设备发出命令、捕获中断并处理错误等。它也应该为设备和系统的其他部分提供易于使用的接口，这个接口还应该是设备独立的，即对所有设备基本保持一致。

8.1　设备管理概述

I/O系统包括用于实现信息输入、输出和存储功能的设备和相应的设备控制器，在有的大、中型机中还有I/O通道或I/O处理机。设备管理的对象主要是I/O设备，还可能涉及设备控制器和I/O通道。而设备管理的基本任务是完成用户提出的I/O请求，提高I/O速率以及提高I/O设备的利用率。设备管理的主要功能包括缓冲区管理、设备分配、设备处理、虚拟设备管理及实现设备独立性等。

传统上，I/O被认为是操作系统设计中较为复杂的领域之一，因为它是一个难以泛化的领域，各种特别的方法比比皆是。其原因是存在各种各样的外围设备，特定配置可包括在特性和操作模式方面差别很大的设备。

在设计I/O设备时，两个目标至关重要，一个目标是效率，另一个目标是通用性。

效率很重要，因为I/O操作通常会成为计算系统的瓶颈。大多数I/O设备与内存和处理机相比要慢很多。解决这个问题的一种方法是进行多道程序设计，正如之前所了解到的，它允许某个进程等待I/O操作，而另一个进程在执行。然而，即使在今天的机器中存在大量的内存容量，I/O仍然不能跟上处理机的活动，因此，I/O设计的主要目标之一是提高I/O效率。

为了简单和免于错误，需要以统一的方式处理所有设备，即通用性。此陈述既适用于进程查看I/O设备的方式，也适用于操作系统管理I/O设备的方式和操作。由于设备特性的多样性，事实上很难实现真正的通用性。可以做的是使用分层的模块化方法来设计I/O功能。此方法将I/O设备的大部分细节隐藏在底层例程中，以便用户进程和操作系统的上层就通用功能看待设备，例如读取、写入、打开、关闭、锁定和解锁等。

8.2　I/O系统

用户进程需要输入或输出时，将调用操作系统提供的系统调用命令，之后操作系统负责给用户进程分配设备、启动有关设备进行I/O操作。在I/O操作完成时，系统要响应中断，进行善后处理。

I/O系统由若干个层次构成，每一层有其独立的功能，低层对高层隐藏了硬件具体的功能，而高层为用户提供清晰、统一的接口。

（1）I/O接口。当用户需要I/O时，通常调用库函数，例如C语言中的标准I/O函数，如printf、scanf等。而库函数代码要经过系统调用进入操作系统，为用户提供服务。

（2）I/O 管理软件。它是操作系统核心的一部分，其基本功能是执行所有设备共有的 I/O 功能，并为用户提供统一的接口。它包括设备的命名设备的授权访问错误处理等功能，还包括缓冲管理、设备分配及 SPOOLing 系统等与 I/O 有关的服务。

（3）设备驱动程序。它是直接与硬件打交道的软件模块。一般来说，设备驱动程序的任务是接收 I/O 管理软件的抽象请求，进行与设备相关的具体设备操作。它控制设备的打开、关闭、读、写等操作，控制数据在设备上的传输。

（4）中断处理程序。它位于 I/O 系统的底层，当输入就绪、输出完成或设备出错时，设备控制器向 CPU 发出中断信号，CPU 接收到中断请求后，如果中断优先级高于正在运行的程序的优先级，则响应中断，然后把控制权交给中断处理程序。

8.2.1 I/O 系统结构

典型的 I/O 系统具有四级结构，包括主机、通道、设备控制器和 I/O 设备，如图 8－2 所示。

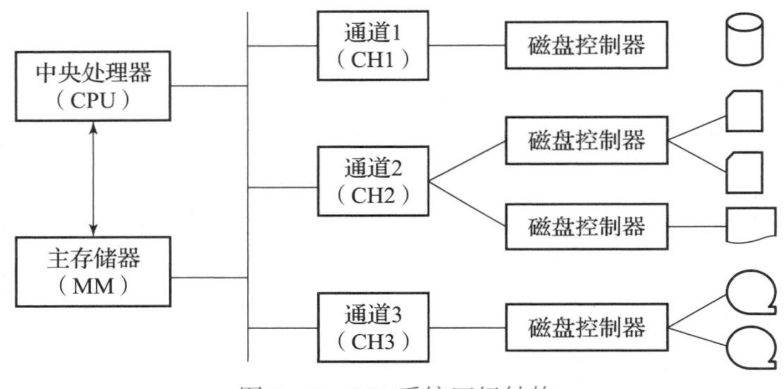

图 8－2　I/O 系统四级结构

1. I/O 设备

I/O 设备的种类繁多，其重要性能指标有数据传输速率、数据传输单位和设备的共享属性等。用户可以从不同角度对 I/O 设备进行不同分类。

1）按传输速率分类

按传输速率的高低，可以把 I/O 设备分为三类：

第一类是低速设备，其传输速率仅为每秒钟几个字节到数百个字节，如键盘、鼠标等设备。

第二类是中速设备，其传输速率在每秒钟数千个字节到数万个字节，如行式打印机、激光打印机等。

第三类是高速设备，其传输速率在每秒钟数十万个字节到数十兆字节，如磁带机、磁盘机、光盘机等。

2）按数据交换的单位分类

按设备与内存之间数据交换的物理单位可以将 I/O 设备分为两类：

第一类是块设备，以块为单位与内存交换信息，属于有结构设备，如磁盘（每个盘块的大小为 0.54 KB）、磁带等。块设备的基本特征是传输速率较高，通常每秒钟为几兆位；

可寻址，即允许对指定的块进行读/写操作；此外，在 I/O 操作时，常采用直接存储器访问（Direct Memory Access，DMA）方式。

第二类是字符设备，以字符为单位与内存交换信息，属于无结构设备。字符设备种类繁多，如交互式终端、打印机等。字符设备的基本特征是传输速率较低，通常每秒钟为几个字节到数千个字节；不可寻址，即不能指定输入时的源地址以及输出时的目标地址；在 I/O 操作时常采用中断驱动方式。

3）按设备的共享属性分类

按设备的共享属性可将设备分为三类：

第一类是独占型设备，在一段时间内只能被一个作业独占使用，如输入机、磁带机和打印机等。独占型设备通常采用静态分配方式，即在一个作业执行前将作业需要使用的这类设备分配给作业，在作业执行期间独占该设备，直到作业结束才释放。

第二类是共享型设备，在一段时间内允许几个作业同时使用，如磁盘。共享型设备允许多个作业同时使用，即一段时间内多个作业可以交替地启动共享设备，但在每一时刻仍只有一个作业占用设备。

第三类是虚拟设备，通过虚拟技术用共享型设备来模拟独占型设备的工作。

2. 设备控制器

1）接口线路

通常，外围设备并不直接与 CPU 进行通信，而是与设备控制器通信。在设备与设备控制器之间有一个接口，通过数据线、控制线和状态线分别传输数据、控制和状态三种信号，如图 8－3 所示。

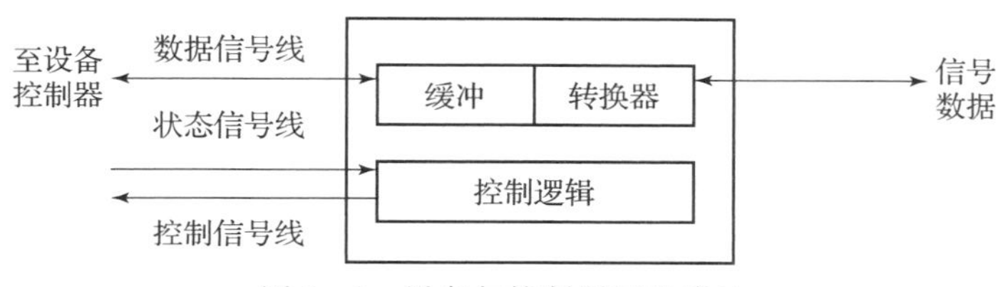

图 8－3　设备与控制器间的接口

（1）数据信号线用于设备和设备控制器之间数据信号的传送。对输入设备而言，由外界输入的信号经转换后所得到的数据，通常先送入缓冲器，再从缓冲器中通过组数据信号线传送给设备控制器。对输出设备而言，则是从设备控制器经过数据信号线传来的一批数据，先暂存于缓冲器中，经转换器转换后，再逐个字符地输出。

（2）控制信号线是设备控制器与 I/O 设备之间控制信号的传送通道。该信号规定了设备将要执行的操作，如读操作（指由设备向控制器传送数据）、写操作（指由控制器接收数据）或执行磁头移动等操作。

（3）状态信号线用于传送指示设备当前状态的信号。设备的当前状态有正在读、正在写、设备已完成等。

设备控制器位于 CPU 与设备之间，控制一个或多个 I/O 设备，以实现 I/O 设备和主机之间的数据交换。设备控制器既要与 CPU 通信，又要与设备通信，接收从 CPU 发出的命令，并控制 I/O 设备的工作，是 CPU 与 I/O 设备之间的接口，能有效地将 CPU 从设备控制事务中解脱出来。

不同种类设备的控制器是不同的，其复杂性也因设备不同而相差很大。可以把设备控制器分为两类：控制字符设备的控制器和控制块设备的控制器。设备控制器是一个可编址设备，它含有多少个设备地址，就可以连接多少个同类型设备，并且为它所控制的每一个设备分配了一个地址。微型计算机和小型计算机中的控制器往往做成印制电路卡的形式（常称为接口卡），插入计算机即可控制1个、2个、4个或8个同类型设备。

2）设备控制器的基本功能

设备控制器的基本功能包括以下几方面：

（1）接受和识别命令。设备控制器接收并识别CPU向控制器发出的多种不同命令。为此，在设备控制器中应具有相应的控制寄存器用来存放接收的命令和参数，并对所接收的命令进行译码。例如，磁盘控制器可以接收CPU发出的Read. WiteFormat等15条不同的命令，而且有的命令还带有参数，相应地，在磁盘控制器中有多个寄存器和命令译码器等。

（2）数据交换。设备控制器实现CPU与控制器、控制器与设备之间的数据交换。CPU与控制器之间的数据交换是通过数据总线由CPU并行地把数据写入控制器中，或从控制器中并行地读出数据。控制器与设备之间的数据交换则是设备将数据输入控制器，或从控制器传送到设备。为此在控制寄存器中必须设置数据寄存器。

（3）表示和报告设备的状态。设备控制器应记录外围设备的工作状态。例如，仅当设备处于发送就绪状态时，CPU才能启动设备控制器，从设备中读出数据。为此，在设备控制器中应设置一个状态寄存器，其中的每一位表示设备的某一种状态，CPU通过读入状态寄存器的值，即可掌握该设备的当前状态，做出正确判断，发出操作指令。

（4）地址识别。为了识别不同的设备，系统中的每个设备都有一个唯一的地址，而设备控制器必须能够识别它所控制的每个设备的地址。例如，在IBMPC中规定硬盘控制器中寄存器的地址为320～32F。为使CPU能向（或从）寄存器中正确写入（或读出）数据，必须做到正确识别。为此，在设备控制器中应配置地址译码器。

（5）数据缓冲。为了解决高速的CPU与慢速的I/O设备之间速度不匹配的问题，在设备控制器中必须设置缓冲器。

（6）差错控制。设备控制器还负责对由I/O设备传送来的数据进行差错检测。如果发现在传送中出现错误，则通常将差错检测码置位，并向CPU报告。为保证数据的正确性，CPU重新进行一次传送。

3）设备控制器的组成

设备控制器一般由设备控制器与CPU接口、设备控制器与设备接口以及I/O逻辑三部分组成，如图8－4所示。

（1）设备控制器与CPU的接口。该接口通过数据线、地址线和控制线实现CPU与设备控制器之间的通信。数据线通常与数据寄存器、控制/状态寄存器相连接。

（2）设备控制器与设备接口。一个设备控制器可以有一个或多个设备接口，一个接口连接一台设备，在每个接口中都存在数据、拉制和状态三种类型的信号。设备控制器中的I/O逻辑根据CPU发来的地址信号选择一个设备接口。

（3）I/O逻辑。设备控制器中的I/O逻辑用于实现对设备的控制。通过一组控制线与CPU交互，CPU利用该逻辑向控制器发出I/O命令；I/O逻辑对收到的命令进行译码。当CPU要启动一个设备时，一方面将启动命令发送给控制器；同时通过地址线把地址发送给

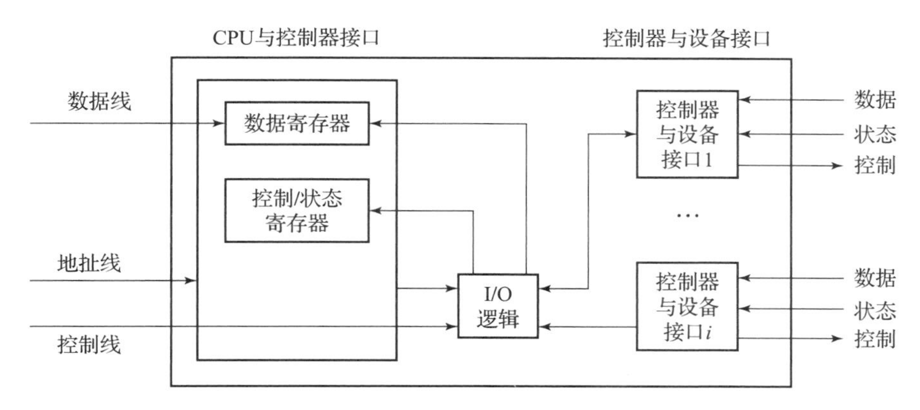

图 8-4 设备控制器的组成

控制器，由控制器的 I/O 逻辑对收到的地址进行译码，再根据所译出的命令对所选设备进行控制。

3. 通道

在 CPU 与 I/O 设备之间增加了设备控制器后，大大减少了 CPU 对 I/O 的干预，但是当主机所配置的外围设备很多时，CPU 的负担仍然很重，为了获得 CPU 与外围设备之间更高的并行工作能力。也为了让种类繁多、物理特性各异的外围设备能以标准的接口连接到系统中，计算机系统在 CPU 与设备控制器之间增设了自成独立体系的通道结构，这不仅使数据的传送独立于 CPU，而且使对 I/O 操作的组织、管理及其处理也尽量独立，使 CPU 有更多的时间进行数据处理。该通道又称为 I/O 处理机。它具有执行 I/O 指令的能力，并通过执行通道程序来控制 I/O 操作，完成内存和外围设备之间的信息传送。通道技术解决了 I/O 操作的独立性和各部件工作的并行性，实现了外围设备与 CPU 之间的并行操作、通道与通道之间的并行操作。各个通道上的外围设备之间的并行操作，提高了整个系统的效率。

具有通道装置的计算机系统，主机、通道、设备控制器和设备之间采用四级连接，实施三级控制，如图 8-2 所示。通常，一个 CPU 可以连接若干通道，一个通道可以连接若干个控制器，一个控制器可以连接若干台设备。

根据信息交换方式的不同，通道可分为三种类型：字节多路通道数组选择通道和数组多路通道。

1）字节多路通道

字节多路通道是一种以字节为单位采用交叉方式工作的通道。它通常含有许多非分配型子通道，其数量可达数百个，每一个子通道连接一台 I/O 设备，并控制该设备的 I/O 操作，这些子通道按时间片轮转方式共享主通道，如图 8-5 所示。字节多路通道主要用于连接大量的低速外围设备，如软盘输入/输出机、纸带输入/输出机、卡片输入/输入机、控制台打印机等设备。

2）数组选择通道

数组选择通道以块为单位成批传送数据。它只含有一个分配型子通道，在一段时间内只能执行一道通道程序，控制台设备进行数据传送，致使当某台设备占用该通道后，便一直独占使用，即使无数据传送，通道被闲置，也不允许其他设备使用该通道，直至设备释放该通

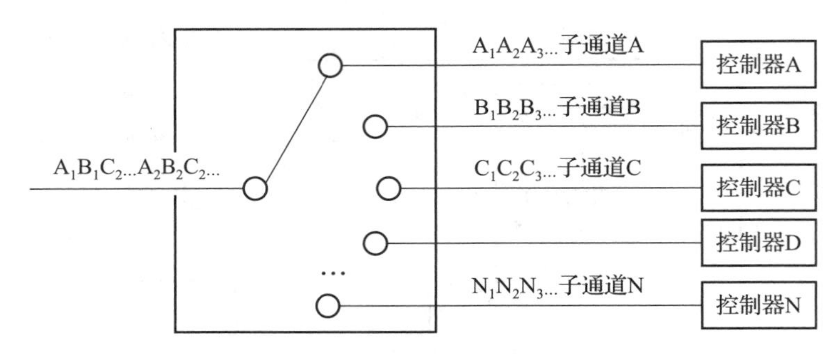

图 8－5　字节多路通道的工作原理

道为止。可见，数组选择通道可以连接多台高速设备，每次传送一批数据，传送速度快，但通道的利用率很低，如磁带机、磁盘机等设备。

3）数组多路通道

数组多路通道是将数组选择通道的高传输速率与字节多路通道能使各子通道（设备）分时并行操作的优点相结合而形成的一种新通道。它含有多个非分配型子通道，以分时方式同时执行几道通道程序，因而数组多路通道既具有很高的数据传输速率，又能获得令人满意的通道利用率。该通道已广泛地用于连接多台高、中速的外围设备的场合。数组多路通道的实质是对通道程序采用多道程序设计技术的硬件实现。

由于通道的成本高，在系统中通道数量有限，这往往成为 I/O 的“瓶颈”，造成整个系统的吞吐量降低。如图 8－6 所示为单通路 I/O 系统，为了驱动设备 1，必须连通控制器 1 和通道 1。若通道 1 已被其他设备（如设备 2、设备 3 或设备 4）所占用或存在故障，则设备 1 无法启动。这是由于通道不足而造成 I/O 操作中的“瓶颈”现象。解决“瓶颈”问题的最有效办法便是增加设备到主机之间的通路而不增加通道（如图 8－7 所示），即把一个设备连接到多个控制器上，而一个控制器又连接到多个通道上，实现多路交叉连接，即使个别通道或控制器出现故障，也不会使设备和存储器之间没有通路。多通路方式不仅解决了“瓶颈" 问题，而且提高了系统的可靠性。

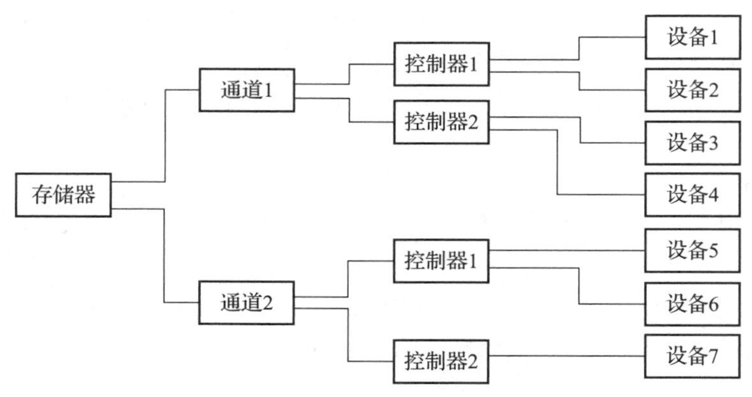

图 8－6　单通路 I/O 系统

在一个计算机系统中，由于外围设备种类繁多，为了获得更高的 I/O 效率，可能同时存在多种类型的通道。如图 8－8 所示为一个 IBM370 系统的结构，它包括了上述三种类型通道。

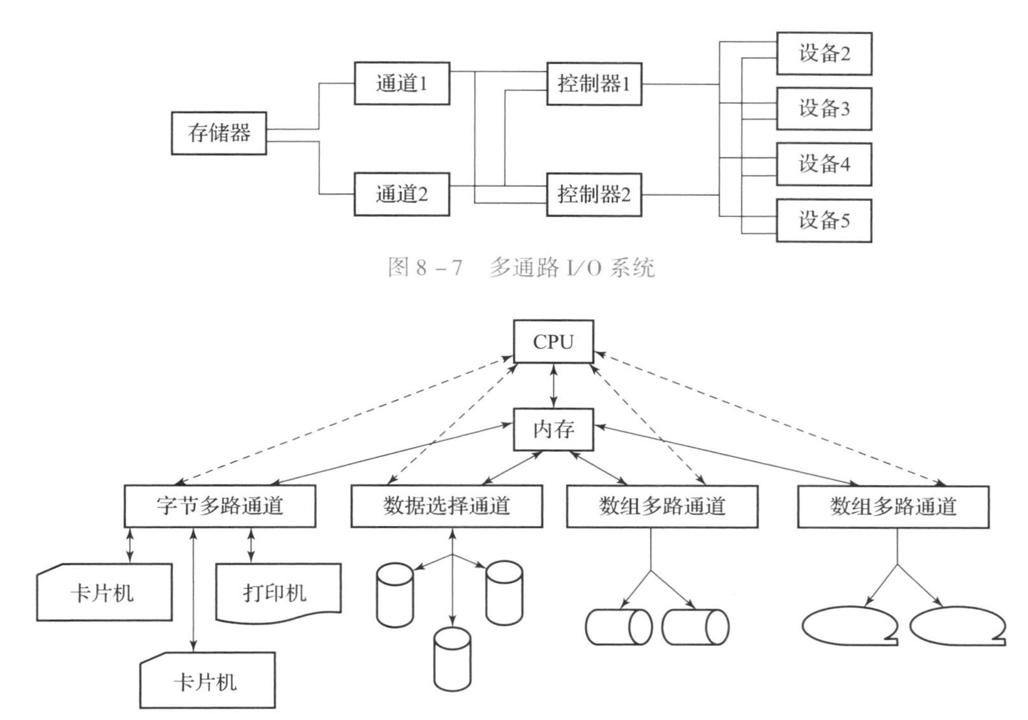

图8－7　多通路I/O系统

图8－8　IBM370系统结构

4. 总线系统

计算机系统中的各个部件，如CPU、存储器以及各种I/O设备通过总线实现各种信息的传递，如图8－9所示。总线的性能通过总线的时钟频率、带宽和相应的总线传输速率等指标来衡量。计算机的CPU和内存速率的提高、字长的增加以及新型设备的推出，推动着总线的发展，由早期的ISA总线发展为EISA总线、VESA总线以及现在广为流行的PCI总线。

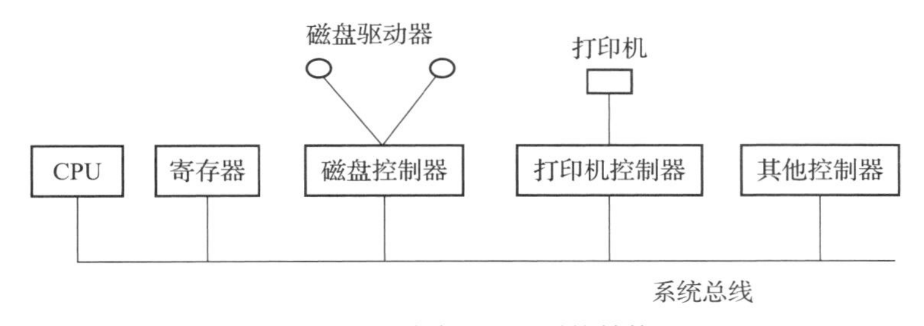

图8－9　总线型I/O系统结构

8.2.2　设备分配

设备是系统中的资源，一般而言，系统中进程的数量往往大于设备数，从而引起进程对设备的竞争。为了使系统有条不紊地工作，系统必须具有合理的设备分配原则，该原则应顾及设备的固有属性、设备分配的安全性、设备的独立性等。

1. 设备的固有属性

有些设备在工作时需要人工干预，如把磁带放入磁带输入机。有些设备由一个进程独占使用，一个进程用完了，其他进程才可使用，如打印机。而对于磁盘这样的设备，则可由多个进程所共享。因此，操作系统要根据各种设备的固有属性采用不同的处理方法。按设备固有属性，般把设备分为独占、共享和虚拟属性。对不同属性的设备要采用不同的分配方式。

（1）独占设备。对独占设备要采用独享分配策略，即在将一个设备分配给某进程后，便一直由它独占，直到进程完成或释放该设备，然后系统才能再将该设备分配给其他进程使用。在这种分配方式下，不仅设备利用不充分，还会引起死锁。

（2）共享设备。对于共享设备，可将它分配给多个进程使用，但这些进程对设备的访问需进行合理的调度。

（3）虚拟设备。因为虚拟设备本身属于可共享设备，因此可供多个进程使用，对这些进程访问该设备的先后次序要进行有效的控制。

2. 设备分配的安全性

死锁是一种导致严重后果的状态，它会使若干进程循环等待彼此占有的资源，谁都无法继续运行下去。如果设备分配不当，可能会导致死锁的发生，所以设备分配时应注意系统的安全性。

从安全性考虑，设备分配有以下两种方式：

1）安全分配方式

在这种分配方式中，每当进程发出 I/O 请求后，便进入阻塞状态，直到 I/O 操作完成时才被唤醒。采用这种分配策略时，一旦某个进程获得某种设备后便阻塞，使它不可能再申请任何其他资源，因而也就不可能出现“请求与保持条件”，所以这种分配方式是安全的。其缺点是进程的进展缓慢。

2）不安全分配方式

在这种分配方式中，当进程发出 I/O 请求后不阻塞，而是继续运行，需要时又可以发出第二个 I/O 请求、第三个 I/O 请求等。仅当进程所请求的设备已被另一进程占用时，进程才进入阻塞状态。

这种分配方式的优点是一个进程可以同时操作多个设备，从而使进程推进迅速。其缺点是分配方式不安全，因为它可能具备“请求与保持条件”，从而可能造成死锁。因此，在设备分配的过程中，应对本次的设备分配是否会发生死锁进行安全性计算，仅当计算结果说明分配是安全时才进行分配。

3. 设备的独立性

为了提高操作系统的可适应性和可扩展性，需要实现设备的独立性，也称设备的无关性，含义是用户程序独立于具体使用的物理设备。为了实现设备的独立性，引入了逻辑设备和物理设备两个概念。在用户程序中，使用逻辑设备名请求使用某类设备，而系统在实际执行时，使用的是物理设备名。操作系统具有将逻辑设备名转换成物理设备名的功能。

1）实现设备的独立性的好处

（1）增加了设备分配的灵活性。用户程序使用物理设备名指定要使用的某台设备时，如果该设备已经分配给其他进程或设备本身有故障，则尽管有其他相同设备空闲，该进程仍然会因请求不到设备而阻塞。而用户程序使用逻辑设备名时，只要系统中有台空闲的同类设备，它就可以分配到该设备。

（2）易于实现I/O重定向。所谓I/O重定向，是指用于I/O操作的设备可以更换，即重定向，而不必改变用户程序。例如用户程序可以将程序的输出结果输出到屏幕上显示，也可以在打印机上打印输出，只需要将I/O重定向的数据结构——逻辑设备表中的显示终端改为打印机，而不必修改用户程序。

2）逻辑设备表

为了实现设备的独立性，系统必须能够将用户程序中所使用的逻辑设备名转换成物理设备名，为此需要设置一张逻辑设备表（Logical Unit Table，LUT），该表的每一个表目包含逻辑设备名、物理设备名和设备驱动程序的入口地址，如表8-1所示。

表8-1　逻辑设备图

逻辑设备名	物理设备名	驱动程序入口地址
/dev/tty	5	1 034
/dev/print	3	2 056
…	…	…

当进程使用逻辑设备名请求分配I/O设备时，系统为它分配相应的物理设备，并在LUT表上建立一表项，填上用户程序使用的逻辑设备名和系统分配的物理设备名，以及该设备驱动程序的入口地址。当以后进程再利用逻辑设备名请求I/O操作时，系统通过查找可找到物理设备和相应设备的驱动程序。

LUT设置可采取以下两种方式：

（1）整个系统设置一张LUT，由于系统中所有进程的设备分配情况都记录在同一张LUT中，因而不允许在LUT中具有相同的逻辑设备名，这就要求所有用户不使用相同的逻辑设备名。在多用户系统中，这通常难以做到，因而这种方式主要用于单用户系统。

（2）为每个用户设置一张LUT，当用户登录时便为用户建立一个进程，同时也为之建立一张LUT，并将该表放入进程的PCB。

4. 设备分配数据结构

在计算机系统中，设备、控制器和通道等资源是有限的，并不是每个进程随时都可以得到这些资源。进程根据需要首先向设备管理程序提出申请，然后由设备管理程序按照一定的分配算法给进程分配必要的资源。如果进程的申请没有成功，就要在该资源的等待队列中排队等待，直到获得所需要的资源。

为了记录系统内所有设备的情况，以便对它们进行有效的管理，于是引入一些表结构，其中记录设备、控制器和通道的状态及对它们进行控制所需的信息。设备分配所需的数据结构有系统设备表、设备控制表、控制器控制表和通道控制表。

1）系统设备表

系统设备表（System Device Table，SDT）在整个系统中只有一张，它记录已被连接到系统中的所有物理设备的情况，并为每个物理设备设置一个表项。如图8-10（a）所示，系统设备表的一个表项内容有以下几方面：

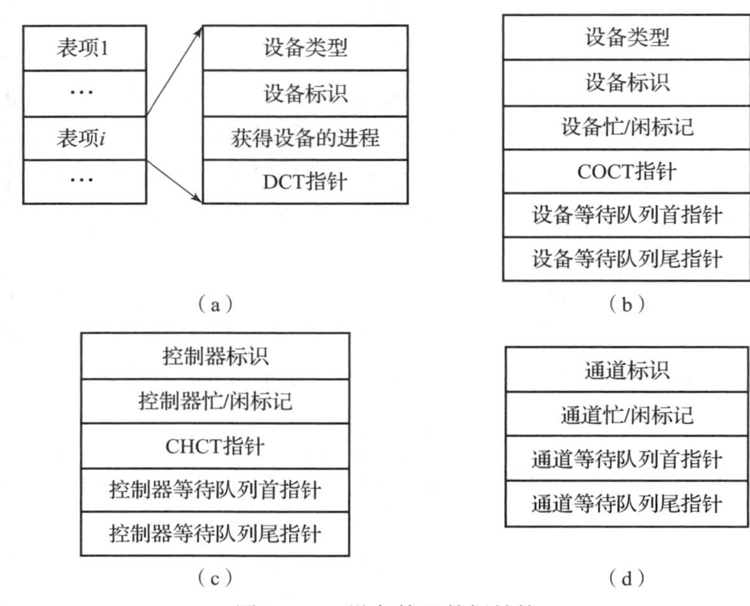

图 8-10　设备管理数据结构

(a) 系统设备表；(b) 设备控制表；(c) 控制器控制表；(d) 通道控制表

(1) 设备类型，反映设备的特性，例如终端设备、块设备或字符设备。

(2) 设备标识，设备的唯一标识。

(3) 获得设备的进程号，记录正在使用该设备的进程。

(4) DCT 指针，指向该设备的设备控制表。

2) 设备控制表

系统中的每个设备都有一张设备控制表（Device Control Table，DCT），用于记录本设备的情况，如图 8-10（b）所示。设备控制表中除了有设备类型设备标识之外，还包括如下内容：

(1) 设备忙/闲标记。当该设备处于被使用状态时，应将该设备的忙/闲标记置为“1”，否则为“0”。

(2) COCT 指针。该指针指向与该设备相连接的控制器控制表。

(3) 设备等待队列首指针和设备等待队列尾指针。凡是请求该设备而没有得到满足的进程，都在等待该设备的等待队列上排队等待。队首指针指向该队列上的第一个进程，队尾指针指向该队列上的最后一个进程。

3) 控制器控制表

系统中的每个控制器都设有一张控制器控制表（Controller Control Table，COCT），它反映了控制器的使用情况及与通道的连接情况，如图 8-10（c）所示。

4) 通道控制表

系统中的每个通道都设有一张通道控制表（Chanel Control Table，CHCT），它反映了通道的使用情况，如图 8-10（d）所示。

5. 设备分配程序

当多个进程提出使用同一设备时应把设备分配给哪个进程？系统应采用一定的分配算

法，既要照顾到每个进程，又要公平合理。

1）设备分配算法

设备分配算法与进程调度算法有些类似，但相对简单些，通常采用的算法有以下两种：

（1）先来先服务。当有多个进程对某个设备提出I/O请求时，系统按提出I/O请求的先后次序，将这些进程排成一个设备请求队列，设备分配程序总是把设备分配给队首的进程。

（2）优先级高者优先。优先级高的进程提出的I/O请求优先获得满足，这样也有利于使高优先级的进程尽快完成，从而让出其占有的资源，使其他进程得以执行。

2）设备分配步骤

按照某种分配算法，在进程提出I/O请求后，系统按下述步骤进行设备分配：

（1）分配设备。首先根据用户提出的逻辑设备名查找逻辑设备表，从而找到该设备的物理设备名。然后查找系统设备表，从中找到该设备的设备控制表。根据DCT中的设备忙/闲标记判断该设备是否忙。若忙，便将请求I/O的进程阻塞在等待该设备的等待队列上；否则计算本次设备分配的安全性。如果不会导致系统进入不安全状态，便将该设备分配给请求进程，否则不予以分配。

（2）分配控制器。系统把设备分配给请求I/O的进程后，再由DCT找到连接该设备的控制器控制表（COCT），从CHCT中的通道忙/闲标记判断该通道是否忙。若忙，便将请求I/O的进程阻塞在等待该控制器的等待列队上；否则将该控制器分配给进程。

（3）分配通道。把控制器分配给请求I/O的进程后，再由COCT找到连接该控制器的通道控制表（CHCT），从CHCT中的通道忙/闲标记判断该通道是否忙。若忙，便将请求I/O的进程阻塞在等待该通道的等待队列上；否则将该通道分配给进程。

只有在设备、控制器和通道三者都分配成功时，本次分配才算成功，然后才可以启动设备进行数据传送。

3）设备分配问题

图8-11所示是单通路情况下的一个简单的设备分配程序流程，图中有以下两个问题没有解决。

进程提出的是逻辑设备名，系统中对应的该类设备可能有多个。因此，实际情况应该是，首先从SDT表中找出第一个该类设备的DCT。如果该设备忙，再查找第二个该类设备的DCT。仅当所有该类设备都忙时，才把进程阻塞在等待该类设备的等待队列上。而只要系统中有一个设备可用，就应分配设备。

对于图8-7所示的多通路连接情况，对控制器和通道的分配同样要经过几次反复。即设备（控制器）所连接的第一个控制器（通道）忙时应检查第二个控制器（通道），仅当所有控制器（通道）都忙时，此次控制器（通道）分配才算失败。只要有一个控制器（通道）可用，系统便可分配给进程。

8.2.3 SPOOLing 技术

为了缓和CPU的高速性与I/O设备的低速性之间的矛盾，产生了脱机输入输出技术。该技术利用专门的外围计算机将低速I/O设备上的数据传送到高速磁盘（或磁带）上，或

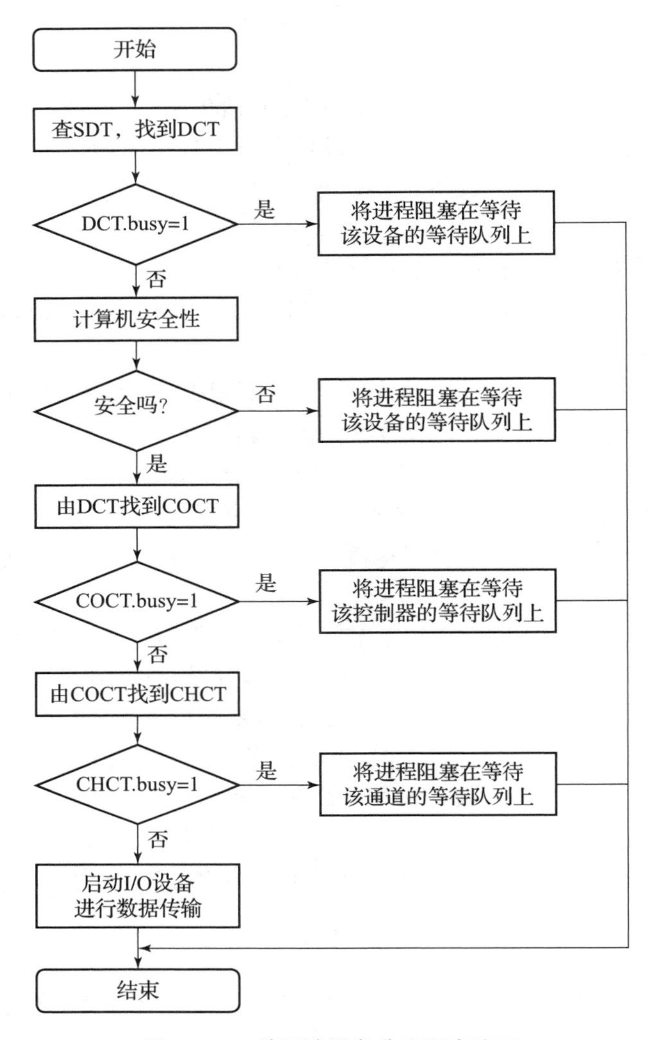

图 8－11　单通路设备分配程序流程

者相反，将磁盘（或磁带）上的数据传送到 I/O 设备上。这样，主计算机在运行过程中就可以直接在磁盘（或磁带）这样的高速设备上读取数据（或写入数据），加速了主计算机的运行速度。早期的设备分配的虚拟技术是脱机实现的，当多道程序设计技术产生以后完全可以利用两个进程来模拟脱机输入时外围计算机的功能，把低速 I/O 设备上的数据传送到高速的磁盘上；再用一个进程模拟脱机输出时外围计算机的功能，把数据从磁盘传送到低速 I/O 设备上。此时，输入输出操作与 CPU 对数据的处理同时进行，这种在联机情况下实现的输入输出与 CPU 的工作并行的操作称为 SPOOLing（Simulaneous Peripheral Operation On Line）或假脱机操作。SPOOLing 技术是将一台独占设备改造成共享设备的一种行之有效的技术。

1. SPOOLing 系统的组成

SPOOLing 技术的实现必须有高速磁盘的支持，SPOOLing 通常由以下三部分组成，如图 8－12 所示。

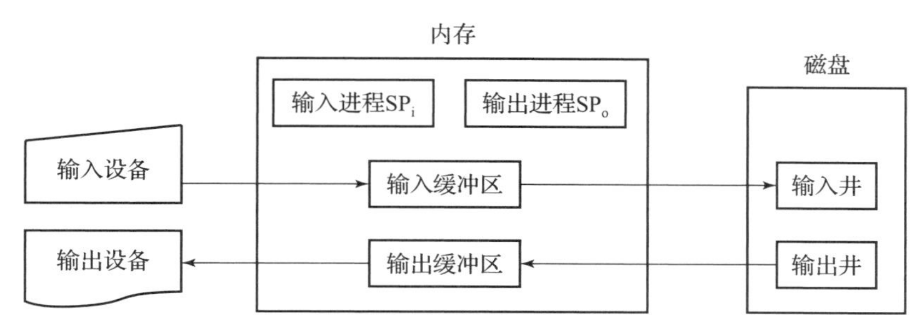

图 8－12　SPOOLing 系统组成

（1）输入井和输出井。是在磁盘上开辟的两个大的存储空间。输入井是模拟脱机输入时的磁盘，用于收容从 I/O 设备上输入的数据。输出井是模拟脱机输出时的磁盘，用于收容用户程序需要输出的数据。

（2）输入缓冲区和输出缓冲区。是在内存中开辟的两个缓冲区。输入缓冲区用于暂存由输入设备送来的数据，以后再传送到输入井。输出缓冲区用于暂存从输出井送来的数据，以后再传送到输出设备。

（3）输入进程 SP_i 和输出进程 SP_o。输入进程 SP_i 模拟脱机输入时的外围计算机将用户要求的数据从输入设备通过输入缓冲区再送到输入井。当用户进程运行过程中需要输入数据时，直接从输入井将数据读到内存，将用户进程运行过程中要求输出的数据先输出到输出井。输出进程 SP_o 负责在输出设备空闲时，将输出井中的数据通过输出缓冲区送到输出设备上。

2. 共享打印机

打印机是经常使用的输出设备，也是一个独享设备。通过利用 SPOOLing 技术，可以将它改造成一台供多个用户使用的共享设备，从而提高设备的利用率，也方便了用户。共享打印机技术已广泛地应用于多用户系统和局域网中。

当用户请求使用打印机时。SPOOLing 系统为之输出数据，但并不真正把打印机分配给该用户进程，而只为它做如下所述两件事：

（1）由输出进程在输出井中为之申请空闲盘块区，并将要打印的数据送入其中。

（2）输出进程为用户进程申请一张空白的用户请求打印表，并将用户的打印要求填入其中，再将该表投入请求打印队列。

所有请求打印的进程，系统都为其做以上两步，以接纳其打印请求。如果打印机空闲，输出进程将从请求打印队列上依次取出一张用户请求打印表，根据表中的要求将要打印的数据从输出井传送到内存缓冲区，再由打印机进行打印。打印完毕后，输出进程再查看请求打印队列中是否还有其他等待打印的请求。如有，再取出一张用户请求打印表，并根据其要求进行打印。如此下去，直到请求打印队列为空时，输出进程将自己阻塞起来，直到下次再有打印请求时才被唤醒。

3. SPOOLing 系统的特点

（1）提高了 I/O 速度。对数据进行的 I/O 操作，从低速 I/O 设备上进行的操作演变成对输入井中或输出井中数据的存取，基于磁盘设备的高速性。提高了 I/O 速度，缓和了 CPU 与低速 I/O 设备之间速度不匹配的矛盾。

(2) 将独占设备改造成共享设备。像打印机这样的设备，它本身是独享设备，通过 SPOOLing 技术，多个用户可以同时提出打印请求，而不必等待，好像他们可以共享打印机一样。

(3) 实现了虚拟设备功能。宏观上，多个用户使用一台打印机。而对每个用户而言，他们都认为自己独占了一台打印机。当然，用户使用的只是逻辑上的设备，即一台物理设备通过 SPOOLing 技术变成了多个逻辑上的对应物。

8.2.4 设备驱动程序

1. 设备驱动程序的功能

设备驱动程序有以下几个方面的功能：

(1) 接收来自上层与设备无关的软件的抽象读写请求，检查 I/O 请求的合法性。

(2) 向有关 I/O 设备的控制器的控制/状态寄存器发出控制命令，启动设备，监督设备的正确执行，并进行必要的错误处理。

(3) 对等待各种设备、控制器和通道的进程进行排队，对进程的阻塞和唤醒操作进行处理。

(4) 执行比寄存器级别更高的一些特殊处理，如代码转换退出处理等。这些操作是依赖于设备的，因此不能放在较高层次的软件中。

(5) 处理来自设备的中断。

2. 设备驱动程序的特点

各种设备驱动程序存在很大差别，但它们也存在一些共同的特点：

(1) 设备驱动程序的突出特点是，它与 I/O 设备的硬件结构密切相关。设备驱动程序的代码依赖于设备。设备驱动程序是操作系统底层中唯一知道各种 I/O 设备控制器细节及用途的软件。例如，只有磁盘驱动程序具体了解磁盘的区段柱面、磁道、磁头的运动交错访问系统，马达驱动器磁头定位次数以及所有保证磁盘正常工作的机制。而彩色显示器的设备驱动程序结构显然与磁盘驱动程序的结构不同。

(2) 正是由于设备驱动程序与硬件密切相关，为了有效地控制设备的各种操作，如打开、关闭、读、写等，设备驱动程序一般用汇编语言书写，甚至有些设备驱动程序固化在 ROM 中。

(3) 设备驱动程序与 I/O 控制方式相关。在没有通道的系统中，I/O 控制方式可以采用程序直接控制方式、中断控制方式和 DMA 控制方式。对于不支持中断的设备，只能采用程序直接控制方式。如果设备支持中断，则可采用中断控制方式，例如打印机可采用中断控制方式进行数据传送。对于磁盘类的块设备常采用 DMA 控制方式，每传送一个数据块，便向 CPU 发一次中断。

(4) 设备驱动程序可以动态加载。在某些操作系统中、设备驱动程序全部安装并加载，这种模式只适合设备几乎不发生变化的环境。但在个人计算机中，各种 I/O 设备千变万化，如果所有驱动程序都安装并加载，会造成系统资源（如内存、CPU）的极大浪费。因此，在个人计算机的操作系统中大都采用动态安装、动态加载驱动程序的方式。

3. 设备驱动程序在操作系统中的位置

通常，一个设备驱动程序对应处理一类设备。例如，在 Windows2000 中，为 CD－ROM 提供了一个通用的设备驱动程序，不同品牌和性能的 IDE CD－ROM 都可以使用这个通用的设备驱动程序。但是，为了追求更好的性能，用户也可以使用厂家提供的专为某一 CD－ROM 提供的设备驱动程序。对某一设备而言，是采用通用的设备驱动程序，还是采用专用的设备驱动程序，取决于用户对该 I/O 设备追求的目标。如果把设备安装的方便性放在第一位，可以使用为该类设备提供的通用驱动程序；如果优先考虑设备的运行效率，则应选择专用的设备驱动程序。

不管是哪个厂商提供的设备驱动程序，操作系统都要以某种方式把它安装到系统中。因此操作系统的体系结构要满足安装外来设备驱动程序的需要。设备驱动程序在操作系统的层次结构中单独占一层。设置设备驱动程序层的目的是对 I/O 管理软件隐藏各种设备控制器的细节和差异，实现 I/O 管理软件与硬件无关。这样的设计不仅简化了操作系统的设计，也为硬件厂商带来了方便。硬件厂商既可以使新设计的设备与已有的控制器兼容，也可以重新编写驱动程序，设计并实现新硬件与流行操作系统的接口。这样，新设备一旦推出，马上就可以连接到计算机上投入使用，不必等待操作系统开发商开发出支持该设备的代码。

遗憾的是，每种不同的操作系统都有自己的设备驱动程序标准。所以对于某个给定的设备，需要配备针对不同操作系统的多个设备驱动程序，如用于 Windows2000/XP、Linux、UNIX 等不同操作系统的设备驱动程序。

设备驱动程序的上层是 I/O 管理软件，下层是这种设备控制器。另外，与一台计算机连接的设备千变万化，没有必要把所有设备的驱动程序都加载到内存中。因此，设备驱动程序与外界的接口有与操作系统内核的接口、与设备的接口和与系统引导程序的接口三部分。

（1）与操作系统内核的接口设置操作系统与这种设备的统一接口。

（2）与设备的接口描述设备驱动程序如何控制设备，与设备交互作用以完成 I/O 工作。

（3）与系统引导程序的接口实现系统初启时操作系统根据当前连接到计算机上的具体设备决定加载该设备的驱动程序，并对该设备进行初始化，包括为管理该设备而设置的数据结构、队列等。

8.2.5 中断处理程序

1. 中断的基本概念

中断是指在计算机执行期间，系统内部发生任何非寻常和非预期的急需处理的事件，使得 CPU 暂时中断当前正在执行的程序，而转去执行相应的事件处理程序，待处理完毕后又返回原来被中断处，继续执行或调度新进程执行的过程。

引起中断发生的事件是中断源。中断源向 CPU 发出的请求中断处理信号称为中断请求，CPU 收到中断请求后转去执行相应的事件处理程序称为中断响应。

在有些情况下，CPU 内部的处理机状态字（PSW）的中断允许位被清除，不允许 CPU 响应中断这种情况称为禁止中断。CPU 禁止中断后，只有等到 PSW 的中断允许位被重新设置后才能接收中断。

禁止中断称为关中断，PSW 的中断允许位被重新设置称为开中断，中断请求、关中断和开中断都是由硬件实现的，开中断和关中断是为了保证某些程序执行的原子性。

除了禁止中断的概念之外，还有一个比较常用的概念是中断屏蔽。中断屏蔽是指在中断请求产生之后，系统用软件方式有选择地封锁部分中断，而允许其他中断仍能得到响应。中断屏蔽是通过在每一类中断源设置一个中断屏蔽触发器来屏蔽它们的中断请求而实现的，不过，有些中断请求是不能屏蔽甚至不能禁止的，也就是说，这些中断具有最高优先级，不管 CPU 是否是关中断的，只要这些中断请求一旦提出，CPU 必须立即响应。例如，电源掉电事件所引起的中断就是不可禁止和不可屏蔽的中断。

2. 中断的分类

根据系统对中断处理的需求，操作系统一般对中断进行分类，并对不同的中断赋予不同的处理优先级，以便不同的中断同时发生时按轻重缓急进行处理。

根据中断源产生的条件，可把中断分为外中断和内中断。

外中断是指来自处理机和内存外部的中断，包括 I/O 设备发出的 I/O 中断、外部信号中断（例如用户按 Esc 键）、各种定时器引起的时钟中断以及调试程序中设置的断点引起的调试中断等。外中断在狭义上一般称为中断。

内中断主要是指处理机和内存内部产生的中断、也称为陷入（Trap）或异常，包括程序运算引起的各种错误，如地址非法、校验错、页面失效、存取访问控制出错、算术操作溢出、数据格式非法、除数为零、非法指令、用户程序执行特权指令、分时系统中的时间片中断以及从用户态到核心态的切换等。

上述中断和陷入都可以看成是硬件中断，因为中断和陷入要通过硬件产生相应的中断请求。而软中断则不然，它是通信进程之间用来模拟硬中断的一种信号通信方式。

软中断与硬中断相同的地方是，其中断源发出中断请求或软中断信号后，CPU 或接收进程在适当的时机自动进行中断处理或完成软中断信号所对应的功能。“适当的时机”是表示接收软中断信号的进程不一定正好在接收时占有处理机，而相应的处理程序等到得到处理机之后才能进行，如果接收进程正好占有处理机，那么与中断处理相同，该接收进程在接收到软中断信号后将立即转去执行软中断信号所对应的功能。

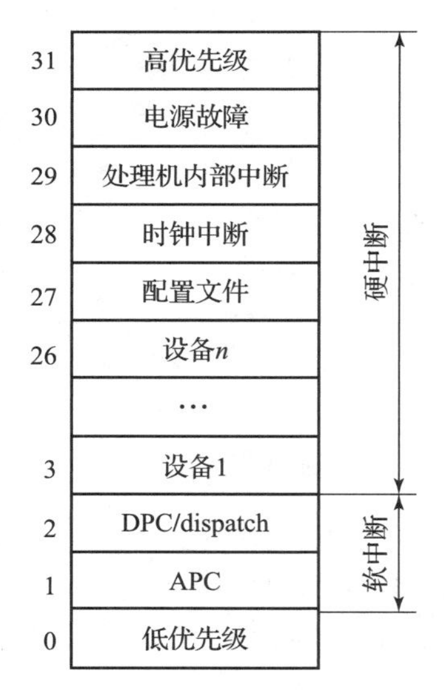

图 8－13　Windows 系统中的中断优先级

3. 中断的优先级

为了按中断源的轻重缓急响应中断，操作系统对不同的中断赋予了不同的优先级。例如，在 UNIX 系统中，外中断和陷入的优先级共分为 8 级。Windows2000/XP 系统中的中断优先级分为 32 级，如图 8－13 所示。

硬件设备的中断优先级为 3～31，软中断优先极为 1～2，一般线程都运行在中断优先级 0 和 1 上。用户态线程运行在中断优先级 0 上，核心态线程运行在中断优先级 1 上，因此核心态线程可以中断用户态线程的执行，运行在中断优先级 1 上的线程也称为异步过程调用（Asynchronous Procedure Call，APC）。所有硬中断的优先级都高于软中断，因此一旦有硬中断发生，线程的执行将被中断。

线程调度程序（Dispatch）的中断优先级为2，它和延迟过程调用（Deferred Procedure Call，DPC）程序运行在一个优先级上。因此，当线程调度程序正在选择下一个要执行的线程时，系统中不会有正在运行的线程，也不可能修改线程的优先级等与调度有关的参数。

为了禁止中断和屏蔽中断，CPU 的处理机状态字（PSW）中也设置有相应的优先级。如果中断源的优先级高于 PSW 的优先级，则 CPU 响应该中断源的中断请求；反之，CPU 屏蔽该中断源的中断请求。

各中断源的优先级在系统设计时给定，在系统运行过程中是不变的。而处理机的优先级则根据执行情况由系统程序动态设定。

4. 中断处理过程

一旦 CPU 响应中断，转入中断处理程序，系统就开始进行中断处理。下面是中断处理过程：

（1）首先检查 CPU 响应中断的条件是否满足。如果有来自中断源的中断请求，且中断源的优先级高于 CPU 处理机的优先级，则 CPU 响应该中断源的中断请求。否则中断请求不予处理。

（2）如果 CPU 响应中断，则必须关中断，使 CPU 进入不可再次响应中断的状态。

（3）保存被中断进程的现场。为了在中断处理结束后能使进程正确地返回中断点，系统必须保存当前处理机状态字（PSW）、程序计数器（PC）及当前寄存器等的值。这些值一般保存在特定堆栈中，如图 8－14 所示。

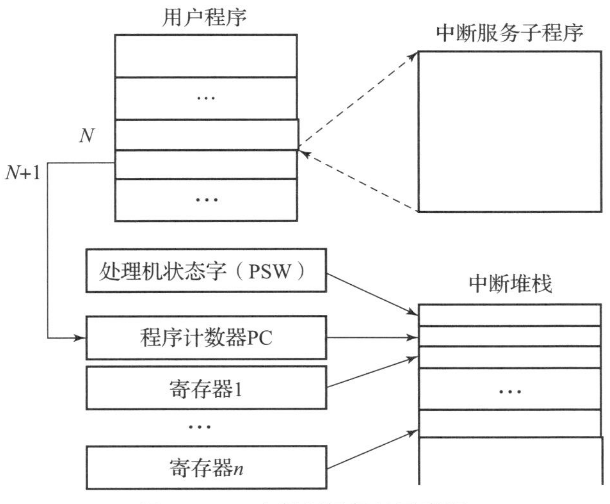

图 8－14　中断现场保护示意图

（4）分析中断原因，调用中断处理子程序。在多个中断请求同时发生时处理优先级最高的中断源发出的中断。在系统中，为了处理上的方便，通常都针对不同的中断源编制不同的中断处理子程序，这些子程序的入口地址存放在内存的特定单元中。而不同的中断源也对应着不同的处理机状态字（PSW），这些不同的 PSW 也被放在相应的内存单元中，与中断处理子程序入口地址一起构成中断向量。显然，根据中断的种类，系统可由中断向量表迅速地找到该中断响应的优先级、中断处理子程序的入口地址和对应的 PSW。

(5) 执行中断处理子程序。对于陷入来说，有些系统中则是通过陷入指令向当前执行进程发出中断信号，然后调用对应的处理子程序执行中断。

(6) 退出中断，恢复被中断进程的现场或调度新进程占用处理机。

(7) 开中断，此时系统可以接收新的中断请求。

8.3 I/O 控制方式

设备管理的任务之一就是控制设备在设备与内存之间传送数据。本节将介绍几种常用的数据传送控制方式。

选择和衡量数据传送控制方式的原则有如下几条：

(1) 数据传送速度足够高，能满足用户的需要而又不丢失数据。

(2) 系统开销小，需要的处理控制程序少。

(3) 能充分发挥硬件资源的能力，使得 I/O 设备尽可能忙，CPU 等待时间尽量少。

随着计算机系统的发展，计算机单个部件的复杂度随之增加，完善性随之增强，I/O 功能更是如此。I/O 功能的发展可概括如下：

(1) CPU 直接控制外设，这在早期的计算机系统和微处理控制设备中比较多见。

(2) 有了控制器和 I/O 模块，但 CPU 使用没有中断的程序控制 I/O。

(3) 采用中断控制方式，CPU 不再花费时间等待执行下一个 I/O 操作，因而效率得到了提高。

(4) 采用 DMA 控制方式，可以在没有 CPU 参与的情况下从内存读出或向内存写入一块数据，仅仅在传输开始和结束时需要 CPU 的干预。

(5) 采用通道控制方式，通道是一个单独的处理机，它有专门的 I/O 指令集。CPU 指示通道执行内存中的一个 I/O 程序，通道在没有 CPU 干涉的情况下取指令并执行指令。

(6) 通道有了自己的局部存储器，它本身就是一个计算机。它可以控制许多 I/O 设备，并且使需要主机参与的部分最小。这种结构通常用于控制与终端的交互和通信。

从以上的发展过程中可以看出，越来越多的 I/O 任务都可以在没有主机控制的情况下进行。CPU 从 I/O 任务中解脱出来，从而提高了性能。

8.3.1 程序直接控制方式

程序直接控制方式就是由用户进程直接控制 CPU 与外设之间的信息传送。

当用户进程需要使用某一外设输入数据时，它通过 CPU 向外设发出一条 I/O 指令启动外设，然后用户程序循环测试控制器中控制/状态寄存器的忙/闲标志位。而外设只有将数据传送的准备工作做好（输入设备已将数据传送到控制器的数据寄存器）之后，才将控制/状态寄存器的忙/闲标志位置为 0（表示准备就绪）。因此，当 CPU 检测到控制/状态寄存器的忙/闲标志位为 0 时，外设才开始与 CPU 之间进行数据的传送。

反之，用户进程需要向外设输出数据时，也必须同样发出启动指令，并等待外设准备就绪之后才能输出数据。程序直接控制方式的流程图如图 8－15 所示，其中图 8－15（a）所示为 CPU 的工作情况，图 8－15（b）所示为外设的工作情况。

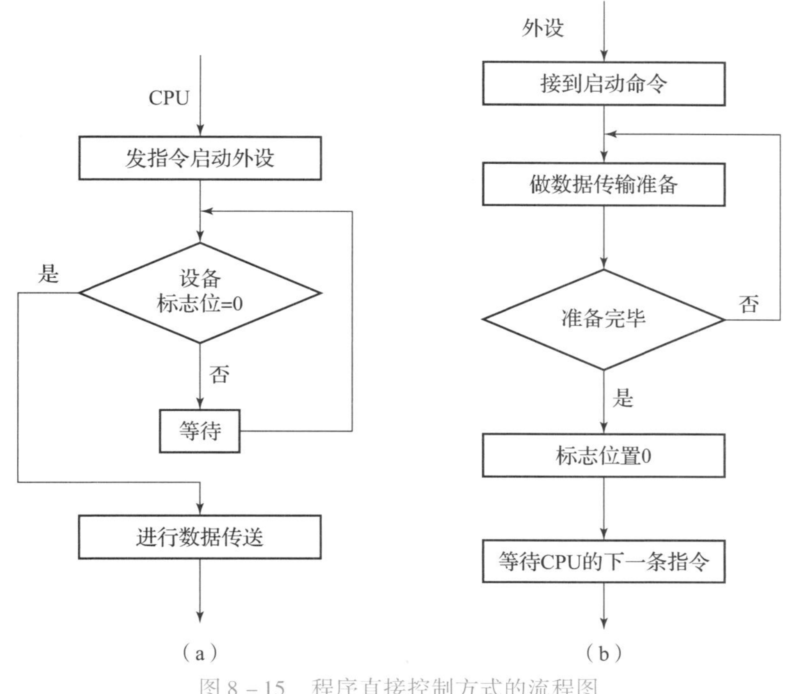

图 8－15　程序直接控制方式的流程图

（a）CPU 工作情况；（b）外设工作情况

在 CPU 与外设之间进行数据传送时，输入设备每进行一次操作，就把输入数据送入控制器的数据寄存器，然后 CPU 把数据取走；反之，当 CPU 输出数据时，也是先把数据输出到数据寄存器，再由输出设备将其取走，只有数据装入数据寄存器后，控制/状态寄存器的忙/闲位的值才发生变化。因为数据寄存器每次只能存放一个字节的数据，因此数据传送的单位是字节。

程序直接控制方式实现简单，也不需要硬件的支持，但它明显存在以下缺点：

（1）CPU 与外设之间只能串行工作。由于 CPU 的处理速度远远高于外设的数据传送速度，所以 CPU 在大量的时间内都处于等待和空闲状态。这使得 CPU 的利用率大大降低。

（2）CPU 在一段时间内只能与一台外设交换数据信息，因此多台外设之间也是串行工作。

（3）由于程序直接控制方式是依靠测试设备的状态来控制数据的传送，因此无法发现和处理由于设备和其他硬件所产生的错误。

所以，程序直接控制方式只适用于那些 CPU 执行速度较慢且外设较少的系统。

8.3.2　中断控制方式

为了减少程序直接控制方式中 CPU 的等待时间。提高系统并行工作的程度，现代计算机系统中广泛采用了中断控制方式。这种方式要求 CPU 与设备控制器之间有相应的中断请求线，设备控制器的控制/状态寄存器中有相应的中断允许位，如图 8－16 所示。

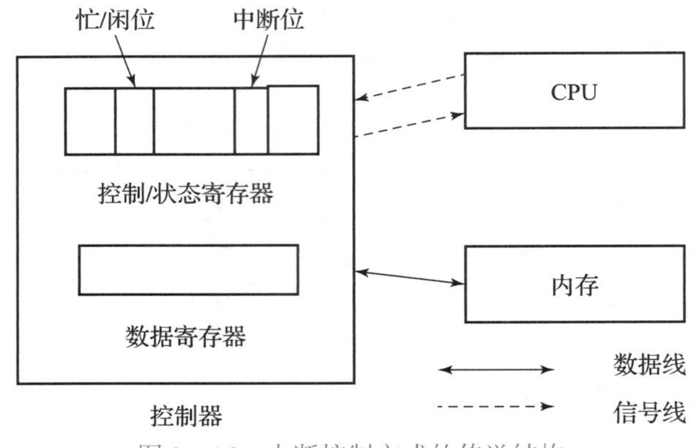

图 8－16　中断控制方式的传送结构

（1）进程运行过程中，当需要输入数据时，通过 CPU 发出指令启动外围设备，同时该指令还将控制/状态寄存器的中断位置为“允许”，以便在需要时，中断处理程序可以被调度执行。

（2）在进程发出启动指令后该进程放弃处理机，等待输入完成，从而使进程调度程序可以调用其他进程执行。

（3）当输入完成时，设备控制器通过中断请求线向 CPU 发出中断信号，CPU 在接收到中断信号后，转向执行中断处理程序，对数据传送进行相应处理。

（4）当进程调度程序选中发出启动指令的进程时，该进程从内存指定单元取出需要的数据继续工作。

图 8－17 所示是中断控制方式的处理流程图。从图中可以看出，CPU 发出启动设备的指令后，并没有向程序直接控制方式那样循环测试状态寄存器的忙/闲标志位；相反，CPU 已被进程调度程序分配给其他进程。当设备将数据送到控制器的数据寄存器后，控制器发出中断信号。CPU 接收到中断信号后进行中断处理。

从中断控制方式可以看出，在设备输入数据的过程中，无需 CPU 的干预，因而使 CPU 与设备可以并行工作。仅当输入完一个数据时，CPU 才花费很短的时间进行中断处理。这样，设备与 CPU 都处于忙碌状态，从而使 CPU 的利用率大大提高，并且能支持多道程序和设备的并行工作。

与程序直接控制方式相比，中断控制方式可以成百倍地提高 CPU 的利用率，但还存在如下一些问题：

（1）设备控制器的数据寄存器装满数据后发生中断。数据寄存器通常只能存放一个字节的数据，因此在进程传送数据的过程中，发生中断的次数可能很多，这将消耗 CPU 的大量处理时间。

（2）计算机中通常配置各种各样的外设，如果这些外设都通过中断的方式进行数据传送，则会由于中断次数的急剧增加造成 CPU 无法及时响应中断，出现数据丢失现象。

8.3.3　DMA 控制方式

采用中断方式时，CPU 是以字节为单位进行干预的。如果将这种方式用于块设备的 I/

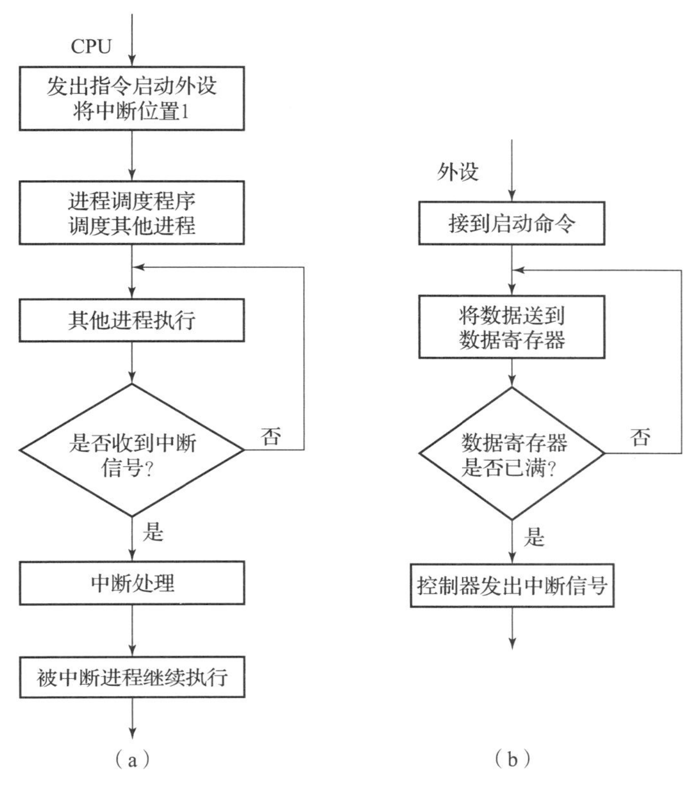

图 8－17 中断控制方式的处理流程图

(a) CPU 工作情况；(b) 外设工作情况

O，显然是低效的。例如，为了从磁盘中读出 1 KB 的数据，需要中断 1 024 次 CPU。为了进一步减少 CPU 的干预，引入了直接存储器访问（Direct Memory Access，DMA）方式。

1. DMA 控制器

与前文介绍的控制器相类似，DMA 控制器也是由 3 个部分组成的，即主机与 DMA 控制器的接口、I/O 控制逻辑和 DMA 控制器与设备之间的接口。在 DMA 控制器中，设置了 4 类寄存器，如图 8－18 所示。

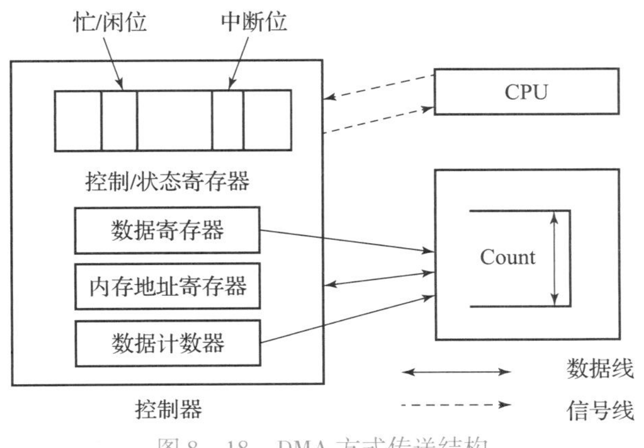

图 8－18 DMA 方式传送结构

（1）控制/状态寄存器用于接收从 CPU 发来的 I/O 命令或有关控制信息，或 CPU 用于了解设备的状态。

（2）数据寄存器用于暂存从内存到设备或从设备到内存的数据。

（3）内存地址寄存器，用于存放数据从设备传送到内存的目标地址，或从内存到设备的内存源地址。

（4）数据计数器存放本次 CPU 要读或写数据的字节数。

2. 处理过程

由于在 DMA 控制器中增加了内存地址寄存器和数据计数器，DMA 控制器可以代替 CPU 控制内存与设备之间进行成块的数据交换。成块数据的传送由数据计数器进行计数，由内存地址寄存器确定内存的地址。除了在数据块的传送开始时需要 CPU 发出启动指令，以及在整块数据传送完毕时需要发中断通知 CPU 进行中断处理之外，DMA 方式不像中断控制方式那样需要 CPU 的频繁干预。

DMA 控制方式的数据输入过程如下：

（1）当进程要求设备输入数据时，CPU 把准备存放数据的内存起始地址以及要传送数据的字节数分别送入 DMA 控制器的内存地址寄存器和数据计数器，并把控制/状态寄存器中的中断位置“允许”，忙/闲标志位置为 0，从而启动设备开始进行数据输入。

（2）发出数据传送请求的进程进入等待状态，进程调度程序调度其他进程占用 CPU 执行。

（3）输入设备不断地挪用 CPU 工作周期将数据寄存器中的数据源源不断地写入内存，直到所要求的字节数全部传送完毕。

（4）DMA 控制器在传送字节数完成时，通过中断请求线发出中断信号，CPU 在接到中断信号后，转中断处理程序进行善后处理。

（5）中断处理结束时，CPU 返回被中断进程处继续执行。

3. 特点

（1）数据传输的基本单位是数据块，即 CPU 与 I/O 设备之间每次传送一个数据块的数据。

（2）所传送的数据是从设备直接到内存或者从内存直接到设备。

（3）仅在传送数据块的开始和结束时需要 CPU 的干预，整块数据的传送是在控制器的控制之下完成的。

不过，DMA 方式仍存在着一定的局限性。首先，DMA 方式对外设的管理和操作仍由 CPU 控制。在大、中型计算机系统中，系统所配置的外设种类越来越多，数据也越来越大，因而对外设的管理和控制也愈来愈复杂。多个 DMA 同时使用显然会引起内存地址的冲突并使得控制过程进一步复杂化。因此在大、中型的计算机系统中配置了专门用于 I/O 的硬件设备通道。

8.3.4 通道控制方式

1. 通道控制方式的引入

虽然 DMA 方式比起前文介绍的中断方式已显著减少了 CPU 的干预，即从以字节为单位的干预减少到以数据块为单位的干预。而且，每次干预时并无数据传送的操作，即不必把数据从控制器传送到内存或从内存传送到控制器。但是，CPU 每次发送一条 I/O 指令，也只能去读写一个连续的数据块。而如果需要一次读（写）多个离散的数据块，且将它们传送到内存的不同区域，则需要由 CPU 分别发出多条 I/O 指令及进行多次中断处理才能完成。

通道控制方式是 DMA 控制方式的发展，它可以进一步减少 CPU 的干预，即把对一个数据块的读（写）干预减少到对一组数据块的读（写）的干预；同时，又可实现 CPU、通道及 I/O 设备三者的并行工作，从而更有效地提高整个系统的资源利用率。例如，当 CPU 要完成一组相关数据块的读（写）操作时，只需要向通道发出一条 I/O 指令，给出所要执行的通道处理程序的地址和要访问的 I/O 设备，通道接到该指令后，通过执行通道处理程序便可完成 CPU 指定的 I/O 任务。

2. 通道指令

通道通过通道处理程序，与设备控制器共同实现对 I/O 设备的控制。通道处理程序是由一系列通道指令构成的。通道指令在进程要求传送数据时自动生成。通道指令的格式一般由操作码、计数、内存地址和结束位构成。

（1）操作码规定了指令所要执行的操作，如读、写、控制等。

（2）计数表示本条指令要读（写）数据的字节数。

（3）内存地址标识数据要送入的内存地址或从内存的何处取出数据。

（4）通道程序结束位 P 表示通道程序是否结束。P =1 表示本条指令是通道程序的最后一条指令。

（5）记录结束位 R =0，表示本条通道指令与下一条通道指令所处理的数据属于一个记录；R =1，表示该指令处理的数据是最后一条记录。

例如如下 3 条通道指令，前两条指令分别将数据写入内存地址从 1850 开始的 250 个单元和内存地址从 5 830 开始的 60 个单元，这两条指令构成一条记录；第三条指令单独写一个具有 280 字节的记录，要写入的内存地址是 790，该指令也是本次通道指令的最后一条指令。

Write 0 0 250 1850

Write 0 1 60 5830

Write 1 1 280 790

3. 通道控制方式处理过程

（1）当进程要求设备输入数据时，CPU 发出启动指令，并指明要进行的 I/O 操作、使用的设备的设备号和对应的通道。

（2）通道接收到 CPU 发来的启动指令后，把存放在内存的通道处理程序取出，开始执行通道指令。

（3）执行一条通道指令，设置对应设备控制器中的控制/状态寄存器。

（4）设备根据通道指令的要求把数据送往内存指定区域。如果本指令不是通道处理程序的最后一条指令，取下一条通道指令，并转（3）继续执行；否则执行（5）。

（5）通道处理程序执行结束，通道向 CPU 发出中断信号请求 CPU 做中断处理。

（6）CPU 接到中断处理信号后进行善后处理，然后返回被中断进程处继续执行。

8.4 缓冲技术

计算机系统中各个部件速度的差异是显而易见的。为了缓解 CPU 与外围设备之间速度不匹配和负载不均衡的问题，同时为了提高 CPU 和外围设备的工作效率，增加系统中各部件的并行工作程度，在现代操作系统中普遍采用了缓冲技术。缓冲管理的主要职责是组织好缓冲区，并提供获得和释放缓冲区的手段。

8.4.1 缓冲的引入

在操作系统中引入缓冲区的主要原因有以下几点：

1. 缓和 CPU 与 I/O 设备间速度不匹配的矛盾

高速的 CPU 与慢速 I/O 设备之间的速度差异很大，CPU 是以微秒甚至微毫秒时间量级进行高速工作的，而 I/O 设备则一般以毫秒甚至秒时间量级的速率工作。在不同阶段，系统各部分的负载往往很不平衡。例如，当作业需要打印大批量数据时，由于 CPU 输出数据的速度大大高于打印机的速度，因此 CPU 只能停下来等待；反之，在 CPU 计算时，打印机又因为无数据输出而处于空闲状态。设置缓冲区后，CPU 可以把数据首先输出到输出缓冲区中，然后继续其他工作，同时打印机从缓冲区中取出数据缓慢打印，这样就提高了 CPU 的工作效率，使设备尽可能均衡地工作。

2. 减少对 CPU 的中断频率，放宽对 CPU 中断响应时间的限制

在数据通信中，如果仅有位数据缓冲接收数据，则必须在每收到一位数据时便中断一次 CPU，进行数据处理，否则缓冲区内的数据将被新传送来的数据“冲”掉。若设置一个具有 8 位的缓冲器，则可使 CPU 被中断的频率降低为原来的 1/8，如图 8 - 19 所示。这样减少了 CPU 的中断次数和中断处理时间。

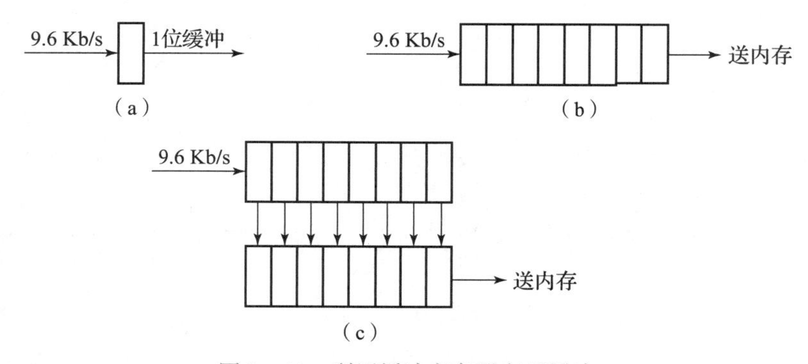

图 8 - 19　利用缓冲寄存器实现缓冲

3. 提高 CPU 和 I/O 设备之间的并行性

缓冲的引入可显著提高 CPU 与 I/O 设备之间的并行操作程度，提高系统的吞吐量和设

备的利用率。例如，在 CPU 与打印机之间设置缓冲区后，可实现 CPU 与打印机之间的并行工作。

根据 I/O 控制方式，缓冲的实现方法有两种：一种方法是采用专用硬件缓冲器，例如，I/O 控制器中的数据缓冲寄存器；另一种方法是在内存中划出一个具有 n 个单元的专用区域，以便存放 I/O 数据，即内存缓冲区。内存缓冲区又称软件缓冲区。

对于不同的系统，可以采用不同类型的缓冲区机制。最常见的缓冲区机制有单缓冲机制、能实现双向同时传送数据的双缓冲机制以及能供多个设备同时使用的公共缓冲机制等。

8.4.2 单缓冲

单缓冲是在设备和 CPU 之间设置一个缓冲器。由输入和输出设备共用。设备和 CPU 交换数据时，先把被交换数据写入缓冲器，需要数据的设备或 CPU 从缓冲器中取走数据，如图 8－20 所示。由于缓冲器属于临界资源，所以输入设备和输出设备以串行方式工作，这样一来，尽管单缓冲能匹配设备和 CPU 的处理速度，但是设备和设备之间并不能通过单缓冲实现并行操作。

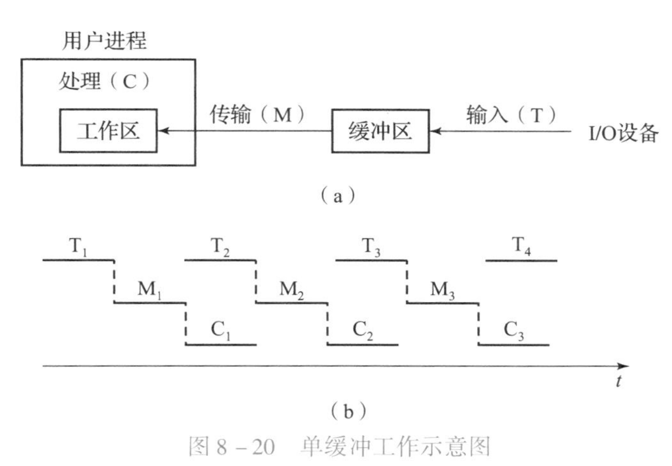

图 8－20　单缓冲工作示意图

8.4.3 双缓冲

双缓冲机制又称为缓冲对换。双缓冲是为 I/O 设备设置两个缓冲区的缓冲技术。在设备输入数据时，可以把数据放入其中一个缓冲区中，在进程从缓冲区中取出数据的同时，将输入数据继续放入另一缓冲区中，当第一个缓冲区的数据处理完时，进程可以接着从另一个缓冲区中获得数据，同时输入数据可以继续存入第一个缓冲区，如图 8－21 所示，仅当输入设备的速度高于进程处理这些数据的速度、两个缓冲区都存满时，才会造成输入进程等待。这样，两个缓冲区交替使用，使 CPU 和 I/O 设备的并行性进一步提高，但在 I/O 设备和处理进程速度不匹配时仍不能适用。

显然，双缓冲只是一种用于说明设备和设备、CPU 和设备之间并行操作的简单模型。由于计算机系统中的外围设备较多、而双缓冲也难以匹配设备和 CPU 的处理速度，所以，

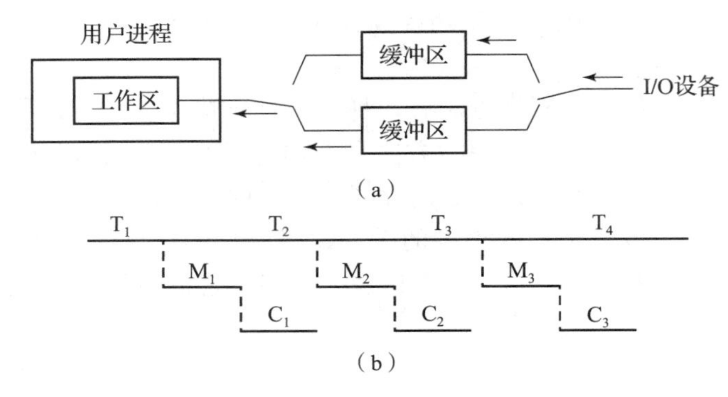

图 8-21　双缓冲工作示意图

双缓冲并不能用于实际系统中的并行操作。在现代计算机系统中一般使用多缓冲或缓冲池结构。

8.4.4　多缓冲

系统从内存中分配一组缓冲区组成多缓冲，多缓冲中的缓冲区是系统的公共资源，可供各进程共享，并由系统分配和管理。多个缓冲区组织成循环缓冲形式，对于用作输入的循环缓冲，通常是提供给输入进程或计算进程使用。输入进程不断向空缓冲区输入数据，而计算进程则从中提取数据进行计算。

循环缓冲工作示意图如图 8-22 所示，其中每个缓冲区的大小相同，包括用于装输入数据的空缓中区 R，已装满数据的缓冲区 G 以及计算进程正在使用的现行工作缓冲区 C。指针 nextg 用于指示计算进程下一个可用缓冲区 G，指针 nexti 用于指示输入进程下次可用的空缓冲区 R，指针 current 用于指示计算进程正在使用的缓冲区 C。

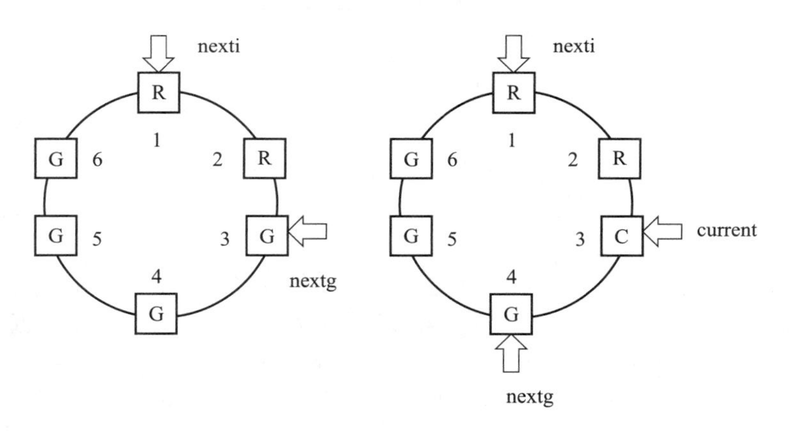

图 8-22　循环缓冲工作示意图

在 UNIX 系统中，不论是块设备管理，还是字符设备管理，都采用多缓冲技术。UNIX 的块设备共设置了 15 个大小为 512 B 的缓冲区；字符设备共设置了 100 个大小为 6 B 的缓冲区。

8.4.5 缓冲池

一组多缓冲仅适用于某个特定的I/O进程和计算进程，当系统较大时，需要设置若干组多缓冲，这不仅消耗大量的存储空间，而且利用率不高。为了提高缓冲区的利用率，公用缓冲池被广泛使用，它由多个可共享的缓冲区组成。

对于既可用于输入又可用于输出的公用缓冲池，根据其使用状况可以分成三种缓冲区：空（闲）缓冲区、装满输入数据的缓冲区、装满输出数据的缓冲区。为了便于管理，可将相同类型的缓冲区链接成一个队列，于是可形成以下3个队列：

（1）由空缓冲区所链接成的空缓冲队列 emq；

（2）由装满输入数据的缓冲区所链接成的输入队列 inq；

（3）由装满输出数据的缓冲区所链接成的输出队列 outq。

除了3种缓冲队列外，系统（或用户进程）从这3种队列中申请和取出缓冲区，并进行存数、取数操作，在存数、取数操作结束后，再将缓冲区插入相应的队列。这些缓冲区称为工作缓冲区。在缓冲池中有4种工作缓冲区，分别工作在收容输入、提取输入、收容输出和提取输出4种工作方式下。

这4个工作缓冲区为：

（1）用于收容设备输入数据的工作缓冲区 hin；

（2）用于提取设备输入数据的工作缓冲区 sin；

（3）用于收容 CPU 输出数据的工作缓冲区 hout；

（4）用于提取 CPU 输出数据的工作缓冲区 sout。

8.5 磁盘管理

磁盘存储器是一种高速、大容量的随机存储设备。现代计算机系统均配置了磁盘存储器，并以它为主，存放大量文件和数据。因此，了解磁盘的结构、空间管理和工作原理是十分必要的。

磁盘有软磁盘和硬磁盘。硬磁盘有固态硬盘（即新式硬盘）、机械硬盘（即传统硬盘）、混合硬盘（即基于传统机械硬盘诞生出来的新硬盘）之分。固态硬盘采用闪存颗粒进行存储；机械硬盘则采用磁性碟片进行存储，盘片以坚固耐用的材料为盘基，将磁粉附着在平滑的铝合金或玻璃圆盘基上；混合硬盘则是把磁性硬盘和闪存集成到一起的一种硬盘。绝大多数硬盘都是固定硬盘，被永久性地密封固定在硬盘驱动器中。下面以机械硬盘为例，介绍磁盘的管理。

8.5.1 磁盘结构

磁盘设备由一组盘组组成，可包括一张或多张盘片，每张盘片分正、反两面，每面可划分成若干磁道，各磁道之间留有必要的间隙，每条磁道又分为若干个扇区，各扇区之间留有一定的空隙，每个扇区的大小相当于一个盘块大小。磁盘在存储信息之前，必须进行磁盘格式化。图 8－23 给出了硬盘中一条磁道格式化的情况。其中每条磁道含 30 个固定大小的扇区，每个扇区大小为 600 B，其中 512 B 用于存储数据，其余字节用于存放控制信息。Synch 作为该字段的定界符，具有特定的位图像；CRC 用于段校验。

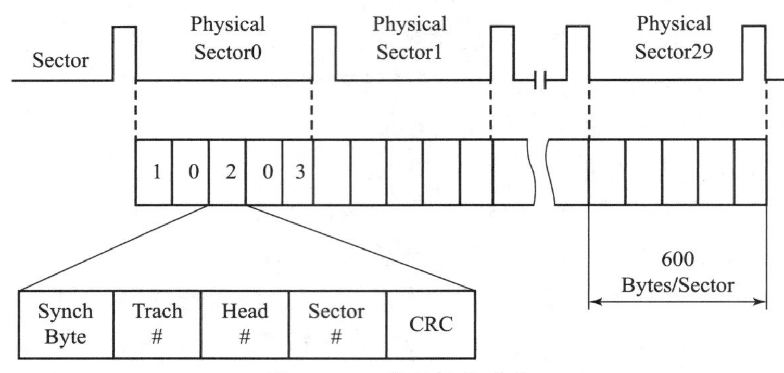

图 8－23　磁盘的格式化

在微型计算机上配置的温氏硬盘和软磁盘一般采用移动磁头结构。一个盘组中的所有盘片被固定在一根旋转轴上，沿着一个方向高速旋转。每个盘面配有一个读/写磁头，所有的读/写磁头被固定在唯一的移动臂上同时移动，如图 8－24 所示。将磁头按从上到下的次序进行编号，称为磁头号。每个盘面上有许多磁道，磁头位置下各盘面上的磁道处于同一个圆柱面上，这些磁道组成了一个柱面。每个盘面上的磁道从 0 开始，由外向里顺序编号，通过移动臂的移动，读/写磁头可定位在任何一个磁道上，可见，移动磁头仅能以串行方式进行读/写。当移动臂移到某一个位置时，所有的读/写磁头处在同一个柱面上，盘面上的磁道号即为柱面号。每个盘面被划分成若干个扇区。沿与磁盘旋转相反的方向给每个扇区编号，称为扇区号。

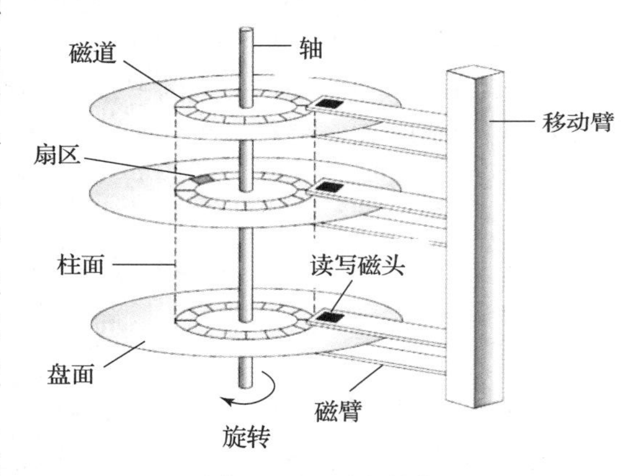

图 8－24　磁盘结构

为了减少移动臂移动所花费的时间，系统存放信息时，并不是按盘面上的磁道顺序存满一个盘面后再存放到下一个盘面，而是按柱面顺序存放，当同一柱面上的磁道存满后，再存放到下一个柱面上。所以，磁盘存储空间的位置由 3 个盘面参数决定一柱面号、磁头号和扇区号（每个参数均从 0 开始编号）。而磁盘空间的盘块按柱面（从 0 号柱面开始）、磁头、扇区顺序编号。

假定在磁盘存储器中用 t 表示每个柱面上的磁道数，用 s 表示每个磁道上的扇区数，则第 i 柱面号 j 磁头号、k 扇区号所对应的块号 b 可用如下公式确定：

$$b = k + s \times (j + i \times t)$$

同样地，根据块号也可以确定该块在磁盘上的位置。在上述假设下，每个柱面上有 $s \times t$

个磁盘块，为了计算第 p 块在磁盘上的位置，可以令 $d=s\times t$，则有：

i 柱面号 $=[p/d]$

j 磁头号 $=[(p \bmod d)/s]$

k 扇区号 $=(p \bmod d \bmod s)$

第 p 块在磁盘上的位置就可以由 i、j、k 这3个参数确定。

在磁盘中尽管磁道周长不同，但每个磁道上的扇区数是相等的，越靠近圆心时扇区弧段越短，但其存储密度越高。这种方式显然比较浪费空间，因此现代磁盘则改为等密度结构．这意味着外围磁道上的扇区数量要大于内圈的磁道，寻址方式也改为以扇区为单位的线性寻址。为了兼容老式的3D寻址方式，现代磁盘控制器中都有一个地址翻译器将3D寻址参数翻译为线性参数。

8.5.2 驱动调度

磁盘是目前最典型而使用又最广泛的一种块设备。任何一个对磁盘的访问请求，应给出访问磁盘的存储空间地址：柱面号、磁头号和扇区号。在启动磁盘执行I/O操作时，先把移动臂移动到指定的柱面，再等待指定的面区旋转到磁头位置下，最后让指定的磁头进行读/写，完成信息传送。启动磁盘完成一次I/O操作所花的时间包括：寻找时间、延迟时间和传送时间。

寻找时间（Seek Time）—磁头在移动臂带动下移动到指定柱面所花的时间；

延迟时间（Latency Time）—指定扇区旋转到磁头下方所需的时间；

传送时间（Transfer Time）—由磁头进行读/写，完成信息传送的时间。

其中，信息的传送时间是相同的，是在硬件设计时固定的，而寻找时间和延迟时间与信息在磁盘上的位置有关。如图8－25所示为访问磁盘的操作时间。

磁盘属于共享型设备，在多道程序设计系统中，同时有若干个访问者请求磁盘执行I/O操作，为了保证信息的安全，系统在任一时刻只允许一个访问者启动磁盘执行操作，其余访问者必须等待。一次I/O操作结束后，再释放一个等待访问者。为了提高系统效率，降低若干个访问者执行I/O操作的总时间（平均服务时间）、增加单位时间内I/O操作的次数，系统应根据移动臂的当前位置选择寻找时间和延迟时间尽可能小的那个访问者优先得到服务。由于在访问磁盘时间中，寻找时间是机械运动时间，通常为几十毫秒时间量级，因此，设法减小寻找时间是提高磁盘传输效率的关键。系统采用一定的调度策略来决定各请求访问磁盘者的执行次序。这项工作称为磁盘的驱动调度，采用的调度策略称为驱动调度算法。对于磁盘来说，驱动调度先进行移臂调度，以尽可能地减少寻找时间，再进行旋转调度，以减少延迟时间。

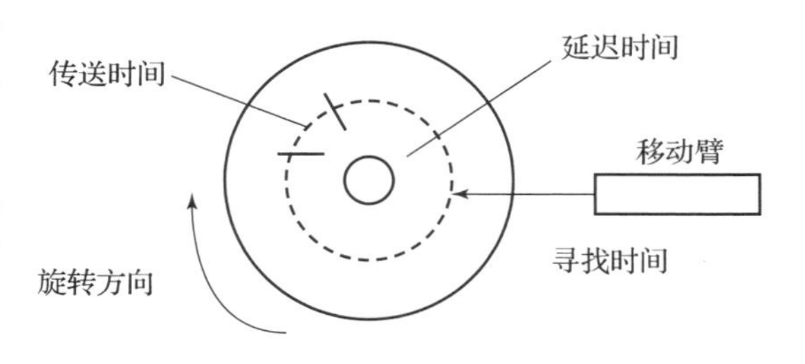

图8－25 访问磁盘的操作时间

1. 移臂调度

根据访问者指定的柱面位置来决定执行次序的调度称为移臂调度。移臂调度的目标是尽可能地减少 I/O 操作中的寻找时间。常用的移臂调度算法有先来先服务调度算法、最短寻找时间优先调度算法、单向扫描调度算法、双向扫描调度算法和电梯调度算法等。

1）先来先服务调度算法

先来先服务调度算法（First Come First Server，FCFS）是一种最简单的移臂调度算法。该算法只是根据访问者提出访问请求的先后次序进行调度，并不考虑访问者所要求访问的物理位置。例如，现在读/写磁头正在 53 号柱面上执行 I/O 操作，而访问者请求访问的柱面顺序为 98、183、37、122、14、124、65、67，那么，当 53 号柱面上的操作结束后，移动臂将按请求的先后次序先移动到 98 号柱面最后到达 67 号柱面。如图 8－26 所示为按先来先服务算法决定访问者执行 I/O 操作的次序，移动臂将来回地移动，读/写磁头总共移动了 640 个柱面的距离。

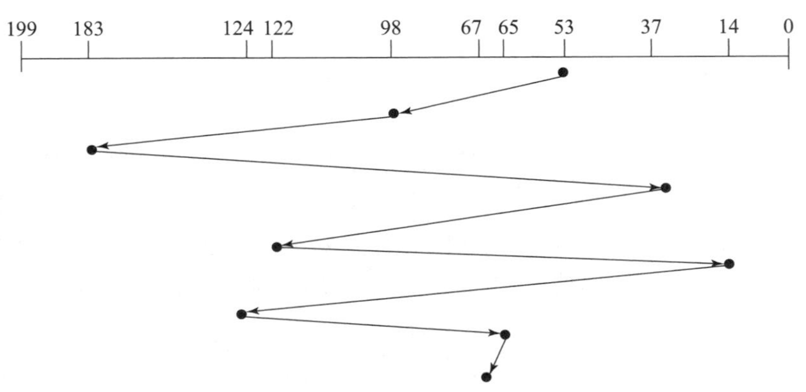

图 8－26　先来先服务调度示意图

此算法简单且公平。但由于未对寻道进行优化，移动臂来回地移动致使寻道时间可能比较长。故先来先服务算法仅适合于磁盘 I/O 请求数目较少的场合。

2）最短寻找时间优先调度算法

最短寻找时间优先调度算法（Shortest Seek Time First，SSTF）总是从若干请求访问者中挑选与当前磁头所在的磁道距离最近、每次寻道时间最短的那个请求进行调度，而不管访问者到达的先后次序。下面还是以先来先服务算法中的那个例子来加以说明。当对 53 号柱面的操作结束后，应该先处理 65 号柱面的请求，然后到达 67 号柱面执行操作。随后应处理 37 号柱面的请求而不是 98 号柱面（它与 67 号柱面相距 30 个柱面，而与 65 号柱面相距 31 个柱面），然后操作的次序应该是 14、98、122、124、183。如图 8－27 所示为采用最短寻找时间优先算法决定访问者执行 I/O 操作的次序，读写磁头总共的移动距离为 236 个柱面。

与先来先服务算法相比，该算法大幅减少了寻找时间，从而缩短了为各请求访问者服务的平均时间，提高了系统效率。但它并未考虑访问者到来的先后次序，可能存在某进程由于距离当前磁头较远而致使该进程的请求被大大地推迟，即发生“饥饿”现象。

3）单向扫描调度算法

单向扫描调度算法又称循环扫描调度算法。该算法不论访问者的先后次序，总是从 0 号柱面开始向里扫描，依次选择所遇到的请求访问者。移动臂到达盘面的最后一个柱面时，立即带动读/写磁头快速返回到 0 号柱面。返回时不为任何请求访问者服务，返回 0 号柱面后再次进行扫描。在同一个例子中，已假设读/写磁头的当前位置在 53 号柱面，则移动臂从当前位置继续向里扫描，依次响应的等待访问者为 65、67、98、122、124、183 号柱面，此

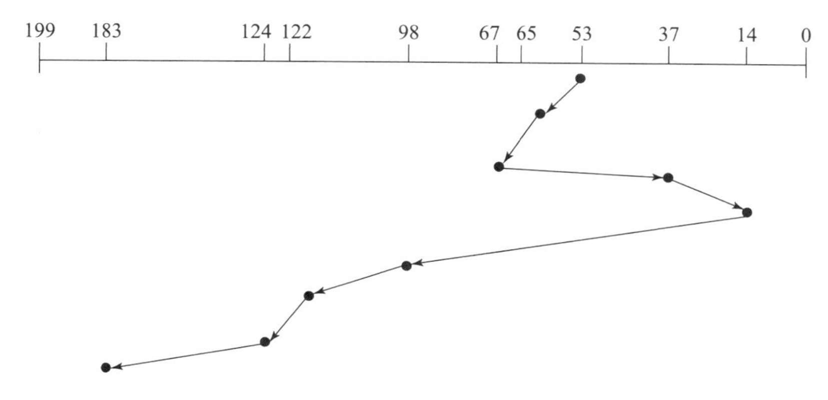

图8－27 最短寻找时间优先调度示意图

时，移动臂继续向里扫描，直到最内的柱面（图中为199号柱面）后，再返回到0号柱面，重新扫描时依次为14，37号等柱面的访问者服务。如图8－28所示为采用单向扫描算法决定访问者执行I/O操作的次序，读/写磁头总共的移动距离为382个柱面。

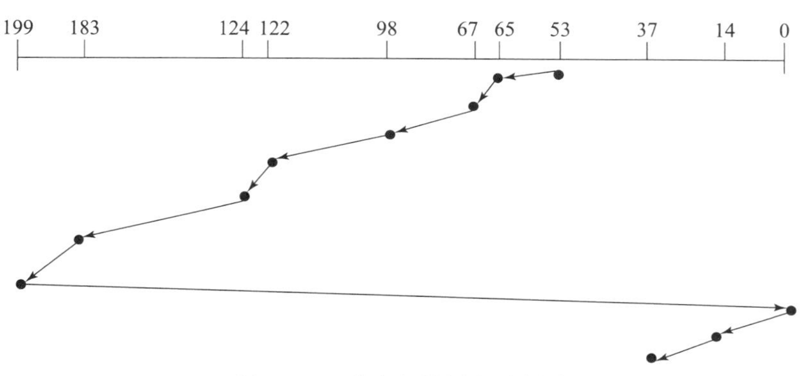

图8－28 单向扫描调度示意图

该算法虽然考虑了移动臂的移动距离问题，但由于存在一趟空扫描，故系统的效率并未得到很大的提高。

4）双向扫描调度算法

双向扫描调度算法从0号柱面开始向里扫描，依次选择所遇到的请求访问者。移动臂到达最后一个柱面时，调转方向从最后一个柱面向外扫描，依次选择所遇到的请求访问者。图8－29给出了采用双向扫描调度算法决定访问者执行I/O操作的次序，读/写磁头总共的移动距离为331个柱面。

双向扫描调度算法解决了单向扫描调度算法中的一趟空扫描问题，减少了寻找时间，提高了系统的访问效率，但在每次扫描过程中必须从最外磁道扫描到最内磁道，有可能存在部分空扫描。

5）电梯调度算法

电梯调度算法总是从移动臂当前位置开始，沿着移动臂的移动方向选择距离当前移动臂最近的那个访问者进行调度。若沿移动臂的移动方向暂无访问请求，则改变移动臂的方向再选择。电梯调度算法不仅考虑到请求访问者的磁头与当前磁头之间的距离，而且优先考虑磁头当前的移动方向。其目的是尽量减少移动臂移动所花的时间。

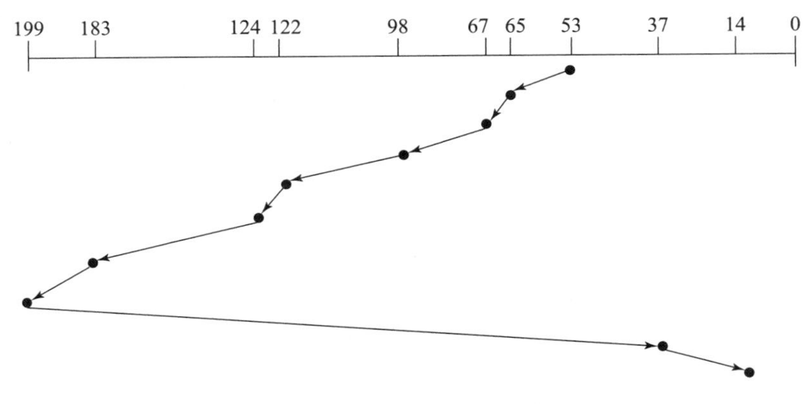

图 8 - 29　双向扫描调度示意图

以下仍然以同样的例子来讨论。由于该算法与当前移动臂的移动方向有关，由图 8 - 30 可以看出，当前移动臂由里向外移动时，读/写磁头共移动了 208 个柱面的距离，如图 8 - 30（a）所示；当前移动臂由外向里移动时，则读/写磁头共移动了 299 个柱面的距离，如图 8 - 30（b）所示。

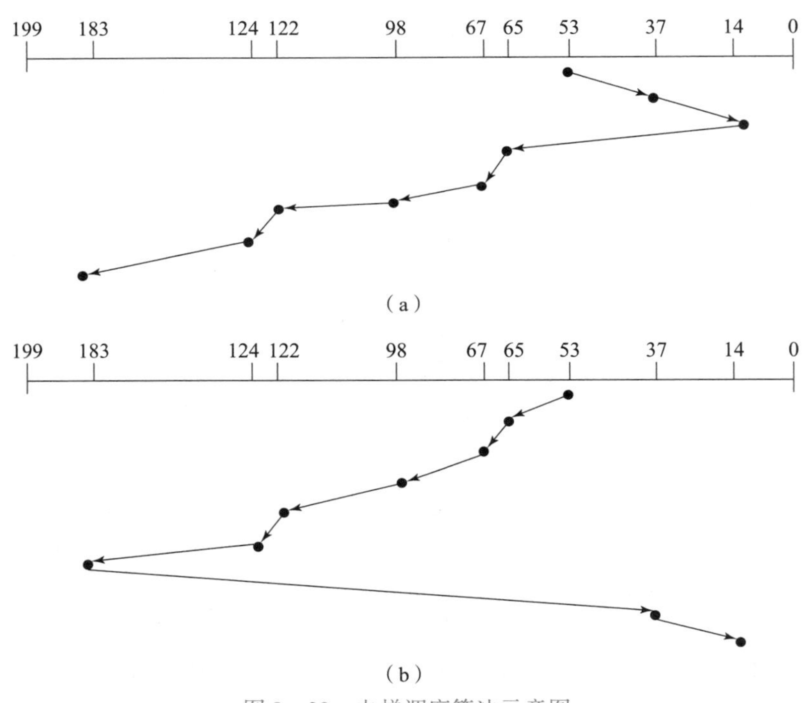

图 8 - 30　电梯调度算法示意图

（a）当前移动臂由里向外移动时；（b）当前移动臂由外向里移动时

电梯调度与最短寻找时间优先调度都是以尽量减少移动臂移动所花的时间为目标，所不同的是：最短寻找时间优先调度不考虑移动臂的当前移动方向，总是选择距离当前读/写磁头最近的那个柱面的访问者，这样可能会导致某个进程发生“饥饿" 现象，移动臂来回改变移动方向；而电梯调度算法总是沿着移动臂的移动方向选择距离当前读/写磁头最近的那个柱面的访问者，仅当沿着移动臂的移动方向无等待访问者时，才改变移动臂的方向。由于移动臂改变方向是机械动作，故速度相对较慢。所以说，电梯调度算法是一种简单、实用且高效的调度算法，能获得较好的寻道性能，又能防止“饥饿”现象，但是实现时需要增加开销，除了要记住读/写磁头的当前位置外，还必须记住移动臂的移动方向。电梯调度算法广泛应用于大、中、小型计算机和网络的磁盘调度。

2. 旋转调度

1）旋转调度分析

在多道程序设计系统中，若干个请求磁盘访问者中可能有这样的请求：要求访问同一个柱面号，但信息不在同磁道上，或者信息位于同一柱面同一磁道的不同扇区。所以，在一次移臂调度将移动臂定位到某一柱面后，允许进行多次旋转调度。旋转调度是指选择延迟时间最短的请求访问者执行的调度策略。

进行旋转调度时应分析下列情况：

（1）若干等待访问者请求访问同一磁道上的不同扇区；

（2）若干等待访问者请求访问不同磁道上的不同编号的扇区；

（3）若干等待访问者请求访问不同磁道上具有相同编号的扇区。

对于前两种情况，旋转调度总是让首先到达读/写磁头位置下的扇区先进行传送操作。对于第三种情况，这些扇区同时到达读/写磁头位置下，旋转调度可任意选择一个读/写磁头进行传送操作。例如，有4个访问请求者时，它们的访问要求如表8－2所示。

表8－2 旋转调度

请求次序柱面号	磁头号		扇区号
1	5	4	1
2	5	4	5
3	5	4	5
4	5	2	8

对它们进行旋转调度后，它们的执行顺序可能是1、2、4、3或1、3、4、2。其中，第2、3这两个请求都是访问第5个扇区。当第5个扇区转到磁头位置下方时只有一个请求可执行传送操作，而另一个请求必须等磁盘再次将第5扇区旋转到磁头位置下方时才可执行。

2）影响I/O操作时间的因素

记录在磁道上的排列方式会影响I/O操作的时间。例如，某系统在对磁盘初始化时，把每个盘面分成8个扇区，有8个逻辑记录存放在同一个磁道上供处理程序使用。处理程序要求顺序处理这8个记录，每次请求从磁盘上读一个记录，然后对读出的记录要用5 ms的时间进行处理，之后再读下一个记录进行处理，直至8个记录全部处理结束。假定磁盘的转速为20 ms/周，现把这8个逻辑记录依次存放在磁道上，如图8－31（a）所示。

显然，在不知道当前磁头位置的情况下，磁头旋转到第一条记录位置的平均时间为1/2周，即第一条记录的延迟时间为10 ms，读一个记录要花2.5 ms的时间。当花了2.5 ms的时间读出第1个记录并花5 ms时间进行处理后，读/写磁头已经在第4个记录的位置了。为了顺序处理第2个记录，必须等待磁盘将第2个记录旋转到读/写磁头位置的下面，即要有15 ms的延迟时间。于是，处理这8个记录所要花费的时间为：

$$8\times(2.5+5)+10+7\times15=175(\text{ms})$$

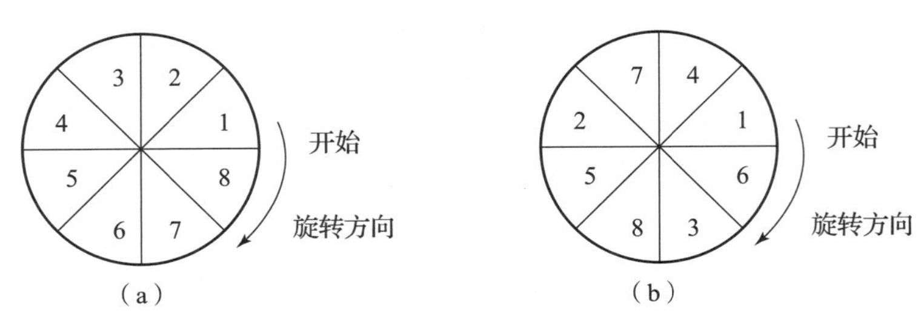

图 8-31　记录的优化分布

(a) 顺序存放；(b) 优化分布

把这 8 个逻辑记录在磁道上的位置重新安排，如图 8-31（b）所示，是这 8 个逻辑记录的最优分布示意图。当读出一个记录并处理后，读/写磁头正好位于顺序处理的下一个记录位置，可立即读出该记录，不必花费等待延迟时间。于是，按照图 8-31（b）的安排，处理这 8 个记录所要花费的时间为：

$$10 + 8 \times (2.5 + 5) = 70(\text{ms})$$

可见，记录的优化分布有利于减少延迟时间，从而缩短输入/输出操作的时间。因此，对于一些能预知处理要求的信息采用优化分布可以提高系统的效率。

此外，扇区的编号方式也会影响 I/O 操作的时间。一般常将盘面扇区交替编号，磁盘组中不同盘面错开命名，假设每盘面有 8 个扇区，磁盘组共有 8 个盘面，则扇区编号如图 8-32 所示，磁盘是连续自转的 I/O 设备，磁盘读/写一条物理记录后，必须经短暂的处理时间后才能开始读/写下一条记录，逻辑记录在磁盘空间的存储具有局部连续性，若在磁盘上按扇区交替编号连续存放，则连续读/写多条记录能减少磁头的延迟时间；同柱面不同盘面的扇区如果能错开命名，则连续读/写相邻的两个盘面逻辑记录时，也能减少磁头延迟时间。

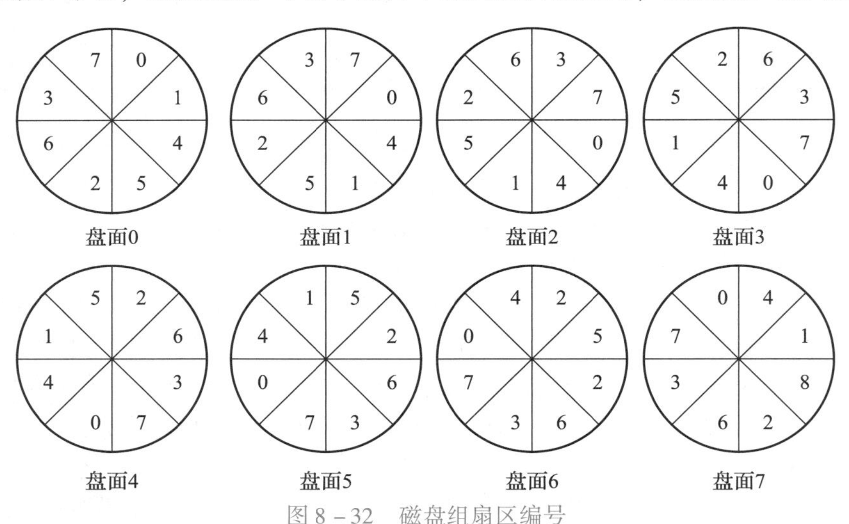

图 8-32　磁盘组扇区编号

8.5.3　提高磁盘 I/O 速度的方法

目前，磁盘的 I/O 速度通常要比内存的访问速度低 4～6 个数量级，因此磁盘 I/O 的速度已经成为计算机系统的瓶颈。为提高磁盘 I/O 的速度，通常为磁盘设置高速缓存，它能显著减少等待磁盘 I/O 的时间。

磁盘高速缓存并非内存和 CPU 之间增设的一个小容量高速存储器；而是指利用内存中的存储空间，暂时存放从磁盘中读出的系列盘块中的信息。因此，高速缓存是一组在逻辑上属于磁盘，而物理上是驻留在内存中的盘块。高速缓存在内存中可分为两种形式，第一种是在内存中开辟一个单独的存储空间作为磁盘高速缓冲，其大小是固定的，不容易受到应用程序的影响；第二种是把当前所有未来利用的内存空间作为一个缓冲池，供请求分页系统和磁盘 I/O 时共享，显然，这种情况下的缓存的大小不再是固定的。

除了磁盘高速缓存技术外，还有一些能有效提高磁盘 I/O 速度的方法也被许多系统采纳。

1. 提前读

用户经常采用顺序方式访问文件的各盘块上的数据，在读当前盘块时，可以预知下次要读出的盘块，因此，可在读当前盘块的同时，提前把下一个盘块数据也读入磁盘缓冲区，当下次要读该盘块中的信息时，由于该数据已经提前读入缓冲区中，便可直接使用数据，而不必再启动磁盘 I/O，这减少了读数据的时间，即提高了磁盘的 I/O 速度。“提前读”功能已被许多操作系统（如 UNIX、OS/2、Windows 等）广泛采用。

2. 延迟写

在执行写操作时，磁盘缓冲器中的数据本来应该立即写回磁盘，但考虑到该缓冲区中的数据不久后可能会再次被本进程或其他进程访问，因此并不立即将该数据写入磁盘，而是将它挂在空闲缓冲区队列的末尾，随着空闲缓冲区的使用，此缓冲区也不断地向队列头移动，直至移至空闲缓冲区队列之首，当再有进程申请缓冲区且分配了该缓冲区时，才将其中的数据写入磁盘，于是这个缓冲区可作为空闲缓冲区分配，只要存有该数据的缓冲区仍在队列中，任何访问该数据的进程都可直接从中读取数据，而不必再去访问磁盘，这样，可以减少磁盘的 I/O 速度。在 UNIX，OS/2，Windows 操作系统中已采用了该技术。

3. 虚拟盘

虚拟盘是指用内存空间去仿真磁盘，又称 RAM 盘。该盘的设备驱动程序可以接受所有标准的磁盘操作，但这些操作的执行不在磁盘上，而是在内存中，操作过程对用户是透明的。虚拟盘是易失性存储器，一旦系统或电源发生故障，或重新启动，系统原来保存在虚拟盘中的数据将会丢失。因此，虚拟盘常用于存放临时文件，如编译程序所产生的目标程序。虚拟盘与磁盘高速缓存的主要区别在于虚拟盘内容完全由用户控制，而磁盘高速缓存中的内容由操作系统控制。

8.6　本章小结

设备管理在实现各类外围设备和 CPU 进行 I/O 操作的同时，要尽量提高设备与设备、设备与 CPU 的并行性，使系统效率得到提高；同时，为用户使用 I/O 设备屏蔽硬件细节，提供方便易用的接口。设备管理的功能主要包括外围设备的分配和去配、外围设备的启动、磁盘的驱动调度、设备处理以及虚拟设备管理。

按照 I/O 控制功能的强弱以及和 CPU 之间联系方式的不同，可以把 I/O 控制方式分为 4 类：直接程序控制方式、中断驱动控制方式、直接存储器访问控制方式和通道控制方式。其中，通道具有执行 I/O 指令的能力，并通过执行通道程序来控制 I/O 操作，完成内存和外围设备之间的信息传送。通道技术实现了外围设备与 CPU 之间、通道与通道之间以及各个通道上外围设备之间的并行操作，提高了整个系统的效率。

为了缓解 CPU 与外围设备之间速度不匹配和负载不均衡的矛盾，提高 CPU 和外围设备的工作效率，增加系统中各部件的并行工作程度，现代操作系统普遍采用缓冲技术。常的缓冲机制有单缓冲机制、能实现双向同时传送数据的双缓冲机制以及能供多个设备同时使用的公共缓冲机制等。

现代计算机系统具有设备的独立性，使得设备分配灵活性强，适应性强，易于实现 I/O 重定向。独占型设备往往采用静态分配方式。系统通过设置设备控制表、控制器控制表、通道控制表和系统设备表等数据结构，记录相应设备或控制器的状态以及对设备或控制器进行控制所需要的信息实现设备的分配。共享型设备的分配则更多地采用动态分配方式。磁盘属于共享型设备，启动磁盘完成一次 I/O 操作所花费的时间包括寻找时间、延迟时间和传送时间。移臂调度的目标是尽可能地减少 I/O 操作的寻找时间。常用的移臂调度算法有先来先服务调度算法、最短寻找时间优先调度算法、电梯调度算法、单向扫描调度算法和双向扫描调度算法等。旋转调度是指选择延迟时间最短的请求访问者执行的调度策略。记录在磁道上的排列方式、盘组中扇区的编号方式等都会影响 I/O 操作的时间。通过优化记录的分布，交错编排盘面扇区号等方式可以达到减少延迟时间的目的。

设备驱动程序中包括了所有与设备相关的代码，它把用户提交的逻辑 I/O 请求转化为物理 I/O 操作的启动和执行，如设备名转化为端口地址、逻辑记录转化为物理记录、逻辑操作转化为物理操作等，它对其上层的软件屏蔽所有硬件细节，并向用户层软件提供一个一致性的接口，如设备命名、设备保护、缓冲管理、存储块分配等。

为了提高独占设备的使用效率，创造多道并行工作环境，在中断和通道硬件的支持下，操作系统采用多道程序设计技术合理分配和调度各种资源。SPOOLing 技术将一个物理设备虚拟成多个虚拟（逻辑）设备，用共享型设备模拟独占型设备，实现了虚拟设备功能。SPOOLing 系统主要由预输入程序、井管理程序和缓输出程序三部分组成，它已被用于打印控制和电子邮件收发等许多场合。

第 8 章　习题

一、简答题

1. 试述设备管理的基本功能。
2. 试说明各种 I/O 控制方式及其主要优缺点。
3. 试说明 DMA 的工作流程。
4. 简述采用通道技术时，I/O 操作的全过程。
5. 试叙述引入缓冲的主要原因。其实现的基本思想是什么？

6. 试叙述常用的缓冲技术。

7. 目前常用的磁盘调度算法有哪几种？每种算法优先考虑的问题是什么？

8. 假设某磁盘共200个柱面，编号为0～199。如果在访问143号柱面的请求服务后，当前正在访问125号柱面，同时有若干请求者在等待服务。它们依次请求的柱面号为：86，147，91，177，94，150，102，175，130。

请回答：分别采用先来先服务算法、最短寻找时间优先算法、电梯调度算法和单向扫描调度算法确定实际的服务次序以及移动臂分别移动的距离。

9. 试说明设备驱动程序应具备哪些功能。

10. SPOOLing系统由哪些部分组成？简述它们的功能。

11. 实现虚拟设备的主要条件是什么？

二、计算题

1. 假定在某移动臂磁盘上，刚刚处理了访问75号柱面的请求，目前正在80号柱面读信息，并且有下述请求序列等待访问磁盘：

请求次序	1	2	3	4	5	6	7	8
欲访问的柱面号	160	40	190	188	90	58	32	102

试用电梯调度算法和最短寻找时间优先调度算法分别列出实际处理上述请求的次序。

2.（考研真题）磁盘请求以10、22、20、2、40、6、38柱面的次序到达磁盘驱动器，如果磁头当前位于柱面20，若查找移过每个柱面要花费6ms，试用以下算法计算查找时间：①先来先服务调度算法；②最短寻找时间优先调度算法；③电梯调度算法（正向柱面大的方向移动）。

3. 一个软盘有40个柱面，查找移过每个柱面花费6 ms。若文件信息块零乱存放，则相邻逻辑块平均间隔13个柱面。但经过优化存放后，相邻逻辑块平均间隔2个柱面。如果搜索延迟为100 ms，传输速度为每块25 ms，问在这两种情况下传输100块文件各需要多长的时间？

4.（考研真题）假定某磁盘的旋转速度是每圈20 ms，格式化时，每个盘面分成10个扇区，现有10个逻辑记录顺序存放在同一个磁道上，处理程序要处理这些记录，每读出一条记录后处理要花费4 ms，然后再顺序读下一条记录进行处理，直到处理完这些记录，请回答：

（1）顺序处理完这10条记录总共需花费多少时间？

（2）请给出一个优化方案，使处理能在最短时间内完成，并计算出优化分布时需要花费的时间。

第 9 章　文件管理

【本章知识体系】

本章知识体系如图 9 - 1 所示。

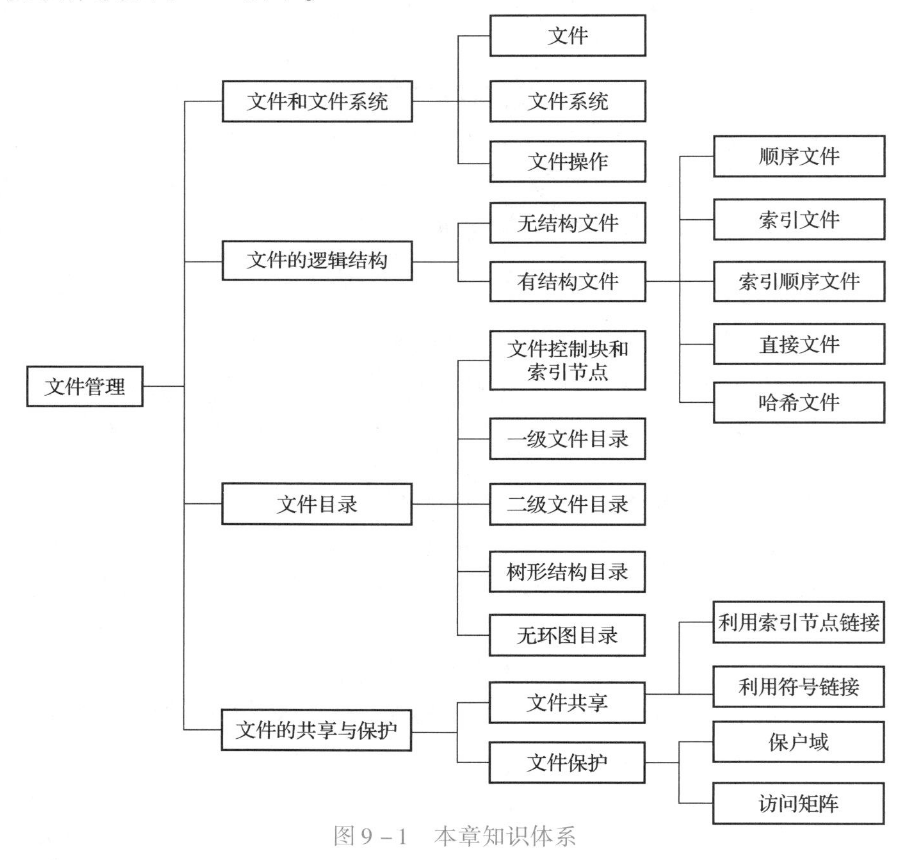

图 9 - 1　本章知识体系

【本章大纲要求】

1. 掌握文件和文件系统；
2. 掌握文件的逻辑结构；
3. 掌握文件目录管理；

4. 掌握文件的共享与保护；
5. 了解 Linux 系统文件。

【本章重点难点】

1. 文件系统的层次结构、直接文件和哈希文件、Linux 中常见文件系统格式；
2. 文件逻辑结构的类型、EXT2 文件系统。

由于计算机中的内存是易失性设备，断电后其所存储的信息即会丢失，容量又十分有限，因此在现代计算机系统中，都必须配置外存，目的是将系统和用户需要用到的大量程序和数据，以“文件”的形式存放在其中，待需要的时候再随时将它们调入内存，或将它们打印出来。如果由用户来直接管理存放在外存上的文件，则不仅要求用户熟悉外存的特性，了解各种文件的属性，以及它们在外存上的位置，而且在多用户环境下，还必须保持数据的安全性和一致性。显然，这是用户所不能胜任的。于是在 OS 中又增加了文件管理功能，专门负责管理外存中的文件，并把对文件的存取、共享和保护等手段提供给用户。这不仅方便了用户，保证了文件的安全性，还可有效提高系统资源的利用率。

9.1　文件和文件系统

文件系统是 OS 的一部分，它提供了一种管理机制，以便 OS 对自身及所有用户的数据与程序进行直线存储和访问。文件系统由两部分组成：文件集合和目录。文件系统的管理功能，是通过将其管理的程序和数据组织成系列文件的方式实现的，而文件则是指具有文件名的若干相关元素的集合。元素通常是记录，而记录又是组有意义的数据项的集合。由此可见，基于文件系统的概念，可以把数据的组成分为文件、记录和数据项三级。

9.1.1　文件、记录和数据项

1. 数据项

在文件系统中，数据项是最低级的数据组织形式，它可被分成两种类型。①基本数据项，是用于描述一个对象的某种属性的字符集，是数据组织中可以命名的最小逻辑数据单位，又称为字段。例如，用于描述一个学生的基本数据项有学号、姓名、年龄、班级等。②组合数据项，是由若干个基本数据项所组成的，简称组项。例如，工资是个组项，它可由基本工资、工龄工资和奖励工资等基本数据项组成。

基本数据项除了数据名外，还应有数据类型，因为基本数据项用于描述某个对象的属性，根据属性的不同，需要用不同的数据类型来实现其描述。例如，在描述学生的学号时，应使用整数；描述学生的姓名时，应使用字符串（含汉字）；描述学生的性别时，可用逻辑变量或汉字。可见，基本数据项的名字和数据类型这两者共同定义了一个基本数据项的“型”，而表征一个实体在基本数据项上的数据则称为“值”，如学号/30211、姓名/王某某、性别男等。

2. 记录

记录是一组相关数据项的集合，用于描述一个对象在某方面的属性。一个记录应包含哪些数据项取决于需要描述对象的哪个方面。由于对象所处的环境不同，可将对象作为不同的存在。例如，一个少年，当把他作为班上的一名学生时，对他的描述应使用学号、姓名、年龄及所在班级，也可能还包括他所学过的课程的名称、成绩等数据项；但若把学生作为一个医疗对象，对他的描述则应使用诸如病历号、姓名、性别、出生年月、身高、体重、血压及病史等数据项。

在诸多记录中，为了能唯一地标志一个记录，必须在其各个数据项中确定出一个或几个数据项，并把它们的集合称为关键字（key）。换言之，关键字是唯一能标志一个记录的数据项。通常，只需将一个数据项作为关键字。例如，前面例子中提及的学号或病历号，便可用来从诸多记录中标志出唯一的一个记录。然而有时找不到这样的数据项，这时就只好把几个数据项定为能在诸多记录中唯一地标志某个记录的关键字。

3. 文件

文件是指由创建者所定义的、具有文件名的一组相关元素的集合，可分为有结构文件和无结构文件两类。在有结构文件中，文件由若干个相关记录组成，而无结构文件则被看成一个字节流。文件在文件系统中是一个最大的数据单位，它描述了一个对象集。例如，可将一班的学生的记录作为一个文件。

文件的重要属性有 4 个：

（1）文件类型：可以从不同的角度来规定文件的类型，如源文件、目标文件及可执行文件等。

（2）文件长度：文件的当前长度，长度的单位可以是字节、字或块，也可以是允许的最大长度。

（3）文件的物理位置：通常用于指示文件所在的设备及文件在该设备中地址的指针。

（4）文件的建立时间：亦指文件最后一次的修改时间。

图 9－2 所示为文件、记录和数据项之间的层次关系。

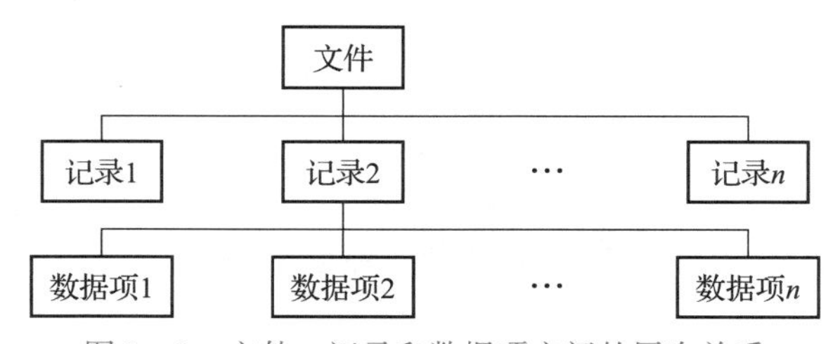

图 9－2　文件、记录和数据项之间的层次关系

9.1.2　文件名和文件类型

1. 文件名和扩展名

1）文件名

不同的系统对文件名的规定是不同的，在一些早期的 OS 中，文件名的长度受到了系统

限制。例如，MS－DOS系统最多支持9个字符，老版的UNIX系统支持14个字符。

另外，一些特殊字符（如空格）因常被用作分隔命令、参数和其他数据项的分隔符，故被规定不能用于文件名。近年推出的不少OS已放宽了这种限制，如Windows NT及以后的Windows2000/XP/Vista/7/8/10等所采用的新技术文件系统（New Technology File System，NIFS）便可以很好地支持长文件名，即支持255个字符。另外，在早期的OS（如MSDOS和Windows95等系统）中是不区分大小写字号的，如MYFILE、MYfile和myfile，但在UNIX和Linux系统中是区分大小写的，因此，上面的3个文件名会被用于标志不同的文件。

2）扩展名

扩展名是添加在文件名后面的若干个附加字符，又称为后缀名，用于表示文件的类型，它可以方便系统和用户了解文件的类型，是文件名中的重要组成部分。在大多数系统中，是用圆点“.”将文件名和扩展名分开的。例如，myfile.txt中的扩展名.txt，表示该文件是文本文件；myprog.bin中的扩展名.bin，表示该文件是可执行的进制文件。扩展名的长度一般是1～4个字符。

2. 文件类型

为了便于管理和控制文件，将文件分成了若干类。由于不同的系统针对文件的管理方式不同，因此它们针对文件的分类方法也有很大差异。下面是常用的几种文件分类方法：

1）按性质和用途分类

根据文件的性质和用途的不同，可将文件分为3类：

（1）系统文件，指由系统软件构成的文件。大多数的系统文件只允许用户调用，但不允许用户去读，更不允许用户修改；有的系统文件不直接对用户开放。

（2）用户文件，指由用户的源代码、目标文件、可执行文件或数据等所构成的文件。用户将此类文件委托给系统进行保管。

（3）库文件，这是由标准子例程及常用的例程等所构成的文件。此类文件允许用户调用，但不允许用户修改。

2）按文件中数据的形式分类

按这种方式分类，可把文件分为3类：

（1）源文件，指由源程序和数据构成的文件。通常，由终端或输入设备输入的源程序和数据所形成的文件都属于源文件，它通常是由美国信息交换标准代码（ASCII）或汉字所组成的。

（2）目标文件，指由“把源程序经过编译程序编译后，但尚未经过链接程序链接的目标代码”所构成的文件，其后缀名是.obj。

（3）可执行文件，指源程序经过编译程序编译后所产生的目标代码，再经过链接程序链接后所形成的文件，在Windows系统中，其后缀名是.exe或.com。

3）按存取控制属性分类

根据系统管理员或用户所规定的存取控制属性，可将文件分为3类：

（1）可执行文件，该类文件只允许被核准的用户调用执行，不允许读和写；

（2）只读文件，该类文件只允许文件拥有者及被核准的用户去读，不允许写；

（3）读/写文件，指允许文件拥有者和被核准的用户去读/写的文件。

4）按组织形式和处理方式分类

根据文件的组织形式和系统对其处理方式的不同，可将文件分为3类：

（1）普通文件，是指由ASCII或二进制码所组成的字符文件。通常，用户建立的源程序文件、数据文件以及OS自身的代码文件、实用程序等都属于普通文件。

（2）目录文件，是指由文件目录所组成的文件，通过目录文件可以对其下属文件的信息进行检索，对其可执行的文件进行（与普通文件一样的）操作。

（3）特殊文件，特指系统中的各类I/O设备，为了便于统一管理，系统将所有的I/O设备都视为文件，并按文件的使用方式提供给用户使用，如目录的检索、权限的验证等操作都与普通文件相似，只是对这些文件的操作将由设备驱动程序来完成。

9.1.3 文件系统的层次结构

如图9－3所示，文件系统的模型可分为3个层次：最低层是对象及其属性，中间层是对对象进行操纵和管理的软件集合，最高层是文件系统（提供给用户的）接口。

1. 对象及其属性

文件系统所管理的对象有3类：

（1）文件。在文件系统中有着各种不同类型的文件，它们都作为文件系统的直接管理对象。

（2）目录。为了方便用户对文件进行存取和检索，在文件系统中必须配置目录，且目录的每个目录项中必须含有文件名、对文件属性的说明以及该文件所在的物理地址（或指针）。对目录的组织和管理，是方便用户和提高文件存取速度的关键。

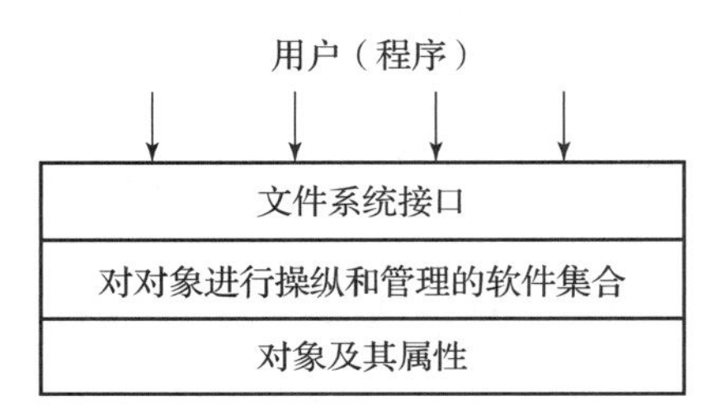

图9－3　文件系统模型

（3）磁盘（磁带）存储空间。文件和目录必定会占用磁盘存储空间，对这部分空间进行有效管理，不仅能提高外存的利用率，而且能提高文件存取速度。

2. 对对象进行操纵和管理的软件集合

该层是文件系统的核心部分，文件系统的功能大多是在这一层实现的，其中包括：

（1）文件存储空间管理功能；

（2）文件目录管理功能；

（3）用于将文件的逻辑地址变换为物理地址的机制；

（4）文件读写管理功能；

（5）文件的共享与保护功能等。

在实现这些功能时，OS通常会采取层次组织结构，即在每一层中都包含一定的功能，处于某个层次的软件只能调用同层或更低层中的功能模块。

一般地，把与文件系统有关的软件分为4个层次：

（1）I/O控制层，是文件系统的最低层，主要由磁盘驱动程序等组成，也可称为设备驱动程序层；

（2）基本文件系统，主要用于实现内存与磁盘之间数据块的交换；

（3）文件组织模块，也称为基本I/O管理程序，该层负责完成与磁盘I/O有关的事务，如将文件逻辑块号变换为物理块号、管理磁盘中的空闲盘块、指定I/O缓冲等；

（4）逻辑文件系统，用于处理并记录同文件相关的操作，如允许用户和应用程序使用符号文件名访问文件和记录、保护文件和记录等。因此，整个文件系统可用图9－4所示的层次结构表示。

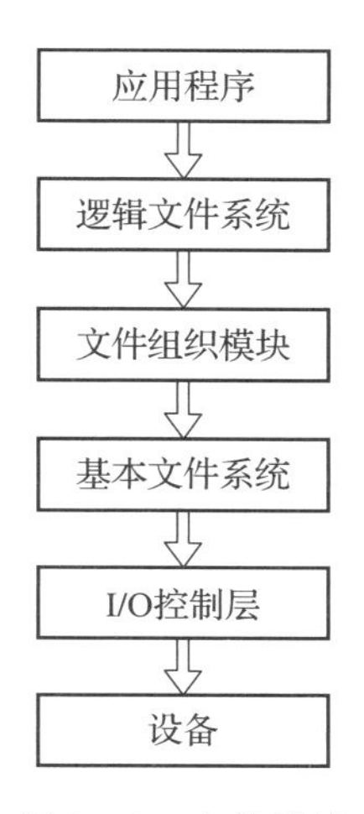

图9－4　文件系统的层次结构

3. 文件系统接口

为方便用户使用，文件系统以接口的形式提供了一组对文件和记录进行操作的方法和手段。常用的两类接口是：

（1）命令接口，指用户与文件系统直接进行交互的接口，用户可通过该类接口输入命令（如通过键盘终端键入命令），进而获得文件系统的服务；

（2）程序接口，指用户程序与文件系统的接口，用户程序可通过系统调用获得文件系统的服务，例如，通过系统调用 Create 创建文件，通过系统调用 Open 打开文件等。

9.1.4　文件操作

用户可以通过文件系统提供的系统调用对文件进行操作。最基本的文件操作包括创建、删除、读、写和设置文件的读写位置等。实际上，一般的OS都提供了更多针对文件的操作，如打开和关闭一个文件以及改变文件名等。

1. 最基本的文件操作

（1）创建文件。在创建一个新文件时，要为新文件分配必要的外存空间，并在文件目录中为之建立一个目录项；目录项中应记录新文件的文件名及其在外存中的地址等属性。

（2）删除文件。在删除文件时，应先从目录中找到要删除文件的目录项，并使之成为空项，然后回收该文件所占用的存储空间。

（3）读文件。在读文件时，根据用户给出的文件名去检索文件目录，从中得到被读文件在外存中的地址；在目录项中，还有一个指针用于对文件进行读操作。

（4）写文件。在写文件时，根据文件名查找目录，找到指定文件的目录项后，再利用目录中的写指针进行写操作。

（5）设置文件的读/写位置。前面所述的文件读写操作，都只提供了对文件顺序存取的手段，即每次都是从文件的始端开始读或写。设置文件读/写位置的操作，通过设置文件读写指针的位置，使得在读写文件时不必每次都从其始端开始操作，而是可以从所设置的位置开始操作，因此可以改顺序存取为随机存取。

2. 文件的“打开”和“关闭”操作

当用户要求对一个文件实施多次读/写或其他操作时，每次都要从检索目录开始。为了避免多次重复地检索目录，在大多数OS中都引入了“打开”（Open）这个文件系统调用。当用户第一次请求对某文件进行操作时，必须先利用系统调用 Open 将该文件打开。所谓“打开”，是指系统将指定文件的属性（包括该文件在外存中的物理位置），从外存复制到内存中的打开文件表的一个表目中，并将该表目的编号（或称为索引号）返回给用户。换言之，“打开”就是在用户和指定文件之间建立一个连接。此后，用户可通过该连接直接得到文件信息，从而避免再次通过目录检索文件，即当用户再次向系统发出文件操作请求时，系统可以根据用户提供的索引号，直接在打开文件表中查找到文件信息。这样不仅节省了大量的检索开销，还显著地提高了对文件的操作速度。如果用户已不再需要对该文件实施相应的操作，则可利用“关闭”（Close）系统调用来关闭此文件，即断开此连接，而后 OS 将会把此文件从打开的文件表中的表目上删除。

3. 其他文件操作

OS 为用户提供了一系列面向文件操作的系统调用，最常用的类是关于对文件属性进行操作的，即允许用户直接设置和获得文件的属性，如改变已存文件的文件名、改变文件的拥有者（文件拥有者）、改变对文件的访问权以及查询文件的状态（包括文件类型、大小、拥有者以及对文件的访问权）等；另一类是关于目录的，如创建个目录、删除个目录、改变当前目录和工作目录等；此外，还有用于实现文件共享的系统调用，以及用于对文件系统进行操作的系统调用等。

9.2 文件的逻辑结构

用户所看到的文件称为逻辑文件，它是由一系列的逻辑记录所组成的。从用户的角度来看，文件的逻辑记录是能够被存取的基本单位。在进行文件系统高层设计时，所涉及的关键点是文件的逻辑结构，即如何用这些逻辑记录来构建个逻辑文件。在进行文件系统低层设计时，所涉及的关键点是文件的物理结构，即如何将文件存储在外存上。由此可见，系统中的所有文件都存在着以下两种形式的文件结构：

（1）文件的逻辑结构，是指从用户角度出发所观察到的文件组织形式，即文件是由一系列的逻辑记录所组成的，是用户可以直接处理的数据及其结构，它独立于文件的物理特性，又称为文件组织。对应的文件通常称为逻辑文件。

（2）文件的物理结构，又称为文件的存储结构，是指系统将文件存储在外存上所形成的一种存储组织形式，是用户所看不见的。文件的物理结构不仅与存储介质的存储性能有关，而且与所采用的外存分配方式也有关。无论是文件的逻辑结构，还是文件的物理结构，都会影响系统对文件的检索速度。

9.2.1 文件逻辑结构的类型

对文件逻辑结构所提出的基本要求，首先是有助于提高系统对文件的检索速度，即在将大批记录组成文件时，应采用一种有利于提高检索记录速度和效率的逻辑结构；然后是该结构应方便用户对文件进行维护，即便于用户在文件中增加、删除、修改一个或多个记录；最后是降低文件存放在外存上的存储费用，即尽量减少文件所占用的存储空间，使其不要求系统为其提供大片的连续存储空间。

按文件是否有结构来分，可将文件分为两类：一类是有结构文件，指由一个以上的记录所构成的文件，故又将其称为记录式文件；另一类是无结构文件，指由字节流所构成的文件，故又将其称为流式文件。按文件的组织方式来分，有结构文件又可被分为顺序文件、索引文件和索引顺序文件等。

1. 按文件是否有结构分类

1）有结构文件

在记录式文件中，每个记录都用于描述实体集中的一个实体，各记录有着相同或不同数目的数据项。记录的长度可分为定长和变长两类。

（1）定长记录，是指文件中所有记录的长度都是相同的，所有记录中的各数据项都处在记录中相同的位置，具有相同的顺序和长度。文件的长度用记录数目表示。定长记录能有效地提高检索记录的速度和效率，用户能方便地对文件进行处理，因此定长记录是目前较常用的一种记录格式，被广泛应用于数据处理中。

（2）变长记录，是指文件中各记录的长度不一定相同。产生变长记录的原因，可能是一个记录中所包含的数据项（如书的著作者、论文中的关键词等）数目并不相同，也可能是数据项本身的长度不定，例如，病历记录中的病因与病史、科技情报记录中的摘要等。不论是哪一种原因导致记录的长度不同，在处理前，每个记录的长度都是可知的。对变长记录的检索速度慢，这不便于用户对文件进行处理。但由于变长记录很适合于某些场合的需要，因此其也是目前较常用的种记录格式，被广泛应用于许多商业领域。

2）无结构文件

如果说在大量的信息管理系统和数据库系统中，广泛采用了有结构的文件形式，即文件是由定长或变长记录构成的，那么在系统中运行的大量源程序、可执行文件、库函数等，所采用的就是无结构的文件形式，即流式文件。此类文件的长度是以字节为单位的。对流式文件的访问，则是指利用读/写指针来指出下一个要访问的字节。可以把流式文件看作记录式文件的一个特例：一个记录仅有一个字节。

2. 按文件的组织方式分类

根据文件的组织方式，可把有结构文件分为3类：

（1）顺序文件，指由一系列记录按某种顺序排列所形成的文件，其中的记录可以是定长记录或可变长记录；

（2）索引文件，为可变长记录文件建立一张索引表，为每个记录设置一个索引表项，以加速对记录的检索速度；

（3）索引顺序文件，是顺序文件和索引文件相结合的产物，这里，在为每个文件建立一张索引表时，并不是为每个记录建立一个索引表项，而是为一组记录中的第一个记录建立一个索引表项。

9.2.2 顺序文件

文件的逻辑结构中记录的组织方式，来源于用户和系统在管理上的目标和需求。不同的目标和需求产生了不同的组织方式，从而形成了逻辑结构相异的多种文件。其中，最基本也是最常见的文件就是顺序文件。

1. 顺序文件的排列方式

顺序文件中的记录可以按照不同的结构进行排列，一般可分为两种情况：

(1) 串结构。串结构文件中的记录，通常是按存入文件的先后时间进行排序的，各记录之间的顺序与关键字无关。在对串结构文件进行检索时，每次都必须从头开始逐个地查找记录，直至找到指定的记录或者查完所有的记录为止。显然，对串结构文件进行检索是比较费时的。

(2) 顺序结构。由用户指定一个字段作为关键字，它可以是任意类型的变量，其中最简单的是正整数，如 0 到 $N-1$。为了能唯一地标志每个记录，必须使每个记录的关键字值在文件中具有唯一性。这样，文件中的所有记录就可以按关键字来排序，如按关键字值的大小或其对应英文字母的顺序进行排序。在对顺序文件进行检索时，还可以利用某种有效的查找算法（如折半查找法、插值查找法、跳步查找法等）来提高检索效率。因此，顺序文件可以有更高的检索速度和效率。

2. 顺序文件的优缺点

顺序文件的最佳应用场合是在对文件中的记录进行批量存取时，即每次要读/写一大批记录时。在所有逻辑文件中，顺序文件的存取效率是最高的。此外，对于顺序存储设备（如磁带），也只有顺序文件才能被存储并有效地工作。

在交互应用的场合中，如果用户（程序）要求查找或修改单个记录，则系统需要在文件的记录中逐个地进行查找，此时，顺序文件所表现出的性能就可能很差。尤其是当文件较大时，情况更为严重。例如，对于一个含有 10^4 个记录的顺序文件，如果采用顺序查找法查找到一个指定的记录，则平均需要查找 5×10^3 次。如果顺序文件中存放的是变长记录，则需付出更大的查找代价，这也限制了顺序文件的长度。

顺序文件的另一个缺点是，不论是想增加还是删除一个记录，都比较困难。为了解决这一问题，可以为顺序文件配置一个运行记录文件（log file）或称之为事务文件（transaction file），把试图增加、删除或修改的信息记录其中，规定每隔一定时间（例如 4 小时）就将运行记录文件与原来的主文件加以合并，产生一个按关键字排序的新文件。

9.2.3 顺序文件记录

为了访问顺序文件中的一条记录，首先应找到该记录的地址。查找记录地址的方式有两种：隐式寻址方式和显式寻址方式。

1. 隐式寻址方式

对于定长记录的顺序文件，如果已知当前记录的逻辑地址，便很容易确定下一个记录的逻辑地址。在读一个文件时，为了读文件，在系统中应设置一个读指针 Rptr（见图 9－5），令它指向下一个记录的首址；每当读完一个记录，便执行 Rptr = Rptr + L 操作，使之指向下一个记录的首址，其中的 L 为记录长度。类似地，为了写文件，也应设置个写指针 Wptr，使之指向要写的记录的首址。同样，在每写完一个记录时，须执行 Wptr = Wptr + L 操作。

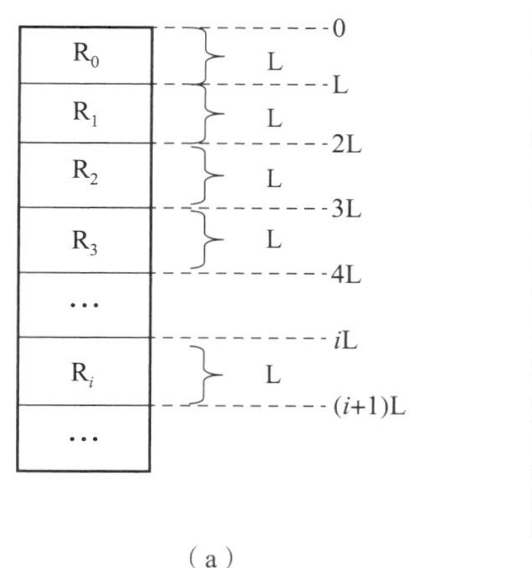

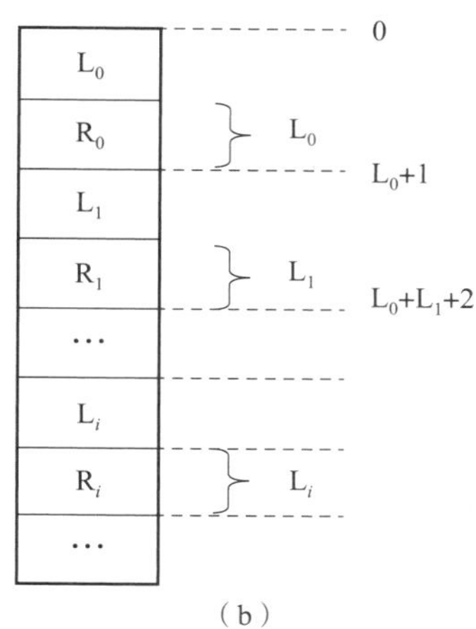

（a） （b）

图9－5 定长和变长记录顺序文件

（a）定长记录顺序文件；（b）变长记录顺序文件

对于变长记录的顺序文件，在顺序读/写时的情况与定长记录的顺序文件相似，只是每次都需要从正在读/写的记录中读出该记录的长度。同样需要分别为它们设置读/写指针，但在每次读/写完一个记录后，均须将读/写指针加 L_i，L_i 是刚读/写完的记录的长度。这种顺序访问的方式可用于所有文件类型，其主要问题：访问一个指定记录 i，必须扫描或读取前面第 $0 \sim i-1$ 个记录。这实际上是顺序访问，因此访问速度比较慢。

2. 显式寻址方式

该方式可用于对定长记录顺序文件实现直接访问或随机访问，因为任何记录的位置都很容易通过记录长度计算出来，而对于变长记录的顺序文件，则不能利用显式寻址方式实现直接访问或随机访问，而必须增加适当的支持机构方能实现。下面通过两种方式对定长记录实现随机访问。

（1）利用文件中记录的位置。在该方式下，文件中的每个记录均可用从 0 到 $N-1$ 的整数来标志，即用一个整数来唯一地标志一个记录。对于定长记录的顺序文件，如果要查找第 i 个记录，则可直接根据下式计算获得第 i 个记录相对于第 1 个记录始址的地址：

$$A_i = i \times L$$

由于获得任何记录地址的时间都非常短，因此可利用这种方式对定长记录实现随机访问。然而对于变长记录，则不能利用显式寻址方式对一个文件实现随机访问，因为在查找其中的第 i 个记录时，必须首先计算出该记录的始址。为此，需顺序地查找每个记录，并从中获得相应记录的长度 L_i，然后才能计算出第一个记录的始址 A_i。假定在每个记录前用一个字节指明该记录的长度，则有：

$$A_i = \sum_{k=0}^{i-1} L_k + i$$

可见，用直接存取方式来访问变长记录顺序文件中的一个记录是十分低效的，其检索时间也很难令人接受，因此不能利用这种方式对变长记录实现随机访问。

（2）利用关键字。在该方式下，用户必须指定一个字段作为关键字，通过指定的关键字来查找该记录。当用户给出要检索记录的关键字时，系统将利用该关键字顺序地从第 1 个记录开始比较指定关键字和每个记录的关键字，直至找到相匹配的记录。

值得一提的是，基于关键字的变长记录在商业领域很重要，应用很广泛，但因为在专门的数据库系统中已经实现了对它们的支持，并能从不同的角度来管理、组织和显示数据，所以只有一些现代 OS 的文件系统对它们提供了支持。但是文件目录是个例外，因为对目录的检索是基于关键字来进行的。

9.2.4 索引文件

1. 按关键字建立索引

定长记录顺序文件很容易通过简单的计算实现随机查找，但变长记录顺序文件找一个记录则必须从第一个记录查起，一直顺序查找到目标记录为止，耗时很长。我们为变长记录顺序文件建立一张索引表，为主文件中的每个记录在索引表中分别设置一个索引表项，用于记录指向记录的指针（即记录在逻辑地址空间的始址）以及记录的长度。索引表按关键字排序，因此其本身也是一个定长记录的顺序文件，这样就把对变长记录顺序文件的顺序检索，转变成了对定长记录索引文件的随机检索，从而加快了记录检索速度，实现了直接存取。图 9－6 所示为索引文件的组织形式。

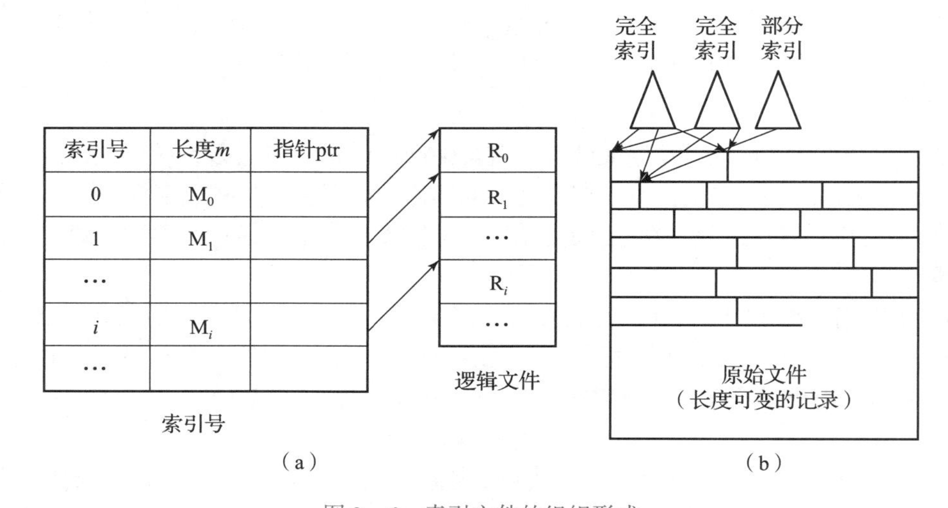

图 9－6 索引文件的组织形式

（a）具有单个索引表的索引文件；（b）具有多个索引表的索引文件

由于是按关键字建立的索引，因此在对索引文件进行检索时，可以根据用户（程序）提供的关键字，利用折半查找法检索索引表，从中找到相应的表项；再利用该表项中所给出的指向记录的指针去访问所需的记录。每当要在索引文件中增加一个新记录时，便须对索引表进行修改。由于索引文件具有较快的检索速度，其主要应用于对信息处理的及时性有较高要求的场合。

2. 具有多个索引表的索引文件

按关键字建立索引表的索引文件与顺序文件一样，都只能按该关键字进行检索。而实际应用情况往往是：不同的用户为了不同的目的，希望能按不同的属性（或不同的关键字）来检索一条记录。为实现此要求，需要为顺序文件建立多个索引表，即为每种可能成为检索条件的域（属性或关键字）都配置一张索引表。每张索引表都按相应的一种属性或关键字进行排序。例如，有一个图书文件，为每本书建立了一个记录，此时可以为该图书文件建立多个索引表，其中第一个索引表所用的关键字是图书编号，第二个索引表所用的关键字是书名，第三个索引表所用的关键字是作者姓名，第四个索引表所用的关键字是出版时间等。这样，用户就可以根据自己的需要，用不同的关键字来对该图书文件进行检索。

索引文件的主要优点是，它将一个需要顺序查找的文件，改造成了一个可随机查找的文件，极大地提高了用户（程序）对文件的查找速度，同时也便于进行记录插入与删除，故索引文件成了当今应用最为广泛的一种文件形式。只是它除了有主文件外，还必须配置一张索引表，而且每个记录都要有一个索引项，因此增加了存储开销。

9.2.5 索引顺序文件

1. 索引顺序文件的特征

索引顺序文件是对顺序文件的一种改进，它基本上克服了变长记录的顺序文件不能被随机访问以及不便于删除和插入记录等缺点，但同时保留了顺序文件的关键特征，即记录是按关键字的顺序组织起来的。它又增加了两个特征：一个是引入了文件索引表，通过该表可以实现对索引顺序文件的随机访问；另一个是增加了溢出文件，用它来记录新增加的、删除的和修改的记录。可见，索引顺序文件是顺序文件和索引文件相结合的产物，能有效克服变长记录顺序文件的缺点，而且所付出的代价也不算太大。

2. 一级索引顺序文件

最简单的索引顺序文件只使用了一级索引。其具体的建立方法是，首先将变长记录顺序文件中的所有记录分为若干组，如50个记录为一组；然后为文件建立一张索引表，并为每组中的第一个记录在索引表中建立一个索引项，其中包含该记录的关键字和指向该记录的指针。索引顺序文件是最常见的一种逻辑文件形式，如图9－7所示。

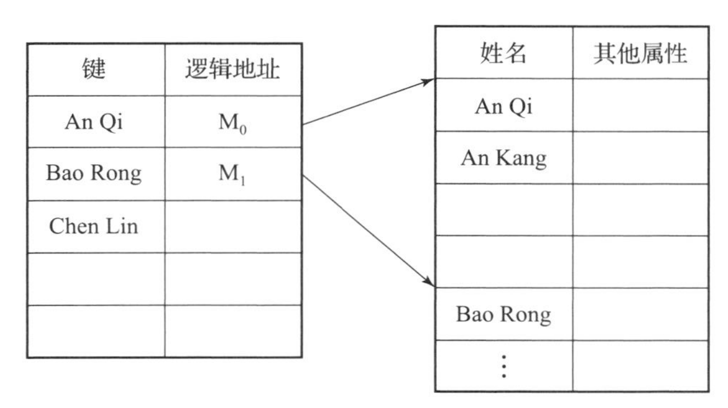

图9－7 索引顺序文件

在对索引顺序文件进行检索时，首先也是利用用户（程序）所提供的关键字以及某种查找算法检索索引表，找到该记录所在记录组中第一个记录的表项，从中获知该记录组第一个记录在主文件中的位置；然后，利用顺序查找法查找主文件，从中找到所要的记录。

如果一个顺序文件中所含有的记录的数量为 N，则为了检索到具有指定关键字的记录，平均须查找 $N/2$ 个记录。但对于索引顺序文件，为了检索到具有指定关键字的记录，平均仅须查找 $\sqrt{N}$个记录数，因而其检索效率比顺序文件约高了 $\sqrt{N}/2$ 倍。例如，有一个顺序文件，如果其含有 10 000 记录，则平均需查找的记录数为 5 000；但如果其是一个索引顺序文件，则平均仅需查找 100 个记录。可见，索引顺序文件的检索效率是顺序文件的 50 倍。

3. 两级索引顺序文件

不能忽视的是，对于一个非常大的文件，为找到一个记录而需查找的记录数目仍然很多。例如，对于一个含有 10^6 个记录的顺序文件，当把它作为索引顺序文件时，为找到一个记录，平均需查找 1 000 个记录。为了进一步提高检索效率，可以为顺序文件建立多级索引，即为索引顺序文件再建立一张索引表，从而形成两级索引表。例如，对于一个含有 10^6 个记录的顺序文件，可先为该文件建立一张低级索引表，每 100 个记录为一组，故低级索引表应含有 10^4 个表项，在每个表项中存放顺序文件中每组第一个记录的记录键值和指向该记录的指针；然后再为低级索引表建立一张高级索引表，这时，也同样令每 100 个索引表为一组，故具有 10^2 个表项。这里的每个表项中存放的是低级索引表每组第一个表项中的关键字，以及指向该表项的指针。此时，为找到一个具有指定关键字的记录，所需查找的记录数平均为 50 + 50 + 50 = 150。注意：对于未建立索引表的顺序文件，所需查找的记录数平均为 500 000 个；对于建立了一级索引的顺序文件，平均需查找 1 000 次；对于建立了两级索引的顺序文件，平均仅须查找 150 次。

9.2.6 直接文件和哈希文件

1. 直接文件

采用前述几种文件结构对记录进行存取时，都必须利用给定的记录键值先对线性表或链表进行检索，以找到指定记录的物理地址。然而对于直接文件，则可根据给定的关键字直接获得指定记录的物理地址。换言之，关键字本身决定了记录的物理地址。这种由关键字（的值）到记录的物理地址的变换，被称为键值变换。组织直接文件的关键在于，通过什么方法进行从关键字的值到记录的物理地址的变换。

2. 哈希文件

哈希（Hash）文件是目前应用最为广泛的一种直接文件。它利用 Hash 函数（或称散列函数）可将关键字变换为相应记录的地址。但为了实现文件存储空间的动态分配，利用 Hash 函数所求得的结果通常并不是相应记录的地址，而是指向某一目录表相应表目的指针，该表目的内容指向了相应记录所在的物理块，如图 9－8 所示。例如，若令 K 为记录键值，A 为通过 Hash 函数 H( ) 的变换而形成的该记录在目录表中对应表目的位置，则有关系 A = H(K)。通常，把 Hash 函数作为标准函数存于系统中，供存取文件时调用。

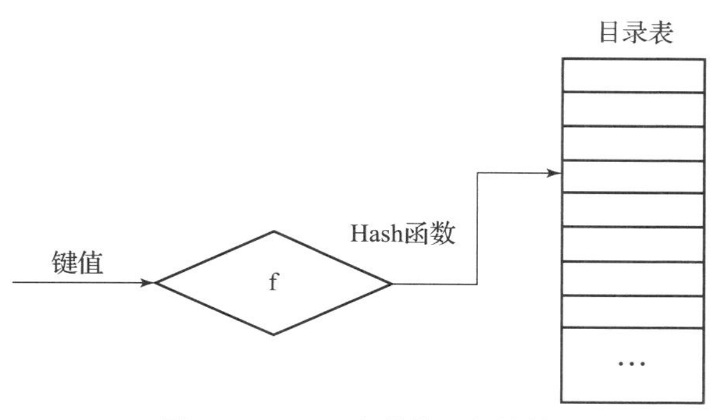

图9-8 Hash文件的逻辑结构

9.3 目录管理

通常，一个计算机系统中存储了大量文件，为了便于对文件进行存取和管理，每个计算机系统都有一个目录，用于标识系统中的文件及其存储地址，供检索文件时使用。对目录管理的具体要求如下：

（1）实现按名存取，即用户只需向系统提供所需访问文件的名字，便能快速、准确地找到文件在辅存上的存储位置。按名存取既是目录管理的基本功能，也是文件系统为用户提供的基本服务。

（2）提高检索目录的速度，即通过合理组织目录结构，加快目录的检索速度，从而提高文件的存取速度。这也是设计大、中型文件系统所追求的主要目标。

（3）实现文件共享，即在多用户系统中允许多个用户共享一个文件，但需在辅存中保留共享文件的副本，以供不同用户访问，从而提高存储空间的利用率。

（4）允许文件重名，即允许不同用户按照各自的使用习惯，给不同文件设置相同的文件名称而不产生冲突。

9.3.1 文件目录

1. 文件控制块与目录项

为了能对系统中存储的大量文件进行正确的存取和有效的管理，必须设置一定的数据结构，用于标识文件的有关信息，该数据结构即称为文件控制块。因此，文件控制块可以唯一标识出一个文件，并与文件一一对应。借助文件控制块中存储的文件信息，可对文件进行各种操作。把所有的文件控制块有机地组织在一起，就构成了整个文件目录，即一个文件控制块就是一个文件目录项。一般来说，文件控制块应包含如下内容：

（1）文件基本信息，包括创建文件的用户名、文件名和文件类型等。用户名用于标识文件的创建者，文件名用于标识文件，在一级目录中用于唯一定义一个文件。

（2）文件结构信息，包括文件的逻辑结构、文件的物理结构、文件大小、文件在存储介质上的物理存储位置等。对于不同的文件物理结构，有不同的说明。对于顺序结构的文件，应指出用户文件第一个逻辑记录的物理地址及整个文件长度；对于链接结构文件，应指出文件首个逻辑记录的物理地址；对于索引结构文件，则应包括索引表，以指出每个逻辑记录的物理地址及记录长度。

（3）文件管理信息，包括文件的建立日期和时间、文件上一次被修改的日期和时间、文件保留期限和记账信息等。

（4）文件存取控制信息，包括文件的可写、只读、可执行和读写等存取权限授予给什么用户（是文件创建者，还是文件创建者所在组，或是一般用户）。

例如，在 MS－DOS 系统中，文件控制块包括文件名和文件扩展名（共 11 个字符）、文件所在第 1 个存储块的块号、文件属性、文件建立日期、建立时间及文件长度等，文件块的总长度为 32 个字节。具体内容如图 9－9 所示。

文件名	扩展名	属性	备用	时间	日期	首块号	总块数

图 9－9　MS－DOS 系统文件控制块

2. 文件目录

文件目录通常用于检索文件，它是文件系统实现按名存取的重要手段。把所有的目录项有机地组织在一起，就构成了文件目录。

当用户要求访问某个文件时，文件系统可顺序查找文件目录中的目录项，通过比较文件名，可找到指定文件的目录项，根据该目录项中给出的有关信息可进行核对使用权限等工作，并读出文件供用户使用。

9.3.2　文件目录结构

文件目录结构的组织情况直接关系到文件存取速度的快慢，也关系到文件共享程度的高低和安全性能的好坏。因此，组织好文件目录是设计好文件系统的重要环节。常用的文件目录结构有一级目录结构、二级目录结构和树形目录结构，复杂的目录结构还包括无环图目录结构。

1. 一级目录结构

最简单的文件目录是一级目录结构——在整个文件系统中只建立一张目录表，所有文件都登记在该目录表中，每个文件占据目录表中的一项（称目录项），每个目录项包括文件名及扩展名、文件的物理地址、文件建立日期和时间、文件长度及文件类型等其他信息。如图 9－10 所示为一级目录结构。

文件名	物理地址	日期	时间	其他信息
File1				
File2				
File3				
…				

图 9－10　一级目录结构

一级目录结构比较简单，容易实现。整个目录结构就是一张线性表，所有文件都登记在同一个文件目录表中，管理非常方便。

建立一个新文件时，首先顺序查找目录表中的目录项，以确定新文件名与现有文件名不冲突，然后从目录表中找出一个空目录项，并将新文件的相关信息加入其中。

删除一个文件时，先从目录表中找到该文件对应的目录项，从中找到该文件存储的物理地址，对它们进行回收，然后清除所占用的目录项。

一级目录结构虽然能够实现目录管理的基本功能，按名存取，但存在以下几个明显的缺点：

（1）查找速度慢。当系统中管理的文件数量太多时，文件目录表也很大，使得查找一个文件的目录检索时间增加很多。

（2）不允许文件重名。所有文件都登记在同一张目录表中，不可能出现同名的文件。但在多道程序设计中，重名又很难避免。即使在单用户环境下，当文件数量较多时，用户往往也难以记清。

（3）不能实现文件共享。通常，每个用户都有各自的文件命名习惯，应允许不同用户使用不同的文件名访问同一文件。但一级目录结构只能要求所有用户以同一文件名访问同一文件，因而不能实现多道程序设计的文件共享功能，只适合单用户的操作系统。

2. 二级目录结构

为了克服一级文件目录的缺点，可以为每个用户建立一个独立的文件目录表，并记录该用户所属的所有文件的控制块信息，该文件目录表称为用户文件目录表，且所有用户文件目录表的结构相似。此外，系统另建立一张文件目录表，记录每个用户的用户名及指向该用户文件目录表起始地址的指针，称为主文件目录表。

二级目录结构是由一张主文件目录表和它所管辖的若干张用户文件目录表构成，其中每个用户在主目录表中只占一个目录项，每个用户都管理着自己的用户文件目录表，两张表格的结构相同。二级目录结构是一种多用户环境下常用的目录组织形式。图9-11给出了二级目录结构。

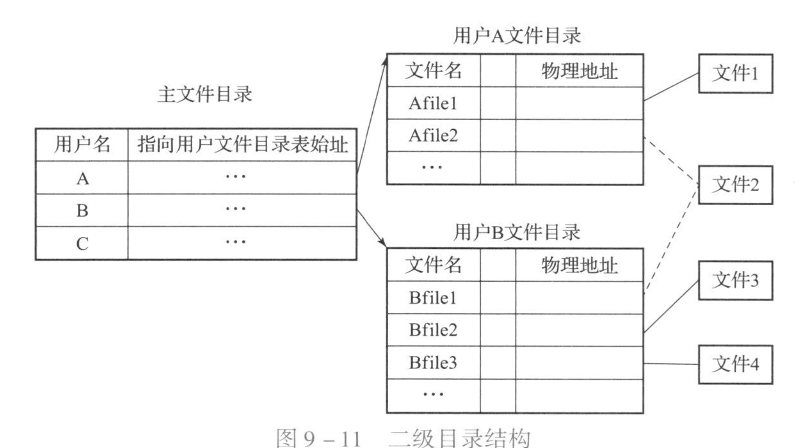

图9-11 二级目录结构

采用二级目录结构可以方便实现文件访问。当某个用户要建立一个新文件时，若该用户是一个新用户，则操作系统先在主文件目录表中为其分配一个目录项，再分配存储该用户目录表的存储空间并创建用户目录表，然后把用户名及指向该用户目录表起始地址的指针登记到主文件目录表的空目录项中，同时为新建的文件在下一级用户目录表中分配一个空目录项，分配文件存储块并把文件有关信息登记到目录项中。若用户存在，则根据用户名检索主目录表找到该用户的用户目录表，然后判断新文件名与现有文件名是否重名，若不重名，则从用户目录表中找出一个空项，分配文件存储块并将文件相关信息填入其中；否则重新命名后，再完成后续过程。

当某用户要删除一个文件时，先在主目录表中按用户名找到该用户的下一级用户目录表，然后从用户目录表中按文件名找到该文件对应的目录项，从中找到该文件存储的物理地址，然后对它们进行回收，并清除所占用的目录项。如果用户不再需要自己的用户文件目录表，可向系统申请撤销用户目录表。

二级目录结构基本克服了一级目录结构的缺点，具有以下优点：

（1）提高了查找速度。若系统中管理的所有文件隶属于 n 个用户，每个用户最多管理 m 个文件，采用一级目录结构检索文件时，最多需检索目录项 $m \times n$ 次，如果采用二级目录管理，只需（$m+n$）次。尤其是在 m 和 n 都很大时，可以大幅提高检索速度。

（2）允许文件重名。不同用户完全可以使用相同的文件名，因为每个用户管理的文件都登记在自己的目录表中，只要用户目录表中的文件名唯一即可，与主目录表无关。例如，用户 user1 和 user2 都可用文件 myfile 来命名自己的文件名，完全与对方无关。

（3）可实现文件共享。允许不同用户使用不同的文件名访问同一共享文件，但此时的目录结构已经不再是简单的层次结构，而是演变为复杂的环形目录结构。

采用二级目录结构也存在一些问题。该结构虽然能有效地隔离管理多个用户，但只有当用户之间完全无关时，这种隔离才是一个优点；若用户之间需要相互合作共同去完成一个大任务，且一个用户又需要随时去访问其他用户的文件时，这种隔离便成了缺点，因为这使得用户不便于共享文件。

3. 树形目录结构

如果允许用户在自己的用户文件目录中根据不同类型的文件建立子目录，则可把二级目录结构推广成多级目录结构。对于大型文件系统，往往采用三级或三级以上的多级目录结构，以方便用户按任务的不同领域、不同层次建立多层次的分目录结构，提高目录的检索速度和文件系统的性能。由于多级目录结构像一棵倒置的有根树，故又称为树形目录结构。图 9-12 给出了树形目录结构，其中用矩形框代表目录，用圆圈代表文件。

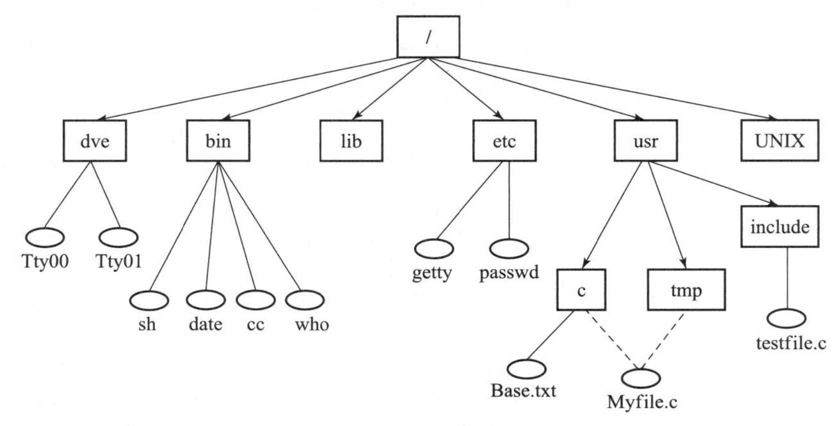

图 9-12　树形目录结构

与二级目录结构相比，在树形目录结构中，主文件目录作为树的根，只有一个且称为根目录；其他目录按层次分级，可分别称为一级子目录、二级子目录等，但均作为树的节点；数据文件可放于任何一层目录下管理（统称为树叶）。显然，树形目录结构具备二级目录的所有优点，具有检索效率高、允许文件重名、便于文件共享等一系列优点，故被广泛采用，并已成为目前最流行的目录结构。Linux 和 Windows 系统都采用树形目录结构。

1）绝对路径

在树形目录结构中，从根目录开始访问任何文件，都只有唯一的路径。从根目录出发到某个文件的通路上，所有各级子目录名的顺序组合称为该文件的路径名，又称绝对路径名，Linux 系统中各级子目录名和文件名之间用“/”隔开，而 Windows 系统中则用“\”隔开。用户存取文件时必须给出文件所在的完整路径名，文件系统根据用户指定的路径名检索各级目录，从而确定文件所在的位置。

2）相对路径

如果每访问一个文件时总是从根目录开始经过若干节点，直到树叶的数据文件，这使得包括所有中间各级子目录名在内的完整路径名很长，因而查找的时间较长。事实上，每个作业在运行中所要访问的文件大多局限于某个范围内。因此，用户在一段时间内会经常访问某一子目录下的文件。为了提高文件检索速度和方便用户使用，文件系统就引进了“当前目录”的概念。

当前目录是文件系统向用户提供的当前正在使用的目录。系统初始化启动后，当前目录就是根目录。当前目录可根据需要任意改变，用户也可以用“改变当前目录”命令指定自己当前的工作目录。例如，在图 9－12 中，用户若把/usr 置为当前目录，此时用户若要使用当前目录下的文件，只需从当前目录开始直接到达所需的文件。

有了当前目录后，文件系统把路径名分成绝对路径和相对路径。相对路径名是指从当前目录出发到指定文件的路径名。若要检索的文件就在当前目录中，则存取文件时不需指出相对路径，只要指出文件名就行，文件系统将在当前目录中寻找该文件；若不在当前目录中，但在当前目录的下级目录中，则可用相对路径名指定文件，文件系统就从当前目录开始沿着指定的路径查找该文件。因此，使用相对路径名可以减少查找文件所花费的时间。例如当前目录名为 usr，则对于文件 testfile. c 来说：绝对路径名为/usr/include/testfile. c，相对路径名则为/nclude/testfilec. ，两者都指向同一文件。

4. 无环图目录结构

二级目录和树形目录结构均可方便地实现文件分类，建立多层次的分目录结构，但严格意义上不能实现文件共享。事实上，可能会出现对于同一个文件，用户希望在不同的目录中都能正常访问的需求。例如，在图 9－12 中，文件 Myfile. c 既要存放在 c 目录又要存放在 tmp 目录中，正常情况下，在层次目录结构中只能生成两份文件副本，这样显然浪费了存储空间，而且不利于保证副本的一致性。

组织合理的目录结构对于实现文件共享非常重要，因此在这里引入一种无环图目录结构，它允许若干目录共同描述或共同指向共享的子目录及文件，如图 9－13 所示。

由图 9－13 可知，这实际上可被看作在树形目录结构中增加一些未形成环路的链，当需要共享目录或者文件时，只需要建立一个称为链的新目录项，并由此链接指向共享目录或文件。

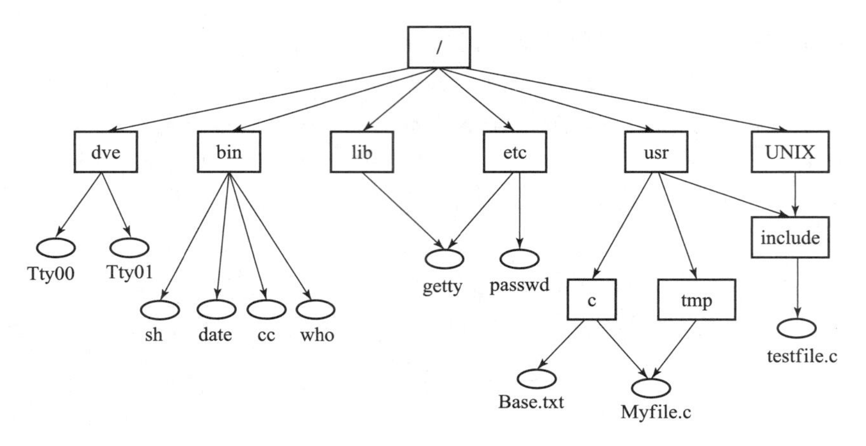

图 9－13　无环图目录结构

仅就文件共享而言，无环图目录结构比树形目录结构更加灵活，但目录的管理则更为复杂。例如，对于被两个目录共享的文件 myfile. c 而言，若在创建该文件的目录 c 中简单删除该文件，那么另一个目录 tmp 原来的共享链便指向了一个当前不存在的文件，即仍指向已删文件的物理地址，导致指针悬挂，从而发生错误。另外，如果在不同目录中存放同一文件的文件控制块，则很难保证其一致性。

9.4　文件的共享

现代操作系统都提供了文件共享手段，如语言编译程序、常用的库函数等。文件共享是指允许两个或更多用户同时使用同一个文件。这样，在系统中仅仅只需要保存共享文件的一个副本，这不仅可以节省大量辅存空间和内存空间，减少 I/O 操作次数，为用户访问文件提供了极大的方便，大大减少了用户工作量，而且也是多道程序设计中完成共同任务所必需的。因此，共享是衡量文件系统性能好坏的主要标志。

但为了系统的可靠性和文件的安全性，文件的共享必须得到控制。在当前计算机系统中，既要为用户提供共享文件的便利，又要充分注意到系统和文件的安全性和保密性。如何实现文件的共享是文件共享的主要问题。下面主要介绍当前常用的几种链接共享文件方法和实现技术。

9.4.1　目录链接法

在树形目录结构中，当有多个用户需要经常对某个子目录或文件进行访问时，用户必须在自己的用户文件目录表中对欲共享的文件建立相应的目录项，称之为链接。链接可在任意两个子目录之间进行，因此链接时必须特别小心，链接后的目录结构已不再是树形结构，而成为网状复杂结构，文件的查找路径名也不再唯一，如图 9－14 所示为基于文件目录法共享文件。

在图9-14中，如何建立D目录与E目录之间的链接呢？由于在文件目录项中记录了文件的存储地址和长度，因此链接时，只需将共享文件e的存储地址和长度复制到D的目录项中即可。

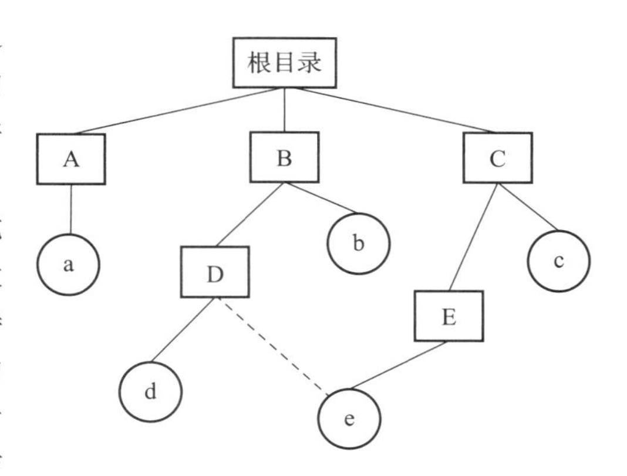

图9-14 基于文件目录法共享文件

引入了目录链接方式后，文件系统的管理就变得复杂了。由于链接后的目录结构变成了网状结构图，要删除某个共享文件时，情况就变得特别复杂，必须考虑目录链接情况。如果被删除的共享文件还有其他子目录指向了它，则链接指针会指向一个不复存在的目录项，从而引起文件访问出错。另外，由于目录项中只记录了当前链接时共享文件的存储地址和长度，若之后其中一个用户要对共享文件进行修改并向该文件添加新内容时，则该文件的长度也必然随之增加。但是增加的文件存储块只记录在执行了修改的用户目录项中，其他共享用户目录项中仍只记录了原内容，从而这部分新增内容是不能被其他用户共享的，这显然不能满足我们的共享需求。

9.4.2 索引节点链接法

为了解决目录链接共享方式中存在的问题，就不能将共享文件的存储地址、长度等文件信息记录在文件目录项中。可以考虑放在索引节点中，目录项中只存放文件名及指向索引节点的指针，如图9-15所示为基于索引节点法共享文件。

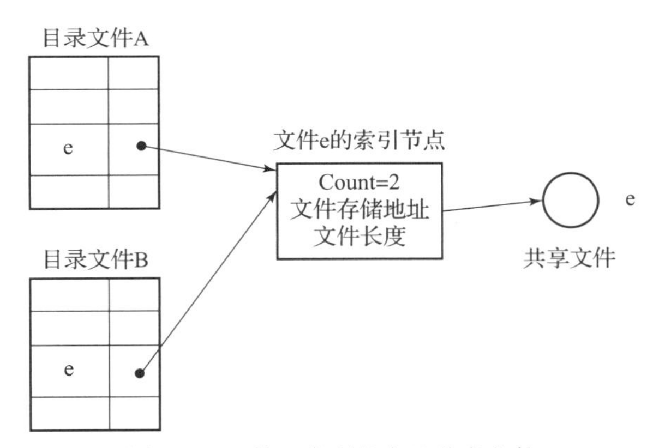

图9-15 基于索引节点法共享文件

从图9-15中可以看出，若某用户对共享文件e进行了修改，所引起的文件内容的改变全部存入e的索引节点，共享用户文件目录项并不作任何改变。因此，引入索引节点后，共享文件内容不管作何改变，共享用户都是可见的。另外，为了有效管理共享文件，在该文件对应的索引节点中应该设置一个链接计数器count，用于记录链接到本索引节点文件上的用户目录项的个数。图9-15中count的值为2，表示一共有两个用户共享该索引节点指向的共享文件。

例如，当用户A创建了一个新文件，A便是该文件的所有者，此时count为1。当用户

B 要共享此文件时，只需在 B 的用户目录中添加一目录项，同时设置一个指针指向该文件的索引节点。这时，count 的值增加到 2，但所有者仍为 A。若 A 不再需要该文件时，他必须一直等待 B 使用完而且不再需要时才能删除该文件；否则索引节点必然随着共享文件的删除而删除，致使 B 目录项中的指针悬空，此时，若 B 正在使用该文件，必将半途而废。因此，采用此共享方式可能会导致共享文件所有者为等待其他用户完成而付出高昂的代价。

9.4.3 符号链接法

为了使用户 B 能共享用户 A 创建的文件 e，也可以由用户 B 通过调用系统过程 link 来创建一个新文件，类型为系统定义的 Link 型，取名为 f，并把 f 记录到 B 用户的目录项中，从而实现 B 的目录项与文件 f 的链接。在 B 用户创建的链接文件 f 中，只包含了被链接的文件 e 的路径名，该路径名又称为符号链。这种基于符号链的链接方式称为符号链接。

利用符号链接方式可以实现文件共享。当用户 B 要访问共享文件 e 时，只要从目录项中读取文件 f，操作系统获取该文件后，根据文件 f 中的符号链值（即文件 e 的路径名）去读取文件 e，从而实现了用户 B 共享文件 e。

与基于索引节点的链接方式相比，该方式优点突出，主要体现在以下两方面：

1. 避免了指针悬空

该方式实现文件共享时，只有共享文件所有者才拥有指向其索引节点文件的指针，其他共享用户只有该文件的路径名。因此，符号链接方式不会发生指针悬空现象，因为当共享文件的所有者把该文件删除后，该文件对应路径也不复存在，其他用户试图通过符号链再去访问时，会因系统找不到该文件而使访问失败，此后再将符号链删除当然不会产生错误。

2. 实现网络环境下任意文件的共享

由于符号链接仅仅记录了共享文件的路径名，因此在局域网甚至在因特网中，只要提供该文件所在计算机的网络地址和计算机中的路径名，连入该网络中的世界上任何地点的计算机中的文件都可以实现共享。

基于符号链的共享方式也有不足之处。当其他用户通过符号链读取共享文件时，都是把查找共享文件路径的过程交给系统完成，而系统将根据路径名再去检索文件目录，直到找到该共享文件的索引节点。因此，每次访问共享文件时，都可能要多次读取辅存，增加了辅存的访问频率，从而使得每次访问的开销过大。此外，每个共享用户都要建立一个符号链，由于该链接实际上是一个文件，仍要耗费部分辅存空间。

9.5 文件的保护与保密

文件系统中为文件提供了保护和保密措施。文件保护是指防止用户由于错误操作导致的数据丢失或破坏；而文件保密是指文件本身不得被未经授权的用户访问。

现代操作系统中提供了大量的重要文件供用户共享使用，给人们的工作和生活带来了极大的好处和方便，但同时也存在着潜在的安全隐患。影响文件系统安全的主要因素有：

（1）人为因素，即由于使用者有意或无意的行为，使文件系统中的数据遭受破坏或丢失。

（2）系统因素，即由于系统出现异常情况，特别是系统存储介质出现故障或损坏时，造成数据受到破坏或丢失。

（3）自然因素，即由于不可抗拒的自然现象或事件导致存储介质或介质上的数据遭受破坏。

为了确保文件系统的安全，可针对上述原因采取以下相应措施：

（1）通过存取控制机制来防止人为因素造成的文件不安全性。

（2）通过磁盘容错技术来防止系统故障造成的文件不安全性。

（3）通过备份技术来防止自然因素造成的文件不安全性。

9.5.1 存取控制

文件系统中的文件在共享时，既存在保护问题，又存在保密问题。这两者都涉及每个用户对文件的访问权限，即文件的存取控制权限。常见的文件存取权限一般有以下几种：

（1）E：表示可执行。

（2）R：表示可读。

（3）W：表示可写。

（4）—：表示不能执行任何操作。

通常实现文件存取控制有多种方案，这里介绍其中几种主要方案。

1. 存取控制矩阵

存取控制矩阵是一个二维矩阵，第一维列出了全部用户，另一维则列出了系统中的所有文件，如图9－16所示。在矩阵中，若第 i 行第 j 列的值为1，则表示用户 i 被允许访问文件 j；若为0，则表示用户 i 不允许访问文件 j。

用户＼文件	文件1	文件2	文件3	文件4	文件5	文件6	…	文件 n
用户1	1	1	1	0	0	0	…	1
用户2	0	0	0	0	1	1	…	1
用户3	1	1	1	0	0	1	…	1
⋮	⋮	⋮	⋮	⋮	⋮	⋮	⋮	⋮
用户 n	0	1	1	1	1	1	…	1

图9－16 存取控制矩阵

存取控制矩阵定义很简单，实现起来却比较难，因为若系统管理的核准用户及共享文件太大时，该二维矩阵将占据很大的存储空间，且只能标出是否允许用户访问。若要在矩阵中标识每个用户对文件的具体访问权限，则可将存取控制矩阵修改为在每列中标识出该用户所获得的文件实际存取权，如图9－17所示。

用户＼文件	文件 1	文件 2	文件 3	文件 4	文件 5	文件 6	…	文件 n
用户 1	E	R	ER	RW	—	ERW	…	RW
用户 2	ER	RW	ER	R	—	ERW	…	ERW
用户 3	ERW	RW	R	—	R	ER	…	R
⋮	⋮	⋮	⋮	⋮	⋮	⋮	⋮	⋮
用户 n	E	R	ER	R	RE	—	…	RW

图 9－17　具有访问控制权的存取控制矩阵

2. 存取控制表

存取控制矩阵可能会由于太大而无法实现，特别是某个文件可能只是把访问权赋予部分特定的用户，那么存取控制矩阵将会产生大量空白项，导致空间浪费。一个改进的办法是按用户对文件的访问权限的差别对用户进行分类，然后将访问权限直接赋予各类用户，而不必考虑每个用户。通常可分为以下几类用户：

（1）文件所有者：表示创建该文件的用户，显然每个文件的所有者只能是一个用户。

（2）同组用户：与文件所有者同属于某一特定小组，同一小组中的用户一般都应当与该文件有关。

（3）其他用户：与文件所有者不在同一个小组中的用户，因此与该文件的关系不大。按用户类别赋予存取权限时，可将存取控制矩阵改造为按列划分权限，即为每个文件建立一张存取控制表，在每个文件存取控制表中只存储了被赋予了 3 种存取权限中至少一种用户类名，不必考虑所有的用户名。显然，与存取控制矩阵相比，存取控制表大大减少了所需的存储空间，提高了空间的利用率。存取控制表如表 9－1 所示。

表 9－1　存取控制表

用户文件	文件所有者	同组用户	其他用户
文件 1	ERW	ER	R
文件 2	ERW	R	ER
⋮	⋮	⋮	⋮
文件 n	ERW	ERW	—

改进存取控制矩阵对于文件访问权限的另一个办法是把各个文件的存取权限合并起来，直接放在文件控制块内部给予说明，无须额外地存放存取控制表的存储空间。实现时，只需在文件控制块中指出 3 类用户的名字，同时还需指出每类用户分配的访问权限。由于所有核准用户只分成三大类，因此，每个文件的所有 3 种存取权限只需用一个 9 位的二进制位来表示。这 9 种权限位分成三种，每类用户用三位表示，如图 9－18 所示。从图 9－18 中可以看出，文件所有者拥有全部访问权，同组用户只能读和执行，但不能修改和写，从而拒绝其他用户进行访问。Linux 系统即采用此存取方式管理文件权限。

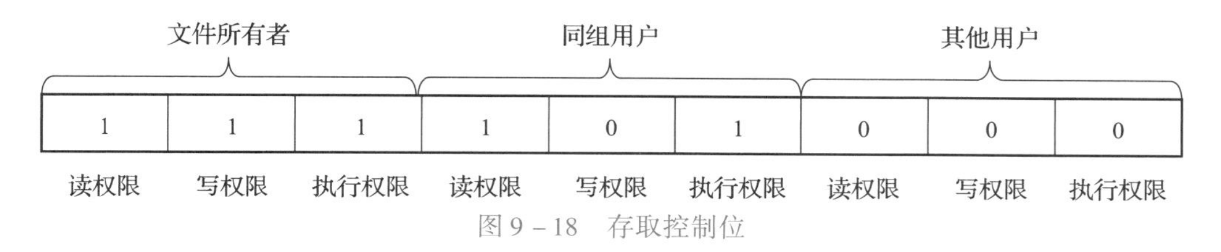

图 9－18 存取控制位

3. 设置口令

为了保护文件不被破坏，另一个简便的方法是文件所有者为每个文件设置一个使用口令，并写入文件控制块中。凡是要求访问该文件的用户都必须先提供使用口令，若用户输入的口令与文件控制块中的口令相一致，该用户才可以使用文件。当然，用户在使用时必须遵照文件所有者分配的存取控制权限进行访问。

口令一般是由字母、数字或字母和数字混合而成的。为了方便记忆，文件所有者通常把口令设置成如生日、住址、电话号码及某人或宠物的名字等，并且设置的口令很短，这样的口令很容易被攻击者猜中。此外，口令保存在文件中，系统管理员可以设法获取所有文件的口令，从而使可靠性变得很差。当文件所有者将口令告诉其他用户后，就无法拒绝该用户继续使用该文件，否则只有更改口令，但同时必须通知所有相关用户。

4. 文件加密

鉴于口令的不足，另一个方法是对重要文件进行编码，把文件内容翻译成密码形式进行保存，使用时再对内容进行解密。编码时，通常简单的做法是当用户创建并存入一个文件时，利用一个代码键来启动一个随机发生器产生一系列随机数，然后由文件系统将这些相应的随机数依次加入文件内容中，从而翻译成密码；译码时，顺序减去这些随机数，文件就还原成正常形式，可以正常使用。

对于文件加密时采用的编码和译码方法，文件所有者只告诉允许访问的用户，系统管理员和其他用户并不知道，这样文件信息不被窃取，但这种方法会大大增加文件编码和译码的开销。

9.5.2 容错技术

对文件系统而言，它必须保证在系统硬件、软件发生故障的时候，文件也不会遭到破坏，即保证文件的完整性。因此，文件系统应当提供适当的机构，以保存所有文件的副本，一旦发生系统故障毁坏文件，可通过另一副本将文件恢复。同时，文件系统还要有抵御和预防各种物理性破坏和人为破坏的能力，以提高文件系统的可靠性。

容错技术是通过在系统中设置冗余部件的方法，来提高系统完整性和可靠性的一种技术。磁盘容错技术则是通过增加冗余的磁盘驱动器、磁盘控制器等方法来提高磁盘系统完整性和可靠性的典型技术。目前，该技术广泛应用于中小型机系统和网络系统中，可大大提高和改善磁盘系统的可靠性，从而构成实际上稳定的磁盘存储系统。磁盘容错技术也称为系统容错技术，可分为三个等级。一级磁盘容错技术主要用于防止磁盘表面发生缺陷所引起的数据丢失；二级磁盘容错技术则用于防止磁盘驱动器故障和磁盘控制器故障所引起的系统不能正常工作；三级容错技术则主要用于高可靠的网络系统。

1. 一级容错技术

一级容错技术是最早出现的也是最基本的磁盘容错技术，主要用于防止因磁盘表面发生缺陷所造成的数据丢失，主要通过采取双目录和双文件分配表、热修复重定向和写后读校验等手段提高文件系统可靠性。

1）目录和双文件分配表

文件目录表和文件分配表是管理文件的重要数据结构，记录了文件的属性、文件的存储地址等重要信息。这两种表一旦被破坏，将导致存储空间的部分或所有文件成为不可访问的，从而导致文件丢失。为了防止此情况发生，可在磁盘不同区域或不同磁盘上分别建立文件目录表和文件分配表，即双文件目录表和双文件分配表，其中一份作为备份。当磁盘表面出现缺陷造成文件目录表和文件分配表损坏时，系统会自动启动备份，以保障数据仍可访问，同时将损坏区标识出来并写入坏块表中，然后再在磁盘其他区域建立新的文件目录表和文件分配表作为新的备份。采用此手段后，系统每次启动时，都必须对主表与备份表进行检查，以验证一致性。

2）热修复重定向

一般来说，只有当磁盘损坏严重或完全不能使用时，才考虑更换新盘，当磁盘表面出现部分损坏时，可采取补救措施防止将数据写入损坏的物理块中，使得该磁盘能继续使用。热修复重定向措施就是其中一种补救措施。该技术是将磁盘的一小部分容量作为热修复重定向区，专门存储因缺陷磁盘物理块而待写的数据，并对该区中的所有数据进行登记，以便日后访问。以后当需要访问该数据块时，系统就不再到有缺陷的磁盘块区读取数据，而是转向热修复重定向区对应的磁盘物理块。

3）写后读校验

写后读校验是另一项配套补救措施。为了保证所有写入磁盘的数据都能写入到完好的物理块中，可以在每次从内存缓冲区向磁盘中写入一个物理块后，又立即从磁盘上读出该数据，并放入另一个内存缓冲区中，然后比较两个缓冲区的数据是否一致，若一致，系统便认为写入成功可继续后续操作；否则，系统认为该磁盘块已损坏，并将应写入的数据写入热修复重定向区，同时将损坏块标识出来写入坏块表中。

2. 二级容错技术

一级容错技术般只能防止磁盘表面损坏造成的数据丢失。若磁盘驱动器发生故障，则数据无法写入磁盘，仍可能造成数据丢失。为避免在这种情况下产生数据丢失，可采取磁盘镜像和磁盘双工等二级容错技术。

1）磁盘镜像

磁盘镜像技术是指在同一个磁盘控制器下增设一个完全相同的磁盘驱动器，如图 9－19 所示。

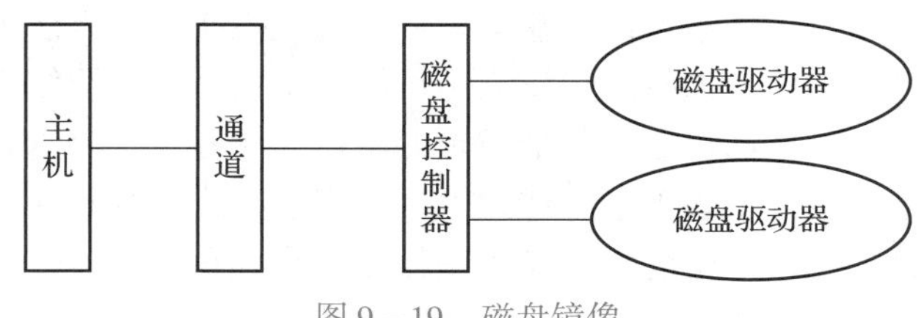

图 9－19　磁盘镜像

采用磁盘镜像方式工作时，每次在向主磁盘写入数据后，都要采用写校验方式再将数据写入备份磁盘上，从而使得两个磁盘上的数据内容及位置完全相同，即备份磁盘就是主磁盘的镜子。因此，当主磁盘驱动器发生故障时，只要备份磁盘驱动器能正常工作，系统所需的数据经过切换后仍然可以访问到，从而不会导致数据丢失。但当一个磁盘驱动器发生故障时，必须立即发出警告且尽快修复，以便恢复磁盘镜像功能。

磁盘镜像技术虽然实现了容错功能，但磁盘的访问速度并未得到提高，相反，却使磁盘空间的利用率下降了50%。

2）磁盘双工

磁盘镜像技术虽然可有效解决在一台磁盘驱动器发生故障时的数据保护问题，但是如果控制两个磁盘驱动器的磁盘控制器发生故障或连接主机与磁盘控制器的连接通道发生故障时，则两个磁盘驱动器将同时失效，磁盘镜像功能也随之失效。

由于磁盘镜像功能的不足，可引入磁盘双工技术。所谓磁盘双工，是指将两个磁盘驱动器分别连接到两个不同的磁盘控制器上，同时使两个磁盘镜像成对，如图9－20所示。

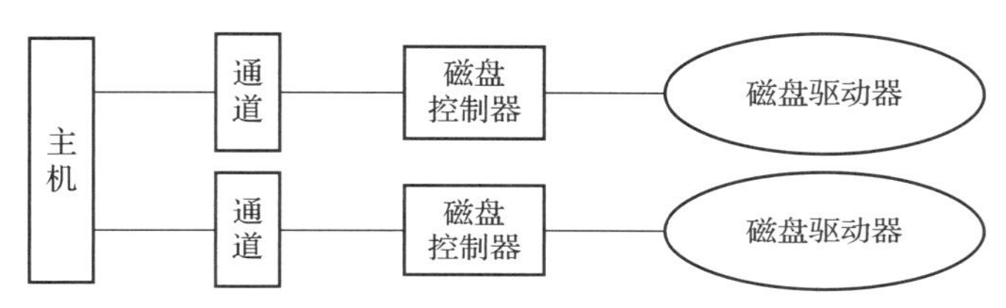

图9－20 磁盘双工

采用磁盘双工技术时，文件服务器同时将数据写入两个处于不同磁盘控制器下的磁盘上，从而与磁盘镜像技术一样可使两个磁盘内容完全相同。若某个通道或磁盘控制器发生故障时，另一个磁盘仍然正常工作，这样就不会造成数据丢失，但同时也必须立即发出警告并尽快修复，以恢复磁盘双工功能。此外，采用磁盘双工技术时，每个磁盘都有独立的通道，因此存储时可同时将数据写入两个磁盘，读取时，可采取分离搜索技术从响应快的通道上读取数据，从而加快了磁盘的存取速度。磁盘镜像和磁盘双工技术是目前经常使用的、行之有效的数据保护手段，但技术都比较复杂。

3. 廉价磁盘冗余阵列

廉价磁盘冗余阵列（Redundant Arrays of Inexpensive Disk，RAID）是一种广泛应用于大、中型系统和网络中的高级容错技术。磁盘阵列是利用一台磁盘阵列控制器统一管理和控制一组磁盘驱动器，一组磁盘驱动器通常包含数十个磁盘，从而组成一个高度可靠的、快速的大容量磁盘系统。

为了提高对磁盘的访问速度，可把交叉存取技术应用到磁盘存储系统中。在该系统中，有若干台磁盘驱动器，系统把每一个盘块中的数据分别存储到各个不同磁盘中的相同位置。当要将一个盘块中的数据传送到内存时，则采用并行传输方式，将各个盘块中的子盘块数据同时向内存传输，可大大减少传输时间。例如，要存储一个含 N 个子盘块的文件，可以将文件中第1个数据子块放到第1个磁盘中；将第2个数据子块放到第2个磁盘中；将第 N 个数据子块放到第 K 个磁盘中。当要读取上述数据时，则采取并行读取方式，同时从第1～K 个磁盘中读出 N 个数据子块，这样读写速度比从单个磁盘读出速度提高了 $N-1$ 倍。磁盘并行交叉存取方式如图9－21所示。

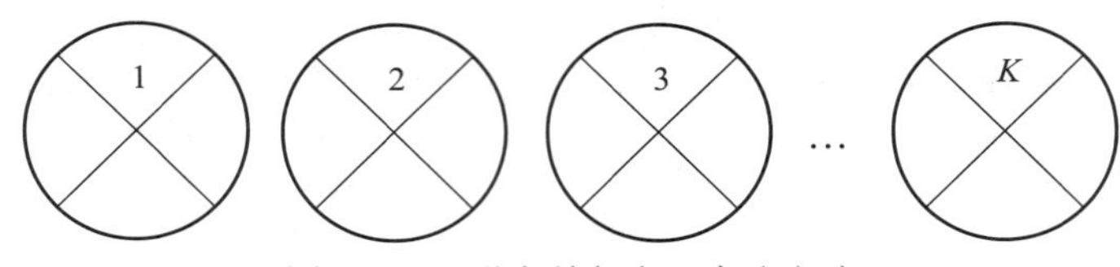

图 9－21　磁盘并行交叉存取方式

RAID 在刚推出时分成 6 级，即 RAID0～5 级，后来又增加了 RAID6 级和 RAID7 级。

1）RAID0 级

该级只提供了并行交叉存取，虽然可以提高磁盘读写速度，但无冗余校验功能，致使磁盘系统的可靠性并不好，因此只要其中有一个磁盘损坏，便会造成不可弥补的数据丢失。

2）RAID1 级

该级具有磁盘镜像功能，可利用并行读写特性，将数据分块并同时写入主盘和镜像盘，故比传统磁盘镜像速度快，但磁盘利用率只有 50%，因此它是以牺牲磁盘容量为代价的。

3）RAID3 级

该级具有并行传输功能，由于采用了一台奇偶校验盘来完成容错功能，因此比磁盘镜像减少了所需要的冗余磁盘数。

4）RAID5 级

该级磁盘阵列具有独立传送功能，每个驱动器都有各自独立的数据通道，可独立进行读、写操作，无专门的校验盘。在该级中，完成校验功能的信息以螺旋方式散布在所有数据盘上，常用于 I/O 比较频繁的事务处理。

5）RAID6 级和 RAID7 级

这两级阵列都是强化了的磁盘阵列。在 RAID6 级中设置了一个专用的、可快速访问的异步校验盘，该校验盘具有独立的数据访问通道；RAID7 级则是对 RAID6 级的进一步改进，使得该阵列中所有磁盘都具有较高的传输速率，性能也是各级中最高的，是目前最高档的磁盘阵列，但价格较高。

相比于前两种容错技术，RAID 自面世以来很快便流行起来，因为 RAID 具有以下明显的优点：

（1）高可靠性。RAID 最大的特点是可靠性高，除了 0 级外，其余几级 RAID 都采用了容错技术。当阵列中某一磁盘损坏时，并不会造成数据丢失，因为它既可实现磁盘镜像，又可实现磁盘双工，还可实现其他冗余方式，所以此时可根据其他未损坏磁盘中的信息来恢复已损坏盘中的信息。很明显，与单磁盘相比，RAID 的可靠性要高很多。

（2）磁盘读写速度快。由于 RAID 采用并行交叉存取方式，理论上可将磁盘读写速度提高到磁盘数目的倍数。

（3）性价比高。利用 RAID 技术实现大容量高速存储器时，其体积与具有相同容量和速度的大型磁盘系统相比，仅仅只是后者的 1/3，价格也是后者的 1/3，但可靠性却更高。

9.5.3　数据转储

虽然磁盘系统的容量通常都很大，但仍不可能将所有信息都装入其中，因此磁盘在运行一段时间后就可能装满；文件系统中，不论是硬件或是软件都可能发生错误和损坏；自然界的一些自然现象，如雷电、水灾和火灾等，也可能会导致磁盘损坏，电压不稳会引起数据奇偶校验错误。因此，为了使系统中的重要数据万无一失，应该对保存在存储介质上的文件采取些保险措施，使得磁盘上的大部分数据转存到后备存储系统中。下面介绍几种常用的措施。

1. 建立副本

建立副本是指把同一个文件保存到多个存储介质上。当某个介质上的文件被破坏时，仍然可用其他存储介质上的备用副本来替换。目前，常用作建立副本的存储介质是硬盘、光盘和 U 盘。

1）硬盘

硬盘是目前最常用的副本存储介质，建立副本时可采用两种方式。一种是利用移动硬盘作为副本系统，该方法最显著的优点是速度快、副本保存期长。另一种方式是配置大容量磁盘机，每个磁盘机由两个大容量硬盘组成，每个硬盘都划分成两个区，其中一个用作建立副本的备份区，每隔一段时间就将正常数据区中的数据复制到备份区中，也可在必要时将备份区中的数据恢复。该方法不仅速度快，而且还有容错功能，即当任何一个磁盘出现故障时，都不会导致数据丢失。

2）光盘

CD - ROM 的特性决定了其很难作为副本介质，可用作建立副本的光盘主要有 WORM（Write - Once，Read - Many）光盘和可擦除光盘，前者只可写一次，后者可反复读写。光盘容量较大，保质期长达几十年，其单位容量的存储费用适中，但速度比硬盘慢。

3）U 盘

U 盘是最近几年来广泛用作建立副本的存储介质，其读写速度与硬盘相仿，但比硬盘要小巧得多，适合携带。特别是随着 U 盘容量越来越大型化，它现已成为最常用的副本介质。

以上建立副本的措施实现简单，但系统开销大，并且当文件进行更新时必须更新所有副本，这也增加了系统的负担。因此，上述措施仅适用于容量较小且重要的文件。

2. 定期转储

另一种保险措施是采用定期转储手段定时或定期将文件转储到其他存储介质上，使重要文件有多个副本。常用的转储方法主要有两种：

1）海量转储

海量转储是指定期把存储介质上的所有文件转储到后援大容量存储器中，如磁带。该方法实现简单，并且转储期间系统会重新组织存储介质上的文件，将介质上不连续存放的文件重新组织成连续文件，并存入备份存储介质中。

2）增量转储

增量转储是指每隔一段时间，把系统中所有被修改过的文件及新文件转储到后援大容量存储器中。实现时，系统通常要对修改过的文件和新文件做标记，用户退出后，将列有这些文件名的表传给系统进程并完成转储过程。与海量转储相比，增量转储只转储修改过的文件，减少了系统开销。文件被转储后，一旦系统出现故障，就可以用转储文件来恢复系统，提高了系统可靠性。

9.6 Linux 文件系统

Linux 系统的一个重要特征就是支持和兼容多种不同的文件系统，如 EXT、EXT2、EXT3、EXT4、FAT、NTFS，以及 MINIX、MSDOS、WINDOWS 等操作系统支持的文件系统。目前，Linux 主要使用的文件系统是 EXT2、EXT3 和 EXT4。

Linux 最早的文件系统是 Minix 所用的文件系统，它所受限制很大而且性能低下。1992 年，出现了第一个专门为 Linux 设计的文件系统，称为扩展文件系统 EXT，但性能并未改善。直到 1993 年 EXT2 被设计出来并添加到 Linux 中，它才成为系统的标准配置。EXT3 是 EXT2 的升级版本，加入了记录数据的日志功能。EXT4 是 EXT3 文件系统的后继版本，在 Linux2。6 内核版本中发布。

当 Linux 引进 EXT 文件系统时有了一个重大的改进：真正的文件系统从操作系统和系统服务中分离出来，在它们之间使用了一个接口层，虚拟文件系统（VirtualFileSystem，VFS）。VFS 为用户程序提供一个统一的、抽象的、虚拟的文件系统界面，这个界面主要由一组标准的、抽象的、有关文件操作的系统调用构成。

9.6.1 Linux 中常见文件系统格式

在 Linux 操作系统里有 EXT2、EXT3、EXT4、Linuxswap 和 VFAT 这 5 种格式。

1. EXT2

EXT2 是 Linux 系统中标准的文件系统。这是 Linux 中使用最多的一种文件系统，它是专门为 Linux 设计的，拥有极快的速度和极小的 CPU 占用率。EXT2 既可以用于标准的块设备（如硬盘），也可应用在软盘等移动存储设备上。

2. EXT3

EXT3 在保有 EXT2 的格式之下再加上日志功能。EXT3 是一种日志式文件系统（JournalFileSystem），其最大特点在于它会将整个磁盘的写入动作完整地记录在磁盘的某个区域上，以便需要时回溯追踪。当某个过程中断时，系统可以根据这些记录直接回溯并重整被中断的部分，且重整速度非常快。该分区格式广泛应用在 Linux 系统中。

3. EXT4

EXT4 是第四代扩展文件系统，是 Linux 系统下的日志文件系统，是 EXT3 文件系统的后继版本。EXT4 给日志数据添加了校验功能，该功能可以很方便地判断日志数据是否损坏。而且 EXT4 将 EXT3 的两阶段日志机制合并成一个阶段，在增加安全性的同时提高了性能。

4. Linux swap

这是 Linux 中一种专门用于交换分区的 swap 文件系统。Linux 使用这一整个分区作为交换空间。一般来说，这个 swap 格式的交换分区是主内存的 2 倍。在内存不够时，Linux 会将部分数据写到交换分区上。

5. VFAT

VFAT称为长文件名系统，这是一个与Windows系统兼容的Linux文件系统，支持长文件名，可以作为Windows与Linux交换文件的分区。

9.6.2 虚拟文件系统

Linux系统的最大特点之一是能支持多种不同的文件系统。每一种文件系统都有自己的组织结构和文件操作函数，相互之间差别很大，为此，必须使用一种统一的接口，这就是虚拟文件系统（Virtual File System，VFS）。通过VFS将不同文件系统的实现细节隐藏起来，因而从外部看上去，所有的文件系统都是一样的。VFS是物理文件系统与服务例程之间的一个接口层，它对Linux的每个文件系统的所有细节进行抽象，使得不同的文件系统在Linux内核以及系统中运行的进程看来都是相同的。

VFS的功能主要有：记录可用的文件系统的类型；将设备同对应的文件系统联系起来；处理一些面向文件的通用操作；涉及针对文件系统的操作时，VFS把它们映射到与控制文件、目录以及inode相关的物理文件系统。

1. VFS系统结构

Linux的VFS结构如图9-22所示，inode是Linux的索引结点，每一个索引节点和一个文件相对应，其中包含了一些与该文件相关的信息，VFS Inode Cache是VFS提供的索引节点缓存，VFS Directory Cache是VFS提供的目录缓冲，它们都是为了提高访问的速度。

如图9-23所示为VFS和实际文件系统之间的关系，可以看出，用户程序（进程）通过有关文件系统操作的系统调用进入系统空间，然后经由VFS才可使用Linux系统中具体的文件系统。这个抽象的界面主要由一组标准、抽象的有关文件操作构成，以系统调用的形式提供给用户程序，如read()、write()和seek()等。所以，VFS必须管理所有同时安装的文件系统，它通过使用描述整个VFS的数据结构和描述实际安装的文件系统的数据结构来管理这些不同的文件系统。不同的文件系统通过不同的程序来实现其各种功能。VFS定义了一个名为file_operations的数据结构，这个数据结构成为VFS与各个文件系统的界面。

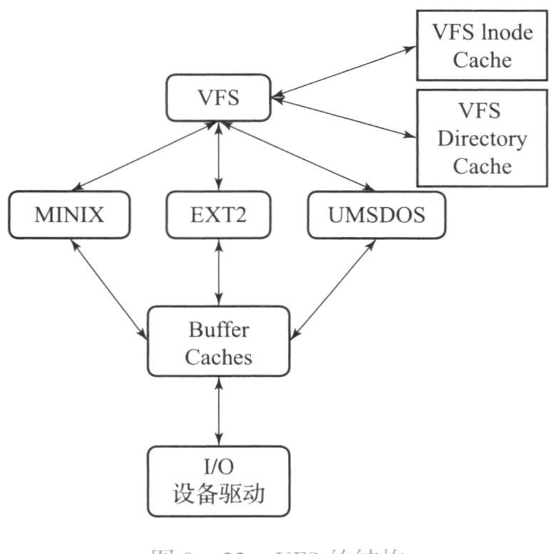

图9-22 VFS的结构

2. VFS超级块

VFS和EXT2文件系统一样也使用超级块和索引结点来描述和管理系统中的文件。每个安装的文件系统都有一个VFS超级块，其中包含以下主要信息：

（1）Device，设备标识符：表示文件系统所在块设备的设备标志符。这是存储文件系统的物理块设备的设备标识符，如系统中第一个IDE磁盘/dev/hdal的标识符是0x301。

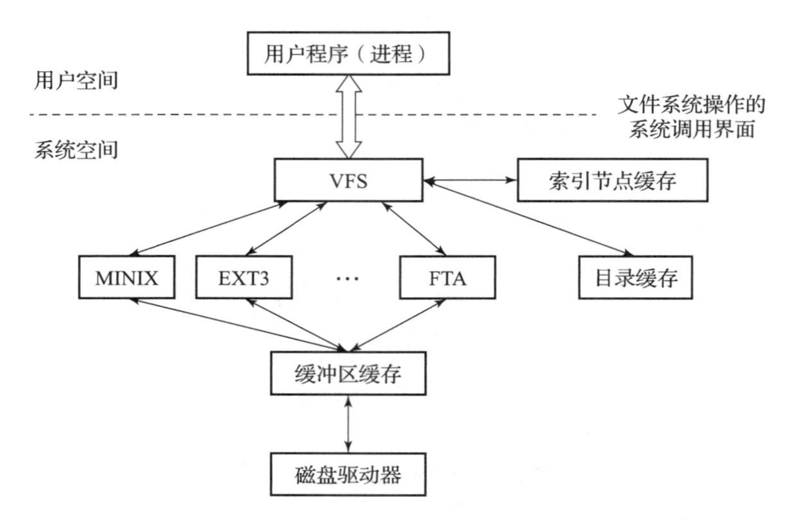

图 9－23　VFS 和实际文件系统之间的关系

（2）Inodepo inters，索引节点指针：这个 mounted inode 指针指向文件系统中第一个 inode。而 covered inode 指针指向此文件系统安装目录的 inode。根文件系统的 VFS 超级块不包含 covered 指针。

（3）Blocksize，数据块大小：文件系统中数据块的字节数。以字节记数的文件系统块大小，如 1 024 字节。

（4）Superblock operations，超级块操作集：指向一组超级块操作例程的指针，VFS 利用它们可以读写索引节点和超级块。

（5）File System type，文件系统类型：这是一个指向已安装文件系统的 file_system_type 结构的指针。

（6）File System specific，文件系统的特殊信息：指向文件系统所需要信息的指针。需要说明的是，VFS 超级块的结构比 EXT2 文件系统的超级块简单，VFS 中主要增加的是超级块操作集，它用于对不同文件系统进行操作，对于超级块本身并无作用。

3. VFS 索引节点（VFS Inode）

VFS 中每个文件和目录都有且只有一个 VFS 索引节点。VFS 索引节点仅在系统需要时才保存在系统内核的内存及 VFS 索引节点缓存中。

VFS 索引节点包含的主要内容有：所在设备的标识符、唯一的索引节点号码、模式（所代表对象的类型及存取权限）用户标识符、有关的时间、数据块大小、索引节点操作集（指向索引节点操作例程的一组指针）、计数器（系统进程使用该节点的次数）锁定节点指示、节点修改标识，以及与文件系统相关的特殊信息。

4. Linux 文件系统的逻辑结构

Linux 系统中每个进程都有两个数据结构来描述进程与文件相关的信息。其中一个是 fs_struct结构，它包含两个指向 VFS 索引节点的指针，分别指向 root（即根目录节点）和 pwd（即当前目录节点）；另一个是 files_struct 结构，它保存该进程打开文件的有关信息，如图 9－24 所示。每个进程能够同时打开的文件至多是 256 个，分别由 fd［0］~fd［255］表示的指针指向对应的 file 结构。

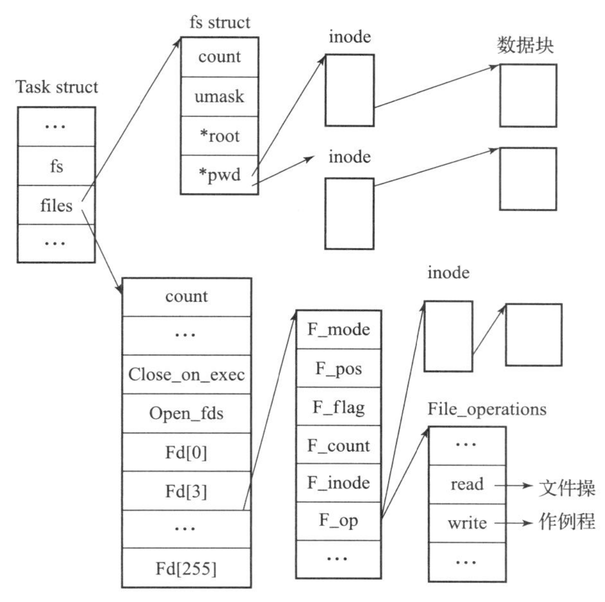

图 9－24 Linux 文件系统的逻辑结构

Linux 系统进程启动时自动打开三个文件，即标准输入、标准输出和标准错误输出，它们的文件描述字分别是 0、1 和 2。如果在进程运行时进行输入输出重定向，则这些文件描述字就指向给定的文件，而不是标准的终端输入/输出。

每当进程打开一个文件时，就从 files_struct 结构中找一个空闲的文件描述字，使它指向打开文件的描述结构 file。对文件的操作要通过 file 结构中定义的文件操作例程和 VFS 索引结点的信息来完成。

5. 文件系统的安装与拆卸

Linux 文件系统可以根据需要随时装卸，从而实现文件存储空间的动态扩充。在系统初启时，往往只安装有一个文件系统，即根文件系统，其文件主要是保证系统正常运行的操作系统代码文件，以及若干语言编译程序、命令解释程序和相应的命令处理程序等构成的文件。根文件系统一旦安装成功，则在整个系统运行过程中是不能卸下的，它是系统的基本部分。此外，还有大量的用户文件空间。

其他文件系统（例如由软盘构成的文件系统）可以根据需要（如从硬盘向软盘复制文件），作为子系统动态地安装到主系统中。经过安装之后，主文件系统与子文件系统就构成一个有完整目录层次结构的、容量更大的文件系统。例如，要将/dev/sdb1 设备上的 EXT3 文件系统挂载到目录/opt 上，则可以通过 mount_text3/dev/sdbl/opt 命令完成。若要使 Linux 系统自动挂载到文件系统，则必须修改系统配置文件/etc/fstab，修改后通过执行 mount－a 命令即可在当前生效。

若干子文件系统可以并列安装到主文件系统上，也可以一个接一个地串连安装到主文件系统上。已安装的子文件系统不再需要时，也可从整个文件系统上卸下来，恢复到安装前的独立状态。若要将上述挂载的文件系统卸载，可以通过 umount/opt 命令完成，但如果该文件系统处于 busy 状态，则不能卸载该文件系统，必须先确定哪些进程正在使用该文件系统，然后 kill 它们。

6. VFS 索引节点缓存和目录缓存

为了加快对系统中所有已安装文件系统的存取，VFS 提供了索引节点缓存，把当前使用的索引节点保存在高速缓存中。

为了能很快地从中找到所需的 VFS 索引节点，可采用散列（Hash）方法。其基本思想是，VFS 索引节点在数据结构上被链入不同的散列队列，具有相同散列值的 VFS 索引节点在同一队列中；通过设置一个散列表，其中每一项包含一个指向 VFS 索引节点散列队列的头指针。散列值是根据文件系统所在块设备的标识符和索引节点号码计算出来的，如图 9－25 所示。

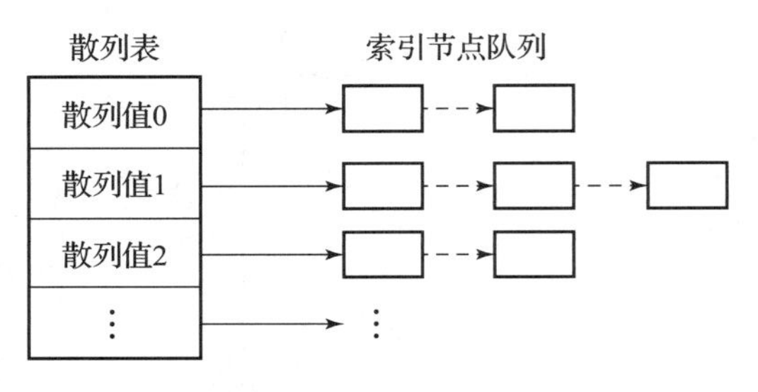

图 9－25　散列结构示意图

为了加快对于常用目录的存取，VFS 还提供一个目录高速缓存。当实际文件系统读取一个目录时，就把目录的详细信息添加到目录缓存中，下一次查找该目录时，系统就可以在目录缓存中找到此目录的有关信息。VFS 采用 LRU 算法来替换缓存中的目录项是把最近最不经常使用的目录项替换掉。

9.6.3　EXT2 文件系统

EXT2 文件系统支持标准 UNIX 文件类型，例如普通文件、目录文件、特别文件和符号链接等。EXT2 文件系统可以管理很大的分区。以前内核代码限制文件系统的大小为 2 GB，现在 VFS 把这个限制提高到 4 TB。因此，现在使用大磁盘而不必划分多个分区。EXT2 文件系统支持长文件名，最大长度为 255 个字符，如果需要还可以增加到 1012 个字符，而且还可使用变长的目录表项。EXT2 文件系统为超级用户保留了一些数据块，约为 5%。这样，在用户进程占满整个文件系统的情况下，系统管理员仍可以简单地恢复整个系统。

除了标准的 UNIX 功能外，EXT2 文件系统还支持在一般 UNIX 文件系统中没有的高级功能，如设置文件属性、支持数据更新时同步写入磁盘的功能、允许系统管理员在创建文件系统时选择逻辑数据块的大小、实现快速符号链接，以及提供两种定期强迫进行文件系统检查的工具等。

1. EXT2 文件系统的物理结构

与其他文件系统一样，EXT2 文件系统中的文件信息都保存在数据块中。对于同一个 EXT2 文件系统而言，所有数据块的大小都相同，例如 1 024 B。但是，不同的 EXT2 文件系统中数据块的大小也可以不同。EXT2 文件系统的物理构造形式如图 9－26 所示。

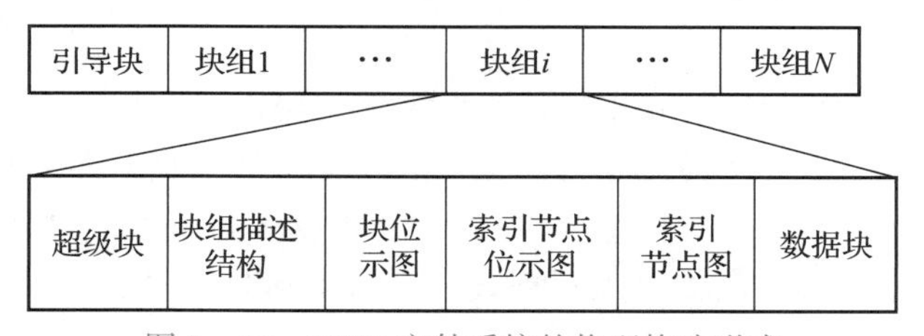

图 9－26　EXT2 文件系统的物理构造形式

EXT2 文件系统分布在块结构的设备中，文件系统不必了解数据块的物理存储位置，它保存的是逻辑块的编号。块设备驱动程序能够将逻辑块号转换到块设备的物理存储位置。

EXT2 文件系统将逻辑块划分成块组，每个块组重复保存着一些有关整个文件系统的关键信息，以及文件和目录的数据块。系统引导块总是介质上的第一个数据块，只有根文件系统才有引导程序放在这里，其余一般文件系统都不使用引导块。

使用块组对于提高文件系统的可靠性有很大好处，由于文件系统的控制管理信息在每个块组中都有一份副本，因此，文件系统意外出现崩溃时，可以很容易恢复。另外，由于在有关块组内部，索引节点表和数据块的位置很近，在对文件进行 I/O 操作时，可减少硬盘磁头的移动距离。

2. 块组的构造

从图 9－25 中可以看出，每个块组重复保存着一些有关整个文件系统的关键信息，以及通过索引节点找到文件和目录的数据块。每个块组中包含超级块、块组描述结构、块位示图、索引节点位示图、索引节点表和数据块。

3. 索引节点

索引节点（Inode）又称为 I 节点，每个文件都有唯一的索引节点。EXT2 文件系统的索引节点起着文件控制块的作用，利用这种数据结构可以对文件进行控制和管理。每个数据块组中的索引节点都保存在索引节点表中。数据块组中还有一个索引节点位示图，它用来记录系统中索引节点的分配情况，即哪些节点已经分配出去了，哪些节点尚未分配。

索引节点有盘索引节点（如 EXT2_inode）和内存索引节点（如 inode）两种形式。盘索引节点存放在磁盘的索引节点表中，内存索引节点存放在系统专门开设的索引节点区中。所有文件在创建时就分配了一个盘索引节点。当一个文件被打开，或者一个目录成为当前工作目录时，系统内核就把相应的盘索引节点复制到内存索引节点中；当文件被关闭时，就释放其内存索引节点。

盘索引节点和内存索引节点的基本内容是相同的，但二者存在很大差别。盘索引节点包括文件模式、描述文件属性和类型主要内容。内存索引节点除了具有盘索引节点的主要信息外，还增添了反映该文件动态状态的项目，例如，共享访问计数、表示在某一时刻该文件被打开以后进行访问的次数。

4. 多重索引结构

普通文件和目录文件都要占用盘块存放其数据。为了方便用户使用，系统一般不应限制文件的大小。如果文件很大，那么不仅存放文件信息需要大量盘块，而且相应的索引表也必然很大。在这种情况下，把索引表整个放在内存是不合适的，而且不同文件的大小不同，文件在使用过程中很可能需要扩充空间。

单一索引表结构已无法满足灵活性和节省内存的要求，为此引出多重索引结构（又称多级索引结构）。这种结构采用了间接索引方式，即由最初索引项中得到某一盘块号，该块中存放的信息是另一组盘块号；而后者每一块中又可存放下一组盘块号（或者是文件本身信息）。这样在最末尾的盘块中存放的信息一定是文件内容。EXT2 文件系统就采用了多重索引方式，如图 9－27 所示。

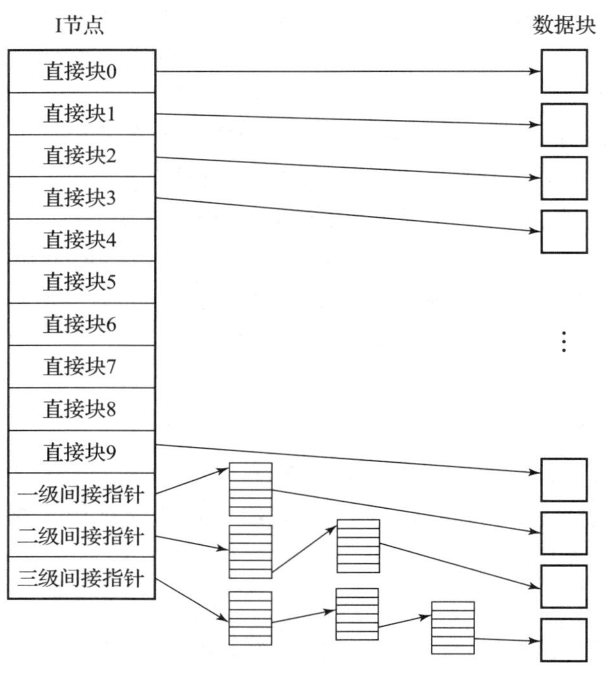

图 9－27　索引节点结构示意图

图 9－26 的左部是索引节点，其中含有对应文件的状态和管理信息。一个打开文件的索引节点放在系统内存区，与文件存放位置有关的索引信息是索引节点的一个组成部分，它是由直接指针、一级间接指针、二级间接指针和三级间接指针构成的数组。

5. EXT2 中的目录项

在 EXT2 文件系统中，目录文件包含有下属文件与子目录的登记项。创建一个文件时，就构成一个目录项，并添加到相应的目录文件中。一个目录文件可以包含很多目录项，每个目录项（如 EXT2 文件系统的 EXT2_dir_entry. 2）包含的信息如下：

（1）索引节点号，文件在数据块组中的索引节点号码，即检索索引节点表数组的索引值。

（2）目录项长，记载该目录项占多少字节。

（3）名字长，记载相应文件名的字节数。

（4）文件类，用一个数字表示文件的类型，例如，可以用 1 表示普通文件，2 表示目录，3 表示字符设备文件，4 表示块设备文件等。

（5）文件名，不包括路径的文件基本名的最大长度为 255 个字符。

9.6.4 日志文件系统

文件系统是操作系统最重要的一部分，每种操作系统都有自己的文件系统，且直接影响着操作系统的稳定性和可靠性。Linux 系统下的文件系统通常有两种类型，即日志文件系统和非日志文件系统。EXT2 文件系统是由 Linux 早期版本开发的，没有日志功能，是非日志文件系统。为了提高文件系统的稳定性和可靠性，对 EXT2 文件系统的一个改进是增加了日志功能的EXT3以及EXT4文件系统，用户在安装Linux时，可以根据需要选择安装。非日志文件系统工作时，不对文件系统的更改进行日志记录。典型的非日志文件系统给文件分配磁盘空间和写文件操作的活动如下：

文件系统通过为文件分配文件块的方式把数据存储在磁盘上。每个文件在磁盘上都会占用一个以上的磁盘扇区，文件系统的工作就是维护文件在磁盘上的存放，记录文件占用了哪些扇区，另外，扇区的使用情况也要记录在磁盘上。文件系统在读写文件时，首先找到文件使用的扇区号，然后从中读出文件内容；如果要写文件，文件系统首先找到可用扇区，进行数据追加，同时更新文件扇区的使用信息。

这种非日志文件系统存在不少问题。如果系统刚将文件的磁盘分区占用信息（表示为Metadata）写入磁盘分区中，还没有来得及将文件内容写入磁盘，此时，如果系统断电，就会造成文件内容仍然是旧内容，而分区Metadata却是新内容。日志文件系统可以解决这类问题。

1. 日志文件系统设计思想

日志文件系统在非日志文件系统的基础上加入文件系统更改的日志记录，该系统的设计思想是：跟踪记录文件系统的变化，并将变化内容记入日志。日志文件系统在磁盘分区中保存有日志记录，写操作首先对记录文件进行操作，若整个写操作由于某种原因（如系统停电）而中断，系统重启时，会根据日志记录来恢复中断前的写操作。这个过程只需要几秒到几分钟。

2. 日志文件系统工作过程

在日志文件系统中，所有文件系统的空化、添加和改变都记录到“日志”中，每隔一段时间，文件系统会将更新后的Metadata及文件内容写入磁盘，之后删除这部分日志，重新开始新日志记录。日志文件系统使得数据、文件变得安全，但是系统开销增加了。每一次更新和大多数的日志操作都需要写同步，这需要更多的磁盘I/O操作。从日志文件的原理出发，应当在那些需要经常写操作的分区上使用日志文件系统，因为可以更好地保证数据和文件的安全和一致性。

Linux系统中可以混合使用日志文件系统或非日志文件系统。日志增加了文件操作的时间，但文件的安全性得到了极大的提高。

9.7 本章小结

现代操作系统都设计了对文件进行管理的功能，文件管理的主要工作是完成文件的读、写、修改、删除、检索、更新、共享和保护等操作，这些操作都由文件系统统一提供。文件从不同角度出发可构造出文件的逻辑结构和物理结构，文件系统在将不同的逻辑结构文件存储成相应的物理结构文件时，应根据存储介质特性、使用的存取方法和性能要求来决定，为了提高存储空间的利用率可引入记录的成组和分解技术。

文件目录是实现按名存取的主要工具，文件系统的基本功能之一就是负责文件目录的建立、维护和检索。常用的文件目录结构有一级目录、二级目录和多级目录，复杂的目录结构还包括无环图目录，现代操作系统一般使用树形目录结构对文件进行管理。

当把文件保存到存储介质上时必须为其分配存储空间。为了有效地管理辅存空间，可从空闲块表、空闲块链位示图和成组链接方法中选择最合适的存储空间管理方法以提高辅存空间的利用率，为了正确实现对文件的存储和检索等过程，用户必须按照系统规定的基本操作要求来使用文件。常见的文件基本操作有打开文件、建立文件、读文件、写文件、关闭文件和删除文件。

文件共享不仅帮助诸多用户完成共同任务，而且还可以节省大量的辅存空间，主要通过目录链接、基于索引节点的链接和符号链接三种链接技术实现文件共享。文件共享在为用户带来好处和方便的同时，也存在诸多安全隐患。对于用户来说，文件的保护和保密是至关重要的，可以分别采取存取控制机制、磁盘容错技术和数据转储备份技术等方法着手提高文件的安全性。

Linux 作为一种典型操作系统，通过 EXT2. EXT3 等文件系统提供计算机对文件和文件夹进行操作处理的各种标准和机制，并使用 VFS 文件系统作为统一的接口，以支持对不同文件系统的管理。

第 9 章　习题

一、简答题

1. 何为数据项、记录和文件？
2. 一个比较完善的文件系统应具备哪些功能？
3. 为什么在大多数 OS 中都引入了“打开”这一文件系统调用？打开的含义是什么？
4. 什么是文件的逻辑结构？它有哪几种组织形式？
5. 如何提高变长记录顺序文件的检索速度？
6. 在 UNIX 系统中为何要把文件描述信息从文件目录项中分离出来？
7. 目前广泛采用的目录结构是哪种？它有什么优点？
8. 试说明在树形目录结构中线性检索法的检索过程，并画出相应的流程图。
9. 在树形结构目录中，利用链接方式共享文件有何好处？
10. 什么是保护域？进程与保护域之间存在着怎样的动态联系？
11. 什么是访问控制表和访问权限表？系统如何利用它们来实现对文件的保护？

二、计算题

1. 一个文件系统中，FCB 占 64 B，一个盘块大小为 1 KB，采用单级文件目录，假如文件目录中有 3 200 个目录项，则检索一个文件平均需要访问磁盘大约多少次？

2. （考研真题）设文件 F1 的当前引用计数值为 1，先建立 F1 的符号链接（软链接）文件 F2，再建立 F1 的硬链接文件 F3，然后删除 F1。此时，F2 和 F3 的引用计数值分别是多少？

3. （考研真题）索引顺序文件可能是最常见的一种逻辑文件组织形式，其不仅有效克服了变长记录文件不便于直接存取的缺点，且付出的额外存储开销也不算大，对于包含 4 000个记录的主数据文件，为了能检索到指定关键字记录，采用索引顺序文件组织方式，平均检索效率可提高到顺序文件组织方式的多少倍（假定主数据文件和索引表均采用顺序查找法)?

4. (考研真题) 某文件系统的目录由文件名和索引节点编号构成。若每个目录项长度为64 B,其中4 B存放索引节点编号,60 B存放文件名。文件名由小写英文字母构成,则该文件系统能创建的文件数量的上限为多少?

三、综合应用题

1. 有一共享文件,它具有下列文件名:/usr/Wang/testlreport、/usr/Zhang/report、/usr/Lee/report,试填写图9-28中的A、B、C、D、E。

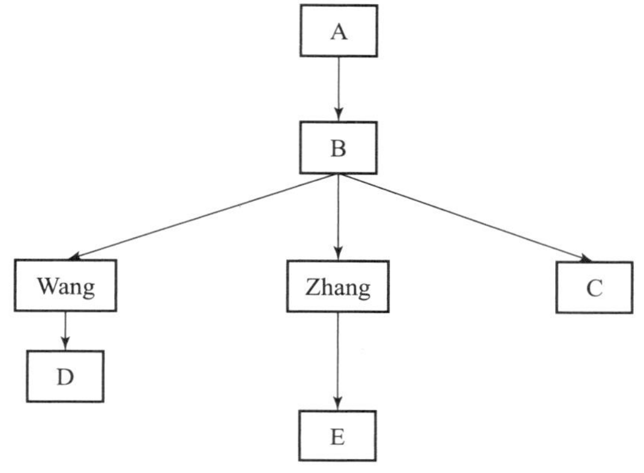

图9-28 文件共享示意图

2. (考研真题) 假设某系统的目录管理采用了索引节点方式。如果用户需要打开文件/usr/studentmyproc.c,则请简要阐述目录检索的大致过程(假设根目录内容已经读入内存且该文件存在)。

第 10 章　操作系统安全保护技术与机制

【本章知识体系】

本章知识体系如图 10－1 所示。

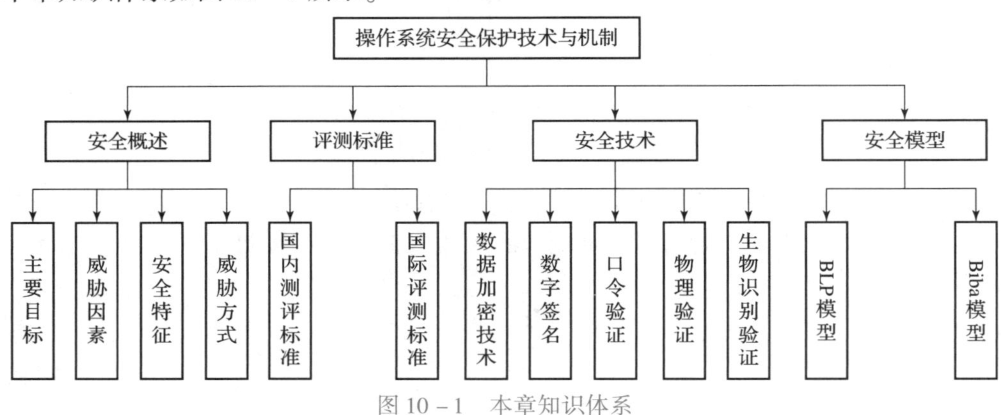

图 10－1　本章知识体系

【本章大纲要求】

1. 掌握操作系统安全的概念；
2. 理解操作系统安全技术；
3. 理解操作系统模型结构；
4. 了解操作系统安全评测标准；
5. 了解操作系统安全威胁方式。

【本章重点难点】

1. 数字签名过程；
2. 动态口令；
3. 生物识别验证系统构成；
4. BLP 模型访问过程；
5. Biba 模型访问过程。

随着计算机信息技术的进步以及社会经济的快速发展，计算机系统中的数据信息存储越来越多，因此数据在计算机系统中的安全性问题也变得越来越重要。计算机安全涉及内容广泛，主要包括硬件安全和软件安全。当前，操作系统安全问题主要涉及两方面行为：一方面是针对计算机系统的恶意攻击行为，攻击者主要是利用病毒软件等方式窃取系统中存储的重要数据信息或破坏系统中关键信息和系统正常运行，造成无法估量的经济损失和社会危害；另一方面是非恶意攻击行为，此类行为主要是人为操作失误、计算机硬件故障、操作系统以及其他软件存在的漏洞等，由此造成的后果也较为严重。本章主要讨论操作系统安全与保护以及数据安全技术。

10.1 操作系统安全概述

操作系统是计算机系统资源的管理者，统一管理计算机系统中的硬件资源和软件资源，同时为用户操作提供接口服务。操作系统在整个计算机系统运行过程中完成系统资源的保护，抵御外部入侵，保证计算机系统平稳运行。因此，操作系统安全是整个计算机系统能正常工作的关键所在。

10.1.1 操作系统安全主要目标

用户使用计算机系统进行操作的过程中往往需要操作系统保证用户信息安全，因此操作系统要满足用户系统的保密性、完整性和可用性要求。

1. 保密性

保密性是指将系统中存储的数据处于一种保密状态，只有用户被授权后方可访问系统中的数据信息，避免系统中的数据信息被泄露。换言之，就是操作系统仅仅给授权用户可以访问系统中存储数据信息的权利，而没有获得授权用户将无法访问系统中的数据信息。

2. 完整性

完整性是指用户没有获得授权情况下，该用户无法修改系统中存储的数据信息。换言之，就是当未经授权用户向系统提出资源请求时，操作系统拒绝该用户的访问要求，起到保护数据安全性的作用。同时，完整性除了保护系统中数据外，还可以保持系统中数据的一致性。

3. 可用性

可用性是指获得授权用户可以随机访问计算机系统中提供的资源，包括硬件资源和软件系统不会拒绝来自该用户的访问。进一步说，就是授权用户在正常请求系统资源使用后，操作系统会及时、准确、安全地为用户提供服务或响应用户请求。

10.1.2 操作系统的安全威胁因素

随着计算机网络技术的发展，信息资源共享已经进一步加强，特别是涉及国家、科技企业等的网络，会特别容易成为入侵和攻击威胁的对象，从而被窃取机密文件、数据等，而这些安全威胁多数是通过获取操作系统和应用服务程序的弱点或漏洞来实现的。所谓的安全威胁是指通过输入，经过系统处理后可能会产生危害系统安全的输出。当前，针对操作系统安全构成威胁主要来自以下几个方面：

1. 计算机病毒

在程序中插入或链接具有破坏性指令或代码，利用该指令或代码可以实现破坏计算机功能或造成数据毁坏，影响计算机的使用性能，而这些指令或代码就称为计算机病毒或病毒程序。当今，大部分病毒程序都具有自我复制、传播等行为。例如熊猫烧香、千年虫等。

2. 黑客攻击

黑客攻击就是指具备计算机专业知识和技术的人员通过分析挖掘系统漏洞并且利用网络对特定系统进行非法访问，达到窃取数据或破坏系统目标的行为。黑客攻击手段可分为非破坏性攻击和破坏性攻击两类。非破坏性攻击一般是为了扰乱系统的运行，并不盗窃系统资料，通常采用拒绝服务攻击或信息炸弹；破坏性攻击是以侵入他人计算机系统、盗窃系统保密信息、破坏目标系统的数据为目的。常见的黑客攻击手段如 DDOS 攻击、后门程序和网络监听等。

3. 缓冲区溢出

缓冲区溢出是指计算机向缓冲区内填充数据时超过了缓冲区本身的容量，溢出的数据覆盖在合法的数据上，理想的情况是程序检查数据长度并不允许输入的数据超过缓冲区长度的字符，但是绝大多数程序都会假设数据长度总是与所分配的存储空间相匹配，这就为缓冲区溢出埋下隐患。操作系统所使用的缓冲区又被称为“堆栈”，在各个操作进程之间，指令会被临时存储在“堆栈”当中，“堆栈”也会出现缓冲区溢出。

缓冲区溢出攻击的目的在于扰乱具有某些特权运行程序的功能，这样可以使得攻击者取得程序的控制权，如果该程序具备了足够的权限，那么整个主机都被控制了。一般而言，攻击者攻击 root 程序，然后执行类似“exec(sh)”的代码来获得 root 权限的 shell。但是为了达到这个目的，攻击者必须达到如下两个目标：

（1）在程序的地址空间里安排适当的代码；

（2）通过适当的初始化寄存器和内存，让程序跳转到入侵安排的地址空间执行。

当然，随意向缓冲区中填东西造成溢出一般只会出现“分段错误”，而不能达到攻击的目的。最常见的手段是通过制造缓冲区溢出使程序运行一个用户的 shell，再通过 shell 执行其他命令。如果该程序有 root 执行权限，攻击者就获得了一个有 root 权限的 shell，可以对系统进行任意操作。

缓冲区溢出攻击之所以成为一种常见的安全手段，其原因在于缓冲区溢出漏洞太普遍了，并且易于实现。而且缓冲区溢出成为远程攻击的主要手段，其原因在于缓冲区漏洞给予了攻击者他所想要的一切，植入并且执行攻击代码。被植入的攻击代码以一定的权限运行有缓冲区溢出漏洞的程序，从而得到被攻击主机的控制权。

4. 天窗

天窗就是指嵌入在操作系统中的非法代码段，当渗透者想要入侵操作系统时就会触发该代码段，而操作系统不会检测该代码段，通常不易被发现。天窗所嵌入的软件拥有渗透者所不具有的特权。对于天窗往往只会嵌入在操作系统内部而非应用程序中，因此安装天窗程序可能是由操作系统生产厂家雇佣的一些不道德人员所为。天窗程序只能利用操作系统的缺陷来进行安装。

5. 隐蔽通道

隐蔽通道可以定义为一个强制安全策略模型，该模型是操作系统中的一个解释，而解释中两个主体间任何通信都是隐蔽的，且模型中相应两个主体间通信都是非法的。例如打印机连接隐蔽通道，发送进程使打印机处于“忙”或“空闲”状态，状态信息可以被接收进程观察到当前打印机状态。隐蔽通道按照进程工作场景不同，划分为以下两种：

（1）隐蔽存储通道。隐蔽存储通道就是在系统中，如果存在有两个进程且不受安全策略控制，一个进程直接或间接地写入一个存储单元，另一个进程则直接或间接地读该存储单元。

（2）隐蔽定时通道。隐蔽定时通道是在系统中，如果存在有两个进程且其中一个不受安全策略控制，一个进程通过该控制对系统资源进行调节使用，从而影响另外一个进程观察到的真实响应时间，实现一个进程向另外一个进程传递信息。如一个进程重写或修改存储单元的信息，另一个进程则通过监测该存储单元的变化接收信息，并且利用实时时钟进行测量。

隐蔽通道就是在系统中不受安全策略控制的、违反安全策略的信息泄露路径，如何判断一个隐蔽通道是存储通道还是定时通道，主要是看是否存在有计时装置，如实时时钟等，有则是隐蔽定时通道；否则是隐蔽存储通道。

10.1.3　操作系统的安全特征

操作系统安全涉及很多方面，它不仅与计算机系统中用到的软硬件资源安全性能有关，而且也与在操作系统设计时所采用到的架构有关，除此之外，还与操作系统使用人员以及管理人员的技术情况有关，因此对于一个操作系统来说，安全性问题就变得非常复杂，操作系统安全性主要表现为以下几方面：

（1）物理安全性：计算机系统中设备以及与设备相关的硬件设施在整个系统中应该受到物理保护，保证系统中的硬件设备免遭破坏或丢失，其原因是物理安全性是维护操作系统运行的物质基础。

（2）逻辑安全性：操作系统是计算机系统运行期间软件和硬件协调者，信息资源的安全性尤其重要，因此操作系统的逻辑安全性是保障整个系统有序运行的指挥者。

（3）系统安全动态性：操作系统安全动态性主要体现在信息时效性和攻击手段多样性。信息时效性是指随着时间推移，信息可能出现更新或替代，造成旧的信息失效而出现系统漏洞或系统问题；攻击手段多样性是指攻击者攻击系统而发现系统中存在有新的漏洞等，需要重新编写或更新攻击手段。对于操作系统安全所体现的动态性，至今无法找到一种彻底的解决方案。

（4）系统安全层次性：操作系统往往是一个复杂系统结构，为了保证系统安全性，将系统安全采用层次－模块化方法进行结构化处理，也就是将系统安全问题划分出多个层次，每个层次进行功能模块化分化，划分越细化，系统安全性越会得到有效保护。采用该方式最终结果就是最低一层是一个层次模块的最小选择安全功能模块。

（5）系统安全适度性：操作系统安全构建过程应该遵循适度性原则，即使用和设计某一种操作系统时应该依据实际安全需求来设计。

10.1.4 操作系统的安全威胁方式

计算机系统不管是独立运行还是利用网络联网运行，都可以以不同方式被获取信息，以造成对其的毁坏。通常能够破坏系统安全的威胁主要来自4种方式：截断、获取、篡改和伪造。

对于一个计算机系统而言，其正常的数据信息传递方式如果抽象处理，如图10－2所示：

源端存储区域将一个文件的数据流发送到终端存储区域，对于攻击者或窃取者而言，就是利用这个过程进行数据窃取。

（1）截断：源端发送数据或文件，当通过线路传递时，窃取者在线路中将数据截获而使得终端无法获取数据或文件。截断过程如图10－3所示。

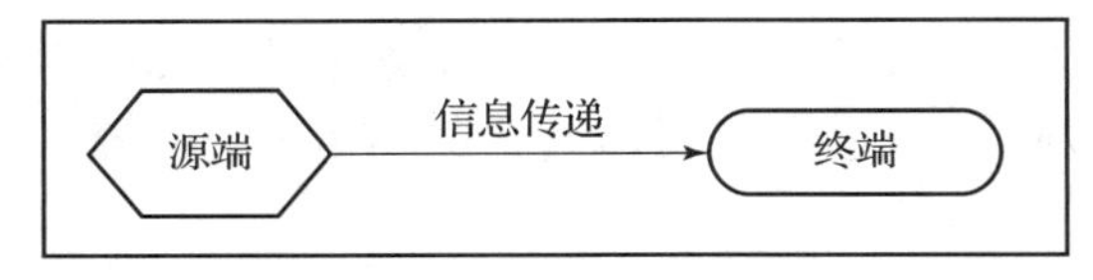

图10－2　常态下信息传递流

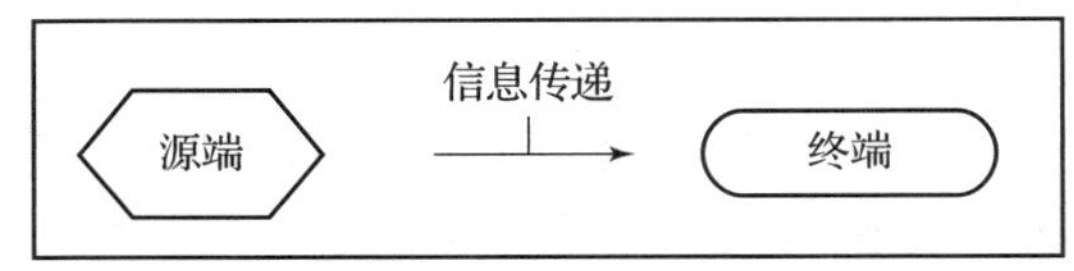

图10－3　截断过程图

采用截断方式会对系统资源造成破坏，使其达到不可用的状态，对系统可用性造成威胁，使得终端无法获得源端发送的数据或文件信息，如硬盘破坏、通信线路切断或系统文件管理功能失效。

（2）窃取：在数据或文件传递过程中，一些未经授权用户、程序或其他计算机系统对某些资源进行访问，而不对数据或文件进行破坏性行为。窃取过程如图10－4所示。

窃取方式是对操作系统保密性的一种威胁，通常利用该方式获取网络中传输的数据、复制文件以及程序等。

（3）篡改：在未授权用户利用某种方式（通常是非法行为）获得对系统资源访问权限后，模仿终端实现迷惑源端行为。篡改除了非法访问数据外，还对系统中存储的数据进行修改。篡改过程如图10－5所示。

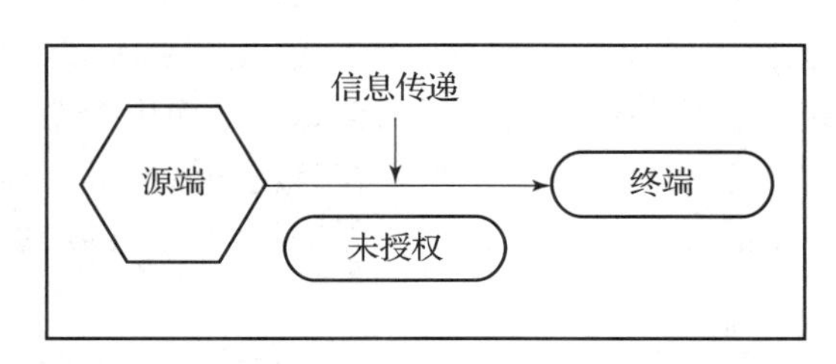

图10－4　窃取过程图

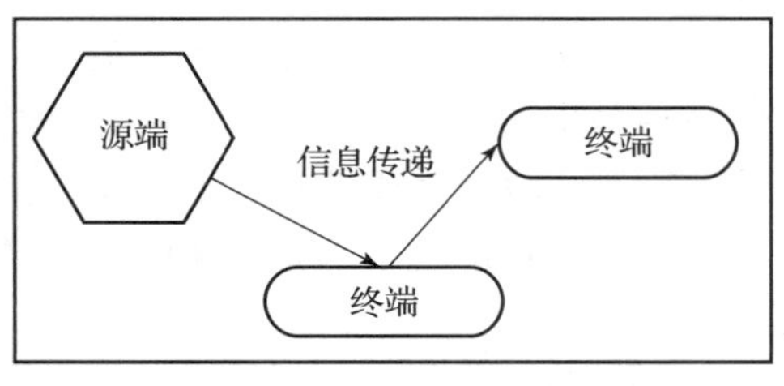

图10－5　篡改过程图

篡改方式不仅获得数据信息通信权限，同时也获得通信控制权限，在获取源端发送数据信息后进行数据修改，然后再模拟源端将数据发送给终端。该方式是对操作系统完整性的一种威胁，包括数据完整性，如对获取文件中数据的修改等。

（4）伪造：未授权的用户利用程序（通常是病毒程序或木马程序等）等方式获取操作系统控制权限，该权限不仅是获得网络传输控制权或单机系统内数据传输控制权，同时也获得模拟源端的所有功能权限，该用户伪造一个源端建立与终端之间的数据通信，利用控制权限切断原有的源端和终端的通信线路，也就是模拟一个对象插入系统中。该方式过程如图10－6所示。

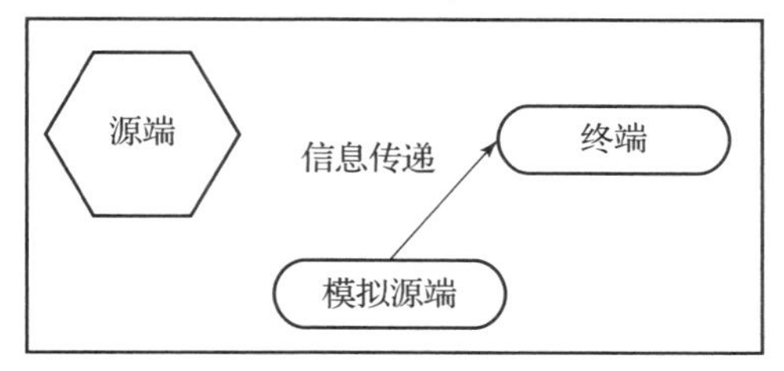

图10－6　伪造过程图

伪造方式在系统运行过程不仅获取通信线路控制权限，同时也可以模拟源端实现对终端数据信息传输，并且屏蔽掉原有源端与终端间的数据通信权限。其对操作系统合法性造成威胁，如未授权用户伪造文件或数据发送给终端等。

10.2　操作系统安全评测标准

操作系统安全性关乎计算机存储系统中存放的文件、计算机与计算机之间网络通信以及计算机软件和硬件的安全问题，如何评价操作系统安全性是国内和国外一直在研究和讨论的问题。我国在操作系统安全评测方面制定了相关规则，将计算机系统安全分为5个等级。国外也制定相关评价标准，如美国的TCSEC（Trusted Computer System Evaluation Criteria），即计算机系统可信评价标准，英国等欧洲国家的ITSEC（Information Technology Security Evaluation Criteria），即信息技术安全评价标准。

操作系统的安全性与操作系统设计方案有着密切关系，只有当从设计者到用户都认为设计准确表述了系统模型，而且代码运行后能够准确表达设计时的需求，才可以认为该操作系统是安全的，也是评价一个操作系统安全的主要内容。对于操作系统安全性方面评测的方式方法涉及三种形式：形式化验证、非形式化确认和入侵分析。这三种方法可以独立进行操作系统评测，也可以综合起来进行操作系统安全评测。

10.2.1　国内评测标准

操作系统安全性关乎整个计算机系统的安全性和可靠性，特别是在当今互联网快速发展的年代，我国也十分重视操作系统安全性问题，因此也制定了针对操作系统安全性的国家标准GB 17859—1999《计算机信息系统安全保护等级划分准则》、GB/T 18336—2001《信息技术　安全技术　信息技术安全性评估准则》。这些标准的颁布，为我国操作系统安全提供相应机制和保护能力。依据国标GB 17859—1999，我国将计算机安全保护能力划分为两个方面，即用户访问层面和系统保护层面。

1. 用户访问层面

（1）用户自主保护。该保护模式是利用计算机信息系统的可信计算基对用户和数据进行有效隔离，从而起到用户具备自主安全保护的能力。用户自主保护模式在控制能力方面具有多种形式，实现用户访问过程的控制约束，如为用户提供可行的访问方式，除了可以保护用户和用户组信息外，还可以控制其他用户对数据在未授权情况下的读写操作，甚至是对数据的破坏行为。

（2）访问验证保护策略。该保护模式是利用计算机信息系统的可信计算基来满足访问监控器需求。针对访问监控器来说，它具有仲裁主体权限功能（主体可以实现对客体全部访问）、自身抗篡改功能以及分析和检测功能（在访问监控器足够小的情况下）。访问监控需求在发生的时候，计算机系统要满足监控访问需求，构造计算机信息系统可信计算基时，针对实施安全策略的程序代码来说是非必要的。在访问监控需求设计阶段及其实现阶段，要将复杂程度降到最低程度，从而满足设计与实现阶段的可行性。访问验证保护层级具有扩展系统审计机制功能、支持安全管理员权限管理职能和系统恢复功能，因此，当操作系统安全受到威胁时，其表现的系统抗渗透能力是很强的。

2. 系统保护层面

（1）结构化保护策略。结构化保护是计算机信息系统可信计算基建立于一个明确定义的形式化安全策略模型之上，并且在自主访问和强制访问系统过程中要将这两种访问机制延伸到全部主体信息和客体信息，延伸过程涉及的信息传输通道要具备隐蔽特性。在该层面的计算机信息系统计算基要遵循结构化信息为关键保护元素和非关键保护元素，计算基的接口要明确定义，在结构化保护层面设计和实现时能更好地完成测试和复审，从而提高鉴别能力。结构化保护支持系统管理员和操作员职能，为管理员和操作员提供可信设施管理功能，提供系统的配置管理功能。在结构化保护层面下，系统的抗渗透能力有了较大提高。

（2）系统审计与安全标记策略。在系统审计和安全标记层面上，针对计算机信息系统计算基应该具备更细的自主访问控制和审计保护功能。在系统审计方面则是进行了更细的粒度计算，保护用户自身行为，如登录规则细度化、资源隔离等方面。安全标记则是标记系统执行后输出信息的能力，撤销测试过程中发现的错误。此外，安全标记层面提供有关的安全模型、数据标记和主体对客体进行强制访问控制的非形式化描述信息。

10. 2. 2　国际评测标准

国际上为了计算机系统更加安全和可靠，各个国家和地区针对计算机系统安全性制定了相应的评测标准和统一评价体系，从而提高计算机系统的安全可靠性。当前，针对计算机系统的安全评价标准主要有国际标准 CC（Common Criteria for IT Security Evaluation，CC）和美国的 TCSEC。

1. 美国标准

1983 年，为了保证计算机系统安全问题，美国国防部推出了世界上首部计算机安全评价标准——TCSEC。在该标准中详细叙述了评测基础、用户登录、授权管理以及访问控制等问题，并且对系统安全进行了分级。

计算机安全评测的基础是要对系统安全要求进行需求说明。通常而言，安全系统中规定了诸如系统安全特性，控制对信息的读取/存取，因此用户只有在授权情况下或代表授权用户工作的进程才能拥有对系统进行操作的存取或读取权限。基于存取或读取权限而言，美国国防部给出了4项涉及控制存取的要求，2项涉及安全保障的要求。

依据控制存取要求和安全保障要求，在用户登录、访问控制、审计跟踪、安全检测、隐蔽通道分析等方面，TCSEC提出了相应的规范性要求，并且依据所采用的安全策略、计算机系统所具有的安全功能将可信计算机系统划分为7个等级的安全级别。

（1）A1级，该级别采用形式化认证。

（2）B1级，该级别是访问控制，依据控制方式分为自主访问控制和强制访问控制。

（3）B2级，该级别是安全模型，针对安全模型要表现出良好的结构化和形式化。

（4）B3级，该级别是对计算机系统的全面访问控制以及针对系统可信性进行恢复。

（5）C1级，是自主访问控制。

（6）C2级，完成较为完善的自主存取控制以及审计。

（7）D级，是最低的安全级别。早期的MS－DOS系统在安全级别上就属于D级。

TCSEC阐述的7个级别是按照功能由高到低排序，即A1级到D级，其中A1级到B3级作为安全操作系统级别。

2. 国际标准

1999年7月，美国联合德国、法国等国家，以TCSEC为基础版本发布了CC2.0标准，并且将该标准作为国际标准（ISO/IEC 15408）。在该标准中，对计算机安全系统提出了“保护轮廓”，对计算机系统安全性评测过程分成两个部分，即功能部分和保证部分。该标准是当前有关于计算机系统安全评测准则中最全面的安全评测标准。CC标准涉及的内容主要是从一般模型、安全功能要求和安全保证要求三个部分进行描述。

10.3　操作系统安全技术

计算机系统安全性关乎系统运行的可靠性，采用对应的安全技术就可以对计算机系统安全性提供可靠保证。当前针对计算机系统安全性的相关技术主要涉及两个方面：一个是数据加密技术，另外一个就是用户验证技术。数据加密技术是以密码学为基础，通过对数据加密实现系统保护模式。用户验证技术则是利用口令、物理标志和生物识别等方式验证数据安全性，从而提高系统安全性。

10.3.1　数据加密技术

近十几年来，随着计算机网络技术的发展，数据传输量也在增加，数据信息安全性决定了计算机系统的安全性，因此以密码学作为基础的数据加密技术也逐渐渗透到安全保障体系中。

1. 数据加密原理

人类早在几千年前就采用加密形式对通信进行保密，形成通信保障技术和机制，且出现了早期的也是最基本的两种加密方法——易位法和置换法。但是直到20世纪60年代，随着工业的发展和科学技术的进步，密码学及其相关算法和模型等才进入快速发展期。

数据加密原理就是在发送端采用加密算法对数据进行加密，形成密钥，到达接收端后采用解密算法利用解密密钥对加密数据进行解密，从而获得数据。数据加密模型也是基于该原理形成的模型结构。数据加密模型主要由明文（被加密数据或文本）、密文（加密后的数据或文本）、加密算法（形成加密密钥和密文）、解密算法（完成密文的解密过程）以及密钥（加密算法和解密算法中涉及的主要参数）5部分构成。数据加密模型如图10－7所示。

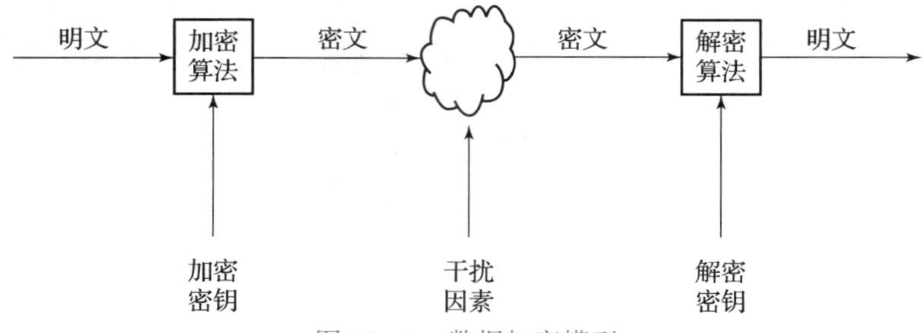

图10－7　数据加密模型

数据加密模型的执行过程可以分为三部分，即发送端、传输端和接收端。在发送端利用加密算法和加密密钥对明文进行加密处理，形成密文。传输端完成密文在网络或其他传输设备的传送，期间可能会受到来自外界的干扰，如自然环境、盗取等。接收端则是利用解密算法和解密密钥对密文进行解密，从而获得明文。在加密模型里，算法相对来说比较稳定。为了保证数据或文本的安全，在数据加密和解密过程中要经常性地改变密钥。

2. 加密算法

数据安全是整个计算机系统安全的重要保证，为了保证数据安全，通常会在数据传输过程中对数据采用加密算法完成加密处理。针对不同的数据加密算法依照其功能不同分为对称加密算法和非对称加密算法。

1）对称加密算法

所谓对称加密算法其实就是在发送端采用算法加密后的密文到达接收端后采用解密算法进行解密，在加密算法和解密算法二者之间存在依赖关系，而这种依赖关系就是通过使用相同的密钥或利用相关算法将加密密钥推导出解密密钥方式建立，且密钥不对第三方公开。对称加密算法中最为著名的是DES（数据加密标准）。对称加密算法过程大致如图10－8所示。

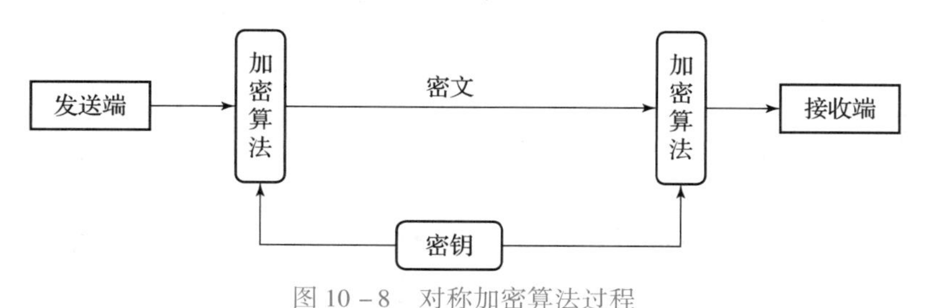

图10－8　对称加密算法过程

DES 就是将密钥长度设定为 64 比特位，其中的 56 比特位是表示实际密钥，另外 8 比特位是奇偶校验码。DES 加密过程是将明文和密文为 64 位分组，密钥的长度为 64 位，但是密钥的每个第八位设置为奇偶校验位，因此密钥的实际长度为 56 位。DES 首先进行初始置换，是将原始明文经过 IP 置换表处理。其次利用 Round – Key Generate 生成子密钥。第三步进行 Round 迭代过程，利用 S – 盒替代的输出结果作为 P – 盒置换的输入，从而达到增加位数的作用。最后终止置换，密文生成。生成密文后的数据利用网络等传输设备传输密文，当到达接收端后采用加密过程的逆过程进行解密操作获得明文。

2）非对称加密算法

非对称加密算法是加密算法的另外一种形式，就是加密密钥和解密密钥不同，利用算法很难推导出解密密钥，因此采用该种形式对明文进行加密可以将两种密钥中的一个公开（称为公钥或公开密钥）。最为典型的非对称加密算法是 RSA 算法。非对称加密算法过程如图 10 – 9 所示。

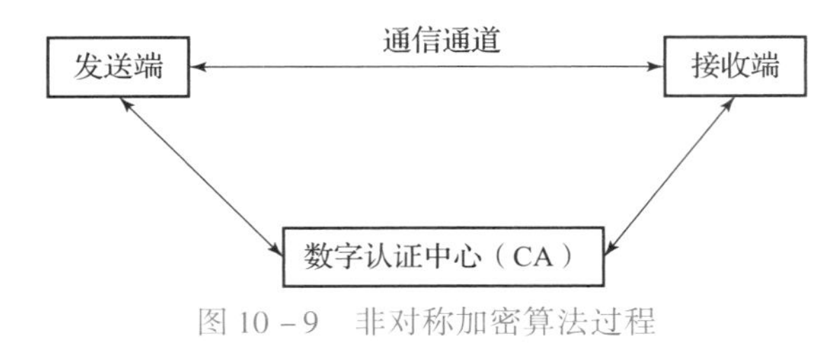

图 10 – 9　非对称加密算法过程

在非对称加密过程中，发送端首先要与 CA（Certification Authority）进行协商来获得对明文加密所需要的公钥和私钥，发送端从而取得数字证书。同时，接收端也需要与 CA 进行协商来获得解密时需要的公钥和私钥。然后，发送端和接收端就可以利用通信通道进行密文传输。

通过对比图 10 – 8 和图 10 – 9 可知，在对密文处理速度上非对称加密算法要慢，但是非对称加密算法针对密钥是 CA 管理，因此较为简单。在当前推出的安全协议中，基本上都采用这两种加密算法组合，完成信息加密。

10.3.2　数字签名

数字签名（公钥数字签名、电子签章）是指在商业领域里，业务上来往都需要在单据上签名或加盖印章，证明单据合法性，随着计算机网络快速发展，相当部分的单据都是通过网络进行传输，为了保障单据真实性，将密码学中的公开密钥法用于电子签名。一套数字签名通常定义两种互补的运算，一个用于签名，另一个用于验证。

数字签名过程是当发送方发送报文时，发送方用一个哈希函数从报文文本中生成报文摘要，然后用自己的私人密钥对这个摘要进行加密，这个加密后的摘要将作为报文的数字签名和报文一起发送给接收方，接收方首先用与发送方一样的哈希函数从接收到的原始报文中计算出报文摘要，接着再用发送方的公用密钥来对报文附加的数字签名进行解密，如果这两个摘要相同，则说明接收方能确认该数字签名是发送方的。数字签名具体过程如图 10 – 10 所示。

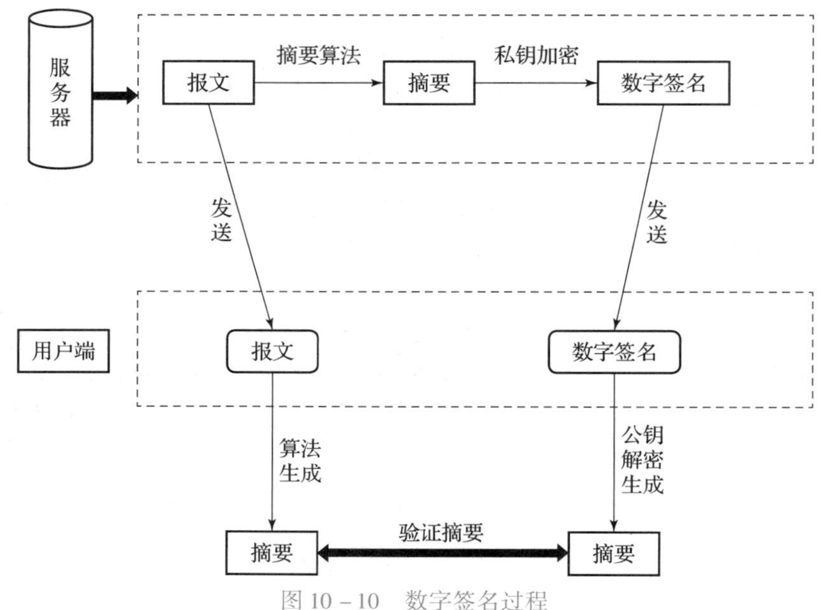

图 10－10　数字签名过程

数字签名有两种功效：一是能确定消息确实是由发送方签名并发出来的，因为别人假冒不了发送方的签名。二是数字签名能确定消息的完整性。因为数字签名的特点是它代表了文件的特征，文件如果发生改变，数字摘要的值也将发生变化。不同的文件将得到不同的数字摘要。一次数字签名涉及一个哈希函数、发送者的公钥和发送者的私钥。

10.3.3　口令验证

验证就是用户登录计算机系统时，操作系统要验证该用户合法性，所以验证又被称为识别或认证。其中，最为简单的验证方式就是口令验证，所谓的口令验证就是用户登录系统时需要用户输入用户名，然后登录程序会将用户名信息与用户注册表进行对比，完成验证过程。该方式简单可行且有效果。由于其简单，往往会受到攻击者的攻击，因此口令验证技术是不断更新和发展的，以应对试图进入计算机系统的攻击者。

1. 口令设置要求

口令通常是由数字、字符和特殊字符构成，口令越复杂，攻击者猜中的可能性就越低。对于口令生成通常有两种方式，一种是由系统自动生成，另外一种则是由用户自己设定。口令的复杂性在一定程度上决定系统安全性，因此设定口令常常要满足以下几点：

（1）口令长度。对于口令长度而言，通常是要适当。

（2）口令构成。口令应该包含多种字符，且里面要含有特殊字符，增加破译时间。

（3）自动断开机制。用户输入口令时，由于错误原因可能需要多次输入，自动断开机制则是当输入错误口令满足一定次数后就禁止用户输入口令，断开与计算机系统或与服务器之间的连接。该方式可以增加攻击者猜中口令所需要的时间。

（4）系统备案。计算机系统会记录用户登录系统的时间以及退出系统的时间，同时会记录和报告攻击者攻击本系统猜测口令的企图。利用系统备案就可以及时发现非法用户对系统的攻击行为，提高系统安全性。

（5）系统回送。当用户输入口令后，口令会在屏幕上显示，攻击者就可以看见屏幕上的口令，威胁系统安全，因此，系统应该禁止系统回送，提高系统安全性。

2. 动态口令

动态口令又称为一次性口令，即用户登录系统后，如果退出再次登录，需要重新获得口令。采用动态口令机制则用户必须给系统提供一张记录口令序列的口令表。系统为了记录每一次用户登录使用的口令会设置一个指针，利用该指针记录下次用户登录的口令信息。该方式的好处就是即使攻击者猜中用户当前使用的口令，其也无法登录系统。

3. 算法验证

算法验证就是利用算法来实现对口令的验证模式。当用户采用该方式进行计算机系统登录时，用户可以自己选择一个算法，算法难易程度决定攻击者获得有效口令的时间长度。因此，针对用户来说，经常改变算法会更好地提高系统安全性。

4. 口令文件

口令文件就是在系统中为口令配置一个文件，文件中保存了合法用户信息（输入口令、用户权限）。口令文件至关重要，一旦被攻击者获得，计算机系统安全性便无从保障。因此，对提高口令文件安全性最为有效的方法就是加密。但是，口令文件加密也不一定就安全可靠，威胁主要来自两个方面，一方面是攻击者获得解密密钥，另一方面就是加密程序破译口令。

10.3.4 物理验证

物理验证就是将系统登录所用到的信息写入具有物理特性的设备上，当用户需要登录时利用该设备实现登录。当前，基于物理验证的设备主要有磁卡、IC 卡等设备。

1. IC 卡验证

IC 卡是指将集成电路内置，且将用户信息写入内置存储芯片的卡片。由于 IC 卡的特殊性，其通常是由专门的电子厂商通过专门设备进行生产。当用户使用时，只需要将 IC 卡片插入特定的识别设备中就可以读取卡片中用户身份信息，从而完成登录操作。虽然 IC 卡属于硬件设备，不具有复制性，且存储在卡片中的信息是静态的，但窃取者利用内存扫描等技术就可以获取用户信息，存在根本安全隐患。当前，为了提高 IC 卡安全性，利用密码学技术对用户数据进行加密处理，使得 IC 卡具有更强的防伪性和保密性。依据 IC 卡中植入芯片种类不同，可将 IC 卡分为三种，分别是微处理机卡片、存储卡片和密码卡片。

IC 卡在进行身份验证时，由于采用的技术不同，身份识别方式也各有不同。但对于大部分 IC 卡来说，其验证过程基本相似，如图 10－11 所示。

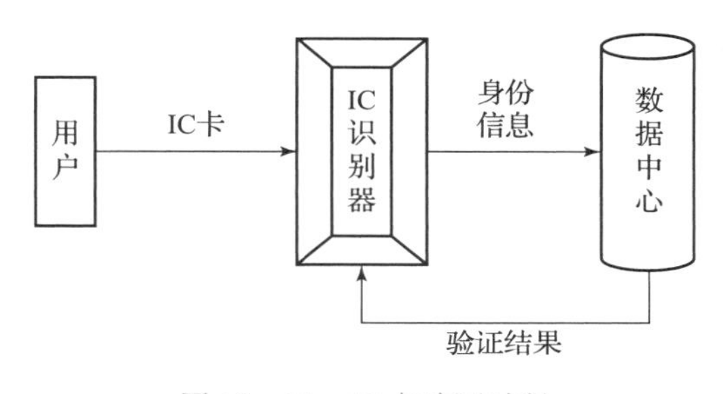

图 10－11　IC 卡验证过程

在 IC 卡验证过程中，用户通过 IC 卡识别器来读取存储在卡片上的用户信息，然后利用通信设备将用户身份信息上传到数据中心（服务器），与存储在数据中心的用户信息进行验证匹配，最后将验证结果反馈给 IC 卡识别器。

2. 磁卡验证

磁卡验证就是将用户信息利用磁性材料进行数据信息存储的卡片，利用该卡片实现用户登录操作，如银行卡等。我国在 20 世纪 80 年代就开始使用磁卡。磁卡背面有磁条，磁条上可以根据卡的不同作用写入不同信息，如银行卡写入的是用户名、密码、账号和资金等信息。

磁卡上的存储信息可以利用读卡器读取，然后将数据传入计算机，再由用户识别程序读取用户信息与用户信息表进行比对，完成磁卡验证过程。在 2000 年之后，由于网络交易的出现与发展，磁卡为了保证安全增加了动态口令机制，就是以磁卡验证为基础，增设口令机，每次操作时就会随机发送动态口令，完成磁卡验证工作。

3. 智能手机验证

随着 WiFi 通信技术的发展和智能手机的普及，IC 卡和磁卡等功能和作用已经植入智能手机中，将用户等信息写入手机存储芯片中，当使用时通过 APP 调取信息，然后利用识别器读取信息后上传服务器进行身份识别。智能手机验证由于采用 APP 小程序以及 WiFi 无线传输，信息泄露的可能性增大，因此对智能手机系统安全造成重大威胁。

10.3.5 生物识别验证

生物识别验证就是利用生物自有特征信息通过采集器采集到的信息进行用户身份验证。常见的识别验证模式有指纹验证、虹膜验证以及动态验证等。生物识别验证是最可靠、最安全的身份验证方式，因为该模式直接提取生物物理特征，将其数字化后，通常不同人群的身份特性是不相同的。

1. 生物特征识别系统

生物特征识别系统的目的是识别，因此生物特征提取就是十分重要的一环，特征提取需采集器采集生物特征后，经过计算机系统或特有设备分析后形成特征数据库。因此，生物特征识别系统要满足以下要求：

（1）功能强大。在面对攻击者攻击过程表现出抗欺骗性和防伪造性。

（2）用户感受。当用户使用时候应该在最短时间内完成特征提取和识别，且误识率要低。

（3）价格感受。系统有成本、运营期间的维护费用等要素，价格要合理。

2. 生物识别系统构成

生物识别系统构成如图 10－12 所示。

（1）信号采集器：该功能是对生物特征信息进行采集，如指纹、虹膜等。

（2）预处理：该模块功能是将信号采集器采集到的数据进行处理，将数据转换成计算机系统能够存储的数据信息，同时要对数据进行冗余处理，保留有效数据。

（3）特征提取：该模块是对预处理后的数据依照特征提取算法提取生物特征信息。

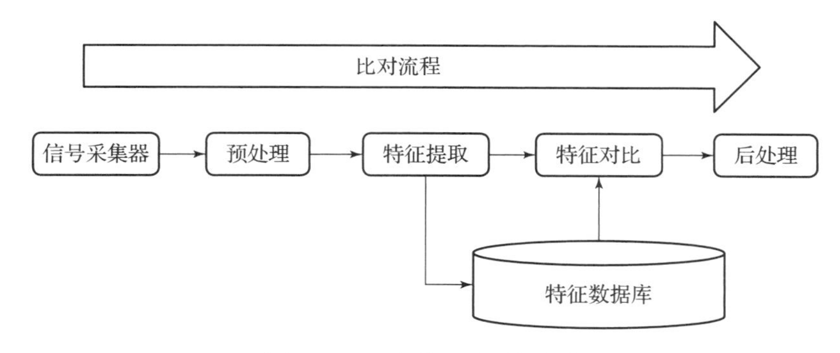

图10-12　生物识别系统构成

（4）特征对比：是将提取后的生物特征信息与数据库中存储的特征信息进行对比。

（5）后处理：是对比后，将结果返回给识别器，完成验证过程。

（6）特征数据库：存储生物特征数据。

10.4　操作系统安全模型

安全模型是对安全策略所表示的安全要求简单化、抽象化和无异议的描述特性。开发一个安全系统的首要任务是建立该系统的安全模型，该模型会给出安全系统的形式化定义模式。安全模型是满足计算机系统的安全要求、设计需求和实现安全控制的全面性描述。

10.4.1　Bell-LaPadula模型

Bell-LaPadula模型简称为BLP模型，该模型注重防止非授权泄露，对非授权信息修改是次要的，是安全模型中最为经典的一种模型。

1. BLP模型特点

（1）BLP模型是存取控制模型，对主体和客体的安全进行分级和标记，采用自主存取控制和强制存取控制。

（2）控制数据存取，针对强制策略将计算机系统中的主体和客体的等级作为基础。

（3）可信依赖，可信依赖反映的是主客体关联的安全许可。

（4）约束，主要是指不同安全级别的主体对客体的存取在性质上的约束。

2. BLP模型访问机制

BLP模型中，当主体和客体处于不同的安全级别时，主体对客体存在一定的访问限制。当该模型实现以后，模型能够保证信息不被非授权主体所访问。BLP模型访问机制如图10-13所示。

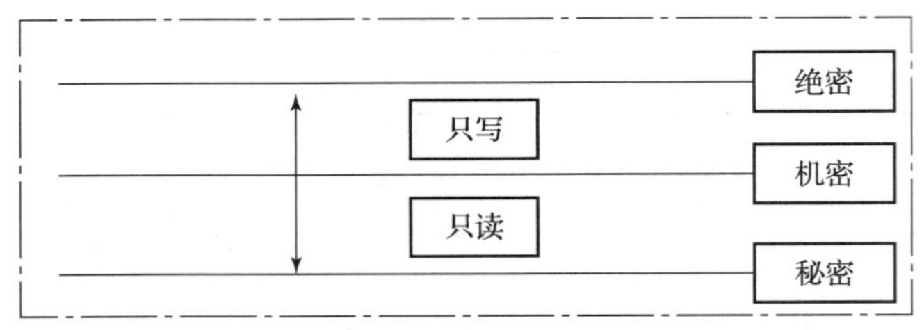

图 10－13　BLP 模型访问机制

10.4.2　Biba 模型

Biba 模型是 Biba（K. J. Biba）在 1977 年提出的完整性访问控制模型，它是一个强制访问模型。Biba 模型也是以主体和客体及其级别为基础的概念。Biba 模型可以称为完整级别的安全模型，它将数据和用户划分为公开、受限、秘密、机密和高密 5 个安全级别。Biba 模型采用两种规则来保护数据的完整性，一个是下读属性，一个是上写属性。

Biba 模型能够防止数据从低完整性级别流向高完整性级别，也就是公开到高密，Biba 模型有三条规则提供保护，其访问机制如图 10－14 所示。

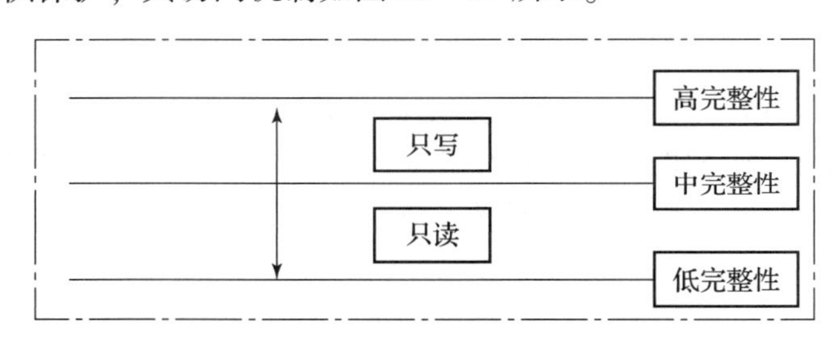

图 10－14　Biba 模型访问机制

当完整性级别为“中完整性”的主体访问完整性级别为“高完整性”的客体时，主体对客体可读不可写，同时也不能调用主体的任何程序和服务；当完整性级别为“中完整性”的主体访问“中完整性”的客体时，主体对客体可写可读；当“中完整性”的主体访问“低完整性”的客体时，主体对客体可写不可读。

10.5　本章小结

对计算机信息系统进行有效保护，就是对攻击者、非授权用户等行为进行监视与防御。安全是对系统总体性和信息安全性的可信度衡量标准。计算机系统安全与访问控制和系统设计时采用的安全模型息息相关。安全模型是基础，访问控制是门卫，采用有效的访问控制技术，系统安全性才能得到更好的保障。

本章重点讨论了系统的安全与保护。首先，介绍了操作系统基本概念和分类；其次，介绍了操作系统威胁因素；再次，介绍了用户验证技术，主要介绍了数据加密、数据加密算法和口令验证；最后，介绍了操作系统安全模型，主要是 BLP 模型和 Biba 模型。

第 10 章　习题

简答题

1. 简述操作系统安全性的特点。
2. 操作系统安全性的威胁因素有哪些？
3. 简述 TCSEC 准则所涉及的两个方面信息。
4. 简述数字签名的过程。
5. 简述生物识别系统构成及其各个部分功能。
6. 简述口令验证技术中对口令设置要求。
7. 简述加密算法分类及其加解密过程。
8. 简述 BLP 模型和 Biba 模型的访问机制。

第 11 章　操作系统实验

11.1　实验 1——单处理机系统的进程调度

一、实验目的

(1) 加深对进程概念的理解，明确进程和程序的区别。

(2) 深入了解系统如何组织进程、创建进程。

(3) 进一步认识如何实现处理机调度。

二、实验要求

(1) 复习第 4 章处理机调度的相关知识。

(2) 实验要求实现对进程的创建和调度。

(3) 进程调度算法采用时间片轮转调度算法，也可以采用其他进程调度算法作为拓展。

(4) 使用软件测试技术和工具进行测试。

(5) 完成实验报告。

三、实验内容

编写程序完成单处理机系统中的进程调度，要求采用时间片轮转调度算法。实验具体包括：首先确定进程控制块的内容，进程控制块的组成方式；然后完成进程创建原语和进程调度原语；最后编写主函数对所做工作进行测试。

四、实验环境

开发环境：C ++ 开发环境。

主要开发工具：Visio Studio 2019 等。

五、实验提示

这个实验主要要考虑三个问题：如何组织进程、如何创建进程和如何实现处理机调度。

考虑如何组织进程，首先就要设定进程控制块的内容。进程控制块 PCB 记录各个进程执行时的情况。不同的操作系统，进程控制块记录的信息内容不同。操作系统功能越强，软件也越庞大，进程控制块记录的内容也就越多。这里的实验只使用了必不可少的信息。一般操作系统中，无论进程控制块中信息量多少，信息都可以大致分为以下四类：

1. 标识信息

每个进程都要有一个唯一的标识符，用来标识进程的存在并区别于其他进程。这个标识符是必不可少的，可以用符号或编号实现，它必须是操作系统分配的。在后面给出的参考程序中，采用编号方式，也就是为每个进程依次分配一个不相同的正整数。

2. 说明信息

用于记录进程的基本情况，例如进程的状态、等待原因、进程程序存放位置、进程数据存放位置等。实验中，因为进程没有数据和程序，仅使用进程控制块模拟进程，所以这部分内容仅包括进程状态。

3. 现场信息

现场信息记录各个寄存器的内容。当进程由于某种原因让出处理机时，需要将现场信息记录在进程控制块中，当进行进程调度时，从选中进程的进程控制块中读取现场信息进行现场恢复。现场信息就是处理机的相关寄存器内容，包括通用寄存器、程序计数器和程序状态字寄存器等。在实验中，可选取几个寄存器作为代表。用大写的全局变量 AX、BX、CX、DX 模拟通用寄存器、大写的全局变量 PC 模拟程序计数器、大写的全局变量 PSW 模拟程序状态字寄存器。

模拟寄存器的定义如下：

```
int PSW,AX,BX,CX,DX,PC,TIME;    //模拟寄存器
```

4. 管理信息

管理信息记录进程管理和调度的信息。例如进程优先数、进程队列指针等。实验中，仅包括队列指针。

因此可将进程控制块结构定义如下：

```
struct pcb{
    int name;                  //进程标识符
    int status;                //进程状态
    int ax,bx,cx,dx;           //进程现场信息,通用寄存器内容
    int pc;                    //进程现场信息,程序计数器内容
    int psw;                   //进程现场信息,程序状态字寄存器内容
    int next;                  //下一个进程控制块的位置
}pcbarea[n];                   //模拟进程控制块区域的数组
```

确定进程控制块内容后，要考虑的就是如何将进程控制块组织在一起。多道程序设计系统中，往往同时创建多个进程。在单处理机的情况下，每次只能有一个进程处于运行态，其他的进程处于就绪状态或等待状态。为了便于管理，通常把处于相同状态的进程的进程控制块链接在一起。单处理机系统中，正在运行的进程只有一个。因此，单处理机系统中进程控制块分成一个正在运行进程的进程控制块、就绪进程的进程控制块组成的就绪队列和等待进程的进程控制块组成的等待队列。由于实验模拟的是进程调度，没有对等待队列的操作，所以实验中只有一个指向正在运行进程的进程控制块指针和一个就绪进程的进程控制块队列指

针。操作系统的实现中，系统往往在内存中划分出一个连续的专门区域存放系统的进程控制块，实验中应该用数组模拟这个专门的进程控制块区域，定义如下：

```
#define n 10 //假定系统允许进程个数为10
struct pcb pcbarea[n]; //模拟进程控制块区域的数组
```

这样，进程控制块的链表实际上是数据结构中使用的静态链表。进程控制块的链接方式可以采用单向和双向链表，实验中，进程控制块队列采用单向不循环静态链表。为了管理空闲进程控制块，还应该将空闲控制块链接成一个队列。

实验中采用时间片轮转调度算法，这种算法是将进程控制块按照进入就绪队列的先后次序排成队列。关于就绪队列的操作就是从队头摘下一个进程控制块和从队尾挂入一个进程控制块。因此为就绪队列定义两个指针，一个头指针，指向就绪队列的第一个进程控制块；一个尾指针，指向就绪队列的最后一个进程控制块。

实验中指向运行进程的进程控制块指针、就绪队列指针和空闲进程控制块队列指针定义如下：

```
int run;                    //定义指向正在运行进程的进程控制块的指针 struct
int block;                  //定义指向处于等待状态进程的进程控制块的指针
struct {
     int head;
     int tail;
}ready;                     //定义就绪队列的头指针 head 和尾指针 tail
int pfree;                  //定义指向空闲进程控制块队列的指针
```

以上是如何组织进程，下面考虑如何创建进程。

进程创建是一个原语，因此在实验中应该用一个函数实现，进程创建的过程应该包括：

（1）申请进程控制块：进程控制块的数量是有限的，如果没有空闲进程控制块，则进程不能创建，如果申请成功才可以执行第（2）步。

（2）申请资源：除了进程控制块外，还需要有必要的资源才能创建进程，如果申请资源不成功，则不能创建进程，并且归还已申请的进程控制块；如果申请成功，则执行第（3）步，实验无法申请资源，所以模拟程序忽略了申请资源这一步。

（3）填写进程控制块：将该进程信息写入进程控制块内，实验中只有进程标识符、进程状态可以填写，每个进程现场信息中的寄存器内容由于没有具体数据而使用进程（模拟进程创建时，需输入进程标识符字，进程标识符本应系统建立，并且是唯一的，输入时注意不要冲突），刚刚创建的进程应该为就绪态，然后转去执行第（4）步。

（4）挂入就绪队列：如果原来就绪队列不为空，则将该进程控制块挂入就绪队列尾部，并修改就绪队列尾部指针；如果原来就绪队列为空，则将就绪队列的头指针、尾指针均指向该进程控制块，进程创建完成。

进程创建流程图如图 11－1 所示。

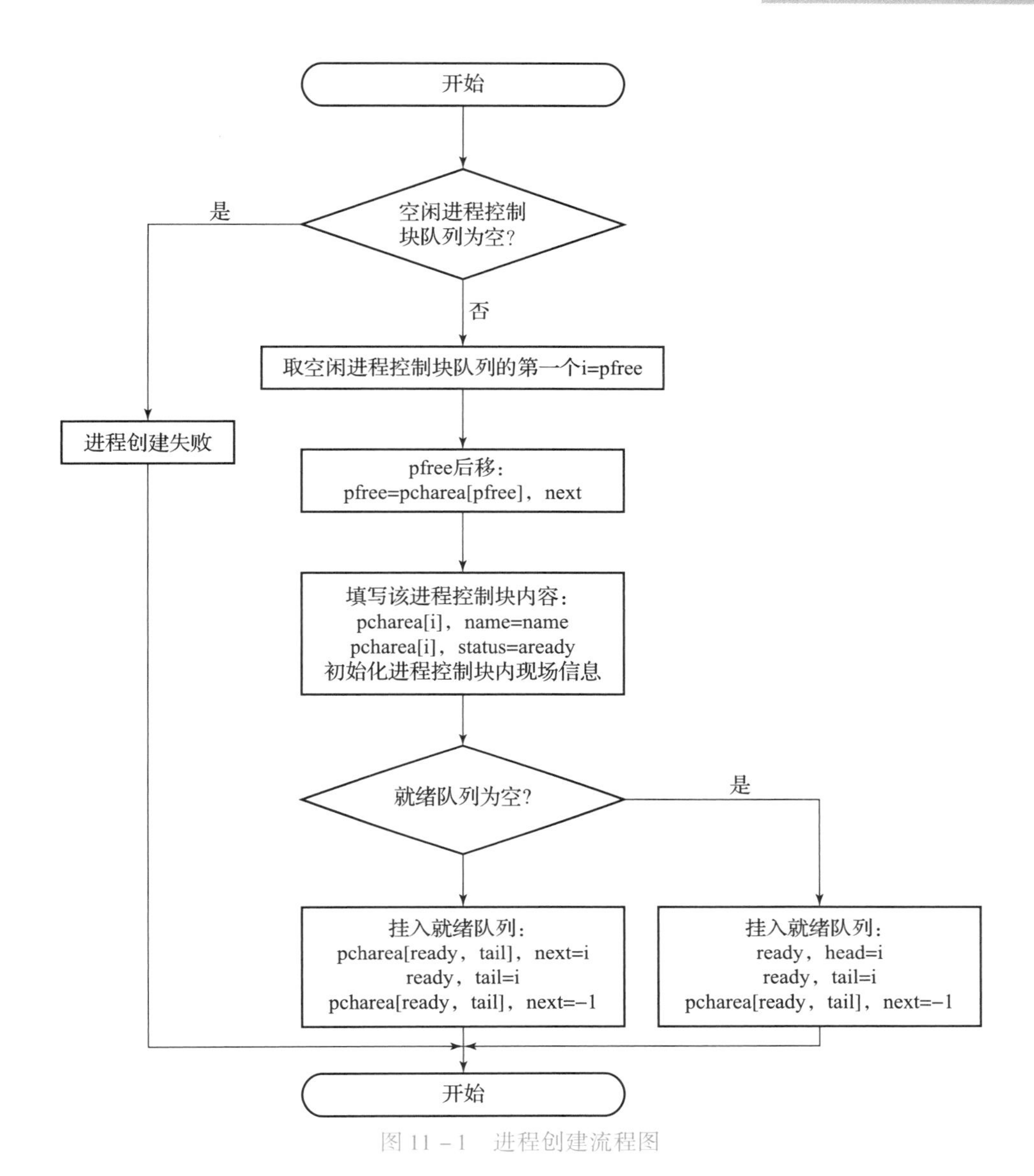

图 11-1 进程创建流程图

进程创建程序设计参考:

```
create(int x)
//创建进程
{
    int i;
    if(pfree == -1){          //空闲进程控制块队列为空
       printf("无空闲进程控制块,进程创建失败 \n");
       return;
    }
    i =pfree;                 //取空闲进程控制块队列的第一个
    pfree =pcbarea[pfree].next;      //pfree 后移
```

```
//填写该进程控制块内容;
pcbarea[i].name = x;
pcbarea[i].status = aready;
pcbarea[i].ax = x;
pcbarea[i].bx = x;
pcbarea[i].cx = x;
pcbarea[i].dx = x;
pcbarea[i].pc = x;
pcbarea[i].psw = x;
if(ready.head! = -1){                    //就绪队列不空时,挂入就绪队列方式
    pcbarea[ready.tail].next = i;
    ready.tail = i;
    pcbarea[ready.tail].next = -1;
}
else{                                    //就绪队列空时,挂入就绪队列方式
    ready.head = i;
    ready.tail = i;
    pcbarea[ready.tail].next = -1;
}
}//进程创建函数结束
```

多道程序设计的系统中，处于就绪态的进程往往是多个，它们都要求占用处理机，可是单处理机系统的处理机只有一个，进程调度就是解决这个处理机竞争问题的。进程调度的任务就是按照某种算法从就绪进程队列中选择一个进程，让它占有处理机。因此进程调度程序就应该包括两部分，一部分是在进程就绪队列中选择一个进程，并将其进程控制块从进程就绪队列中摘下来，另一部分工作就是分配处理机给选中的进程，也就是将指向正在运行进程的进程控制块指针指向该进程的进程控制块，并将该进程的进程控制块信息写入处理机的各个寄存器中。

实验中采用时间片轮转调度算法。时间片轮转调度算法让就绪进程按就绪的先后次序排成队列，每次总是选择就绪队列中的第一个进程占有处理机，但是规定只能使用一个“时间片”。时间片就是规定进程一次使用处理机的最长时间。实验中采用每个进程都使用相同的不变的时间片。

采用时间片轮转调度算法的进程调度流程图如图 11 -2 所示。

进程调度程序设计参考：

```
sheduling(){                          //进程调度函数
    int i;
    if(ready.head == -1)          //空闲进程控制块队列为空,退出
    {
        printf("无就绪进程\n");
        return;
```

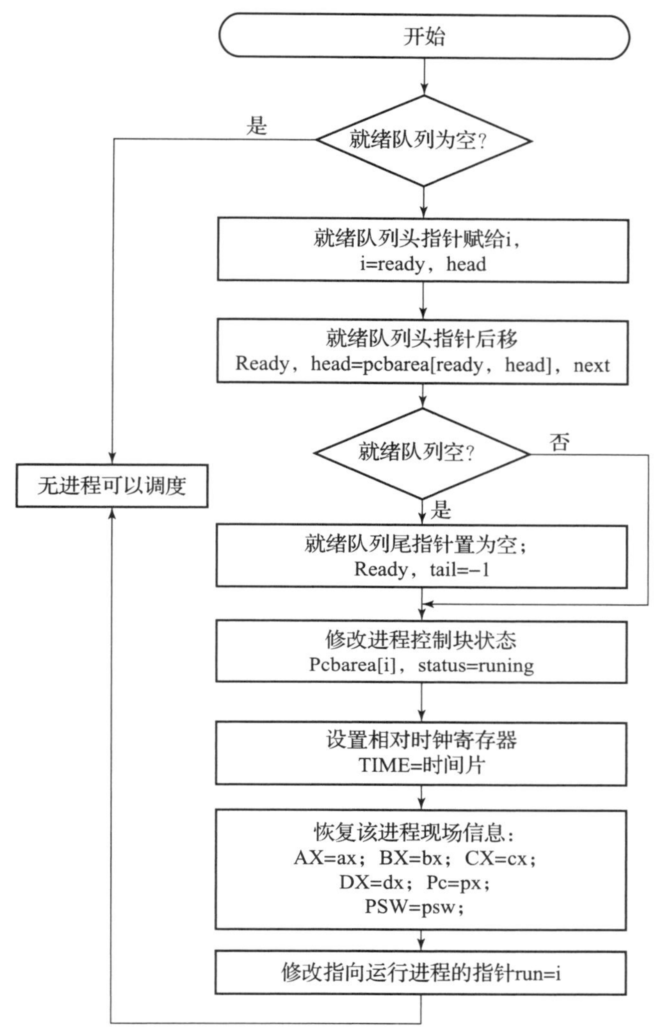

图 11-2　采用时间片轮转调度算法的进程调度流程图

```
}
i = ready.head;              //就绪队列头指针赋给 i
ready.head = pcbarea[ready.head].next;        //就绪队列头指针后移
if(ready.head == -1)ready.tail = -1;          //就绪队列为空,修正尾指针
pcbarea[i].status = running;                  //修改进程控制块状态
TIME = sometime;            //设置相对时钟寄存器
//恢复该进程现场信息
AX = pcbarea[run].ax;
BX = pcbarea[run].bx;
CX = pcbarea[run].cx;
DX = pcbarea[run].dx;
PC = pcbarea[run].pc;
PSW = pcbarea[run].psw;
run = i;                    //修改指向运行进程的指针
}//进程调度函数结束
```

5. 主函数程序设计参考

```
main(){
    //系统初始化
    int num,i,j;
    run = ready.head = ready.tail = block = -1;
    pfree = 0;
    for(j = 0;j < n - 1;j ++)
        pcbarea[j].next = j + 1;
    pcbarea[n - 1].next = -1;
    printf("输入进程编号(避免编号冲突,以负数输入结束,最多可以创建10个进程):\n");
    scanf_s("% d",&num);
    while(num >= 0){
        create(num);
        scanf_s("% d",&num);
    }
    sheduling();//进程调度
    if(run! = -1){
        printf("进程标识符  进程状态  寄存器内容:ax bx cx dx psw:\n");
        printf("% 8d% 10d% 3d% 3d% 3d% 3d% 3d% 3d\n",pcbarea[run].name,
            pcbarea[run].status,pcbarea[run].ax,pcbarea[run].bx,pcbarea
[run].cx,
            pcbarea[run].dx,pcbarea[run].pc,pcbarea[run].psw);
    }
    system("pause");
}
```

六、实验拓展

本实验采用时间片轮转调度算法完成了进程的调度，请尝试用第4章中所学习的其他进程调度算法对进程进行调度。

11.2 实验2——可变分区内存管理

一、实验目的

通过编写和调试连续内存管理中对可变分区的管理，加深理解与应用设计采用可变分区存储管理的内存分配与回收。

二、实验要求

(1) 复习第6章可变分区内存管理的相关知识。

(2) 实验要求实现对内存的分配、内存的回收以及能显示目前内存的分配情况。

(3) 可变分区内存管理对内存的分配与回收采用最佳适应分配算法。

（4）空闲分区表的设计可采用链表设计，也可采用顺序表设计。

（5）使用软件测试技术和工具进行测试。

（6）完成实验报告。

三、实验内容

确定内存空间分配表，采用最佳适应分配算法，编写程序完成可变分区存储管理方式的内存分配与回收。

四、实验环境

开发环境：C ++ 开发环境。

主要开发工具：Visio Studio 2019 等。

五、实验提示

1. 可变分区内存管理规则

可变分区存储管理，在作业执行前不建立分区，分区的建立是在作业的处理过程中进行的。分区大小不是预先固定的，而是按作业需求量来划分。系统初启时，整个用户区可看作一个大的空闲区。当作业要求装入时，根据作业对内存需求量，从空闲区中划出一个与作业大小一致的分区来装入该作业，剩余部分仍为空闲区。分区的个数和位置随着作业的动态变化而变化。

2. 可变分区的分配与回收

1）分配

将一个作业装入内存，通过可变分区分配算法从空闲分区表（或空闲分区链）中选出一个满足作业需求的分区分配给作业。为作业分配内存空间，则首先从空闲分区表的第 1 个区开始，寻找大于等于作业大小的空闲区；找到后从分区中分割出作业大小的部分给作业使用；分割后的剩余部分作为空闲区仍然登记在空闲分区表中。注意，在设计对空闲区的分割时，从底部分割。这是因为空闲区从底部分割，剩下的空闲区，只需修改空闲分区表中的大小，而位置不变。这是为了方便空闲分区表的更新。

本实验采用的分配算法是最佳适应分配算法。即空闲分区按长度递增次序登记在空闲分区表中。

2）回收

作业执行结束，系统回收已使用完毕的分区。回收后的空闲区登记在空闲区表中，用于装入新的作业。回收空间时，应检查是否存在与回收区相邻的空闲分区，如果有，则将其合并成为一个新的空闲分区进行登记管理。

回收分区与已有空闲分区的相邻情况有 4 种：上邻空闲区、下邻空闲区、上下相邻空闲区、上下都不相邻空闲区。

3. 实验设计需考虑的问题

在本实验设计前需考虑的问题有三方面：

（1）设计记录内存使用情况的数据表格，用来记录空闲分区和已用分区；

（2）设计内存分配算法；

（3）设计内存回收算法。

4. 数据表格设计提示

管理内存空间的数据表格有空闲分区表和已用分区表。这两种表的实现方法有两种：一种是链表形式，一种是顺序表形式。本实验采用顺序表形式，采用数组方法实现。

1）空闲分区表

空闲分区表，用于记录内存中空闲的区域，即内存中未分配出去的区域。空闲分区表中有两种状态的表项，一种是未分配状态，一种是空表目。作业申请内存空间，查找空闲分区表中“未分配”状态的存储空间。空表目，表示表中对应的登记项目前是空白，可以用来登记新的空闲区，若有作业运行结束，回收占用的内存空间，应找一个空表目栏登记回收区的长度、起始地址和状态。

空闲分区表结构设计：空闲分区表的表项应包含分区的起始地址、长度，还要有一项标志，标志是未分配状态还是空表目。

空闲区的程序设计参考：

```
#define m 10    //空闲区表的最大项数 m
struct{
    float address;
    float length;
    int flag;
}freetable[m];
```

通过结构体设计方式，将空闲区的三个表项设计为结构体的三个成员变量。address 表示空闲区的起始地址，因为分区起始地址数值较大，所以采用了 float 数据类型；length 表示空闲区的长度，单位是字节，同理分区的长度数值较大，所以也采用了 float 数据类型；flag 表示空闲分区表的表项状态，其值只有 0 或 1，当 flag = 0 表示空表目，当 flag = 1 表示未分配。freetable ［m］ 是具有该结构体数据类型的空闲分区表，m 表示分区表的长度，可根据设计需求定义 m 的值。例如，#define m 10，表示设计系统允许的空闲分区表最大长度是 10。

2）已用分区表

已用分区表，用于记录内存中当前已经分配给用户作业的内存分区。已用分区表包括分区区号、分区大小、起始地址和状态。其中状态分为两种，一种是已分配，一种是空表目。空表目的意义和空闲区的空表目意义同理。

已用分区的程序设计参考：

```
#definen 10    //作业的最大数量 n
struct{
    float address;
    float length;
    int flag;
}usedtable[n];
```

通过结构体设计方式，将已用分区的三个表项设计为结构体的三个成员变量。address 表示已用分区的起始地址；length 表示已用分区的长度，单位是字节；flag 表示已用分区表的表项状态，当 flag = 0 表示空表目。usedtable ［n］ 是具有该结构体数据类型的已用分区表，n 表示分区表的长度，可根据设计需求定义 n 的值。例如，#define m 10，表示设计系统允许最多的作业数量是 10。

5. 内存回收算法设计提示

本实验采用的分配算法是最佳适应分配算法。最佳适应分配算法的空闲分区表是按空闲区长度递增次序登记在空闲分区表中。所以在为作业分配空闲区时，顺序查找空闲分区表，找到的第一个能装入该作业的表目一定是能满足作业要求的最小空闲区，这样保证可以不去分割一个大的区域，使装入大作业时比较容易分配到内存空间。这样查找速度快，但为了使空闲区按长度递增顺序登记在空闲分区表中，必须在分配回收时进行空闲分区表的调整。空闲分区表调整时移动表目的代价要高于查询整张表的代价，所以实验中不采用空闲区有序登记在空闲表中的方法。

最佳适应分配算法在空闲区分配时容易出现找到一个分区可能只比作业所要求的长度略大一点，若是将该空闲区分割，则分割后剩下的空闲区会很小，甚至这样小的空闲区无法再分配给其他作业而产生碎片，解决这个问题的方法是如果空闲区的大小比作业要求的长度略大一点，不再分割空闲区，而是将整个空闲区分配给作业。分配算法设计过程如图 11－3 所示。

i 是空闲分区表中的一栏，i 从 0～m；

k 作为登记项，当找到适合作业 x 的分区，将 k＝i，若未找到 k＝－1；

m 是空闲分区表长度；

n 是已分配分区表长度；

flag 是空闲分区或已分配分区状态标志位。

内存分配算法程序设计参考：

```
void allocate(char J,float len)     //内存分配
{
 int i,k;
    float ad;
    k = -1;
    for(i =0;i <m;i ++){       //寻找空闲区大于 len 的最小空闲区登记项 k
        if(freetable[i].length >= len&&freetable[i].flag ==1)
            if(k == -1 || freetable[i].length < freetable[k].length)
                k = i;
    }
    if(k == -1)               //未找到可用空闲区,返回
    {
        printf("无可用空闲区\n");
        return;
    }
    if(freetable[k].length - len <= minisize) //找到可用空闲区,空闲区比 len 只多一
点,不切割。
    {
      freetable[k].flag =0;
      ad = freetable[k].address;
      len = freetable[k].length;
```

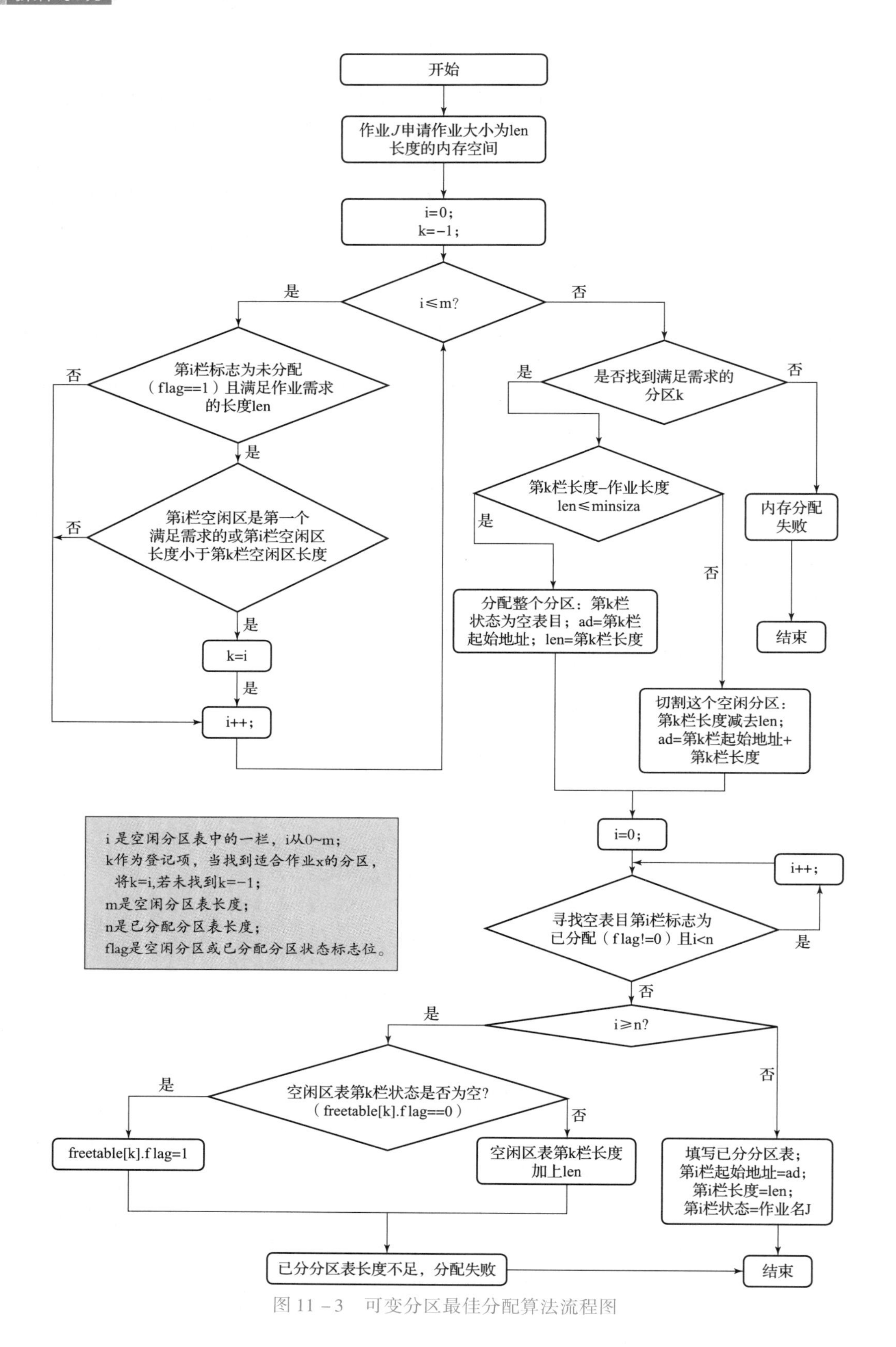

图 11－3　可变分区最佳分配算法流程图

```
    }
    else                                        //找到可用空闲区,空闲区切割一部分分配。
    {
      freetable[k].length = freetable[k].length - len;
      ad = freetable[k].address + freetable[k].length;
    }
    //修改已分配分区表
  i = 0;
    while(usedtable[i].flag! = 0&&i < n)    //寻找空表目
        i ++;
    if(i >= n)                              //无空表目填写已分分区
    {
        printf("错误产生,无表目填写已分分区\n");
    //修正空闲区表
        if(freetable[k].flag == 0)          //前面找到的是整个空闲区
            freetable[k].flag = 1;
        else                            //前面找到的是某个空闲区的一部分
            freetable[k].length = freetable[k].length + len;
        return;
    }
    else                //修改已分配分区表
    {
        usedtable[i].address = ad;
        usedtable[i].length = len;
        usedtable[i].flag = J;
    }
    return;
}
```

6. 内存回收算法设计提示

内存回收是指当作业运行结束，要释放内存空间。当内存空间回收回来后，会改变空闲分区表和已分配分区表的表项。对于回收回来的内存空间，应检查是否与空闲区相邻，若有，则应该合并成一个空闲区。

在实现回收时，首先将作业归还的内存空间在已分配分区表中找到，将该表项的状态属性设置为空表目；然后检查空闲分区表中状态为“未分配”的表项，查找是否与回收区相邻，若相邻，合并空闲区，修改空闲分区表的分区长度或分区的起始地址。若无相邻空闲区，则在空闲分区表中找到空表目，添加新的空闲区表项。具体情况有以下4种，假定分区的起始地址是S，长度为L，则：

（1）下邻空闲区：修改已有空闲区表项的长度和起始地址。

实现方式是，如果S+L正好等于空闲分区表中某个表项栏目（假定为第j行）的起始地址，则表示有下邻空闲区，这时要修改该分区的起始地址和长度，则有：

第 j 行起始地址 = S；

第 j 行长度 = 第 j 行长度 + L；

（2）上邻空闲区：修改已有空闲区表项的长度。

实现方式是，如果空闲表中某个表项栏目（假定为第 j 行）的起始地址 + L 正好等于 S，则表示有上邻空闲区，这时要修改该分区的长度，则有：

第 j 行长度 = 第 j 行栏长度 + L；

（3）上下都邻空闲区：修改已有空闲区表项的起始地址和长度，并删除空闲分区表中的一行记录。

实现方式是，如果 S + L 正好等于空闲分区表中某个表项栏目（假定为第 j 行）的起始地址，同时某个表项栏目（假定为第 k 行）的起始地址 + L 正好等于 S，则表示该回收区既上邻空闲区又下邻空闲区，则有：

第 k 行长度 = 第 k 行长度 + 第 j 行长度 + L；（第 k 行起始地址不变）；

第 j 行状态 = “空表目”；（删除第 j 行记录）；

（4）没有相邻的空闲区：在空闲分区表添加一条记录。

实现方式是，如果检查空闲分区表，上述三种情况都是无，则表明回收区没有相邻的空闲区，这时要查找空闲分区表中状态是空表目的栏（假定为第 j 行），则有：

第 j 行的起始地址 = S；

第 j 行的长度 = L；

第 j 行的状态 = “未分配”；

按照上述方法，内存回收的流程图如图 11 - 4 所示。

内存空间回收算法程序设计参考：

```
void reclaim(char J)      //回收内存空间
{
    int i,k,j,s,t;
    float S,L;
//寻找已用分区表中对应表项
    s = 0;
    while((usedtable[s].flag! = J || usedtable[s].flag == 0)&&s < n)
        s ++;
    if(s >= n)              //在已用分区表中无法找到 J 作业
    {
        printf("内存中无该作业,请核对作业名是否正确 \n");
        return;
    }
  usedtable[s].flag = 0;
  S = usedtable[s].address;
  L = usedtable[s].length;
     i = 0,k = -1,j = -1;
  while(i < m&&(j == -1 || k == -1))
  {
```

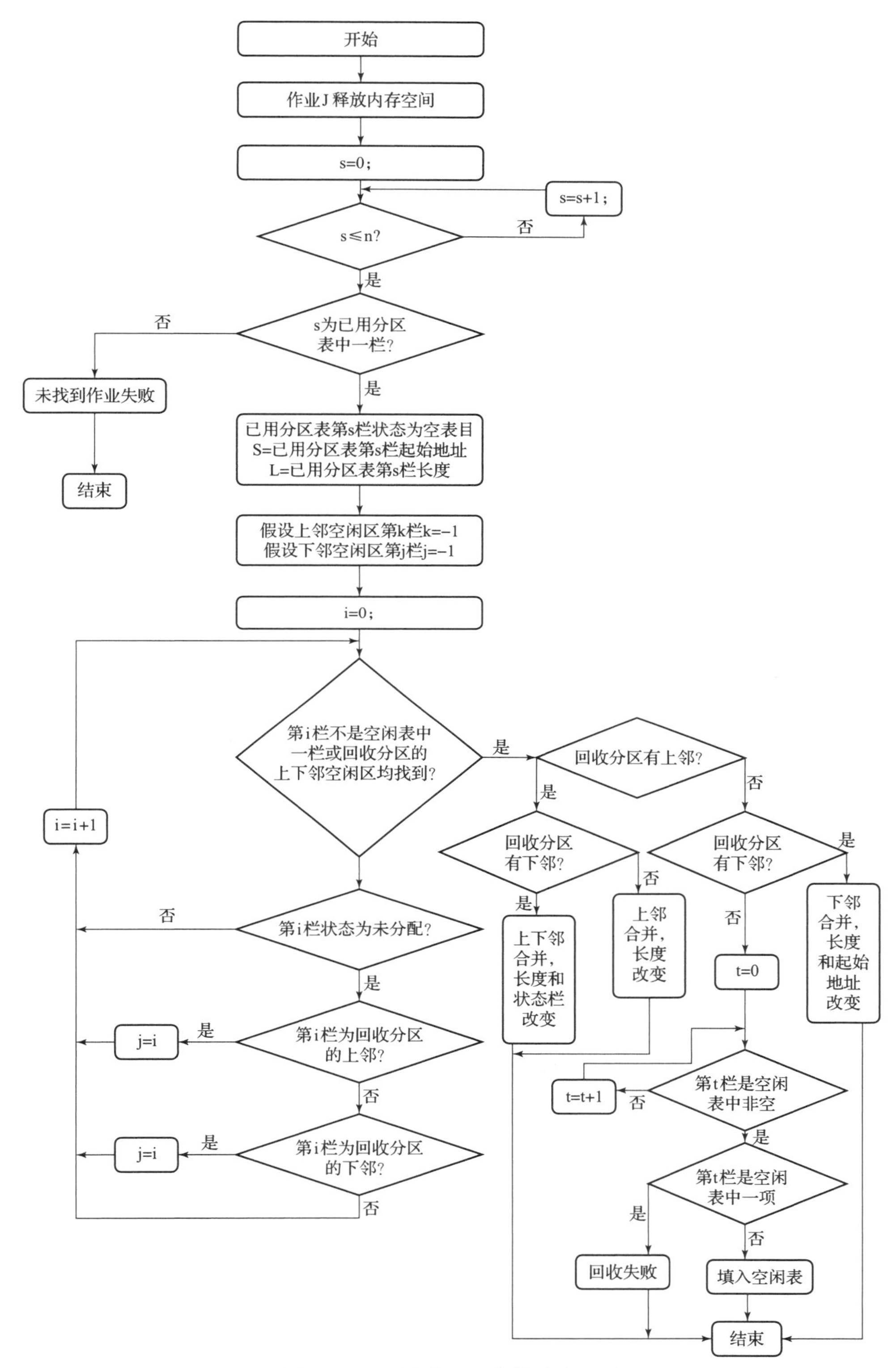

图 11－4　可变分区回收算法流程图

```
        if(freetable[i].flag ==0)
        {
            if(freetable[i].address + freetable[i].length == S)     //上邻空闲区
                k = i;
            if(freetable[i].address == S + L)                       //下邻空闲区
                j = i;
        }
        i ++;
    }
    if(k! = -1)
    {
        if(j! = -1)                                     //上下邻空闲区
        {
            freetable[k].length = freetable[k].length + freetable[j].length + L;
            freetable[k].flag = 0;
        }
        else
            freetable[k].length = freetable[k].length + L;
    }
    else
    {
        if(j! = -1)
        {
        freetable[j].address = S;
           freetable[k].length = freetable[k].length + L;
          }
          else
          {
              t =0;
              while(freetable[t].flag == -1&&t <m)
                  t ++;
              if(t >=m)
              {
                  printf("回收失败,空闲分区表已满");
                  usedtable[s].flag = J;
                  return;
              }
              freetable[t].address = S;
              freetable[t].length = L;
              freetable[t].flag =1;
          }
        }
       return;
}
```

主函数程序设计参考

```
int main()
{
    int i,a;
    float len;
    char J;
    freetable[0].address =10240;
    freetable[0].length =102400;
    freetable[0].flag =1;
    for(i =1;i <n;i ++)
    {
        freetable[i].flag =0;
    }
    for(i =0;i <m;i ++)
    {
        usedtable[i].flag =0;
    }
    while(1)
    {
        printf("选择功能项(0 - 退出,1 - 分配内存,2 - 回收内存,3 - 显示内存) \n");
        printf("选择功能项(0 -3):");
        scanf("% d",&a);
        switch(a)
        {
        case 0:exit(0);
        case 1:
            printf("输入作业名 J 和作业所需长度 len:");
            scanf("% *c% c % f",&J,&len);
            allocate(J,len);
            break;
        case 2:
            printf("输入要回收分区的作业名:");
            scanf("% *c% c",&J);
            reclaim(J);
            break;
        case 3:
            printf("输出空闲区表:\n 起始地址   分区长度   标志 \n");
            for(i =0;i <m;i ++)
            {
    printf("% 5.0f% 10.0f% 6d \n",freetable[i].address,freetable[i].length,
freetable[i].flag);
```

```
                }
            printf("按任意链,输出已分分区表\n");
            getch();
            printf("输出已分分区表:\n起始地址   分区长度   标志\n");
            for(i=0;i<n;i++)
                {
                    if(usedtable[i].flag!=0)
printf("%6.0f%9.0f%6c\n",usedtable[i].address,usedtable[i].length,usedtable
[i].flag);
                    else
printf("%6.0f%9.0f%6d\n",usedtable[i].address,usedtable[i].length,usedtable
[i].flag);
                    }
            break;
        default:printf("输入的选项值不对\n");
        }
    }
    return 0;
}
```

六、实验拓展

本实验采用的是顺序表的方式完成可变分区管理内存空间的分配与回收，请尝试用链表的方式完成可变分区管理内存空间的分配与回收。

参考文献

[1] 申丰山，王黎明．操作系统原理与 Linux 实践教程［M］．北京：电子工业出版社，2016.

[2] 左万历，周长林，彭涛．计算操作系统教程［M］．3 版．北京：高等教育出版社，1994.

[3] 刘振鹏，王煜，张明．操作系统［M］．3 版．北京：中国铁道出版社，2003.

[4] 李冬梅，黄樱，胡荣．操作系统［M］．镇江：江苏大学出版社，2013.

[5] 陈鹏．操作系统本质［M］．北京：清华大学出版社，2021.

[6] 朱明华，张练兴，李宏伟，等．操作系统原理与实践［M］．北京：清华大学出版社，2019.

[7] 郑鹏．操作系统［M］．上海：上海交通大学出版社，2012.

[8] 汤小丹，王红玲，姜华，等．计算机操作系统（慕课版）［M］．北京：清华大学出版社，2021.

[9] 季江民，沈睿，陈建海．操作系统复习指导与真题解析［M］．北京：清华大学出版社，2021.

[10] 刘泱．2018 版操作系统高分笔记［M］．北京：机械工业出版社，2017.

[11] 李春葆，张沪寅，曾平．计算机学科专业基础综合联考辅导教程（2013 版）［M］．北京：清华大学出版社，2012.

[12] 张明，王煜，刘振鹏．操作系统习题解答与实验指导［M］．2 版．北京：中国铁道出版社，2007.

[13] 罗宇，邹鹏，邓胜兰．操作系统［M］．3 版．北京：电子工业出版社，2011.

[14] 刘腾红．操作系统［M］．北京：中国铁道出版社，2008.